中国自动化学会发电自动化专业委员会　组编

火电厂智能化建设研究与实践

主编　蔡钧宇　　主审　孙长生

中国电力出版社

CHINA ELECTRIC POWER PRESS

内 容 提 要

本书介绍了 18 家电厂的智能化建设情况，主要包括智能化技术开发、新产品制造、示范工程应用进展情况，供火电厂智能建设参考。

图书在版编目（CIP）数据

火电厂智能化建设研究与实践/蔡钧宇主编；中国自动化学会发电自动化专业委员会组编 . —北京：中国电力出版社，2022.10（2023.2 重印）
ISBN 978-7-5198-6987-8

Ⅰ.①火… Ⅱ.①蔡…②中… Ⅲ.①火电厂—智能技术—研究 Ⅳ.①TM621

中国版本图书馆 CIP 数据核字（2022）第 143478 号

出版发行：中国电力出版社
地　　　址：北京市东城区北京站西街 19 号（邮政编码 100005）
网　　　址：http：//www.cepp.sgcc.com.cn
责任编辑：娄雪芳（010−63412375）
责任校对：黄　蓓　郝军燕　李　楠
装帧设计：赵丽媛
责任印制：吴　迪

印　　　刷：三河市万龙印装有限公司
版　　　次：2022 年 10 月第一版
印　　　次：2023 年 2 月北京第二次印刷
开　　　本：787 毫米×1092 毫米　16 开本
印　　　张：24.5
字　　　数：595 千字
印　　　数：2001—3000 册
定　　　价：120.00 元

《火电厂智能化建设研究与实践》

编 写 单 位

组编单位：中国自动化学会发电自动化专业委员会、中国能源研究会智能发电专业委员会、中国电力技术市场协会工业互联网与智能化专业委员会

主编单位：国网浙江省电力有限公司电力科学研究院

副主编单位：浙江省能源集团有限公司、国家能源集团新能源技术研究院有限公司、国网湖南省电力有限公司电力科学研究院、陕西延长石油富县发电有限公司、国家电投集团内蒙古白音华煤电有限公司坑口发电分公司、阳城国际发电有限责任公司

参编单位（按调研电厂顺序排列）：大唐南京发电厂、大唐泰州热电有限责任公司、江苏利电能源集团、国家能源集团宿迁发电有限公司、徐州（铜山）华润电力有限公司、国能神福（石狮）发电有限公司、华能（广东）能源开发有限公司汕头电厂、国家电投中电（普安）发电有限责任公司、国能国华（北京）燃气热电有限公司、北京京能高安屯燃气热电有限责任公司、国电内蒙古东胜热电有限公司、华能营口热电有限责任公司、华电莱州发电有限公司、华润电力湖北有限公司、国家电投集团河南电力有限公司沁阳发电分公司、华润电力技术研究院有限公司、浙江浙能台州第二发电有限责任公司、国家能源集团江苏公司太仓发电厂、中电投新疆能源化工集团五彩湾发电有限责任公司

参 编 人 员

主　编：蔡钧宇

副主编：孙科达　王志杰　范庆喜　鞠久东　王文兵　高满达

　　　　梁　凌　朱德华

参　编：马　强　苏　烨　陈大宇　魏永利　杨如意　董　立

　　　　林　波　杨福成　张　令　王培成　王家望　郝宏山

　　　　王焕明　马天霆　孙洁慧　沈铁志　唐　策　李曙光

　　　　王小亮　陈建华　尹洪飞　张甫堂　吴坤松　赵维科

主　审：孙长生

前　言

　　自国家电网有限公司 2009 年 5 月公布了包括发电、输电、变电、配电、用电、调度六大环节的智能电网发展计划以来，开始出现电厂智能化的概念，一些智能技术或产品在电站得到了应用。但是，由于缺少统一的标准和规范，研究者与实践者对电厂智能化的理解各有不同，使得电厂智能化发展进程缓慢，智能技术或产品很难灵活、方便地得到应用，且系统结构更趋复杂化，未能有效实现信息交互和共享，各发电集团都投入资金摸索。

　　当前，我国电力发展已进入转方式、调结构、换动力的关键时期，电力改革与市场化建设进入深水区，由高速增长阶段转向高质量发展阶段。另外，电力企业也面临前所未有的机遇，在新技术的推动下正经历着巨大的变革和创新。通过积极应用行业先进技术和科学管理手段，从要素增长转向创新驱动，推进制度创新、管理创新、科技创新，增强企业对市场变化的应对能力。

　　2015 年开始，各集团都选择一些电厂，在传统电厂信息化的基础上，通过物联网技术、大数据技术、人工智能技术、虚拟现实等技术进行电厂智能化建设探索。五年多时间过去了，他们状况如何，有什么发展变化，从中可以总结出哪些经验教训？

　　为掌握国内火电厂智能化建设现状，为相关部门提供电力行业火电厂智能化建设发展报告，以促进各火电企业与相关产业、高校、科研院所等单位的工作互补，推动火电厂智能化建设的健康发展，中国自动化学会发电自动化专业委员会联合中国能源研究会智能发电专业委员会和中国电力技术市场协会工业互联网与智能化专委会，组织国网浙江省电力有限公司电力科学研究院、浙江省能源集团科信部、国网湖南省电力有限公司电力科学研究院参加，对全国范围内在火电智能化建设方面具有典型代表的 18 家电厂进行主题为"火电厂智能化建设现状"的现场调研。

　　本书汇总了这 18 家电厂的智能化建设情况，为之后各发电厂进行智能化建设提供参考。

　　感谢调研工作中各参编单位的大力支持，感谢关注火电厂智能化建设的专业人员。若存在疏漏和不足之处，恳请广大读者谅解并批评指正。

编写组

2022 年 6 月

目　录

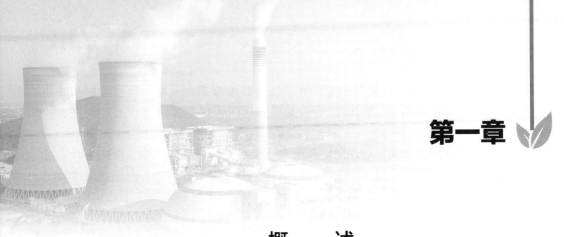

第一章

概　述

　　发电厂是电力生产中的重要环节，随着世界高科技的飞速发展和我国机组容量的快速提高，电厂热工自动化技术不断地从相关学科中吸取最新成果而迅速发展和完善，近几年更是日新月异，一方面作为机组主要控制系统的 DCS，已在控制结构和控制范围上发生了巨大的变化；另一方面随着厂级监控和管理信息系统（SIS）系统、现场总线技术和基于现代控制理论的控制技术的应用，给热工自动化系统注入了新的活力。

　　近几年随着智能电网的启动和建设，传统发电厂已不能很好地适应智能电网的发展需要，电厂的智能化发展势在必行。智能化电厂是数字化电厂的进一步深入和发展，通过在采用数字信息处理技术和通信技术基础上，集成智能的传感与执行、控制和管理等技术达到更安全、高效、环保的运行，与智能电网及需求侧相互协调，与社会资源和环境相互融合的发电厂。

　　本章节将主要介绍发电厂信息化与数字化发展进程，着重介绍发电厂过程控制自动化与信息化的发展过程，并对智能化电厂的概念、结构内容、当前建设情况进行了介绍，对未来发展进行了分析和展望。

第一节　发电厂的信息化与数字化

　　我国是信息化起步较早的国家之一，但由于国情所致，只能在经济发展到一定程度的条件下，才能大规模地开展信息化建设。

一、信息化与数字化发展过程

　　1984 年 10 月，中共十二届三中全会通过的《中共中央关于经济体制改革的决定》揭开了中国信息化的序幕。同年 12 月，国务院做出了关于把电子和信息产业的服务重点转向发展国民经济为整个社会生活服务的决定。同时，国家把电子及信息列为优先发展的高技术产业，对它们的发展实行优惠政策，把加快电子信息技术的普及应用同改造传统产业结合起来，促进电子信息产业的发展。1986 年 3 月，国家科委编制了《高新技术研究开发计划纲要》，俗称"863"计划，同年 11 月，中共中央批准了这个纲要，1987 年 3 月第六届全国人民代表大会第五次会议正式通过并组织实施。在"863"计划中，信息技术被列为七大重点发展领域之一，包括智能计算机系统、光电子器件与微电子、光电子系统集成技术、新型信息获取技术与实时图像处理技术、宽带综合业务数字网技术。1988 年 5 月，国

1

家又制订了"火炬计划"，这个计划的主要宗旨是使高技术成果商品化、高技术商品产业化、高技术产业国际化。随着整个国民经济的发展，我国信息化发展逐步推进直至加速阶段。

随着信息技术在我国的快速发展，同样对电力行业产生了深远的影响，两化融合的要求也加快了电厂的信息化建设。电厂的信息化建设，首先要实现数字化的改造，因而数字化电厂的概念应运而生。数字化电厂是指通过对电厂物理和工作对象的全生命周期量化、分析、控制和决策，提高电厂价值的理论和方法，这一理论和方法研究的对象是电厂的物理对象和工作对象，其方法是从整个生命周期出发研究如何对其进行量化、分析、控制和决策。电厂将所有的信号数字化，所有管理的内容数字化，然后利用网络技术，实现可靠而准确的数字化信息交换跨平台的资源实时共享，进而利用智能专家系统提供各种优化决策支持，为机组的操作提供科学指导，以有效解决传统电厂管理粗放、水平低下、发电能耗高、控制与保护系统投入率低、辅助系统运行不稳定、运行人员多的问题，最终实现电厂的安全、经济运行和节能增效，使发电企业的效益最大化。

数字化电厂是在传统的火力发电厂的基础上发展起来的，随着发电厂发电机组容量的快速提高，发电厂的控制自动化与信息化技术不断地从相关学科中吸取最新成果而迅速发展和完善，作为发电机组主要控制系统的 DCS，已在控制结构和控制范围上发生了巨大的变化；另外随着厂级监控和管理信息系统的跟进，使发电厂的控制与管理方式发生了翻天覆地的变化。具体落实到电厂信息系统的具体建设模式上来，主要包含了以下三个阶段：

（1）发展"主辅电仿"一体化，实现全厂集中控制：由于 DCS、PLC、NCS 技术都已经成熟，激励式仿真技术得到突破，当前只需要对这几项技术进行集成，再结合 KKS 码的全面推广使用，就可以在很短的时间内实现在横向上建立"机炉辅电仿"（汽轮机、锅炉、辅控、电气、仿真）的全厂全数字一体化控制。

（2）发展管控一体化模式：在纵向上建立分散控制系统（DCS）、厂级监控信息系统（SIS）、管理信息系统（MIS）的管控一体化模式。

DCS 与 SIS 的一体化，SIS 功能的完善，现场总线和工业以太网技术的成熟和统一。随着实时数据库技术的进一步发展，DCS 与 SIS 将实现一体化，成为一个系统。同时通过多作业的协作，SIS 的各项应用功能将逐步完善，真正实现 SIS 的价值。现场总线和工业以太网技术还需要一段时间的发展，一旦实现成熟与统一，则将实现控制系统的全面数字化。

（3）三维信息系统：在时间上建立发电厂的规划、设计、制造、基建、运行、报废等全生命周期的物理三维信息系统。包括全生命周期三维电厂模型和软件的建立，管理信息系统 MIS（Management Information System）功能的强化。

全生命周期管理的发展还赖于需求的推动。在上述所有技术较为成熟的基础上，经过数据整合，建立起多样化的复杂数据结构体系，再采用数据挖掘等先进处理技术，MIS 的功能得到较大程度的强化。

MIS 是一个以人为主导、利用计算机硬件、软件、网络通信设备以及其他办公设备，进行信息的收集、传输、加工、储存、更新和维护，以企业战略竞优、提高效益和效率为目的，支持企业的高层决策、中层控制、基层运作的集成化的人机系统。其主要任务是最大限度地利用现代计算机及网络通信技术加强企业的信息管理，通过对企业拥有的人力、物力、财力、设备、技术等资源的调查了解，建立正确的数据，加工处理并编制成各种信息资料及时提供给管理人员，以便进行正确的决策，不断提高企业的管理水平和经济效益。目前，企业的计算机网络已成为企业进行技术改造及提高企业管理水平的重要手段。

目前发电厂的管理信息系统主要有：

（1）ERP（Enterprise Resource Planning）企业资源计划系统，是指建立在信息技术基础上，以系统化的管理思想，为企业决策层及员工提供决策运行手段的管理平台。ERP系统集中信息技术与先进的管理思想于一身，成为现代企业的运行模式，反映时代对企业合理调配资源，最大化地创造社会财富的要求，成为企业在信息时代生存、发展的基石。

（2）OA（Office Automation）办公自动化系统，通过计算机、网络可以实现企业所有流程的网上办理和审批。各地员工在线填写申请，自动通知相关领导。各级领导只要能连接到互联网，不论在何时、何地都可以处理提交的申请。后台的流程定义功能，可以对单位内部的各种业务流程进行规范，避免人为因素对业务流程的干扰，极大地方便了领导对内部业务的规范管理。

其他还有访客系统、门禁系统、安防监控系统等系统。保证信息系统安全稳定可靠还有网络系统间的防火墙、隔离器、入侵防护设备。

二、自动化与信息化发展

数字化、开放性、网络化、信息化、智能化成为未来发电厂过程控制发展的主要趋势。主要有以下几个特点：向高速、高效、高精度、高可靠性方向发展；向模块化、智能化、柔性化、网络化和集成化方向发展；向 PC 化和开放性方向发展；工业控制网络将向有线和无线相结合方向发展。

在发电厂现场，一些工作环境禁止、限制使用电缆或很难使用电缆，有线局域网很难发挥作用，因此无线局域网技术得到了发展和应用。随着微电子技术的不断发展，无线局域网技术将在工业控制网络中发挥越来越大的作用。无线局域网技术能够在电厂环境下，为各种智能现场设备、移动机器人以及各种自动化设备之间的通信提供高带宽的无线数据链路和灵活的网络拓扑结构，在一些特殊环境下有效地弥补了有线网络的不足，进一步完善了发电厂控制网络的通信性能。

电厂控制系统软件将从人机界面和基本策略组态向先进控制方向发展。一般将基于数学模型而又必须用计算机来实现的控制算法，统称为先进过程控制策略。如自适应控制、预测控制、智能控制（专家系统、模糊控制、神经网络）等。国际上已经有几十家公司，推出了上百种先进控制和优化软件产品。在未来，控制软件将继续向标准化、网络化、智能化和开放性发展方向。

发电厂控制自动化和管理信息系统不再是独立的两个系统，发电厂控制自动化系统要为管理信息系统提供生产过程参数，管理信息系统从生产控制系统中获取数据后建设 PI 数据库，根据企业业务需要调用数据。生产过程系统与管理信息系统以网络连接，发电机组成千上万个信息提供给有关管理人员，管理人员可根据需求拖动鼠标调动有关信息参数。发电厂的经营管理，如生产、人事、财务、物资等方面，数据种类繁多，数据结构复杂，这些数据直接关系到企业的经济效益，运用好这些数据有助于提高生产效率，优化企业运营方式、提高信息化处理效率、增强系统控制能力。

三、信息化、数字化与智能化发展

随着 2000 年数字化电厂在电力行业广泛开展，虽然在不同专业有不同的定义，热控专业侧重于机组的控制，而数字化设计专业侧重于机组本身信息的数字化，但都在不同程度上推进了电厂数字化的进程。

2008 年 11 月 IBM 提出"智慧地球"概念，随着物联网、云计算、大数据分析和移动互联网等技术的高速发展，"智慧工厂"也在制造业中得到了不同程度的发展。智慧工厂是现代工厂信息化发展的新阶段，是在数字化工厂的基础上，利用物联网的技术和设备监控技术加强信息管理和服务；清楚掌握产销流程、提高生产过程的可控性、减少生产线上人工的干预、及时正确地采集生产线数据，以及合理的生产计划编排与生产进度。并加上绿色智能的手段和智能系统等新兴技术于一体，构建一个高效节能的、绿色环保的、环境舒适的人性化工厂，是 IBM "智慧地球"理念在制造业的实际应用的结果。

2015 年，中国国家发展战略《中国制造 2025》出台，明确提出要"以信息化与工业化深度融合为主线"，提出了中国制造强国建设"三步走"战略，是"中国制造"向智能化转型的行动纲领，也使火电厂建设与生产面临新的机遇与挑战，在节能、降耗、减排政策要求和发电集团集约化、高效管理需求驱动下，迫使电厂开始智能化发展的探索。当今建设智能化电厂已成为行业共识的目标，将成为发电企业未来较长时期的发展方向。

第二节　电厂智能化综述

《国家能源发展"十三五"规划》中将"积极推动'互联网＋'智慧能源发展"列为重点工作，《中国制造 2025——能源装备实施方案》中将燃煤电厂智能控制系统列为清洁高效煤电领域的主要任务。工信部发布的《大数据产业发展规划（2016—2020）》中，明确指出要将电力领域作为大数据平台建设及应用重点领域示范。国务院 2017 年 7 月印发的《新一代人工智能发展规划》提到，要利用大数据方法实现能源供需信息的实时匹配和智能化响应。同时随着煤炭价格持续走高，燃煤发电厂发电成本提高，发电企业经营压力严峻，推进燃煤智能发电技的发展与应用，已成为提高发电领域的竞争力的重要手段和未来火电厂发展的重要方向。

一、电厂智能化技术出现起因与意义

1. 电厂智能化技术出现起因

侯子良教授在《建设智能电厂思维的探索》中，指出我国电厂自动化技术的发展经历了三个阶段：

（1）自动化技术全面应用阶段（从新中国成立到 20 世纪 90 年代），该阶段的标志是 DCS 的全面应用；

（2）数字化技术全面应用阶段（90 年代到 2010 年），该阶段的标志是 SIS 系统在各大电厂的实施和现场总线技术的初步应用；

（3）智能化技术初步应用阶段（2010 年至今），通常认为该阶段是智能化电厂的初级

阶段，该阶段主要标志是信息物理融合系统（CPS）在电厂中的应用和智能控制方法的应用。

智能化电厂是在数字化电厂基础上发展的新一代电厂自动化技术，智能化电厂技术的出现源于进一步提升电力过程控制水平与生产运维管理水平的需要。过去十多年中，国内火力发电企业按照"管控一体化、仿控一体化"的发展方向，在数字化电厂建设方面取得了长足进步，如 DCS 功能拓展、全厂控制一体化、现场总线应用、SIS 与管理信息系统深度融合等，使得数字化电厂技术在国内的主流火电发电机组中实现了全面的应用和实施，但数字化电厂技术却无法应对目前火电机组的严峻发展形势，面临着以下突出的问题：

（1）由于深度调峰的需要，火电机组的实际运行小时数逐年下降，机组长期运行在中低负荷，对控制系统的智能化要求更加高。

（2）2015 年以来，国家对火电机组节能减排的要求越来越高，全社会更加关注清洁能源的使用，这对火电机组在环保和排放提出了更高的要求。

（3）数字化电厂技术在出现时，对提升我国电厂技术的数字化水平起到了极大的推进作用，但在目前数字化电厂技术面对着众多的局限性。包括管理数据与生产数据没有有效融合，先进控制和检测技术缺乏系统性应用，没有有效的设备状态监测与预警手段和缺少智能在线优化技术等。

（4）随着新一轮电改的全面实施，尤其是售电业务从电网业务中的剥离和放开。对发电集团来说，为适应电力市场的需要，降低发电成本，提升市场竞争力，积极响应负荷要求，利用大数据技术对发售电成本进行深度数据分析等要求，都对实施电厂智能化技术提出了新的要求。

欧美等发达国家的常规火电厂，因投资较少且逐步关停，其智能化技术的研究，除在多种形式发电互补、设备故障诊断及检修维护方面外，其他方面的研究应用较少有报道。而国内火电机组装机容量占有率达 60%，随着大数据、物联网、移动互联、云计算、三维可视化等技术的发展，为发电企业向更加清洁、高效、可靠的智能化电厂发展奠定了基础。因而在火电领域智能化研究工作的深入领先于国外，一些智能技术或产品在电站得到了应用，一些发电集团开始进行电厂智能化建设的前期规划、论证与实施，率先提出了智能发电的概念并尝试工程示范。

因此，数字化是电厂智能化的基础，智能化是电厂在数字化电厂基础上的进一步深化与拓展。

2. 电厂智能化建设目的与意义

电厂智能化是在数字化电厂的基础上发展起来的高一级的发展阶段。电厂智能化的建设，可以实现全厂的数据集成、数据长期存储、数据管理，并提供机组性能计算和系统分析。使运行人员能够及时地调整运行参数，降低发电煤耗，实现机组安全高效的运行。同时大数据也为管理者提供实时生产信息为管理者的决策提供科学，是企业发展内存因素的需要。

电厂智能化的"智能"具备人工智能的能力，可以自适应电厂整体的外部环境，思维判断和执行能力，在实践中实现循环和持续改进及自诊断的学习能力。在智能化的电厂，信息网络覆盖了电厂的生产、经营及行政管理各环节，对电厂运行、维护、经营、日常行政管理等环节的信息数据进行采集，处理分析、控制和反馈，并通过信息网络实现信息资源共享，实现发电厂生产经营管理的智能化分析与决策。而要实现上述目标，新建电厂需要：

（1）实现工程智能化，在发电厂建设初期，实施数字化设计、数字化采购和数字化工程管理，将整个发电厂建设过程中的设计、采购、设备、数据和参数以数字化的形式记录保存下来，继而进行数字化移交。

（2）实现生产过程智能化，通过发电厂控制系统，将全厂主辅机现场生产过程中的监控参数进行描述和管理，实现生产过程高度自动化。

（3）实现数字化煤场、数字化排灰、排渣控制，完善发电厂煤、灰渣控制管理。

（4）实现员工行为管理智能化，通过巡检系统、门禁系统、安防监控系统的智能化管理，生产过程的运行人员操作记录数字化，管理更精细化。

（5）实现管理智能化，提升生产管理、资产管理和决策管理，提高效率、降低能耗。

目前建设都较多着眼于信息化、可视化、数字化等，但具备了这些条件，并非就代表着这个电厂具有了"智慧"。

二、电厂智能化特征与系统架构

1. 电厂智能化技术文件与标准研究

自国家电网公司 2009 年 5 月公布了包括发电、输电、变电、配电、用电、调度六大环节的智能电网发展计划以来，开始出现智能化电厂的概念，一些智能技术或产品在发电厂进行了尝试应用，各集团都在探索智能化电厂建设方向，选择了一些电厂投入资金开展了有针对性的试点工作。

随着智能化电厂建设的发展，中国自动化学会发电自动化专业委员会于 2015 年组织进行了调研、开展了智能化电厂发展技术和方向研讨，在侯子良教授级工程师的指导下，由广东电网公司电力科学研究院陈世和主持，国网浙江省电力公司电力科学研究院、国网河南省电力公司电力科学研究院、浙江能源技术研究院、上海明华电力技术工程公司等单位参加，进行了《智能化电厂技术发展纲要》研究、制定（中国电力出版社出版），详见附录 1，为发电厂智能化建设提供参考。

2016 年 6 月，在中国自动化学会发电自动化专业委员会的推动下，由国网河南省电力公司电力科学研究院提交了中国电力联合会团体标准《智能化（火力）发电厂技术导则》申请。2016 年 10 月 17 日中国电力企业联合会下达《智能化（火力）发电厂技术导则》编制任务计划，中国自动化学会发电自动化专业委员会组织成立了由国网河南省电力公司电力科学研究院郭为民主持的《智能化（火力）电厂技术导则》制定项目组，进行了资料收集及标准的制定，中国电力企业联合会于 2017 年底批准《智能化（火力）电厂技术导则》标准发布，详见第三章。

2. 智能化电厂特征

智能化电厂是数字化电厂的进一步发展和提升。智能化电厂旨在基础设备层应用更先进的传感测量技术实现在线精确测量，在实时控制层应用智能算法实现智慧控制，在系统优化层、生产管理层和电厂决策层结合云计算和大数据技术等实现智能化分析与决策，在全厂应用移动互联网和物联网等信息通信技术实现电厂高效信息传输，使电厂的运行、控制、管理决策等更加符合现代化电厂的要求。

智能化侧重智能与网络的互动，就像人的大脑和神经相互作用，其具有的特征可归纳为：

（1）泛在感知：基于信息物理系统（CPS）技术，通过先进的传感测量及网络通信技术，实现对电厂生产和经营管理的全方位监测和感知。智能化电厂利用各类感知设备和智能化系统，识别、立体感知环境、状态、位置等信息的变化，对感知数据进行融合、分析和处理，并能与业务流程深度集成，为智能控制和决策提供依据。

（2）自适应：采用数据挖掘、自适应控制、预测控制、模糊控制和神经网络控制等先进和智能控制技术，根据环境条件、环保指标、燃料状况的变化，自动调整控制策略和管理方式，使电厂生产过程长期处于安全、经济和环保运行状态。

（3）智能融合：基于全面感知、大数据、三维可视化等技术，通过智能融合实现对海量数据的计算、分析和深度挖掘，提升电厂与发电集团的决策能力。

（4）互动化：通过与智能电网、能源互联网、电力大用户等系统信息交互和共享，实时分析和预测电力市场供需状况，合理规划生产和管理活动，使电能产品满足用户安全性和快速性要求。通过网络（包括无线网络）技术的发展，为电厂中设备与设备、人与设备、人与人之间的实时互动提供了基础，增强了智能化电厂作为自适应系统信息获取、实时反馈和智能服务的能力。

3. 智能化电厂的系统架构及网络环境

智能化电厂建设的完整体系架构如图 1-1 所示，底层为发电机组各类设备以及智能化检测、执行设备，为智能化电厂的应用实施提供最为丰富翔实的实时数据和操作记录，通过中间层的各类型通信接口，最大化实现生产、经营、管理各类数据的集中上传，智能化控制智能管控平台通过接口机实现数据的统一接收、存储，并通过功能中台的数据服务为上层应用提供便捷的数据支持，功能中台为上层应用提供通用的功能软件载体，便于上层应用的解耦式开发。

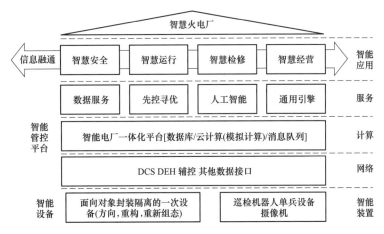

图 1-1 智能化电厂体系结构

智能设备层主要包括智能化的检测仪表、检测设备、自动巡检、执行机构、现场总线及工业机器人设备等。该层构成了智能火力发电厂通用体系的底层，实现对生产过程状态的测量、数据上传，以及从控制信号到控制操作的转换，并具备信息自举、状态自评估、故障诊断等功能。

网络通信层为智能火力发电厂中的设备与设备、人与设备、人与人、电厂与用户、电厂与环境之间的互动提供通信功能，实现管控平台层与智能设备层的数据交互，为智能火力发电厂提供安全可靠、及时准确的信息通信能力，主要包括 DCS 实时监控网络、厂内管理信息系统网络以及其他数据接口等。

管控平台层为智能火力发电厂信息系统提供计算、存储及平台内数据交互能力，通过一体化智能管控平台部署，破除全厂信息系统壁垒，为系统提供弹性算力、运行平台，主要包括云计算（虚拟计算）、数据库、消息队列等。

中台服务层为智能火力发电厂信息系统的公共服务中心，通过公共服务共享、复用，提升开发效率、软件可靠性，主要包括数据库服务、控制算法库、人工智能库、实时仿真与非实时仿真模块库、通用引擎服务等。

智能应用层为智能火力发电厂信息系统的顶层，以功能模块的形式实现人机互动和管控支持，调用中台服务层的公共服务，运用管控平台的计算、存储、数据交互能力，通过网络通信层转发智能设备层数据、指令，主要包括针对安全防护、生产运行、检修维护、经营管理等业务的功能系统。

通过网络信息通信系统，边缘端智能化电厂和云端电科院共同构成"云＋边"的智慧发电体系。智慧电厂连接云端服务，高效利用专家和数据资源，实现故障诊断、能耗分析、智能预警等功能的云端拓展。

智慧电厂实施的关键技术主要包括智能管控平台、人机界面交互和工业机器人等，其中智能管控平台由Ⅰ区部署的智能控制平台与Ⅲ区部署的智能管理平台组成，是智慧化应用实施的基础性和关键性技术；人机界面交互包括移动应用及数据可视化技术，可为人员设备监视及其他信息系统交互提供直观简洁、灵活便捷的技术手段；工业机器人技术可有效降低现场人员的工作强度和人身事故风险，同时提供灵活多样的信息监测形式。

目前这些技术的应用范围相对较小、彼此孤立，带来的直观性智慧化体验感尚不明显，但随着新技术的大范围、持续性、深入化发展应用，必将引领发电厂的数字化、信息化和智能化快速转型。

三、智能化电厂的典型研究

随着电力转型发展与市场化改革的需要，清洁、高效、安全、电网友好型的智能发电技术是近阶段的重点研究方向，伴随先进检测与控制、人工智能，以及数据利用与信息可视化技术的快速发展，在以下的一些技术领域将首先获得应用性成果，推进火电厂的智能化进程。图 1-2 是智能化电厂部分核心功能的简化拓扑结构示意图。

智能化电厂是一个不断发展与渐进的过程。从 2014 年开始，各发电集团所属电厂，在电厂智能化上进行了积极的探索、开发与应用，根据调研收集，较典型的研究应用有 15 个方面。

1. 智能管控平台

智能管控平台通过成熟的工业互联网架构体系，使整个系统平台具有工业 PaaS 的支撑体系，同时也具有工业 SaaS 层的在线开发、在线部署能力，从而支持工厂生产的各类智能应用的开发和使用。通过建设智能管控平台，统一接口，规范数据，形成全厂数据共享

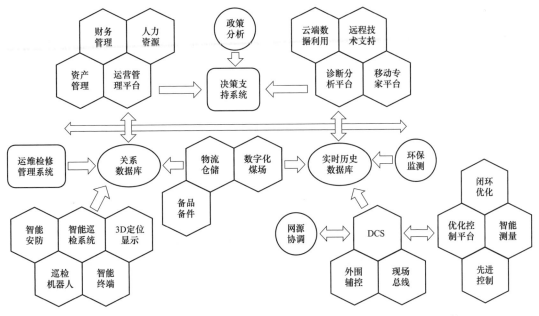

图 1-2 智能化电厂简化拓扑结构示意图

中心，为智能应用提供统一便捷的数据支持；结合物联网与智能传感技术，集成融合各业务系统的数据和信息，形成一体化应用平台。

智能控制平台以智能分散控制系统（DCS）为核心，提供高度开放的应用开发平台，扩展智能变送器和智能执行机构、智能优化算法库、开放应用服务器等资源，实现机组级和全厂级实时信息全集成，支撑机、炉、电、辅、现场总线控制等各项功能的一体化控制运行，提供高度开放的第三方应用开发环境和接口规范，支持对第三方专用控制运行软件包的集成。将控制优化功能、运行优化功能、设备监测与预警功能等进行融合，实现相关工艺过程和设备的控制性能、经济环保性能、设备寿命损耗等的多目标综合优化，为发电厂控制与运行优化、状态监测及诊断预警提供可靠的软硬件平台。

在全面、认真分析和研究电厂的物理对象（设备、设施、元器件等）和工作对象（人、流程等）的基础上，从电厂建设和运行的整个生命周期出发，通过整合规划电厂现有生产管理信息化软件、硬件、数据等资源，搭建智能管控平台业务支撑平台。实现生产数据统一管理集中及分发，在实现数据完整性的基础上进行整理及挖掘，分析提取数据集合下隐藏的事物本质，通过直观展现，为电厂的生产决策、日常事务管理等提供数据支撑，为生产、管理、经营等业务提升提供智能化手段，实现电厂经济效益的最大化。

2. 数据的深度开发应用

数据信息挖掘是指通过对电厂大量生产运营数据进行梳理、分析，转化为有用的信息，使得电厂用户可以挖掘和识别发电运行和维护过程中的隐性知识，在一定程度上对运行达到闭环指导的作用。

目前运行优化功能一般需明确机组的煤耗特性或者其他特性曲线，从历史数据库中选取一些典型工况（比如 100%、85%、70%、60%、50%额定负荷等），计算这些典型工况下的煤耗特性或相关分析值，并根据负荷进行曲线拟合。由于机组的约束条件（或称边界

9

条件）除了负荷外，还存在环境温度、循环水温、燃料参数、运行的班值等，此外还要考虑到设备的老化影响，因此仅考虑负荷不同的典型工况是不全面的，而要考虑所有约束条件来确定机组的相关特性，困难又很大。随着信息技术的发展，采用基于大数据分析的技术手段（分类、聚类分析、关联分析）来对实时数据库、关系数据库等多数据源中海量的历史数据进行收集、转换、挖掘和分析，为确定机组多约束条件下的全工况特性提供了可能。

目前基于历史数据的数据挖掘工作包括燃气轮机数学模型建立、配煤掺烧模型、机组最优氧量闭环控制、最优真空闭环控制、按需吹灰优化控制、在线性能试验系统、联合循环性能监测系统、联合循环损耗分析系统、压气机水洗优化系统、进气过滤器更换优化系统、汽轮机冷端优化系统、当量运行时间监测系统和负荷预测系统以及汽轮机热耗等关键指标的数学模型。

数据信息挖掘与 SIS 系统的深度开发应用在智能化电厂中大体有八个方面的应用，分别是性能监测、耗差分析、指标运行优化、燃烧优化、吹灰优化、冷端优化、智能监盘、工艺流程展示等方面。

从实现方式来看，大部分电厂利用 SIS 系统将生产运行数据存储在管理信息大区进行数据挖掘与分析建模，优化结论指导生产运行。也有少量电厂改变了传统的 DCS—SIS—MIS 的架构，提出了智能优化控制，业务架构变为 ICS—MIS 架构，数据挖掘和优化控制直接在 DCS 中完成，实现大量生产优化的闭环。

在实际落地应用效果方面，运用生产数据挖掘进行优化控制的案例虽然有一些，但是真正能够进行闭环控制的高价值成熟应用比较少，基于数据分析层面的业务应用较多地在试点和摸索阶段，更多地还停留在实现大数据存储、数据梳理阶段。多数企业目前面临原有生产实时数据库存量大，访问性能偏低、存量数据价值利用不足等问题。是否采用大数据平台需要和用户实际的业务量相结合，需要充分考虑对当前、未来几年的数据增长情况，存量数据使用情况、各种方案建设成本、运维成本等要点。

3. 三维技术相关应用

数据的有效管理是智能电厂建设的重要课题，建设标准化、统一化、一体化的全厂数据平台是智能电厂建设的基础。设计院及工程公司于 2004 年前后，通过逐步开始三维设计来提升设计工作的进度与质量。应用三维可视化技术、虚拟现实技术，依据激光扫描点云数据、实景照片、实地勘察及企业原有的 CAD 平面图纸完成全厂虚拟三维空间的建立，展示整个厂区物理分布情况及设施的运行状态，将电厂数字化以便在可视化数据管理中。实物一一对应，保证虚拟场景与实地场景高度匹配，构建三维虚拟厂区模型及厂区设备的三维模型。

在电厂智能化兴起之时，三维带来的可视化效果迎合了市场快速发展的需求。随着计算机运算能力与软件应用水平提高，三维技术应用涵盖电厂设计、基建、运行、检修、升级改造的全生命周期，结合三维技术在火电厂的应用场景，设计阶段可实现数字化三维虚拟电厂建模，根据电厂的设备情况及业务需求出发，建设三维虚拟电厂覆盖范围应尽量地广，做到全厂全专业建模，设计深度应尽量深，做到关键设备精细化三维建模；基建期可实现综合碰撞检查、三维设计优化、隐蔽工程三维模型（地下设施与三维管网建模）、锅炉模型、大宗材料统计、全厂四码合一（KKS 编码、设备编码、物资编码和固定资产编码）等功能。基建期的全厂三维模型的建设可指导管道/电缆敷设等功能，节省大量电缆费用；基建期到运行期的交接应实现数字化移交；运行期可实现三维模型实时数据展示、三维数字化交互（厂区场景漫游及三维虚拟巡检、操作流程指导、动画教学）、可视化培训（工艺流程基础培训、流程原理培训、设备拆解培训、工况仿真培训、操作仿真培训、三维工艺作业指导、检修作业、专家系统和故障案例系统、机组运行培训）等功能；检修期建设全厂数字化档案，涵盖从系统级到零部件级的所有详细资料，包括位置、参数及查找，管理焊缝及测点，为设备检修提供三维指导。建立二三维图纸联动功能，除可体验逻辑操作场景与实际物理场景信息互动的感受，还可将传统运行人员的操作界面在物理维度上延展，共享可视化设备现场信息。综合四码合一与数字化档案搭建备品备件管理系统，实现现场设备与仓储设备的动态连接，保证备品备件的充足供应，避免出现停工待料现象发生。

三维技术与人员定位、智能摄像头等技术联动实现更丰富的功能。比如以超宽带（Ultra Wide Band，UWB）技术为代表的人员定位技术联动实现人员在三维虚拟电厂中的实时定位三维可视化界面，在此基础上实现区域人员统计、人员轨迹跟踪与轨迹复原、智能安防与区域拒止等智能管理功能。应用无线通信技术，与摄像头联动使用机器视觉识别技术实现三维电厂虚拟漫游巡检等功能。综上，三维模型是智能电厂中多项智能功能实现的基础。

三维技术在电厂中落地应用需解决的关键技术包括高效的三维交互引擎和先进的三维建模技术等，这些技术不仅是数字化设计的基础，也是人员定位、三维培训等技术的前提支撑。其中，高效的三维渲染引擎建立在高效算法、高速芯片技术、高速网络、高效边缘渲染与云端渲染技术的基础之上。国外出现了许多优秀的三维渲染引擎，比如 Delta3D、OGRE、OSG、Unity3d、VTK 等。目前，国内外普遍正在使用的 Unity3D 是主流的商用三维交互引擎。此外有许多开源的三维引擎，如 OGRE、OSG 等。为了适应电力行业的特点，国内一些企业着手开发自主知识产权的三维交互引擎，推动了该领域的技术进步。

先进的三维建模主要有两类模式，即基于特征的建模和基于三维点云的逆向建模。基于三维点云的逆向建模主要用于投运时间比较久的存量机组。与基于特征的建模相比，三维点云建模能更真实地反映设备情况，但是三维点云逆向建模的数据量和运算量比较庞大。近年来，国内外研究机构和企业已经开始考虑将三维点云建模与人工智能技术相结合，实现基于点云的特征建模。该技术可以显著地降低三维建模数据量，提高交互效率，是该领域的重要发展方向。

目前虽然三维技术在电站领域有几十个应用方向，但是由于三维模型的运行对电脑配置要求仍然很高，普通的电脑运行会出现卡顿甚至死机的现象，而电厂配置的电脑一般达不到流畅运行三维模型的性能要求，所以在日常生产中并不能普及到每一位员工的个人电脑，一些应用方向只能在局部高性能电脑中运行，比如设备拆解培训、厂区场景漫游及三维虚拟巡检、动画教学等，这直接导致对该类功能的预期效果大打折扣，部分功能停留在演示层面。另外上述三维技术的几十个应用方向，虽然可以成功地实现相应的功能，但是部分功能在降本增效方面的潜能仍有待进一步挖掘，比如可以实现三维平台与 SIS 系统通信获取系统中的数据，并将其展示到三维虚拟电厂中，但目前仅仅停留在展示的层面，并且在三维模型中查看数据不如直接在 SIS 系统中查看更方便。此外考虑到电厂会定期进行升级改造，前期建立的三维模型也要进行相应的更新，而三维模型需要使用专用的工具由专业人员进行修改，电厂无法自行完成该工作，所以建议电厂在建设过程中应考虑三维模型持续更新维护问题。综上，目前三维技术的应用价值有限，更多的价值停留在基建期间，部分存在重平台轻应用的问题，尚需业务专家在基于三维技术搭建的平台基础上根据业务需求进一步挖掘业务场景，挖掘更有意义的应用点，达到降本增效目的。

4. 智能监盘

智能监盘系统是火电机组新形式的智能寻优、评价、指导运行的闭环系统，其核心思想是将高级统计分析、大数据技术、人工智能等先进理念应用到火电运行管理中，在对机组历史运行数据各工况分析和寻优基础上，将性能计算与耗差分析结果进行各生产系统开环指导，通过挖掘机组最优工况建立的运行操作因子的标杆值指导运行人员对生产过程进行高效操作，优化调整，提高控制水平，提升机组经济性能。大幅降低运行人员劳动强度，减少误操作带来的损失。实现火电厂运行经验数字化转化、存储、继承和应用。

目前实现智能监盘的技术路线主要有三种形式，第一种是建立打分系统，对运行数据进行集中分析，将各个系统的健康度根据不同的维度进行评价评分，再通过一个融合模型生成系统的运行状态最终得分。第二种是建立标杆值，通过对机组各个系统运行工况的综合分析与计算，评估系统运行参数的最佳值即标杆值，通过操作因子的标杆值指导运行人员对生产过程进行高效操作，使系统运行参数逼近最佳值。第三种是 SIS 系统的深度开发应用，建立趋势图辅助验证测点报警明细、能耗寻踪—能量损耗指标分解模型，实现数据的共享和生产过程实时信息监控，为发电生产的经济运行、节能降耗提供分析与指导。

5. 工控信息安全防护

电厂电力系统是国民经济和人民生活的重要基础设施，其网络和应用系统的安全是电力系统安全运行及为社会可靠供电的保证。

工业控制系统的信息安全是保证设备和系统中信息的保密性、完整性、可用性，以及真实性、可核查性、不可否认性和可靠性等。工控信息安全技术的主要目的是保障智慧电厂控制与管理系统的运行安全，防范黑客及恶意代码等对电厂控制与管理系统的恶意破坏和攻击，以及实现非授权人员和系统无法访问或修改电厂控制与管理系统功能和数据，防止电厂控制与管理系统的瘫痪和失控，和由此导致的发电厂系统事故或电力安全事故。

因此需要 DCS 生产安全和信息安全技术的深度融合，量身定制开发基于国产可信技术的主机安全监管系统，实现主机安全策略配置、基于白名单的进程安全管控、系统状态监视和移动介质接入控制等安全功能；此外增加了综合审计系统，对支撑业务运行的操作系统、数据库、业务应用的重要操作行为进行记录，针对工控专用网络协议进行审计，及时发现各种异常行为，加以智能分析，进而实现工控系统安全态势的自动感知，有助于实施安全防范、应急处置以及事后追溯，提升系统整体安全和主动防御能力。

经营管控决策支持系统防护依据国家能源集团信息安全防护总体方案要求，按照"分区分域、安全接入、动态感知、全面防护"的安全策略防护，从物理、边界、应用、数据、主机、网络、终端等层次进行安全防护设计，最大限度保障平台的安全、可靠和稳定运行。总体安全防护包括应用安全防护、数据安全防护、网络安全防护、主机安全防护、安全管理。系统为了满足安全防护要求，必须从基础平台服务、前台业务应用、安全管理及运维三个方面，在网络安全、系统安全、主机安全、数据安全和应用安全等不同安全层次上进行规划设计,确保智能电厂的工控信息系统安全规划主动适应"互联网+"、工业互联网、新电改等新形势业务发展以及新一代信息化应用需求,基于"可管、可控、可知、可信"的总体防护策略,全面提升信息安全监管预警、边界防护、系统保障和数据保护能力。

"可管"是指健全智能化电厂信息安全管理机制,加强组织领导,建立健全安全防护管理制度,推进网络安全人才培训体系建设,强化内部安全专业队伍建设,常态化开展风险评估和内控达标治理工作。

"可控"是指加强网络边界安全防控,实施"安全分区、网络专用、横向隔离、纵向认证"的防护原则,分区部署、运行和管理各类电力系统,同时按照等保要求区分系统安全域,各安全域的网络设备按该域所确定的安全域的保护要求,采用访问控制、安全加固、监控审计、身份鉴别、资源控制等措施加强边界安全。

"可知"是指基于大数据的信息安全事件深度分析、安全态势感知、智能预警等信息安全监控预警技术,实现对资产感知、脆弱性感知、安全事件感知、异常行为感知的能力,构建全方位安全态势感知体系。

"可信"是指按照国家信息安全等级保护和电力行业的安全要求,针对电厂计算资源(软硬件)构建保护环境,加强智能化电厂主机、终端、应用和数据的安全防护,采用相应的身份认证、访问控制等手段阻止未授权访问,采用主机防火墙、数据库审计、可信服务等技术确保计算环境的安全。

6. 智能安防

智能安防通过一系列的技术与管理手段实现人与设备的安全智能化管理。可分为基建期安全管理与生产期安全管理。基建期安全管理包括智能门禁、危险源管理、施工机械设备管理、电子围栏、车辆管理、人员管理(包括外包工管理)、人员定位、违章行为识别管理等方面,通过应用以上的安全管理技术,可全面提升基建工程安全管理水平。生产安全管理包括落实25项反事故措施和技术监督、智能两票、智能门禁、电子围栏、危险源管理、人员定位、人员管理(包括外包工管理)、车辆管理、违章行为识别管理等。智能安防的建设路线大体分成三个方向,分别是摄像头(机器视觉)、人员定位、多传感器联动,每一种建设路线又有多种实现方式和应用场景。

摄像头监控模式分成智能摄像头和普通摄像头。普通摄像头主要实现远程监控功能。智能摄像头通过开发的各个算法模块可以实现人员违章的检测(安全帽检测、安全带检测、工作人员玩手机检测等)、设备跑冒滴漏的检测及环境异常检测(明火检测、烟雾检测、有害气体检测等),通过人脸识别技术及人员捕捉技术实现电子围栏、外包工管理,通过车牌识别技术实现车辆管理。以上功能的成功应用可以极大地提高人员及设备的安全性,实现自动监控功能。虽然基于深度学习的图像识别技术目前已经逐渐成熟,摄像头配合各种智能检测算法可以实现以上列出的智能检测功能,比如应用于人员识别、车辆及物体识别等,并在实验室比较理想的环境下可以实现较高的识别效果,但在实际复杂的工业环境下由于会有各种干扰出现,比如光线的变化、环境复杂的背景等都会影响识别准确率。深度学习模型需要大量的训练样本作为数据支撑,除了大量的正样本,还需要足够的负样本,而在电厂特定的环境下,负样本一般比较少,没有足够的训练样本就会使训练的深度学习模型的泛化能力很弱,导致在实际使用中会出现大量的误报或漏测情况。虽然基于深度学习模型的图像识别技术在飞速发展，也可预计未来将成为厂区人员行为管理尤其是违章行为识别的重要手段，但是由于技术的开发到技术落地需要克服一系列的实际问题，这个过程仍比较艰辛。

室内定位技术作为导航的"最后一公里"，一直是科技巨头和科研机构的关注热点，这些定位技术有些是以导航为专门用途的，比如伪卫星，还有些则主要用于通信，同时提供定位服务的技术，比如无线局域网（Wi-Fi）、射频标签（RFID）、Zigbee、蓝牙等。除此之外还有超宽带无线电（UWB）、红外定位、光跟踪定位、计算机视觉、可见光定位等，很多都要单独部署一套定位网络，成本较高。

电厂中人员定位分为室内定位与室外定位，室外定位可以使用GPS实现人员定位，室内定位技术就可以使用以上列出的一系列技术实现。而根据电厂特殊的环境，目前电厂中实现人员定位主要的技术路线有超宽带无线电（UWB）技术、无线通信定位、门禁、人脸识别（计算机视觉）、多种方式融合定位（UWB定位技术、人脸识别、门禁、智能锁几种方式的交叉融合方式）等几种方式。人员定位技术可实现电子围栏、危险源管理、人员管理（包括外包工管理）、智能两票等功能。通过电子围栏实现对重点危险区域的布控，监视和保护相关人员的安全与活动范围。通过人员定位、门禁、人脸识别等物联网技术结合三维可视化、电子围栏、智能识别等，与工作票、操作票联动，形成智能两票系统，对人员在现场的施工时间、时段以及在现场区域的活动进行有效的管控，实现人员安全与设备操作的主动安全管控，保障现场工作安全规范完成。

电厂环境比较复杂，导致目前一些新技术在工业环境下的实际使用效果会低于实验室测试效果，将多种传感器联动能够综合各种新技术的优点，协同实现智能安防功能。目前大部分的方案都是将智能摄像头与其他传感器联动，其他传感器的作用是提供异常信息源的位置信息并传给控制终端，控制终端根据位置信息调整摄像头的转向进而自动开展相关的识别功能。

7. 智能巡检

日常的厂区巡检是电厂安全稳定运行的基本保证，伴随着电厂整体智能化水平的提高，智能巡检相关的工作得以顺利进行。智能巡检的核心目的是使用机器替代人或辅助人完成巡检任务，减轻巡检人员的负担，达到减人增效的目的。目前智能巡检的技术路线有智能巡检机器人、巡检无人机、无线智能测量技术、巡检App、VR/AR/MR应用等。

结合巡检人员智能终端，借助图像识别与无线通信技术，实时关联缺陷管理数据库，可实现现场设备的智能巡检与自动缺陷管理。在技术成熟时，借助各类型机器人的应用，可实现无人化的智能巡检方式。其中涉及的关键性技术还包括设备参数自动识别、信息可视化记录存取、异常数据实时归档、巡检人员实时定位、现场风险预警、数据加密传输等。

巡检App大部分实现的方式是通过扫描设备的二维码自动记录设备数据并生成巡检报告。巡检机器人通过在机器人上搭载各种传感器实现检测功能，搭载摄像头检测异常情况的发生，比如设备的跑冒滴漏、人员入侵、环境异常情况等，智能麦克风检测设备的异常声音，温度传感器检测设备的温度情况，压力传感器检测设备的压力情况，激光雷达检测环境。巡检机器人分为轮式机器人和轨道式机器人，目前应用的主要场景有输煤廊道、气机、锅炉厂房等场所。

8. 故障预警与远程诊断技术

电厂机组故障分析与操作记录文档是宝贵的信息资源，利用结构化存储与检索调用技术可以形成可用资源，结合语义识别等数据利用技术，关联机组运行的实时、历史数据，实现故障诊断与实时预警。同时利用远程专家 AR（增强现实）互动平台系统，引入云平台数据挖掘资源，可便捷实现跨地域的专家共享与数据共享。在厂内知识信息管理、技术监督远程数据平台、专家网络移动式互动共享平台等技术载体支撑下，利用数据挖掘与风险预测、实时风险预警设置、全局风险预警设置等技术手段，实现区域或集团层面的设备状态智能管控系统。

9. 状态检修

状态检修的方法论自 20 世纪 80 年代就已提出，但长期以来并未能实现，发电厂一直还在沿用一年小修、三年中修，5～6 年大修的传统定期检修维护模式。虽然管理责任划分明确，但普遍存在过修现象。故障预警、远程监控与诊断技术开启新的市场，围绕设备的预警和诊断种类软硬件产品繁多，状态检修将会再一次成为探索的重点。

10. APS 系统

APS 是对机组设备运行规范优化的过程，也是对控制系统优化的过程。APS 的设计和应用不但要求自动控制策略要更加完善和成熟，机组运行参数及工艺执行顺序准确翔实，而且对设备的管理水平也提出了更高的要求。良好的 APS 系统能够缩短机组启、停设备时间，降低启停过程中的油耗、煤耗，提高机组运行的经济效益。

发电厂一直在进行实践摸索，至今未能有效长期投运。但随着自动控制系统的进步和电厂运行对控制水平要求的进一步提高，通过建设 APS 一键启停系统，解决协调全程投入、二拖一自动并汽、汽轮机 ATC 自动控制等关键技术难点，以提高机组自动化水平、减轻运行人员工作强度、将成为智能化电厂的标志。

11. 网源协调结合与电力市场辅助决策

智能发电衔接智能电网体系，实现网源协调互动与策略最优。电力市场实施后，机组调峰调频功能都与电厂效益相关，通过功能优化与效益寻优，使机组在竞价上网的决策中实现利益最大化。

系统整合调频调峰能力预测、调频调峰策略配置、节能调度、竞价上网效益寻优与 APS 快速启停等灵活发电技术，实现机组 AGC 深度调峰全程智能控制、深度低频负荷快速提升、兼顾机组经济性的混合调频技术、AGC 指令节能分配、辅助服务与电量效益寻优等技术目标。

12. 炉内智能检测与燃烧优化控制

近年来，基于光学图像、光谱、激光、放射、电磁，以及声学、化学的各种先进检测机理的炉内测量技术实用化研究进展较快，在炉内煤粉分配、煤种辨识、参数分布、排放分析等方面为多目标全闭环优化控制创造了条件。同时随着计算机技术的快速发展，先进智能控制技术也逐步进入实用化阶段，伴随各类灵活可靠的优化控制平台载体的推广应用，电站控制参数的智能优化技术得到了快速的发展，并推动了 DCS 的功能改进与能力提升。

通过系统性整合基于先进机理的检测技术、智能控制算法、软测量及智能寻优技术，实现燃煤锅炉炉内温度、氧量、一氧化碳浓度等燃烧参数空间分布的实时测量与自动调整、燃烧器煤种在线识别、风煤参数与布局自动配置、锅炉效率在线软测量、效率环保指标综合寻优、最优目标预测控制等技术手段，最终达到安全环保约束条件下锅炉燃烧效率的实时闭环最优控制。

13. 智能燃料

煤炭作为燃煤电厂的"粮食"，是燃煤电站的主要成本输入，其重要性不言而喻，煤品质的好坏与供应的稳定直接影响到机组运行的经济与安全。煤炭可以称作是电厂设计、建设与运行的"起源"，锅炉的设计、制造，以及相应配套的各类主、辅机均是以设计煤种作为出发点。煤场物理空间广，采制与管理工作量大，同时用煤种类繁多，变化频繁，配煤掺烧与适应性调整操作烦琐。输煤系统作为燃煤电站主要辅助系统之一，具有涉及设备众多、控制与运行方式独特等特点，随着近年来自动化水平的不断提高和现场对掺配煤的迫切需求，输煤系统的智能化已日益受到关注。

燃煤电站输煤系统是燃煤电厂的"生命线"，以功能来区分主要包括四大模块，分别是卸煤、储煤、上煤和配煤，包含了煤炭接卸、转运、筛分、破碎、输送等复杂环节，加之煤炭的独特理化特性，在上述每一环节中都会产生大量的粉尘，该粉尘中一般含有10%以下的游离态石英，对长期在该环境中工作的电厂人员将造成不可逆转的人身伤害。因此，电厂输煤系统的精确控制、稳定运行和恶劣环境中的无人值守当是火电厂智慧化建设过程中值得重点关注的领域。

一般而言，火电机组煤场仅指储煤区域及相关设施（如封闭煤场及所包含燃料等），广义上讲，智能煤场建设应包括或覆盖输煤系统从接卸到配煤各个环节的智能化。智能煤场通过应用智能识别设备、计量设备、采样设备、制样设备、化验设备、传输设备、煤样存储、盘煤设备、定位设备等智能化终端设备，实现集燃料智能采购、智能调运、智能接卸、自动计量、采制一体（自动取样、自动制样、标准化验/无人化验）、数字煤场、智能掺配、机器人自动巡检等为一体的燃料智能管控系统，涵盖采购、调运、验收、接卸、煤场管理、配煤掺烧各环节，实现燃料管理控制智能化，生产流程透明化、规范化，打通信息通道。

目前智能煤场的建设方案比较成熟，数字化煤场通过应用激光定位技术、网络通信技术、先进算法技术、多传感器集成、数据采集等技术，实现火电企业的燃料采购、运输、验收、贮存及配煤掺烧多个环节的数字化管理，通过信息化、自动化、三维可视化管理煤场存煤信息、煤场设备、作业人员，为精益配煤掺烧提供有力的数据支撑。无人化采制样通过智能机器人和自动化设备实现"采、制、化"全过程的无人化管理，通过自动化设备，排除了人为不确定因素，而且无人化制样可以自动制备存查煤样，从而实现对在线分析结果的校对功能。智能配煤掺烧系统，通过现数据自动采集与智能分析，杜绝人为因素干扰，提升燃料管理效能。建立科学、闭环的燃煤耗用管理体系，以掺烧反向指导燃煤采购、发电运行，提高燃煤数据对生产经营决策的支持能力。针对在不同负荷及运行参数条件下，生成合理的配煤方案。根据下达的掺配方案跟踪每个煤仓的上煤情况，结合机组运行参数对方案实际情况进行反馈。

火电发电面临剧烈变化的今天，只有符合一线操作和运行人员需求的技术，才能在日后的发电新态势下存活和发展。作为火电厂智能化建设过程中极其重要的一个环节，智能煤场的提出是对需求侧响应的良好回应，其中包含的无人接卸、采制化一体、存储煤无人值守和自动掺配煤等环节，真正起到了解决现场需求的作用，在降低人员劳动强度、减少人员伤害、减轻工作危险性的同时提升了整个系统的可靠性和经济性，提高了输煤系统自适应、自控制、自调节等智能化水平。

14. 沉浸式仿真培训与 AR 辅助检修维护

在增强现实（AR）技术发展逐渐成熟的前提下，可以逐步开展虚拟现实与增强现实在培训与作业中的应用研究，提升专业人员的培训感受，提高设备检修维护工作效率与操作规范性。设备虚拟拆解培训与检修操作可视化辅助技术在计算机运算能力足够支撑设备细节与流畅互动的情况下，对改善培训与检修质量所带来的效益是非常值得期待的。

15. 智慧经营

从国内各电网的政策应用来看，调峰辅助市场的参与和精细化研究是未来电厂提高自身盈利能力中不可或缺的内容之一。因此，一些电厂基于大数据技术手段，研发基于智慧能源营销管控的厂级经营优化及营销报价平台，通过建立：

（1）厂内数据模型，根据生产、经营数据，实时计算出厂内成本、非调峰阶段利润。

（2）历史全年电量、负荷率分布模型，根据历史数据计算出月度等电量、负荷率，指导当前的电量分配，以及是否参加辅助调峰市场提供基础数据。

（3）全年发电任务分配模型：依据历史同期及当年发电任务数据，建立本年度中各月份发电任务分配模型，并实时进行数据偏差调整和利润、成本变动分析。

（4）大数据分析模型：搭建满足项目目标的各类模型，并且融入与之相关的所有数据。

经营管理模型平台辅助全年计划电量调整、调峰，辅助服务决策支持，管理全厂经营指标预算、经营指标滚动调整。

16. 现场总线

现场总线（Field-bus）主要解决工业现场的智能化仪器仪表、控制器、执行机构等现场设备间的数字通信以及这些现场控制设备和高级控制系统之间的信息传递问题。现场总线技术应用有利消灭火电厂"信息孤岛"，可为智能化电厂建设奠定数据传输基础，但需要通过开发具有标准化的可普遍适用的终端分析软件，对通过现场总线获得的大量数据进行信息的深入挖掘，应用于对设备可靠性预测、故障诊断、控制优化等，才能体现其价值。

不少电厂将现场总线的应用，作为电厂智能化建设的一个标志性特征。因此 2010 年后建设的电厂（或进行智能化改造的电厂）普遍采用了现场总线，且覆盖率不断提升，有的电厂高达 80% 以上（除保护联锁和重要控制设备外）。从基建角度上减少了线材和桥架投入（增加了设备费用）。但在运行阶段未能体现其价值，相当部分现场总线仪表仅当作常规仪表使用，而通过现场总线收集的新增数据，大多数也未能参与到设备可靠性预测、故障诊断或传统的控制逻辑优化中。整体而言，现场总线设备的应用，到目前为止所起的作用仅为数据采集与执行。在没有智能化决策应用的情况下无实际功能，电厂的运行管理模式与此前并无变化。

Profibus 适用于高速的信息传递，数据传递安全系数高，对于大范围的复杂通信场合有更强的处理能力。对于不同的应用对象，Profibus 可以选取不同规格的总线系统，不需要增添转换装置。由于其是全数字调速装置，具有保护机制（各个从站都具备独立的控制定时器，在一定监测时间内，假如数据传输有偏差定时器则会超时。超时现象发生后，用户会立即得到信息，加强了系统整体的可靠性），且操作十分简单，应用于各种场合具备经济性及灵活性。

17. 移动 App

移动应用及现场 Wi-Fi 主要推动者是相关信息技术企业，早期应用满足了企业移动办公的需求，能够快速全面地将移动办公、辅助分析及消息提醒等功能延伸到管理人员和业务人员的手机中，看报表，批工单，为企业提供移动的实时的信息化服务，使员工现场作业方便、便捷、效率提高，领导管理高效。因此在电厂智能化建设中应用得到快速推进。随后就深入了电厂运营管理和实际巡点检过程，通过现场的二维码，ASSS 查找后台数据库中的检维修数据，录入巡点检记录（后期部分项目甚至可查询实时数据与历史曲线），也为现场巡点检工作带来了一定便利。此外还有智能五防锁等，通过与后台工单的确认开启相应锁具，增加安全性。

未来的建设一方面可以在信息安全方面允许的情况下，使用如企业微信等平台，借助专业信息化公司的技术和服务，将主要精力集中在系统开发和功能实现方面，更好地利用移动端便利快捷的优点实现我们所需的功能。通过移动应用建设，实现即时通信、生产日报查看各项应用移动端等功能，提高日常工作的便利，能够起到降本增效作用。

四、电厂智能化建设讨论

1. 电厂智能化建设中问题

过去 10 年中，国内发电企业按照"管控一体化、控仿一体化"，在建设数字化电厂方面取得了较大进步，为由数字化控制与信息化管理的发电企业向更加清洁、高效、可靠的智能化电厂发展奠定了技术基础，但从目前的智能化电厂实际建设、生产情况来看，问题也开始显露。

（1）智能化电厂建设方向不明：智能化电厂定义不清，方向不明，前期策划投入不足，对系统的结构缺少顶层设计，技术要求、应用方式缺少统一的标准规范。解决方案多半由厂商提供，尽管之前电厂提出需求并参与认证，但由于电厂对数字化电厂、智能化电厂的理解各有不同，而厂商往往对企业千差万别的需求"理不清"（即使"理清"也不一定能修改，因这种需求经常变动，大多代理的国外软件难以跟随）；因此，已报道建成的智能化电厂，虽然解决方案技术先进，但同企业生产和管理的实际需求存在较大差距，投入与产出不相应，使得人们对智能化电厂发展的认知上两极分化。由于认知深度不够和惯性思维的约束，导致在智能电厂的建设过程和实施成效方面存在许多不足。

（2）技术应用跟不上需求：火电机组运行问题，煤质多变、负荷多变、煤价多变、气候多变、手脚不灵（执行设备响应滞后）、人员变化。而技术应用跟不上需求：智能仪表和现场总线选择余地小、测量技术不成熟或缺乏而跟不上智能化需求、智能在线优化技术自适应能力差。大数据技术可以成为解决电厂优化现实需求问题的共性基础，实现基于数据的决策，支持管理科学与实践，减少对精确模型依赖，发电行业对数据的应用需求旺盛，但由于缺少顶层设计，缺乏有效的共性技术支撑与理论指导，使得大数据应用技术在发电行业还未有效展开。

（3）基础数据缺乏：智能化建设中，存在表面化、工具化现象，重视设备和控制过程的自动化，不重视基础数据的获取与建立（如维护记录仍为纸质、集团内格式不统一）和对过程数据的深入研究与提升，人员素质培训也非常缺乏，缺少底层支持，必将阻碍上层数据开发应用。为追求创新，以智能电厂为名开发建设了种类繁多、标准不一的功能应用，形成许多信息孤岛。

（4）信息未有效利用：DCS功能的拓展和部分现场总线的应用、SIS与管理信息系统的融合，加之信息技术的发展、众多设备故障诊断软件和三维设计、三维数字化信息管理平台的应用，为实现信息的有效利用、交互和共享提供了基础。但从实施效果来看，并未有效实现数字化管理功能，现场智能设备只是当作常规设备使用，未能通过网络技术将智能设备内的信息贯穿起来，实现底层设备数据的集成和智能通信；底层数据支持的缺少，又阻碍了对大量生产过程数据等进行深度有效的二次开发和利用，或者即使积累有大量的数据，但很少有对涵盖电厂的所有相关数据进行深度挖掘，从海量无序数据中提炼与生产、经营有关的有效数据加以利用，使得SIS和MIS系统大多数情况下只是数据采集系统。加之信息化设备不统一，端口不一致，信息孤岛情况仍有存在。

（5）智能控制与管理平台的技术路线有缺陷。企业和厂商对智能电厂建设的关注点在于智能应用等场景，对关键的计算平台缺少投入，多选择在已有系统的基础上，进行功能扩展。这种解决方案因兼容性约束，未能导入最新的数字化技术，其性能和可扩展性存在缺陷，并对项目整体的长期收益带来较大风险。

（6）多数传感器不具智能功能，现场总线等智能装置与宿主设备相对独立，缺少真正意义上的智能设备。

2. 电厂智能化建设当前任务

火电厂智能化建设的目标随能源行业的发展不断演进。目前，智能火电厂的建设重点是：充分应用工业互联网、机器学习、人工智能等新技术，持续提升发电运营和管控水平，实现更加绿色、安全、高效、灵活的运行能力，与智能电网及需求侧相互协调，与社会资源和环境友好融合。

发电厂具有关联性、流程性、时序性强特点，智能化是形势迫使转型升级的内在需要，是个渐进过程，要考虑产出比与社会责任，避免盲目建设。当前智能化电厂建设中的首要任务，应是优先解决智能化建设中暴露的问题：

（1）权威部门能尽快联合高校、设计院、研究院、电厂、制造或供应厂商，从不同的角度，对智能化电厂的设计、实践、运行维护进行深入研究，加快技术标准的制定，建立相关的统一技术标准体系和技术导则，为智能化电厂建设与运维护提供指导，同时在建设的前期，做好智能化电厂的层次规划，使电站各层功能规范、平台和接口统一，第三方产品能无缝接入。同时企业加强前期策划，通过整体规划、分段实施控制风险。

（2）应提升智能电厂建设所需装备水平与技术能力。从全生命周期角度统筹策划智能电厂建设方案，规范架构和标准。当前应全面推进数字化（重视基础数据获取与建立，如检修维护记录统一格式无纸化）、研究智能化，更多地关注新技术及研发应用、优化过程工艺与控制。

（3）应进一步开发和完善煤质、炉膛温度场及低负荷流量等在线检测技术；整合单元机组各工艺过程的控制系统及信息平台，使得平台统一、数据来源准确、信息便于交互和共享。

（4）智能火电厂的建设应围绕提升绿色、安全、灵活、高效等核心指标开展。开发风能、太阳能等清洁能源发电功率预测、化石燃料发电机组调峰能力评价等技术，为实现发电优势互补、资源优化利用和节能调度提供依据。

（5）新的信息和控制系统覆盖范围的延展生成了大量数据，但在数据治理方面投入不足使数据资源化水平较低，大多数信息有量无质，难以分析使用。应借鉴国内外先进理念，结合企业实际情况，深入流动数据研究，制定科学的数据治理机制，统一测点标识、信息表达、特征维度等数据标准，进行隐形数据显性化与应用创新，避免 SIS、盲目优化情况再次发生，同时电厂智能化发展必将带来工控网络信息防护工作的深入推进。

（6）技术架构的探索，参考智能工厂技术路线，推动以智能设备和工业互联网为基础的技术架构的探索。

（7）不盲信智能化，智能化要取得成效，需要人、设备、网络联动，三者之间以人为本。人决定了创新开发、有效维护、安全运行深度。行业现有人力资源无法满足智能化电厂建设以及长期运营带来的技术能力需求，数字化和智能化所需高素质专业人才严重缺乏。因此需要重视企业内在因素的开发（人员素质、企业文化管理），通过专业培训、人才引进、业内合作，加强智能化电厂建设与运维队伍的建设。

3. 电厂智能化建设发展方向

目前，一些电厂实现了部分数字化（三维结合数字档案）和局部应用一些新技术（如巡检机器人等），但仍属于自动化或信息化做得好的电厂，称不上智能化电厂，因为目前的智能化建设的电厂，普遍建立在信息化的基础上，优化运行策略、智能预警和故障诊断策略难以直接控制 DCS 以产生效果。互联网＋的应用与网络安全间也未找到一个平衡点。如今网络安全已经提升到战略高度，大部分电厂进行了内外网分离，无法与互联网进行数据交互，影响系统使用功能等。

随着新一轮电改的实施，对节能环保要求的不断提高，智能化电厂建设将会进一步受到关注，将是未来十年电厂技术的发展方向，也是发电机组实现清洁、高效、安全、稳定运行的重要手段。

电厂智能化的建设，需要围绕"安全、经济和环保"三大目标，运用大数据分析、人工智能、物联网、云架构、智能感知、智能控制、虚拟仿真等技术，达到减人增效、安全可控、高效经济、节能环保等目的。需要在一体化控制系统、一体化管控平台基础上，通过应用各种不同的智能模块，涵盖规划设计、设备采购、工程施工、安装调试、运行维护、检修技改直至机组退役全过程。

随着各种智能控制和信息技术的不断发展，智能化电厂不断发展和完善过程中，需要不断与移动互联网、云计算、大数据和物联网等先进技术相互融合，促进火电厂的进一步转型升级。

（1）与移动互联网的结合。目前，工业局域网在电厂中的应用已经较为普遍，电厂人员可以通过局域网对整个电厂的信息进行查看，或利用 VPN 通过互联网进行远程查看。随着移动互联网与移动终端的发展，特别是随着 4G 等移动通信技术的普及，使智能手机和平板电脑等移动终端设备在电力行业的应用将成为可能。通过移动互联网技术可以将电厂的实时生产和运行状况同步到智能移动终端，因为移动互联网不仅传输速度快，而且覆盖面广，可使管理人员或技术人员不在现场时，仍然可以通过移动终端及时获取所需要的电厂信息，并进行相关决策，最大限度地减少经济损失，从而提高全厂的现代化管理水平。

（2）与云计算、大数据技术结合。云计算是一种新型计算模式，可将企业内部的大量数据储存到云端，利用云端服务器组对大数据进行分析和挖掘，这种大数据分析侧重通过分布式或并行算法提高现有数据挖掘方法对海量数据的处理效率，忽略了数据之间的前后因果关系，侧重对数据间的相关性进行预测，然后将有用信息回传给用户。电厂可将其生产运营过程中的海量数据传入云存储平台进行保存和备份，并利用云端并行服务器对大数据进行快速分析和挖掘，发现有利于生产和管理的有用信息，为智能决策服务。通过与云计算、大数据技术的结合，火电厂将不需要自己额外对硬件设备及相关基础设施进行投入和维护，节省大笔开销。

（3）与物联网等技术结合。物联网就是通过射频识别技术、传感器和定位系统等信息传感设备，将各种物体连接到互联网，实现各种信息的通信与交换，从而可对各种物体进行智能化识别、定位、跟踪和管理等的一种网络。目前电厂存在设备和物资的信息共享性差、结构不统一和综合利用困难等显著问题。可利用物联网技术，通过将感应器和射频识别标签等嵌入到机炉电设备和各类重要物资中，形成电厂内部的物联网，并与互联网加以整合，以更加精细化和动态化的方式实现对电厂的智慧管理，提升全厂的现代化管理水平。

智能化电厂是在自动化和信息化基础上，采用各种新技术实现智能感知和执行、智能控制和优化、智慧管理和决策，从而使得电厂在各种环境和条件下都能更加安全、经济和环保运行。

（4）智能化建设目标。火电厂智能化建设，应在自动化和信息化基础上，采用各种新技术实现智能感知和执行、智能控制和优化、智慧管理和决策。为复杂的生产工艺流程增添自动化的操控手段及具有智慧的算法，将孤立的功能模块融会贯通、交叉共享，数据挖掘让底层数据显形，实现数据信息可视化，应用于机组运行优化与高效运维，发挥更大作用，实现更高价值。

围绕发电企业运行、检修维护和本质安全企业建设，在先进的自动化技术、信息技术和思维理念深度融合的基础上，通过先进的传感测量及网络通信技术，实现对电厂生产和经营管理的全方位监测和感知（泛在感知）；通过先进和智能控制技术，根据环境条件、环保指标、燃料状况变化，自动调整控制策略和管理方式（自适应性）；通过对数据的计算、分析和深度挖掘，提升电厂与发电集团的决策能力（智能融合）；在电能产品满足用户安全性和快速性要求基础上，通过网络技术实现设备与设备、人与设备、人与人之间的实时互动（互动化）。建成安全可控、网源协同、指标最佳、成本最优、供应灵活的燃煤数字电厂试点工程，以有效提升企业内部管理水平与外部环境自适应能力，实现企业效益最大化目标。

火电厂智能化建设的目标随能源行业的发展不断演进。目前，智能火电厂的建设重点是：充分应用工业互联网、机器学习、人工智能等新技术，持续提升发电运营和管控水平，实现更加绿色、安全、高效、灵活的运行能力，与智能电网及需求侧相互协调，与社会资源和环境友好融合。电厂智能化目标与典型功能特征如图 1-3 所示。

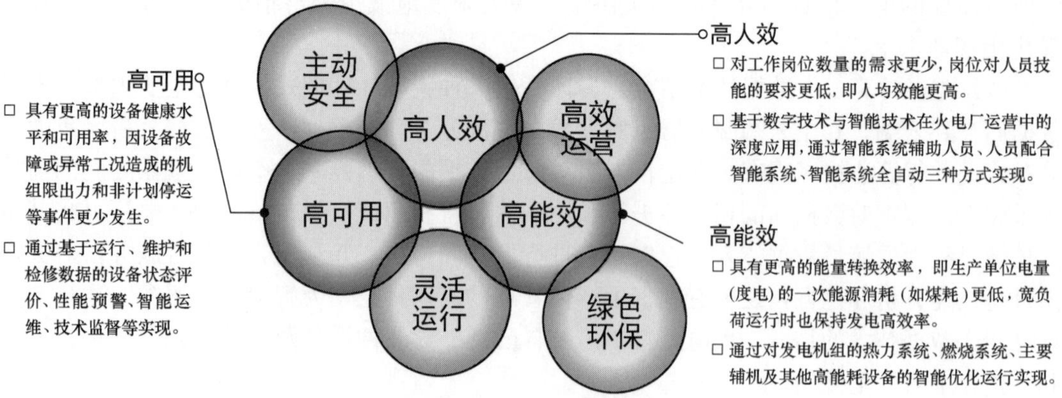

图 1-3　电厂智能化目标与典型功能特征

第二章

电厂智能化建设现状

为掌握国内火电厂智能化建设现状，为相关部门提供电力行业火电厂智能化建设发展报告，以促进各火电企业与相关产业、高校、科研院所等单位的工作互补，推动火电厂智能化建设的健康发展，根据刘吉臻院士的建议，中国自动化学会发电自动化专业委员会、中国能源研究会智能发电专业委员会和中国电力企业联合会电力技术市场协会联合，组织国网浙江省电力有限公司电力科学研究院、浙江能源集团有限公司科信部、国网湖南省电力有限公司电力科学研究院、中电联中国电力技术市场协会工业互联网与智能化专委会、国家能源集团新能源技术研究院有限公司、陕西延长石油富县发电有限公司、国家电投集团内蒙古白音华煤电有限公司坑口发电分公司、阳城国际发电有限责任公司等单位专业人员，分两阶段对每家发电集团推荐的电厂，就"火电厂智能化建设现状"主题进行现场调研，调研的主要内容：

（1）火电领域智能化技术开发、新产品制造、示范工程应用进展情况。

（2）火电厂智能化建设中存在的主要问题、应对方案与技术需求。

（3）火电厂智能化建设中的核心诉求与发展方向建议。

（4）火发厂当前关注的问题与建议。

两次调研走访了大唐南京发电厂、大唐泰州热电有限责任公司、江苏利电能源有限公司、国家能源集团宿迁发电有限公司、华润铜山电力有限公司、国能神福（石狮）发电有限公司、华能（广东）能源开发有限公司汕头电厂、国家电投中电（普安）发电有限责任公司、国能国华（北京）燃气热电、北京京能高安屯燃气热电有限责任公司、国电内蒙古东胜热电有限公司、华能营口热电有限公司、华电莱州发电有限公司、华润电力湖北有限公司、国家电投集团河南电力有限公司沁阳发电分公司、浙江浙能台州第二发电有限责任公司、国家能源集团江苏公司太仓发电厂、中电投五彩湾发电有限公司等 18 家电厂。

通过本次调研，我们看到国内外还没有一个完整意义上的智能化电厂，但智能化电厂框架下的许多智能控制技术和先进算法已在这些电厂中进行了应用研究，实施后取得不错的效果［如三维技术、智能安防、锅炉燃烧系统、智能燃料（智能煤场）、智能监盘、ICS智能发电运行控制系统、数据信息挖掘与 SIS 系统的深度开发应用、故障预警与远程诊断技术、APS 系统、现场总线、移动 App 开发等］，有力促进了电厂安全运行、增效减人和管理规范化。随着各种智能控制和信息技术以及数字化电厂的不断发展，智能化电厂也将处于不断发展和完善过程中。智能化电厂未来的发展已经预示着需要不断与移动互联网、云计算、大数据和物联网等先进技术相互融合，以促进火电厂的进一步转型升级。

调研后，中国自动化学会发电自动化专业委员会联合中国能源研究会智能发电专业委员会、中国电力技术市场协会工业互联网与智能化专委会编写了调研报告初稿，在北京召开了"火电厂智能化建设现状"调研报告与书稿编写会议。会后被调研电厂代表与调研组共同组成一个团队，一起进行本次调研报告及书稿的编写与完善，提供给火电行业供后续进一步拓展智能化建设参考，共同推动我国电厂智能化建设步伐。

下面就本次电厂调研情况，按调研电厂的顺序分别介绍。文中内容来源于现场调研和各电厂提供。

第一节　大唐南京发电厂

大唐南京发电厂位于南京市栖霞区靖安街道马渡村，是中国第一家官办发电厂，也是中国大唐集团公司旗下历史最悠久的火力发电企业。2009 年电厂启动"上大压小"，易地搬迁，一期工程建设二台 660MW 超超临界燃煤发电机组，先后于 2010 年 8 月、12 月相继投运，被中国大唐集团公司命名为首个火电"示范电厂"荣誉称号。

自 2015 年开始，大唐南京发电厂谋划开展"智慧电厂"项目，进行可行性研究；2016 年初投入大量人员进行调研、收资工作后开始项目建设，将互联网＋、虚拟现实、大数据分析、人工智能等技术运用到电力生产中，不断完善并确立了包括锅炉 CT、锅炉智能燃烧优化系统、人员定位安全管理系统、三维镜像电厂、远程故障诊断中心、锅炉四管诊断系统在内的六大功能模块。各功能模块于 2018 年先后上线运行，成为大唐集团电厂首家完成"智慧电厂"建设的燃煤发电厂，2018 年底通过集团验收。

一、电厂智能化总体情况

该电厂智慧电厂构架见图 2-1，参与研发单位主要有大唐南京发电厂、东南大学、南京科远智慧、大唐科研院。主要功能分为六大功能模块，包括锅炉 CT（基于激光 TDLAS 技术的锅炉 CT 系统）、锅炉智能燃烧系统（通过锅炉 CT 获取炉膛参数分布，实现燃烧过程可视化，并对燃烧优化开展指导）、三维镜像电厂（采用虚拟现实技术，完成电厂三维建模）、锅炉四管数据分析（通过大数据分析及三维建模技术，实现锅炉四管泄漏预警、防磨防爆管理）、远程故障诊断（通过大数据分析和人工智能技术实现机组故障诊断）、基于物联网的安全管理系统（利用 UWB 技术，采用基于接收信号时间法实现人员定位）等模块，作为智能化电厂 1.0 版本。现正在规划智能化电厂 2.0 版本，主要有冷端优化、智能排放、新技术的应用、其他模块及一期模块优化。

二、特色介绍

1. 锅炉 CT

采用基于激光 TDLAS 技术的锅炉 CT 系统，在锅炉炉膛安装一层锅炉 CT，使用先进的激光测量技术，利用气体分子的红外吸收光谱特性，采集记录特征波长下的红外激光光谱吸收数据，准确获得炉内燃烧参数，实时监测锅炉炉膛出口温度场分布参数。锅炉 CT 作为核心模块，通过在炉膛折焰角底部加装 7×7 激光测量装置，对该截面温度场进行监

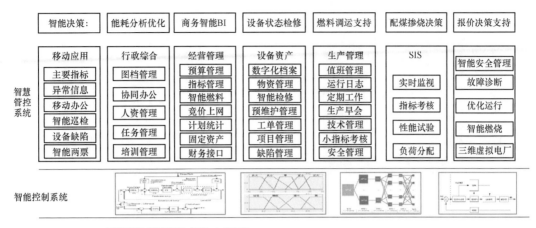

图 2-1　大唐南京电厂智慧电厂 1.0 体系架构

测。该装置投运后，对运行人员超温考核基本合格，大幅降低炉膛超温次数。激光测量相比于红外扫描，局限性小，穿透力强。运行中遇到穿透问题与接收对准问题，经过运行调整和研发自动对准装置，现取得一定检测效果。

锅炉 CT 测量框图，如图 2-2（a）所示，获得各光路上的温度数据后，通过 CT 成像算法重建各区块内的温度值，再通过插值得到整个炉膛的温度分布，进而生成燃烧区域截面二维影像图，如图 2-2（b）所示，可以迅速获得炉内燃烧状况的实时信息，包括火球是否居中、火焰温度分布情况，用于指导锅炉热态动力场试验和燃烧调整，实现锅炉燃烧系统的优化运行，起到节能减排的作用。通过锅炉 CT 获取炉膛参数分布，如图 2-3 所示，实现燃烧过程可视化，并对燃烧优化开展指导。

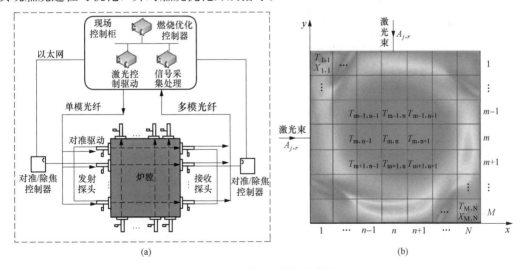

图 2-2　锅炉 CT 测量示意图

（a）锅炉 CT 测量框图；（b）燃烧区域截面二维影像图

2. 锅炉智能燃烧系统

燃烧优化系统与东南大学合作开发，实现对超超临界大型煤粉锅炉燃烧过程的三维数

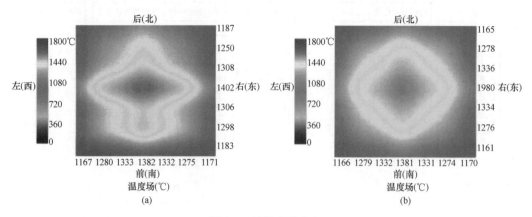

图 2-3 炉膛参数分布

值模拟，拓展变煤质/负荷超超临界锅炉炉内燃烧的数值模拟研究，填补了超超临界锅炉数值模拟研究领域的空白。基于神经网络算法和遗传算法，研发变煤质/负荷超超临界锅炉燃烧优化专家指导系统，如图 2-4 所示，根据锅炉 CT 测量的炉膛温度分布，利用神经网络、遗传算法和模拟退火方法等全局寻优算法对锅炉的最佳燃烧工况进行寻优，获得不同煤种、配风模式下各燃烧参数的最佳设定值，指导调节各层二次风风量、不同燃烧器投入，实现对超超临界锅炉变工况下及时提出燃烧调整优化方案。

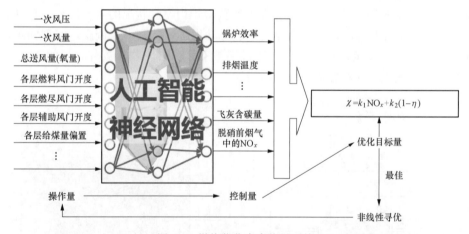

图 2-4 燃烧优化专家指导系统

通过工业互联网技术将锅炉 CT、机组运行相关 SIS 数据采集到企业云平台中，电厂运行检修专家、上级单位专家、外聘专家、设计专家、调试试验专家、设备制造专家等人员通过企业云平台提供相关服务，对于锅炉燃烧历史、实时情况进行动态可追溯分析，按照烧旧存新、燃烧效率最优、设备安全稳定运行、环保排放符合要求、成本最优等原则，在保证锅炉安全、可靠运行的前提下，对锅炉运行状况进行分析，给出优化燃烧的细分条件下配煤及综合调整方案。

在炉膛 CFD 模拟结果的基础上，通过现场 150 种工况实验校核、修正，使用神经网络等算法，研发专家指导系统，对相关工况提供重要阀门开度推荐值，如图 2-5 所示。但因近年来煤种、负荷的变化及机组设备的改造更新，原有150种工况与现在运行状态相差较大，无法满足目前机组的指导需求，目前为开环控制。

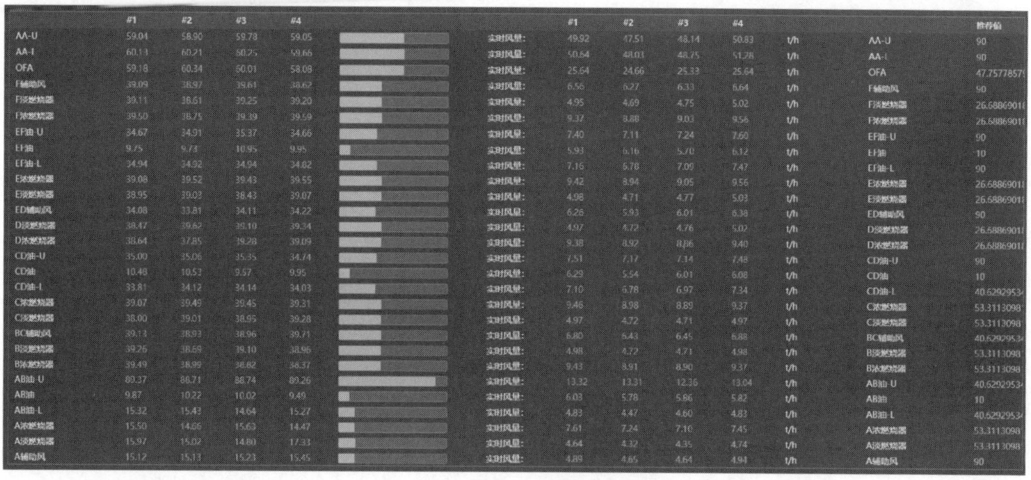

图 2-5　配风优化专家指导系统

3. 三维镜像电厂

采用虚拟现实技术实现电厂三维建模。依据激光扫描点云数据、实景照片、实地勘察及企业原有的 CAD 平面图纸完成全厂内外部结构的虚拟三维空间的建立，展示整个电厂的物理分布情况及设施运行状态。将电厂数字化以便在可视化数据管理中和实物一一对应，保证虚拟场景与实地场景高度匹配。建设内容包括电厂主要设备的三维模型、主要设备的三维检修培训系统、主要工艺流程仿真培训系统、全厂三维可视化系统，如图 2-6 和图 2-7 所示。

三维数字可视化立体设备模型可实现构建工厂三维模型、系统集成、信息分类管理、快速查找、查询和检索、数据浏览、文档管理、智能视图、集中化管理体系、智能培训、人员定位等十项功能，实现企业各项基础管理工作的全面提升。

4. 人员定位系统（基于物联网的安全管理系统）

使用 UWB 技术实现人员定位，共加装 200 多个基站，定位精度 30cm，覆盖锅炉 0m 层和汽机房，具备历史轨迹查询功能，人员定位系统示意图如图 2-8 所示。通过基站形成电子围栏，根据区域人员设置相关权限，进入危险区域定位牌会有声光提示，如安监部对外来人员进行登记并发放定位牌，进入危险区域会报警。KKS 码对接现场，对工作票操作人员开放黄色电子围栏，非操作人员进入该区域会触发报警。电子围栏架设分为自动架设和手动架设，自动架设需要 KKS 码，如无 KKS 码则需要安监部手动架设。

基于物联网的安全管理系统综合运用高精度定位技术、物联网技术、智能信息处理技术等手段，实现现场关键区域人员工作状态的实时监控，实现危险源智能识别、智能巡检、电子围栏、智能两票等功能，避免出现误操作造成机组非停、人身伤亡等事故，消除安全生产隐患，为检修区域和外包工工作区域进行管控。管理人员可以对人员的实时位置及工作状态进行监控，避免由于人员定位错误而产生安全隐患，杜绝安全事故的发生，提高电厂运行安全性。

图 2-6 全厂三维可视化系统

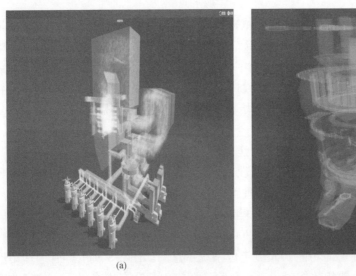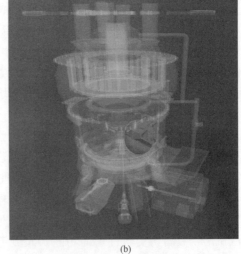

(a)   (b)

图 2-7 三维培训系统

（a）工艺流程仿真培训系统；（b）三维检修培训系统

5.锅炉四管诊断系统

对水冷壁、省煤器、各级过热器、各级再热器管排根据设计图纸建立锅炉四管三维模型，如图 2-9 所示，包括设计壁厚、设计材料、设计温度等参数，构建锅炉四管三维设备台账。在四管设备上设置若干固定的测量点，每个测量点主要检测管子外形、壁厚、外径等参数，在每次停炉检修时进行测量，并组建锅炉四管数据库。

数据分析系统长期采集 DCS 运行数据，如四管壁温、管内蒸汽压力、锅炉烟气温度分布等，结合锅炉燃烧 CFD 模拟判断烟气流向，充分考虑这些因素对锅炉四管磨损的影响，

图 2-8　厂区人员定位系统

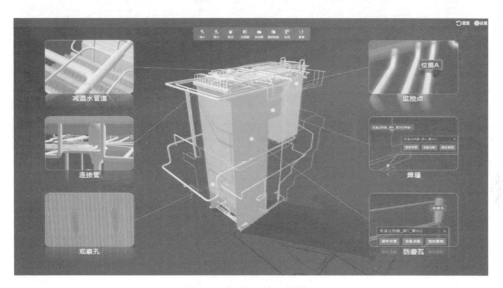

图 2-9　锅炉四管三维模型

根据烟气对"四管"长期冲刷下磨损情况和汽水参数越限情况，对锅炉泄漏进行预判。根据"四管"壁厚变化参数，归纳出不同测量点管壁的磨损速率，制定"四管"危险点以及"四管"检修维护计划，得出下次停炉检查的最佳时期。由于建厂时间长，运行、检修人员年龄相差较大，存在记录习惯与方式上的差别，使得防磨防爆相关记录缺失、不完整，尤其对于纸质资料更甚。而通过该系统能够记录到设备属性，每次检修中通过人工输入数据后，系统能够自动判别风险等级，并自动记录报警，能够做到有针对性地检查。

　　此外，系统对防磨防爆的多方数据汇总并进行相应的分析，从而指导电厂运行和检修人员的下一步工作，系统包括以下四方面的预警：对管子的超限时间统计后进行预警、管子磨损速度统计后进行预警、管子剩余寿命统计后进行预警、对管子蠕胀率统计后进行预警。

6. 远程故障诊断

将电厂 DCS 和设备诊断数据采集系统（TDM）中产生的设备数据、过程数据以及中间数据存入智能诊断服务平台的实时数据库，如图 2-10 所示。故障诊断中心根据影响设备安全运行的监测参数的变化趋势，如瓦温、振动等，建立数学模型，将相关数据和信息综合起来，通过特征提取和相关性分析方法，分析特征数据与相关参数之间的关系，结合设备专家和运行人员经验，给出预警信息。同时充分利用现已积累的海量数据和新增的设备状态数据，应用大数据分析和人工智能技术，实现机组故障早期预警和诊断，提高设备的可利用率，为最终实现状态检修打下坚实的基础。目前部分数据上传至大唐集团科研院（华东院），每月为电厂出具整改报告。

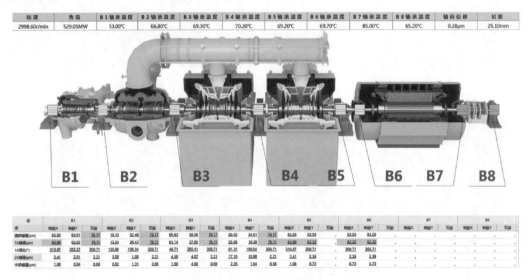

图 2-10　远程故障诊断画面

7. 堆取料机无人值守系统

利用精确定位、激光扫描、三维建模、智能控制等多项技术，实现堆取料机就地无人值守，远程集一键式智能控制，提高作业效率、改善工作环境。堆取料机无人值守系统如图 2-11 所示。

主要模块如下：①无线通信子系统。堆取料机上设置工业级无线 AP，与地面基站之间建立稳定的宽带链接，实时数据和视频图像数据通过独立的信道进行数据交互，确保两者之间不受影响。②视频监视子系统。在堆取料机上设置多套视频摄像头并接入智能监控系统中，在监控中心通过网络可查看料车运行的图像数据。③料堆激光三维扫描系统。此系统通过激光照射到料堆上，获取照射点的位置信息，将多个点的位置信息通过图像数据处理，获得三维坐标系内的 X、Y、Z，建立料堆的三维立体模型。

（1）激光扫描。

通过堆料机悬臂上的二维激光扫描仪在堆料机回转过程中对料堆的外形轮廓进行实时扫描，快速、准确地得到料堆的 3D 点云数据。3D 扫描仪需对扫描生成的原始料堆点云数据，在定义的总坐标系下进行匹配、过滤杂点等预处理，需输出点云和 3D 图像，还要给出料堆的起始和结束位置，料堆体积和质量等重要参数。激光扫描系统的综合误差不超过

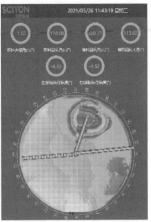

图 2-11 堆取料机无人值守系统

15cm。综合误差指的是激光扫描仪的标称误差、定位误差及软件算法的计算误差。

（2）图像数据处理模型。

对 3D 扫描系统采集的点云数据进行过滤、匹配、拼接、体积计算等处理，从而得到料堆的整体三维模型。

（3）定位与姿态识别系统。

此系统通过堆料回转定位、取料俯仰定位、取料机回转定位确定堆取料机的实时位置，通过三种定位的数值确定堆取料机的姿态，根据三维扫描的结果，不断调整堆取料机的位置和姿态，完成堆取料作业任务。

依靠定位传感器，IO 模块，通信模块，PLC 系统等硬件，建立定位与姿态识别模型，实现堆取料设备的精准定姿定位。

（4）料场信息更新。

当每次作业完成后，料场信息更新系统快速获取料堆的信息。

根据激光扫描设备和图像数据处理模型实现对各类原料的快速、实时、准确更新料堆堆形、位置、体积、质量。增加手动更新功能，当在控制系统中下发更新料场信息指令后，自动快速扫描料场料堆信息，并将数据及时更新到系统中。三维数字化煤场如图 2-12 所示。

（5）料场数据可视化系统。

在终端电脑上，此系统可以直观地看到料堆的三维模型以及堆料的位置、体积等重要参数。

根据激光扫描数据的处理结果，通过料条参数，料堆参数等多种基础参数数据，编制 3D 料场图，以图形和表格的形式展示料堆的各堆料情况。对机械设备、堆场、辅助设施进行建模，并将模型根据现场的测绘数据放置到对应的坐标位置。场景搭建完后，将激光扫描仪扫描到的动态料堆模型加载到堆场的坐标位置。

可视化系统具有三维场景、作业流程维护及分析、数据接口、生产报表等功能。

8. 输煤系统智能巡检

利用 AI 摄像机及图像处理技术实现对皮带跑偏、撕裂、危险区域火灾报警、温度过

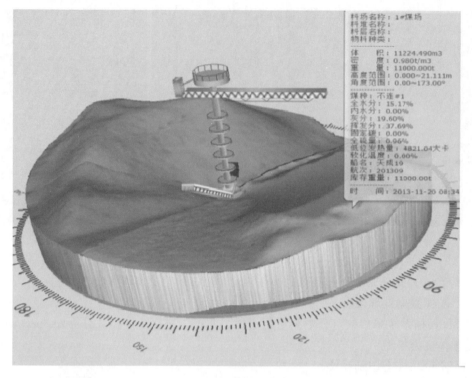

图 2-12　三维数字化煤场

高等异常情况实时监控和报警，快速定位运行中的各类问题降低巡检人员工作强度。输煤系统 AI 监控如图 2-13 所示。

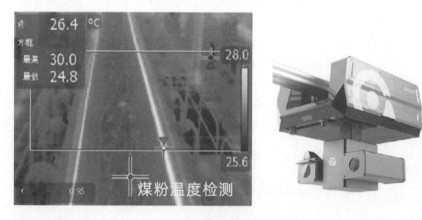

图 2-13　输煤系统 AI 监控

9. 智能配煤掺烧

配煤掺烧技术是将不同种类的煤种按不同比例混合，通过煤质互补实现燃料的优化，稳定入炉煤质，提高锅炉效率，降低污染物排放，增强锅炉对煤种的适应性，对燃煤火电厂优化运行有重要的意义。通过机组安全经济燃用混煤，降低污染物排放，使得企业获得较好的经济效益。

智能配煤掺烧系统根据电厂掺烧的实际关注点，设定配煤的关键指标，结合负荷计划、煤场存煤、设备运行情况等，以最低燃料成本为目标得出最佳的配煤方案。同时，可实现燃用煤质的在线监测及下阶段燃用煤质监测。上煤方案推荐如图 2-14 所示。基于煤仓可视化的煤质监测如图 2-15 所示。

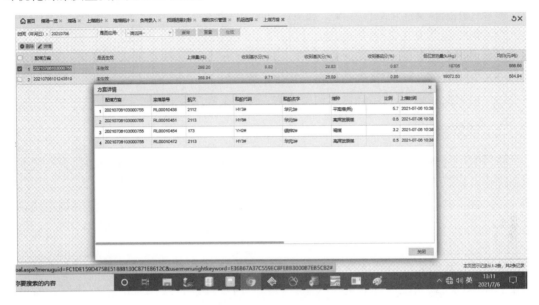

图 2-14　上煤方案推荐

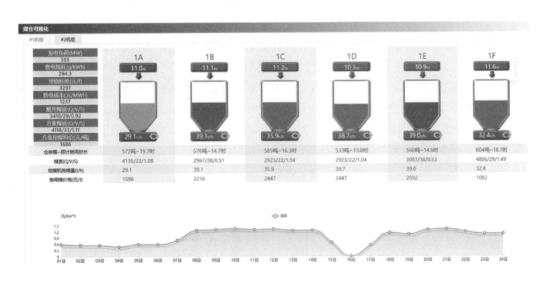

图 2-15　基于煤仓可视化的煤质监测

10. 智能燃烧闭环控制

智能燃烧实时优化控制系统开发基于采用先进算法的变煤质/变负荷锅炉燃烧优化专家系统。专家系统利用先进算法对锅炉的最佳燃烧工况进行全局寻优，获得不同煤种及负荷条件下，各燃烧参数的最佳设定值，包括二次风、燃尽风配风方式、一次总风量、排烟氧量、磨煤机风煤比等。

专家系统使用先进算法进行寻优，找出适合当前燃烧工况下的最佳（炉效最高、NO_x 排放最佳）运行控制参数（二次风挡板开度，总一、二次风量等），并提供给运行人员以及参与闭环控制。

燃烧优化调整及优化运行专家系统由以下部分组成：

（1）锅炉全系统变煤质/负荷热力计算；

（2）锅炉燃烧变煤质/负荷研究；

（3）变煤质/负荷锅炉高效运行专家指导系统研发；

（4）锅炉变煤质/负荷燃烧优化调整技术方案及工程试验。

三、成效与计划

智慧电厂是在自动化和信息化基础上，采用各种新技术实现智能感知和执行、智能控制和优化、智慧管理和决策。大唐南电通过智慧电厂建设取得如下成效：

（1）智慧电厂可实现经济、环保效益最大化。通过基于锅炉CT的智能燃烧系统，锅炉效率提高 0.5%，NO_x 的平均排放量降低 10%，单台机组总计经济效益 400 万元/年以上。

（2）建设诊断服务中心，提升设备管理水平，降低检修成本。远程诊断中心通过连续在线监测设备或系统运行的重要状态参数，及时了解设备或系统的运行状况，为事故征兆的预诊断提供重要的数据资料，对已发生的故障进行快速的诊断分析，及时指出故障原因，提醒操作运行人员采取必要的措施，为设备或系统的安全运行提供可靠的保障。

（3）提高电厂安全管理水平，减少人员伤亡。在传统电厂安全生产管理的基础上，通过物联网技术、三维数字化技术和先进的安全监控与定位技术，实现工业过程、厂区安保的集成监控，避免误操作，减少人身伤亡事故，提升电厂的安全管理水平。

（4）燃料管理全流程优化决策系统实现了对堆取料机的远程自动控制，大大减轻了人员劳动强度；通过AI摄像机及图像处理技术实现对皮带跑偏、撕裂、危险区域火灾报警、温度过高等异常情况，减少安全事故的发生，间接降低损失。

大唐南电接下来计划实施智能监盘、智能排放等项目。

四、应用中存在的问题

（1）锅炉CT面临的技术难点是激光测温矩阵要在炉膛抖动、掉灰环境下仍能够精确对焦并测温，机组越大越难实现激光对焦，目前锅炉CT应用于 600MW 以下机组能取得较好效果，但是 600MW 以上机组效果不佳，项目投资金额较高。

（2）点检定修效果未达到预期目标，点检人员疲于奔命，后续将建立点检平台，优化点检过程，减轻点检人员负担。

（3）基于UWB技术的人员定位系统与智能门禁系统、视频监控系统未实现功能联动，部分高级功能无法实现。

（4）目前实现了转机的故障诊断，但尚未对其他设备及工艺系统进行在线、不间断的智能预警及故障诊断。

（5）故障诊断缺乏早期预警能力，且误报率较高。

（6）智慧燃烧主要是开环操作指导，与现有的燃料系统"燃料管控、智能燃烧、超低排放"之间缺乏信息互通。锅炉 CT 功能模块根据当初数据建立了 150 个工况，但已与如今机组工况不符，只能进行开环控制。

（7）燃煤电厂效率最大化未充分发挥，一种原因是配煤燃烧导致燃烧率下降，另一种原因是电厂发电负荷降低，以上两点导致智慧电厂产生的效益被抵消。

（8）三维电厂方面，工艺流程仿真和智能检修培训用以新员工或参观人员认知培训尚可，但如果用于专业培训效果不佳，且每次大小修设备更新引起的图纸变更，需要设计院协助完成三维图纸的更新。

（9）三维电厂受电脑配置的限制只能用于演示，需要高配置电脑才能够运行，目前电厂的电脑一般不符合运行要求，实际应用受限。

（10）远程故障诊断模块目前处于初级阶段，数据量不足，数据虽然传给电科院，并每月出具整改报告，但是指导不及时，效果有限，有效指导不多，误报率漏报率比较高。

五、下一步工作计划

（1）提升工控系统的安全防护，结合机组检修计划完成国产化 DCS 的改造。

（2）加装泵群设备的无线（振动、温度）监测装置，为实现设备、系统的早期预警和诊断提供数据支撑。

（3）凝汽器使用清洗机器人，并改造清洁头，实现机器人在管道内滚动前进，从滑动摩擦改成滚动摩擦，解决磨损大的问题。

（4）开展智慧电厂其他发展方向。智能排放、冷端优化（包括循环水泵优化调度和回热系统运行优化）、5G 技术在远程监控方面的应用、人员定位系统与门禁系统联动等。

（5）智慧电厂的很多应用存在一定的风险性，如闭环控制，需要电网提供相对宽松的考核政策。

（6）智慧电厂软硬件需要人员维护，期待行业内推出更多成熟的智慧电厂平台，且能够保证后期的相关服务。

第二节 大唐泰州热电有限责任公司

大唐泰州热电有限责任公司为 GE 的 9E 燃气机组，在智慧电厂建设中，以数字化、智能化设备为基础，通过基于厂级、控制层级和现场设备级的三级控制和管理系统网络，实现信息采集数字化、信息传输网络化、数据分析软件化、决策系统科学化、最终达到设备远程故障诊断和动态寿命管理，热力系统的优化控制，机组安全、可靠、经济运行。

一、电厂智能化建设总体情况

大唐泰州热电有限责任公司智慧电厂建设以三维可视化方式实现实体设备资产管理、工艺流程监视和培训仿真等的全数字化管理。体系架构特征如下：

（1）电厂对象数字化——三维模型，为电厂提供最形象生动的手段；

（2）设备运行数字化——设备状态及二次元件数字化；

（3）过程控制数字化——DCS/PLC 等生产过程控制系统；

（4）事务处理数字化——各种业务处理和运行操作数字化；

（5）生产管理数字化——对各种基础数据综合加工，用于生产管理需要。

根据上述体系架构，在人员定位和三维建模基础上，开发了五大功能模块：

1）基于互联网＋的安全生产管理系统（包括人员三维定位、互联网＋两票制度、智能巡检系统和移动应用）、通过设立三维电子虚拟围栏的方式，有效地对重点危险区域进行布控，监视和保护运行人员、检修人员及外包人员安全与活动范围。

2）基于大数据分析的运行优化系统（包括燃气轮机数学模型建立、机组离线在线性能试验系统、联合循环性能监测系统、联合循环损耗分析系统、压气机水洗优化系统、进气过滤器更换优化系统汽轮机冷端优化系统和当量运行时间监测系统以及天然气和负荷预测等系统）。

3）基于专家系统的三维可视化故障诊断系统（主要是转机的故障诊断）。

4）三维数字化档案管理（除常规的三维数字化档案的查询功能外，通过三维模型关联等方式直接调取指定设备的基本信息及历史档案资料）。

5）三维可视化智能培训系统（包括设备检修培训和工艺流程仿真）。

二、特色介绍

智能化电厂建设方向考虑从以下方面进行探索：

1）将优化运行、智能预警等模块直接部署在 DCS 侧，优化后的结果直接控制 DCS，继而真正实现电厂的经济、环保、安全运行。

2）在 SIS、MIS 一体化基础上，建立电厂数据仓库（大数据中心），通过三维建模建立三维虚拟电厂，实现三维实时信息监视和数字化信息管理；结合大数据分析，建立生产、运行和经营优化系统。

3）采用智能感知和执行、人工智能（智能算法）技术，实现宽负荷范围机组协调优化控制。

4）综合采用机理模型、大数据分析和专家知识库，结合离、在线设备监测技术，实现设备智能预警和故障诊断，开展可预知维护和状态检修。

5）通过高精度人员定位、智能感知和控制技术，实现基于互联网＋的安全管理、智能燃料管理和智能厂区管理系统。

6）通过提供协同工作平台和移动应用，实现管理制度标准化、流程最优化、数据共享、工作效率最大化。

7）利用三维可视化技术，建立设备可视化智能培训系统。

通过在线指标统计和分析，在线优化可视化等技术，为企业管理者提供决策参考和智慧决策。在此基础上，优化组织机构和创新管理模式，达到机构人员精简化、信息采集数字化、信息传输网络化、运行控制最优化、数据分析软件化、决策系统科学化，建成国内一流电厂。

1. 基于互联网＋的人员定位三维安全生产管理系统

泰州虚拟电厂以设计院提供的二维图纸及部分管道三维模型为基础，通过对主、辅机设备进行三维建模，形成高精度、等比例的三维模型，构建了与泰州物理电厂一致的虚拟电厂，如图 2-16 所示。

在三维虚拟电厂中可随机选择一个设备，借助设备调出现场二维实时监控画面；也可以在集控室值长站利用分屏技术实现二维、三维监视联动，当选择二维画面中某个设备时，三维监控画面会自动定位到相应温度、压力测点的实际位置，还包括一些检修过的焊点信息等，如图 2-17 所示，有利于运行人员对故障的判断，可拓展至火电厂防磨防爆管理、四管泄漏预警中应用。

图 2-16　泰州电厂全厂人员定位三维概貌

图 2-17　三维运行监控

泰州电厂在"互联网＋应用"基础上，通过人员位置、重点设备及敏感区域的监控，实现安全生产管理，解决发电企业安全生产管理过程中，现场人员位置及工作状态无法把控、外包工难于管理、危险区域防护不严等问题。

（1）实施方案与功能。

互联网＋的宽带安全管理系统是以人员定位为基础，采用超 UWB 技术，通过对人员佩戴标签的定位，基站对标签的识别，将工作人员实时位置、运动轨迹在三维虚拟电厂中显示出来，如图 2-18 所示，实现实时监控和人员定位与视频监控的联动，对越权人员进行震动和声音提示，提醒人员离开。

首先在全厂范围内建设人员定位基站，覆盖范围是全厂露天部分及生产区域各建筑物内部及各电子小室。通过光纤进行连接，形成人员定位管理网络。以人员定位基站及人员定位标签为基础，通过两台基站对人员标签的感应，提供精准的三维定位。同时，人员定位利用互联网＋技术将身份认证、人员区域管理、视频集成、工业电视管理等有机结合，实现可视化、有轨迹可循。

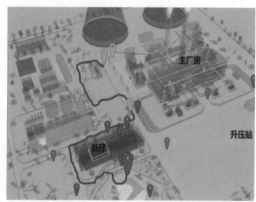

图 2-18　人员轨迹回放

人员精确定位系统具体如下功能：

1）能够实现人员高精度定位，定位精度小于 30cm。

2）实现现场工作人员实时位置可视化，并进行主动式定位与识别，根据监控管理人员需要，通过可视化图形界面，提供指定位置现场工作人员姓名、职位、权限等扩展信息显示。

3）可靠识别静态或≤20m/s 的移动目标。

4）根据电厂管理规定（系统设定的规则），某些区域属于限制区域，只能在规定的时段授权的人员及重要物资身份标识卡才能进入。如果该区域的精确定位数据接受传感设备采集到未经允许的人员及重要物资身份标识卡，将发出报警。

5）根据系统智能分析设备设定的报警规则，当数据异常时产生报警，实现对人员及重要物资异常动态的精确预警。

6）值班人员的身份标识卡具有报警按钮，一旦发生紧急状况，可以按下报警按钮，监控中心点可及时收到报警信息，得知报警人所在位置，迅速进行支援，以确保人身安全。

（2）在智能点巡检中应用。

新的可视化巡检和其他电厂的打卡巡检的区别，是实现点巡检人员的实时监控以及过程可视化。巡检时，可以在三维虚拟电厂中预先设定巡检路线，巡检项目、巡检周期、巡检标准、巡检时危险因素等信息，巡检人员按自己的 App 提示进行巡检，并借助移动应用对设备进行二维码的扫码完成巡检数据的记录。通过巡检过程与手机应用集成，达到对设备巡检次数、周期和到位情况的监督，实现巡检过程智能化管理。

在画面中通过人员定位系统清晰地看到工作人员的行走轨迹，比如有些设备的参数需要驻足观察，有些点巡检的设备需要观察设备的周边情况。当班值长、管理人员在三维虚拟电厂中可实时查看该人员的行走轨迹及点巡检过程；也可以事后对历史点巡检过程进行追溯，自动实现对点巡检质量的考核。当巡检人员靠近巡检路线上的安全隐患，或夜间巡检可能有些工作人员因工作状态不佳走错路线而误入危险区域时，系统会自动报警提示这名工作人员，防止造成人身伤害事故。当工作人员步入危险源区域或预先设定权限的电子围栏时，会有明显的标识，监控画面会实时显示工作人员靠近该区域的距离信息。越限时，通过手机振动提示，自动告警，并发出警示给相关点巡检及管理人员。

智能巡检系统上，可以查询巡检人员的工作时间、轨迹和相应的设备运行数据，定位到巡检人员、设备的具体位置、设备的状态、设备异常情况的发生时间和及时调遣处理情况等，统计结果可以通过各种业务报表的方式打印出来，也可以关联故障预警系统及 SIS 系统自动采集的测点数据进行巡检项目的优化，以减轻运行人员巡检的负担。通过异常故障记录单以任务方式自动推送给相关负责人，并关联缺陷管理形成任务处理闭环。

（3）在两票中的应用。

两票管理是企业安全生产最基本的保障，通过人员定位系统，结合三维模型和移动应用的应用，形成系统对人员位置、重点设备及敏感区域的实时监控，从而实现智能安全两票管理。有效解决了发电企业安全生产管理过程中，现场人员位置及工作状态无法把控、外包工难于管理、危险区域防护不严等问题。把电厂安全管理从依赖制度或管理体系的被动式管理转变为更加科学的主动式管理。

智能两票管理加强了对生产人员的控制和提醒，操作票 App 执行环节实现扫描设备二维码验证功能，有效避免了误入设备间隔的现象。同时，工作票的安全措施、许可和终结环节和现场 DCS 实现联动，在相应环节设置了安措执行后相关设备运行参数的校验，如设备开关的状态信息，设备的电压数据，如现场数据不符合安措执行后的标准，禁止工作票许可或终结。

工作票在开出后，在三维数字化模型中，以工作票的许可时间和结束时间作为时间要素，以设备信息即设备的工艺位置作为空间要素自动生成电子围栏，并对相应的工作人员进行授权，形成电子围栏自动报警区（根据现场工作的实际需要，可以对电子围栏的区域进行修改），借助人员定位和移动手机技术，对两票的工作负责人和工作班成员长时间离开电子围栏区域进行手机的振动或短信等报警提醒，非工作成员闯入时，及时对闯入人员和工作负责人及值班成员等进行手机的报警提醒，防止非工作人员误入设备检修场所造成误操作。在多张工作票同时进行的工作时，如果三维虚拟电厂中电子围栏区域出现部分重叠时可进行有效的预警，对不同工作票区域间的交叉作业及时告知相关人员，避免安全隐患。电子围栏如图 2-19 所示。

（4）对现场各区域及人员的管理应用。

通过对全厂平面进行区域划分，设定每个员工的出入权限，通过人员定位系统实现人员区域管理。部门负责人想要查看部门所有工作人员在厂区的实时位置，只要通过人员定位系统，即可快速找到工作人员，同时在人员定位系统中实现人员区域统计、人员进出管理、越限报警统计的功能。

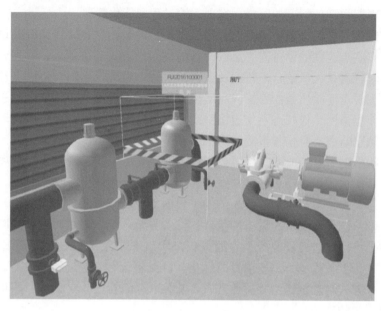

图 2-19　电子围栏

（5）移动应用。

移动应用满足企业移动办公的需求，能够快速全面地将移动办公、辅助分析及消息提醒等功能延伸到管理人员和业务人员的手机中，为企业提供移动的实时信息化服务。泰州智慧电厂的所有功能均可在移动应用中实现，如图 2-20 所示，移动 App 有如下三个功能界面。

图 2-20　移动应用

1）我的事务：支持"我的事务"包含系统中涉及的所有业务流程，通过工作流信息及信息字段的配置，控制哪些流程可以在手机上审批，手机端便可审批查阅相应的流程和文件，并可以浏览或下载相关的附件信息。

2）功能查看：可通过移动应用查看智能化电厂各模块内容，点击可浏览、下载相应文件。

3）消息推送：通过系统的简单配置，可控制在哪个流程处理节点、对哪些用户作推送操作；及时将"我的事务"或"任务"推送至指定处理人；有效地节约由传统短信模块发送消息产生的通信费用等。

2. 基于大数据分析的运行优化系统

基于大数据分析的运行优化系统，包括燃气轮机数学模型建立、机组离在线性能试验系统、联合循环性能监测系统、联合循环损耗分析系统、压气机水洗优化系统、进气过滤器更换优化系统、汽轮机冷端优化系统、当量运行时间监测系统、天然气和负荷预测系统等。

（1）机组离在线性能试验系统。

离在线性能试验系统包括余热锅炉性能试验、汽轮机性能试验试验、联合循环机组性能试验、燃气轮机性能试验等。试验模型可自由组态，运行人员经培训后可修改完善相关的试验模型，使之适合电厂实际需要。

常规设备的性能试验按照电厂惯例，并根据余热锅炉、汽轮机相关的国家标准和电力行业标准或规程进行，试验完毕后自动生成性能试验报告并存储，以便运行和管理人员随时查看报告。只要试验条件满足，运行人员可随时进行性能试验，并可随时提取历史工况生成性能试验报告（试验报告需提供详细的试验结果计算过程，并可由运行人员对出错的输入测点值进行修改）。

由于机组性能试验所需要的 DCS 实时数据和部分离线数据不同步，为提高性能试验结果的准确性，系统具有离线数据的录入功能，解决数据不同步的问题。具有试验结果间的对比功能，显示试验结果的差异。

（2）联合循环损耗分析系统。

系统提供一个联合循环损耗分析，并与联合循环性能监测配套使用，具有以下功能：

1）联合循环电厂主要设备的损耗；

2）冷凝器背压与目标值的差异；

3）实际功率与目标值的差异；

4）燃气轮机损耗（压气机损耗、进气滤压差损耗）；

5）防冰损耗；

6）跟踪可控损耗的变化趋势；

7）根据当前电价算出的损耗的货币值；

8）总貌画面显示主要损耗区域的目标值和实际值；

9）其他画面可将损耗追踪到所发生的电厂区域和特定的电厂部件；

10）在线操作指导画面详细表明造成运行问题的可能原因以及解决办法；

11）所有画面既可以提供给操作运行人员，又可以提供给非操作运行人员。

（3）压气机水洗优化系统。

由于空气中存在着大量的粉尘和颗粒，它们会随同空气被吸入压气机中，虽然通过过滤可以除去部分，但不能全部除去。在压气机连续运行过程中，这些粉尘和颗粒逐渐污染压气机的动、静叶流道并沉积结垢。结垢的后果，不仅使得压气机压比和效率下降，导致整台燃气轮机机组出力下降、热耗率上升，而且会使压气机的运行点向喘振边界移动，恶化机组的运行可靠性。因此，在机组的运行过程中，或在检修期间，必须设法清洗压气机的通流部分，以消除结垢现象。

一种在线的清洗方法是向压气机的通流部分喷射软切削材料，如粉碎的果壳。在运行期间，按照一定的比例注入压气机中，可以部分或全部除去结垢等沉积物。但是，这些切削粒能损坏压气机叶片表面涂层和粗糙度，也有可能堵塞空气冷却通道。近来越来越多的实践显示，特定的无灰去垢剂去除压气机叶片结垢很有效，在线和非在线水洗都可以进行，但在线水洗没有离线水洗的效果好，且有一定的风险，所以国内的燃气轮机电厂一般多采用压气机的离线水洗。

压气机的水洗需要消耗一定的成本，包括水洗消耗的药剂成本、水洗消耗水和加热水的成本等。但压气机的水洗后，机组的出力和热耗率基本上可以恢复，从而降低因压气机结垢造成的损失。因此在成本和受益之间存在一个最优点，这就是压气机水洗的最佳时机。

压气机离线水洗优化系统具有以下功能：

1）可以在线确定水洗的最佳周期，并预测下次水洗的最佳时间；

2）对运行人员确定最佳水洗的时间进行指导；

3）说明采用最佳水洗时间的原因。

本系统的成本计算可以组态配置，电厂运行人员经培训后可以对该模块进行自由配置，使之适合电厂的需要。

（4）进气过滤器更换优化系统。

目前，联合循环发电机组的过滤器更换标准一般是在压差达到某一个临界值时就进行更换。燃气轮机厂商一般仅给出这个推荐的临界值，并不会给出原因。然而，如果燃气轮机工作的地理位置和大气环境不同，以及运行方式（连续运行还是间断运行）不同，过滤器的工作状态必然会有所不同，采用统一的临界压差值来决定是否更换过滤器就显得不太合理。同时，更换进气过滤器需要一定的时间周期，需要提前订货并做好更换进气过滤器的计划。更换进气过滤器带来的成本包括：材料采购成本、人工更换成本、因更换进气过滤器导致的少供电损失。

进气过滤器更换优化系统实现以下功能：

1）基于整个过滤器生命周期内单位发电量更换成本最低的原则，建立过滤器更换优化模型；

2）预测更换进气过滤器的最佳周期；

3）为运行人员提供最佳更换周期，并给出原因；

4）本系统的成本可以配置，计算需要的数据从实时数据库导入。

（5）汽轮机冷端优化系统。

凝汽器真空是机组运行中的一个重要控制参数，它的改变对机组热耗率、出力的影响较大，而真空的运行调整与凝汽器、循环水泵及其他附属设备的运行状态直接相关，它们合称为汽轮机的运行冷端。机组实际运行中，必须对冷端进行分析优化。由于冷端运行优化计算牵涉的变化因素较多，如机组负荷、循环水温度、循环水泵运行方式等影响因素相互关联，使得冷端运行优化的最佳方式无法用简单的数学式来表述出来。如何选择最佳的循泵运行方式是本系统解决的问题，包括循环水泵的运行方式优化，根据机组负荷、循环水温等对循环水泵的启停进行指导，确定最佳的凝汽器压力和循环水泵运行方式。

传统最佳凝汽器压力是以机组功率、循环水温度和循环水流量为变量的目标函数，在量值上为机组功率的增量与循环水泵耗功增量之差。这种最佳凝汽器压力的计算方法似乎很科学，但实际上是不全面的，循环水泵消耗的是厂用电，多用一点，上网电量就少一点，企业经济效益就少一点。机组负荷由调度根据发用电平衡确定，不可能因为机组工况发生变化而改变机组负荷。

从能量价值理论来看，增开一台循环水泵，机组上网电量减少，企业收入减少，同时机组热耗降低，发电气耗下降，发电成本降低，若增开循环水泵后综合发电成本变小，则认为增开循环水泵是合理的，反之则不合理。这是判断循环水泵是否需要增开的依据。

3. 基于专家系统的三维可视化故障诊断系统

依托于 DCS 或 SIS 建立的数据平台，无缝嵌入专家故障诊断系统，进行数据与展示，为重要旋转机械设备建立设备健康预警体系，对轴承异常震动等现象进行预警/故障诊断。

故障诊断系统为重要旋转机械设备建立起了一套严密的设备健康监控体系，综合专家库和各设备厂家的设计数据、安装资料、运行数据及检修、点检数据，运用数学建模、大数据分析、人工智能和专家系统技术，对远程诊断中心通过连续在线监测设备或系统运行的重要实时状态参数进行监测、分析，对轴承异常震动等现象进行预警、故障诊断，如图 2-21 所示。其中，运行人员的误操作造成设备的异常，系统将进行自动诊断，并将结果发送给运行人员、提醒检修的人员进行具体处理。对于设备本身制造的缺陷及设备长期不断累积造成的故障，系统将相关数据除通知运行人员外，提供制造厂商做进一步的判断和处理。

故障诊断系统还具备一定的自学习能力，对于已经处理的故障，系统自动学习，进一步丰富专家库的内容，更好地保障机组的安全稳定运行。

远方的专家可借助远程诊断中心进行故障诊断和分析。远程诊断中心包括数据采集设备、数据支撑平台、管理系统和数据展现平台等组成：

（1）数据采集设备。数据采集模块负责对现场设备信号进行采集处理和分析，模块可以脱离远程诊断中心独立运行，也可以将数据传输至数据支撑平台。

远程诊断中心不仅可以接入常规的 SIS 数据，还可以接入各种检测诊断模块数据，包括旋转机械振动采集设备（TDM）、锅炉防磨系统、发电机诊断系统、凝汽器诊断系统等。

各模块将各自的诊断分析结果传输至远程诊断中心数据平台，再根据分析结果进行专业计算和分析。比如 TDM 服务器中的 TDM 软件实现振动频谱分析，将结果传送到远程诊断中心，数据分析模块在频谱分析结果的基础上，提供旋转机械的趋势分析、设备预警、故障诊断等高级应用，如图 2-22 所示。

（2）数据支撑平台。数据支撑平台通过标准数据采集接口将现场的测点进行标准化和规范化，方便数据中心的调用、显示、专业分析等二次开发。考虑网络安全的情况下，需要考虑数据加密及压缩、数据压缩及断点续传等。在平台端通过接收传感器上的变送数据，监测机组主机和辅机的运行情况，并将数据传送到数据采集服务器上。

图 2-21　轴承异常震动现象故障诊断

标准数据采集接口将现场的测点进行标准化和规范化，方便数据中心的调用、显示、专业分析等二次开发。数据支撑平台采用实时数据库（SyncBASE）和关系型数据库相结合的模式，实时数据库记录可以归一化的实时数据测点。分析结果及相关关系以关系型数据库存储。

（3）数据分析模块。数据分析结合过程数据和数据采集设备的数据基础上，嵌入专业分析模块，通过特征提取、数据挖掘等方法，并引入专家系统协助进行决策并通过评价系统进行自适应改善。包含以下几部分功能：设备状态检测、设备早期预警、设备故障诊断、振动分析等。

1）设备诊断报告：通过远程诊断中心，可以在远程对设备的运行状态进行检测和分析，根据设备运行参数和趋势，定期对设备出具检测报告，对设备的运行情况提供全面的诊断，并提供建议。

2）趋势分析：通过数据挖掘的方法，监测影响设备安全运行的一些重要参数，如瓦温、振动等，得到参数的变化和发展趋势，结合设备专家和运行人员经验，对设备的运行趋势给出结论，杜绝恶性事故，延长设备寿命。

3）振动分析：提供了多种振动信号分析图形，包括波形图、频谱图、轴心轨迹图、三维谱图、波德图、极坐标图和振动趋势图等。可以按设定的时间间隔采集机组日常运行过程的振动数据，并提供事故记录，状态监测预报警和振动信号分析。当机组振动超过危险值时，分析振动与相关参数之间的关系，不是停留在对单一测点振动特征的提取上，如：频谱特征等；将专家认为直观、定性的特征要能以数学方法定量表示出来，为振动分析提供依据，帮助技术人员对机组的工作状态进行深入分析。

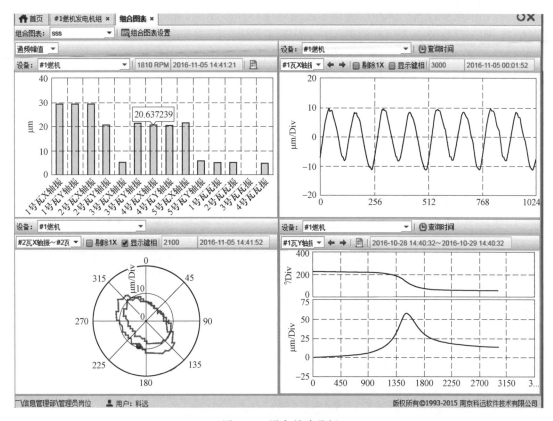

图 2-22 设备故障分析

4）设备早期预警：通过设备模型特性及数据挖掘的方法，在重要参数趋势分析的基础上，建立科学的模型，对设备的健康状态进行评估。当设备健康度下降的时候，对设备提出预警，并提供影响设备健康度的参数，指导运行和检修。

5）设备故障诊断：对机组数据进行分析，提取故障征兆。通过和有丰富经验的专家进行合作，建立故障诊断知识库。利用专家知识进行推理诊断，给出诊断结果，并提出消除故障的措施。系统提供了自动诊断和对话诊断两种诊断方式，可对机组常见故障进行诊断。

6）设备风险评估：根据设备的运行状态和趋势风险，建立设备风险和失效的数学模型，对可能存在的风险进行分级提醒。

7）通用异常检测系统：由于设计、制造、安装的缺陷以及长期运行引起的老化，设备运行过程中会出现性能下降、故障，可靠性无法保障。通过远程监测设备参数、识别状态和变化趋势，设备发生故障报警前进行状态预警，以维护设备性能，大大减少重大事故发生的概率。

4. 三维数字化档案管理系统

以往电厂只能接收设计院的二维图纸，无法保存和接收设计院的三维设计资料，三维数字化档案管理系统可以完整接收和保管设计院的三维设计资料，除了有常规的三维数字化档案的查询功能外，可以通过三维模型关联等方式，直接调取指定设备的基本信息及历史档案资料，实现企业各项基础管理工作的全面提升。

（1）三维电厂。采用虚拟现实技术，完成电厂三维建模。依据激光扫描点云数据、实景照片、实地勘察及企业原有的 CAD 平面图纸完成全厂的外部和内部结构的虚拟三维空间的建立，展示整个工厂物理分布情况及设施的运行状态。将电厂数字化以便在可视化数据管理中和实物一一对应，保证虚拟场景与实地场景高度匹配。

（2）数字化档案。将三维模型与主要设备属性及设备相关文档的关联，形成三维数字化档案。数据全面涵盖工厂结构、属性、设备关联关系等各种业务结构化数据，以及记录、规范、工程图纸、程序、报告、电子邮件、设计和许可文档等非结构化数据等，如图 2-23 所示。

系统具有良好的扩展性，以满足今后系统的扩展应用需求。系统所管理的信息遵循 ISO 15926 或其他国际标准的要求，具有良好的开放性和沟通性。能够实现对多种格式信息（例如：DWG、DGN、Word、Excel、PDF、JPG、三维模型等）的兼容。

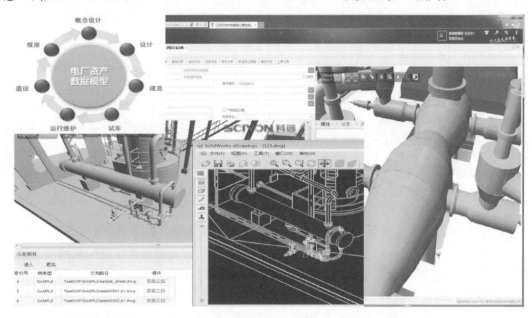

图 2-23　三维数字化档案

5. 可视化三维智能培训

可视化三维仿真培训系统，将三维可视化技术、虚拟现实技术及虚拟 DCS 技术有机结合，对主、辅设备进行高精准的三维建模，通过构建详细设备结构、系统工作原理、设备检修维护过程及厂区环境来真实展现现场画面，用户可自行设定、组合动作流实现重要检修设备拆装，外形到内部结构与设备高度吻合，模拟真实的设备大修过程。

（1）全厂自动导航。自动导航功能通过三维虚拟电厂，对运行人员和检修人员可进行三维可视化培训，提高员工对现场设备和工作原理的掌握。

（2）可视化设备的拆解、组装。在设备培训课件的基础上，建立高精度 3D 设备模型数据库，任意选择将要进行操作的设备模型，在 3D 引擎平台的支持下，进行人机交互式训练，在界面中通过点击 3D 模型的某组件，实现将模型组件从模型上逐一进行解体、复装，模拟真实的设备大修过程，展示模型"从整到零，从零到整"的过程，同时显示各组件名称，从而帮助培训对象深化对设备结构的掌握程度，如图 2-24 所示，为其在以后设备维修作业中提供形象化的理论支持。

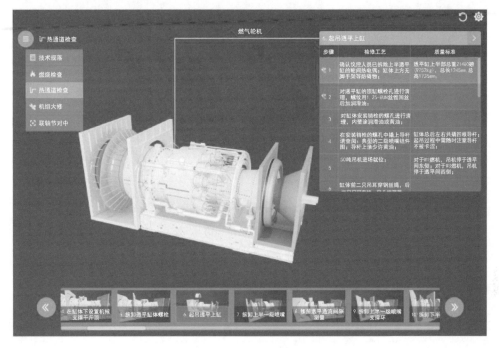

图 2-24　可视化检修培训

任意选择一台设备进行模拟拆装，不仅可以加深对设备结构和原理的了解，并且能够熟知与掌握检修的拆装顺序、工器具的准备等，是专门为检修人员定制打造的三维可视化作业指导，过程直观生动，提高工作效率。

利用该功能还可以对检修人员进行培训考核，比如汽轮机大修的拆卸步骤、注意事项等，系统自动打分，自动评判，自动找出错误步骤，并给出正确提示。通过这样的反复模拟拆装，可以较迅速提高检修水平与质量。

（3）设备工作原理可视化培训。设备培训是针对典型设备进行可视化培训，依托三维仿真及虚拟现实技术为技术支撑，制作典型设备的高精度 3D 模型，在高精度 3D 设备模型基础上，制作出生动、形象的三维动画视频培训课件，从而实现对设备基本信息、结构组成、工作原理、标准操作以及故障分析等内容进行可视化培训。此外，基于真实数据的工艺流程的仿真培训，包括燃气轮机、蒸汽轮机、余热锅炉等系统，如图 2-25 所示。

6. 现场总线应用

大唐泰州公司现场总线在化水系统的阳床、阴床、混床、加药等使用，采用 Profibus 技术。实施方案如图 2-26 所示。

化水系统的主要设备采用现场总线后，实现了更全面的监控，提高设备安全运行可靠性，进而起到降本增效的效果。现场总线技术在新建火电厂的主、辅设备中应用，可以有以下优势：

（1）现场总线使用户具有高度的系统集成的主动权。不同厂家产品只要使用同一总线标准，就具有互操作性、互换性，因此设备具有较好的可集成性。

（2）现场总线设备的智能化、数字化、与模拟信号相比，减少了传送误差，整体的可

图 2-25　工艺流程仿真

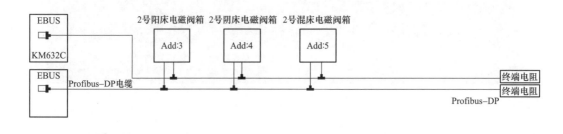

图 2-26　现场总线实施方案

靠性和准确性提高。

（3）系统具有现场级设备的在线故障诊断、报警、记录功能，并通过数字通信将相关的诊断维护信息送往控制室，可完成现场设备的远程参数设定、修改等参数化工作，缩短了维护停工时间。

（4）由于分散在前端的智能设备能执行较为复杂的任务，不再需要单独的控制器、计算单元等，节省了硬件投资和使用面积。

（5）可通过协议转换方式实现系统互操作。协议转换可根据通信协议的异同，在不同的通信层次通过协议级、服务级和混合的方式实现，为互操作的实现提供理论和实现基础。

（6）减低安装、使用、维护的成本，系统最终达到增加利润的目的。

目前大量的设备故障诊断数据还在"沉睡"，没有真正发挥现场总线技术的优势。需要唤醒"沉睡"的大量数据，为设备的状态检修提供技术手段，才能体现其在火电厂向数字化和智能化发展中的作用。

此外，由于现场总线应用经验尚不成熟，目前应用原则是：

（1）凡出现故障将直接危急机组安全运行、主机和主要辅机保护的功能，不纳入现场总线；

（2）要求快速控制检测的对象和要求时间分辨率高的检测参数，不纳入现场总线系统等。

三、应用中存在的问题

目前电厂智能化改造后，实际运行中存在以下几方面的问题：

（1）定位精度不足，采用超宽带技术的 UWB 定位系统，存在定位漂移问题，导致基于定位为基础的其他功能的使用无法满足使用需求。

（2）智能化应用需求与火电厂传统设计存在差距，传统设计中测点不足，无法满足智能化需求，需要增加测点以满足自动换巡点检需求。

（3）传统电厂无法实现所有系统传感器的全覆盖，是自动化发展的瓶颈，也是实现真正意义上的智慧电厂的难题。

（4）智慧电厂应最终为生产服务，产生效益，但目前智慧电厂的设计和生产实用存在一定的偏差，部分模块没能真正产生减人增效的价值。

（5）目前燃气轮机控制服务主要由外国厂商（GE 等）提供，服务差、价格高，希望早日与国内厂商实现控制系统国产化。

（6）护网行动使内外网分离、网络物理硬隔离，智能模块使用受到制约，移动 App 无法正常使用，如何在网络安全与互联网应用中寻求平衡点是当前亟须解决的问题。

（7）目前使用的双向隔离网闸存在安全性不高等问题，需要行业或国家出台适用于电力行业的网络安全相关标准。

第三节　江苏利电能源有限公司

江苏利电能源集团（以下简称"利电集团"）是香港中信泰富有限公司能源板块中的核心企业，是以火力发电业务为核心，围绕电力生产产业链形成的集航运、码头物流、热力、煤炭加工销售、能源环保科技、售电等业务板块的能源企业集团。利电集团发电业务板块有 8 台燃煤发电机组，总装机容量达到 4040MW，厂区如图 2-27 所示。航运板块拥有 5 艘 5.7 万 t、3 艘 4.85 万 t 等 10 余艘海轮，总运力达 58 万多 t，是江苏省最大的航运企业之一。码头物流板块建设有 5 万 t 级通用泊位 2 个，年吞吐量大于 2000 万 t，为长江内河航道一流的现代化港口企业。热力板块实施高、中、低压多等级供热，供热规模达 600t/h。煤炭加工销售板块开展煤炭洗选加工与销售业务，目前为区域内举足轻重的煤炭经营企业；能源环保科技板块紧盯发电行业前沿科技，提供脱销催化剂再生处置、脱硫废水零排放、发电厂信息化智能化等解决方案和服务。

利电集团 1、2 号机组为 ABB 的 infi90 DCS 系统，3～8 号机组采用 EMERSON 公司的 OVATION DCS 系统，利电集团的信息化基础较好，通过多年的信息化建设，形成了较为完备的信息应用体系和信息安全体系。

图 2-27　利电集团厂区

一、电厂智能化建设总体情况

利电集团从 2017 年开始提出了以提高设备可靠性和生产效率，降低生产成本为目标的智慧电厂建设，并以此为抓手促进集团升级转型为综合能源服务企业。一厂一集团的模式为该厂提供了很大的建设自主权，通过两年多的努力探索，逐步形成了"智慧利电"的整体建设思路和顶层规划设计。利电从实际出发，以问题为导向，不搞花架子、不另起炉灶，按照"信息系统高度整合、数据资源深度应用"的思路，在运行、设备、检修、生产管理以及信息管理等部门确立技术人员，组成了若干课题小组，开展智能化电厂的研究和建设工作。主要思路为：在原来信息应用的基础上加强基础数据的标准化建设和结构化管理；建立企业数据湖，连接企业内部多种数据源；结合业务需求，进行大数据、人工智能技术等新技术应用研究；应用大数据、机器人、视频识别、控制优化等前沿先进技术，研究解决生产、经营、管理中的一些问题，重点工作内容如下：

（1）智能设备 & 控制：利用 AI 人工智能、寻优算法、4/5G、VR 等新技术，解决电力生产过程中痛点，打通信息之间的壁垒，解决生产设备和系统的信息孤岛。实现生产过程高度自动化，达到"少人干预，少人值守"目标。如智能监盘系统、APS/ABS、智能运行管控一体化系统、各类优化模块（锅炉吹灰、燃烧、脱硝优化，汽轮机冷端、滑压优化；AGC 性能、一次调频、深度调峰；循环浆泵优化运行、制水和排污成本优化等）、智能供热系统、智能精处理再生、智能制粉系统、智能燃料系统。

（2）智能运行监管：通过视频巡检系统实现虚拟巡检、通过大数据分析实现精准巡检，提高巡检效率，实现智能巡检；以厂级监控系统 SIS 为基础，完善性能计算与耗差分析、环保指标分析、故障预警系统、寿命评估及状态检测等功能模块，实时监控供电/热煤耗，环保指标，各工艺设备/系统运行状态，为生产管理提供决策依据。

（3）智能生产管理：完善企业管理 ERP 系统，实现企业管理的高效化，使企业的人、财、物、供、产、销全面结合、全面受控、实时反馈、动态协调、以销定产、以产求供，达到降低成本的目的。

（4）综合管理决策：建设全面绩效管理 CPM 系统，融合企业规划、运营管理决策、财务管理和绩效管理为一体,提高企业的核心竞争力。

在"智慧利电"建设过程中系统性研发可移植的、可推广数据应用平台和产品。最终实现生产智能化、管理高效化、运营数字化、营销客户化的整体效果的目标。

二、特色介绍

智慧利电的主要建设内容面向"生产智能化、管理高效化、决策科学化、营销精准化"的目标展开。

1. 生产智能化

火力发电厂是典型的流程工业,利电集团深入分析发电生产流程,寻找和发现流程中的痛点,采用智能化手段解决,研发并成功应用了如发电机组智能监盘、机组及主要辅助车间的一键启停(APS)、机组功能组运行(ABS)、输煤系统智能化、凝水精处理智能再生、制粉智能化系统、船舶水尺机器人等多个智能化产品。

(1)机组智能监盘。

火力发电智能监盘系统指利用数据挖掘技术与预测分析技术、机器学习算法,结合火力发电厂运行规程要求和运行管理需求,对火力发电生产工艺参数进行预测、评价、归纳,并合理地组织呈现、推送异常信息,达到用计算机来代替人员进行查阅画面、分析参数、关注趋势的目的。智能监盘系统 DCS 上的深度扩展,系统依托 DCS 采集火力发电生产设备的工艺、运行工况和状态数据等信息,对设备的状态和能效进行监测、对异常征兆进行预警、对生产设备系统健康度进行诊断等。利电集团智能监盘构建在艾默生的 Ovation 上,系统结构如图 2-28 所示。

智能监盘系统深入挖掘海量历史运行数据,基于数据分析、热力计算、运行经验对全参数进行建模,再通过安全性、经济性、可靠性、动态追踪参数实时值与标杆值的偏离度、分析系统性故障等五个维度,对设备、系统、机组三级健康度进行实时评定,对异常征兆进行预警;该系统包含了近万个设备健康状态评估和故障诊断模型,应用这些模型可以代替运行人员监视、分析参数,并对设备早期故障进行预警;运行人员只需关注计算机分析的结果,进行调整控制,不再需要通过传统的翻画面、组趋势、查报警方式进行监盘。运行人员可通过一张画面总体了解机组的运行健康度。

目前 8 台机组都实现了智慧监盘(现在是通过打分系统进行智能监盘,运行人员监盘判断),提高了监盘的效果;一台机 2 人减为 1 人,工作强度也降下来。智能监盘通过对运行数据进行集中分析,将各个系统的健康度分为可靠性、经济性、综合等 5 个维度进行自动评价,减少监盘人员数量。其中 5 号机智能监盘由利港电厂和艾默生合作,融合到了 DCS 中去,在实时性方面比原来在 SIS 系统中做有了大幅提升。界面如图 2-29 所示。

利用该系统可显著提高运行人员监盘效率,降低人员劳动强度,提升机组运行的安全性、经济性。

(2)APS/ABS。

APS 改造是由利港集团自主设计、调试、投运的项目,艾默生过程控制公司配合组态实施。该项目基于系统级自动启停功能块 ABS 开发了全新一代 APS 系统,其控制策略体现了利港电厂"二十五项反事故措施""设备运维说明书""运行规程"三位一体的要求,模拟最优秀运行人员的操作过程,并结合控制原理和实践,不但实现了燃煤机组自启停功

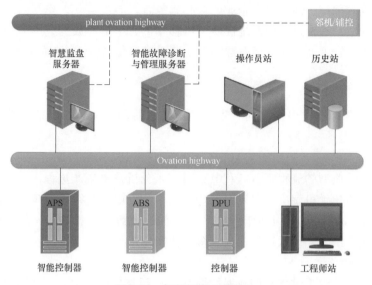

图 2-28　智能键盘系统结构

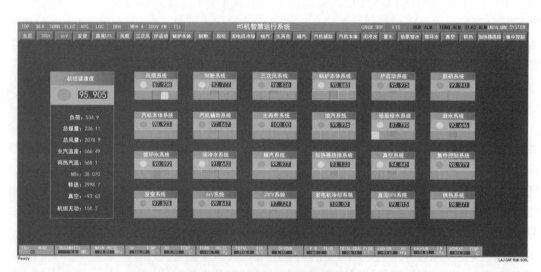

图 2-29　智能监盘系统监控画面

能，还很好地响应了自动启停磨煤机、风机并退、给泵并退、一键深度调峰、定期试验和主、备设备切换等日常工作需求。

APS功能按三个功能区分层设计，架构如图2-30所示，时序结构如图2-31所示。

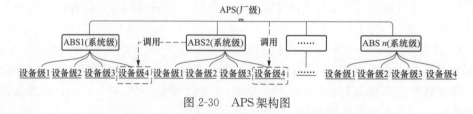

图 2-30　APS架构图

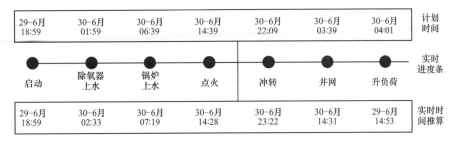

图 2-31　APS 时序图

最高层为调度级 APS，主要负责导航、协调下游各个系统功能组，让它们按最优时间轴运行，以达到最佳运行需求，它是整个 APS 的指挥级大脑。

第二层为系统级 ABS 功能组，它主要负责协调控制各个设备层功能组的运行，它是整个机组 APS 的中枢神经系统，针对这些功能控制，将新增一对控制器，以便组态等能方便下装修改，利于今后的维护。

第三层设备级功能组，在各自原控制器进行实现。

全新一代 APS 系统根据项目管理理念，科学规划了机组启停工作时序，统筹多任务，开创了燃煤机组更安全更节能更环保的运行管理模式。根据电网调令输入并网时间点，系统自动计算生成 8 个关键节点时间，推算出每个阶段各项任务功能组的计划执行时间。与此同时，每一个节点任务启动后锁住当前时间记录并显示，然后根据当前时间任务段工期去推算后续任务的执行时间，并与计划时间轴相比较，后续的所有节点时间偏差都有一个预算，集控值班员根据预算偏差，对盘面调用功能组的时间顺序和就地操作任务的下达进行二次统筹，大幅提升了工作效率。

新一代的 ABS 功能组首次应用了 DCS 的编程语言、高级计算、动态图示、自动报表等新功能，让工作变得更安全、更高效、更直观。ABS 功能组根据顺控进程调用编程语言，实现 I/O 点的在线强制，避免了人为误强制的发生。ABS 功能组自动抓取各类相关数据的实时趋势并与历史趋势进行相似度匹配，据此判断试转设备的可靠备用。ABS 功能组将一些风险较大的试验工况点通过动态图示展现给运行人员，试验过程一目了然。ABS 功能组在执行完相关任务之后还采集关键数据并计算出结果形成自动报表，大幅降低了技术管理的工作量。

APS 和 ABS 研发设计了 169 个功能组（形成了自己的专利），在机组启停过程通过 APS 系统进行，缩短启停时间，提高启停效率。此外设计并实施了一键升降负荷系统，效率比原人工调节要高很多。

（3）智能供热系统。

江苏利电能源集团供热系统供热量 600t/h，按压力等级分为：超高压供热（10MPa，350℃）、流量约 200t/h，高压供热（4.5MPa，320℃）、流量约 50t/h，高温中压供热（2.1MPa，360℃）、流量 45t/h，低温中压供热（2.1MPa，275℃）、流量 10t/h，低压供热（1.0MPa，320℃）、流量约 300t/h。其中高压供热、高温中压供热和低温中压供热由 3、4 号机组主供，采用一抽抽汽、冷热再混汽和冷再抽汽进行供热，超高压供热经减温减压后作为这三路供热的备用汽源。超高压供热和低压供热由 1～8 号机组主蒸汽和热再蒸汽供汽。

由于全厂供热压力等级多、汽源口复杂，加之受汽方都是石化企业，对供热稳定性要求比较高，出现断供等异常会影响用户的安全生产，这给运行人员日常监盘、运行调度带来了极大的压力。江苏利电能源集团开发了无专人值守的智能热调中心，此平台可以实现以下功能：实时显示对外供热总量，各压力等级供热总量；机组运行大方式，各台机组实时负荷；各供热单元当前运行方式、供热流量分配；实时分析供热系统汽水比、温降压损等重要指标，分析系统运行的安全性和经济性；实时计算各压力等级供热单元当前的动态能力，利用 $N-1$ 原则判断当前运行方式是否在安全范围，不满足 $N-1$ 或超过 $N-2$ 时，根据预设原则调用备用供热单元在"冷备用""热备用""运行"之间转态。

智能热调中心配置独立于单元机组的 DCS 控制系统，采用艾默生过程控制有限公司的 Ovation 系统，设置在二期集控室，监视画面如图 2-32 所示。智能热调中心通过光纤通信采集远端数据，对各参数的供热系统实行集中控制，供热系统的各供热单元在设备无故障的情况下，原则上应在流量模式投遥控方式，交热调中心控制，热调中心有手动、自动两种方式，手动方式可以在热调中心手动调节各供热单元，自动方式实现对供热系统的集中自动控制，根据供热负荷情况，将供热系统的各供热单元设为"冷备用""热备用""运行"。智能热调中心控制策略是基于电厂侧供热流量与用户侧供热流量相配合＋用户侧压力控制作为流量平衡控制校正的思路。通过两个串级 PID 调节，在无人干预的情况下，快速响应各压力温度等级供热系统本方的故障以及远端客户的异常。保证供热系统在更安全更经济的方式下运行，即动态能力值介于 $N-1$ 和 $N-2$ 之间。

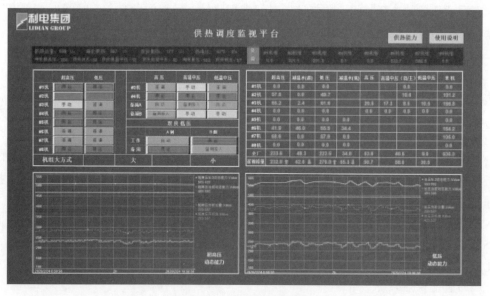

图 2-32　供热调度监视画面

（4）凝水精处理智能再生。

国内大型火力发电厂、核电站均设置有精处理系统，系统中的混床树脂需定期输出体外再生，再生模式基本采用高塔法，控制系统一般为 PLC 或 DCS，一次再生时间大约 20h，期间需要运行人员多次到现场对树脂状态进行确认调整，致使运行工作牵扯过多的人力，且存在因人员判断的偏差导致树脂的再生效果受到影响的情况。利电集团利用基于机器学习的图像智能识别系统，对树脂再生关键步骤进行实时在线测控，并将其转换为对应信号联锁工艺控制步序，实现了精处理树脂再生的智能化，树脂再生过程无人值守、降低人力成本；完善和优化精处理再生的控制策略，实现精细化精处理再生，有效降低运营成本。通过和混床的联合控制，实现精处理系统的全自动运行。系统结构如图 2-33 所示。

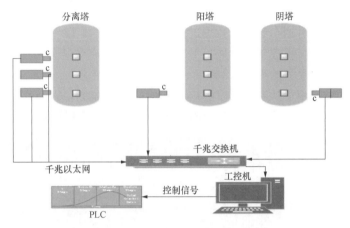

图 2-33 树脂再生智能化系统结构

凝水精处理智能再生系统主要由视窗图像采集单元、深度学习的算法单元、自动再生控制单元三部分组成，现场画面如图 2-34 所示。利用此系统可实现精处理树脂再生过程无人值守，同时提高树脂的再生质量，节约日常运行成本以及降低生产废水排放量。

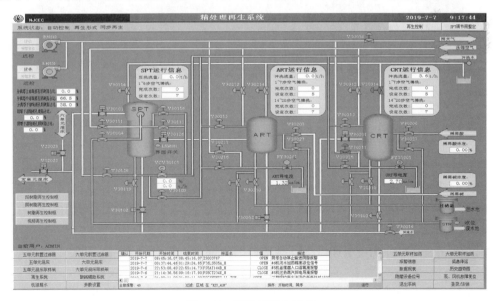

图 2-34 精处理再生系统

（5）智慧燃料。

1）煤场自动化。包括卸船半自动、数字煤场、斗轮机无人操作、输煤巡检、智能加仓（根据负荷预测和现有的煤种情况，自动进行不同煤种加仓）、数字化采购。通过 DCS 改造实现管控一体化。通过煤场激光测量、输煤系统自动计量实现全过程数字化；通过视频系统实现生产可视化。通过半自动卸船、机器人水尺、机器人清仓、机器人巡检、输煤沿线设备优化、大型机械自动作业实现生产智能化。

2）制粉智能化。将给煤机就地控制柜软硬件和 DCS 统一，由 DCS 卡件直接处理 I/O 信号，维护更加便利，同时减少了备件库存。操作控制由 DCS 直接进行组态，人机界面友好，使用方便。同时将数据信息引入 DCS 历史站，不单是历史趋势、历史报警信息等查找故障更为便利，而且能对加仓和制粉数据进行建模分析，来预警一些故障征兆并与 ABS 功能组形成控制闭环。给煤机控制电源取自 DCS 电源体系，有效避免了控制电源的低电压穿越问题，可靠性得到了极大的提高。

给煤机控制系统采用了从动轮定度和皮带转速的在线监测，以及自动挂砝码装置，实现了给煤机的在线校验，在线监控皮带打滑并预警，给煤机校验画面如图 2-35 所示。

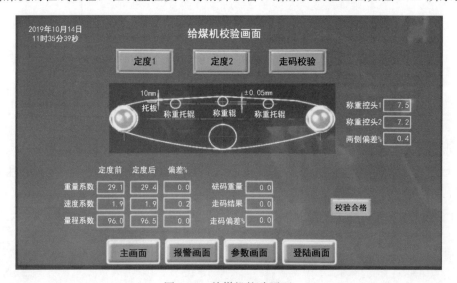

图 2-35　给煤机校验画面

原煤仓的粉料气动助流输送装置和振打装置 DCS 化实现给煤机断煤的"防"与"治"，粉料气动助流输送装置定期吹扫减少原煤仓堵煤的概率，给煤机堵煤预警出现后，立即触发振打装置，同时粉料气动助流输送装置连续吹扫模式改为高频率吹扫模式，避免了给煤机堵煤问题的恶化，磨煤机防堵模块工作流程如图 2-36 所示。一旦磨给堵煤严重甚至是断煤，则调用第一备用磨 ABS 启动功能组，完成故障磨组与备用磨组之间的切换。

2. 管理高效化

利电在企业在已使用的 ERP、SIS 等平台的基础上，结合互联网＋战略，充分应用移动智能终端、二维码、微信、音视频智能分析、数据集成和融合等技术，改造和优化传统的信息系统应用，使业务流、信息流、财务流一体化深度融合，实现复杂的事情简单化、简单的事情标准化、标准化的事情流程化、流程化的事情信息细化，所有的业务都在 ERP 实现，11 个模块业务流信息流财务流一体化深度融合，电厂利润实时显示，真正做到了集采一体化，材料计划、工单、检修文件包自动会出来，实现管理高效。智慧后勤，根据员

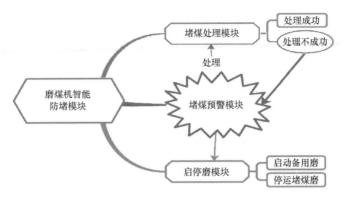

图 2-36 磨煤机防堵模块工作流程

工食堂下单，自动生成采购单，实时生成报表，订餐率超过 50%。智慧仓储物流配送，一旦需求计划产生，自动生成采购单，生产料单，15min 之内完成领料。手机移动应用，审批、工单、检修文件包都可以通过移动应用实现。二维码一扫通（计划），减少现场图纸泛滥。实现智慧档案图文管理，智能掌上培训管理，有效地提高了集团的生产经营管理。

（1）基于统一平台的音视频集成应用系统。

利港电厂根据设备的重要性等级将设备分为三类：一级主、重要设备需要 24h 视频连续监控；二级重要辅助设备视频定期轮巡；三级一般设备不通过视频监控。在整合了全厂目前已有的视频系统（安防、工业电视等）和分类基础上，重要设备新增加部分视频点位（新增 100 余个视频设备和探头）。视频监控系统与已有的系统互联实时采集现场设备的运行情况：

1）提供电厂智能监控系统平台实现相关的系统数据共享和硬件资源共享。

2）利用视频设备系统及传感器应用的巡检系统对生产现场进行监控，部分替代工作人员的巡检，进而保障设备的安全运行；在危险区域和高处增加视频监视，减少人员进入危险区域的次数，保障工作人员安全。

3）设备异常、启停等设备运行状态变化时（如一个地方因振动声音不正常或 ABS 启动时），摄像头自动切换、跟随到现场。

4）未来在此基础上增加音频自动识别功能。

电厂智能监控系统将紧紧围绕服务于设备安全，防范事故、实时监测预警、安全生产监管业务和应急处置辅助决策，加强视频监控深度信息化与安全生产业务融合，加快电厂安全生产信息化建设，各部门之间的互联互通、信息共享和业务协同。实现安全生产基础信息规范完整、动态信息随时调取、应急处置快捷可视、事故规律科学可循，全面提升利港电厂信息化管理效能。

同时还能够实现生产区域的安全防范、辅助监控，实现防盗、防火、防卫、报警等一体联动的功能。电厂智能监控系统可以将声音、图片处理并传送，允许进行多方联动，进一步甚至可以实现部分无人值守，达到减员增效的目的。音视频集成应用系统如图 2-37所示。

智能监控系统平台是一款企业视频监控管理信息化平台软件，该平台集成大数据、云计算、物联网、移动互联网等最新的信息技术，规范企业安全管理行为，以提高企业事故

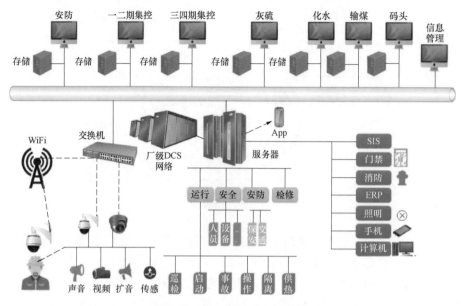

图 2-37　音视频集成应用系统

防范能力。

平台设备运行管理系统的功能分为业务流程类功能（巡检、现场操作类等）和事件触发类功能（机组启停、异常事故处理、消防报警等）两大类。其中业务流程类功能须通过平台软件与摄像头关联，在平台上将摄像头的监控信息显示在屏幕上。事件触发类功能，直接将摄像头监控信息投射到监控画面上，用于以下功能：

1）巡检。

①在 ERP 系统建立一个"摄像头巡检标准"。

②将巡检点里面的巡检项目绑定摄像头参数（焦距、角度），视频巡检结果经运行人员确认后自动切换到下一个巡检点，巡检完成后将巡检结果数据通过平台上传返回给 ERP。

③巡检流程图：按照定制巡检路线进行远程虚拟巡检，也可以对单个设备调用巡检。

④巡检记录：巡检结果记录在本地服务器，发生异常时，根据设备编码把异常前后 5min 视频记录归档。

⑤连续监测：摄像头的已有的功能自动报警，闯入报警（具体场景）。

2）异常及事故处理。通过 SIS 系统与视频系统的关联，系统对生产过程监测到的异常（设备跳闸、联锁等）自动弹出画面检查就地情况，提供异常、事故的现场视频画面，并进行异常前后 5min 视频记录归档。

3）机组（设备）启停。

①APS 启动时（SIS 有指令传过来），根据功能组启动时序与摄像头关联，自动投射到大屏，监视相关设备。功能组启动信号关联对应的摄像头清单，设置 2 个应用场景（引风机、闭冷水泵）。

②手动调用（沙盘或者目录树）待启动设备摄像头，监视相关设备。

③远方通过视频画面检查设备外观是否正常、监视相关表计参数、观察挡板、阀门、

油位等是否正常，并提供相关记录窗口以及历史存档。

④节能管理：对照明系统和空调系统进行监视。

⑤环境管理：对室内温度、湿度进行监视。

⑥防火管理：平台和消防系统关联，探测到某一区域发生火灾，将视频系统自动切至该区域。

⑦人员统计：利用摄像头人数统计功能统计全厂生产区域作业人员数量。

⑧用户管理功能模块：对不同部门领域人员层级、功能权限等进行管理。能与手机微信等关联，对登录操作情况进行跟踪。

⑨移动终端：后台系统主要模块能通过手机、平板等终端使用、操作，登录微信公众号或企业号。智慧监控系统移动端主要实现日常安全工作提醒、巡检、随手拍等功能。

⑩支持 4G 单兵头盔：单兵头盔视频、音频信号能进入此系统，满足集控室和单个、多个头盔视频、语音通话。

（2）基于微信的移动应用。

为减少手机平台及操作系统对应用系统可能带来的不稳定因素，并考虑安全性，ERP系统移动应用主要基于企业微信实现，基于微信的移动应用架构如图 2-38 所示，部分复杂应用采用 App 的模式。

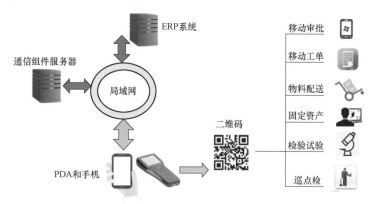

图 2-38　基于微信的移动应用架构

1）移动审批。基于企业微信实现 ERP 系统的流程审批功能。ERP 系统将需要用户审批的流程信息推送到手机微信。用户通过手机可浏览到待审批的内容摘要信息、审批流程、前序节点审批意见及 Word、Excel 等附件文档，并进行审批操作；用户的审批结果实时同步到 ERP 系统。ERP 系统管理界面如图 2-39 所示。

2）移动工单。ERP 系统工单处理是设备管理的核心功能，将该功能拓展到智能手机端，通过智能手机实现故障报告、工单策划、工作许可、工单执行的全过程管理。

员工在生产现场可通过扫描设备二维码填写故障报告，并可对故障情况拍照上传；通过手机查询所有在"缺陷报告"和"工作请求"的所有待点检工单，填写检修计划信息，并可进行设备点检、检修点检和预审操作，若工单策划出危险作业，则自动推送到主任、主管、安监部主任手机上。

工作负责人可在手机上进行班组策划，填写工作负责人、工作成员、安全注意事项等

图 2-39　利电集团 ERP 系统管理界面

相关信息，并下达工单。

运行人员在现场进行工单开工操作。

工作票签发、安全措施执行和安全措施确认、工作票许可均可通过手机操作。现场工作票安全措施操作时，通过扫描设备二维码进行逐项确认，并记录扫描的设备、执行人、执行时间、执行结果。检修工作负责人通过扫描设备二维码进行逐项确认，并记录确认人、确认时间、确认结果。

外包项目验收，实现外包工程项目工程量甲乙双方现场鉴定。

3）物料配送。为提高工作效率，减少员工去仓库领料的时间，对 ERP 材料申请和工单材料申请进行优化，实现物资配送功能。领料人填写材料申请单一并填写配送计划，系统按配送时间、配送地点和接受人等信息进行分类汇总自动生成配送计划单。仓库计划员下达确认后的配送计划，同时推送计划到仓储配货组与配送提货组；物料按配送计划单要求配送到指定地点后，由配送接收人或代收人确认收货。

4）固定资产管理。为解决固定资产清查存在的问题，通过手机移动和二维码识别实现固定资产盘点功能。ERP 固定资产盘点分为随机盘点和盘点报告盘点两种，下发盘点报告到智能手机端，通过手机扫描二维码查询固定资产台账信息，核对并确认固定资产盘点信息，盘点结果回传到 ERP 系统后自动生成盘点差异报告。

5）巡点检。基于智能手机的设备巡点检管理可通过对设备运行状态数据（包括设备的状态、缺陷、现场数据）的现场采集、自动上报和统计分析，建造出一条从现场操作层到专业管理层、再到单位决策层的"信息高速通道"，为设备状态检修提供翔实严肃而可靠的基础数据和统计分析结果，具有以下功能：

①数据保存需支持离线工作方式，巡点检完成后一键更新数据到 ERP 系统。

②系统登录时实现系统登录身份验证。

③任务下发，将路线、设备等相关路线信息下发到智能手机端，巡检路线变化时同步更新，点检根据周期更新。

④管理点扫描，选择路线，扫描管理点二维条形码，记录操作人、操作时间、操作方式，也可手工方式进入。

⑤巡检设备，选择设备运行状态（运行、备用、检修），记录运行时间。

⑥巡检项目，根据设备运行状态，记录巡检项目情况、巡检日时间。

⑦记录异常项目情况，巡检时间，并拍照上传。图片与巡检项目关联。

⑧可以查询漏检项目，进行补漏。

6）基于手机平台的检验试验管理平台。基于检验试验业务功能需求，在 ERP 系统定制开发功能模块，实现检验试验标准制定，通过事件定期触发检验试验计划任务，并通过手机微信推送给检验试验人员，试验人员通过手机录入检验试验结果，并上传 ERP，数据录入过程中能及时发现数据异常，避免试验人员重复检验试验。

（3）基于二维码的设备技术管理。

ERP 系统设备台账中保存了大量设备相关技术资料，同时在日常设备维护、检修过程中产生了大量的过程性文档，此外在文档管理系统中保存了技术通知、技术规程、系统图、定值单等大量、离散的技术资料。基于企业微信和智能手机进行设备技术管理，实现通过扫描现场设备二维码，实时调取该设备及所属设备组的全部技术资料，并可进一步进行二次检索提高资料查阅速度与精确度，有效提升技术资料的利用效率，为企业的知识增值和知识管理创造条件。

（4）基于 PI 系统的设备状态管理平台。

设备状态管理平台具备性能分析、故障预警、寿命管理等功能，界面如图 2-40 所示。

1）性能分析：在 SIS 系统的 AF 框架和 PIVision 平台上，以设备为核心集成来自 ERP、SIS、CPM、iEM 等多个渠道的设备状态信息，建立设备状态诊断平台的后台分析模型，实时读取需要的最新数据分析结果（如设备状态参数、运行健康状态的量化指标等）以画面、数值以及动态报警等多种形式发布。可以通过全面分析设备信息、辨识设备异常状况，提供连续改进设备状态和运行的建议。

2）故障预警：系统采集设备历史运行数据基于相似性原理进行建模，通过自动采集设备的海量实时/历史数据进行相似性分析，快速创建设备的实时动态模型，并针对设备实时产生反映设备状态的相似度曲线，实现设备早期故障的实时动态智能预警。

3）寿命管理：通过收集电厂生产设备的状态参数信息，对每台关键设备建立模型，对信息进行加工和处理，综合应用各种方法对设备寿命产生影响的潜在因素进行统计分析，对设备寿命进行量化预测，为选择合理的检修策略提供决策支持。

（5）智慧后勤。

智慧后勤管理中借助员工手机订餐功能，系统自动生成采购单，减少浪费，并实行菜品末位淘汰机制，提高员工订餐积极性，目前订餐率可到 95%。

1）智慧食堂。围绕价格合理、吃得好、浪费少的总目标，借助成熟的管理软件，将食堂日常进销存、财务记账、订餐、售饭、卡务等业务整合在智慧食堂平台上，实现标准化作业、效能化管控、指标化管理、精细化核算等现代食堂管理的解决方案。

2）人脸识别门禁系统。主要实现进出厂区人员进行人证比对、人脸识别等功能。人

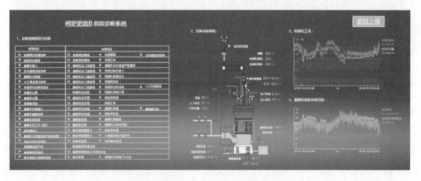

图 2-40　设备状态管理平台

脸识别门禁系统主要有道闸、控制器、读卡器、人脸识别装置及后台软件及人脸采集器、卡片发卡器等组成。

3. 决策科学化

利用 CPM 平台采集整合多个来源的业务数据、市场信息，通过建模的方式，进行智能化分析、模拟和预测，形成全面量化并具有实施指导意义的决策支持报告，如电怎么发、煤怎么买、船怎么调、煤怎么堆、仓怎么加、热怎么供、灰怎么产等发电过程，形成一个个指令到相关岗位执行。为集团的经营管理提供科学有效的决策支持，决策支撑系统示意如图 2-41 所示。

实现企业战略的纽带

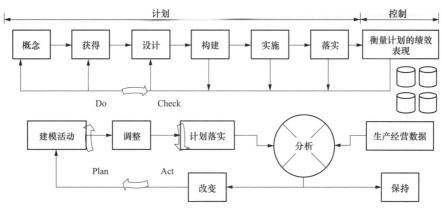

图 2-41　决策支撑系统

4. 营销数字化

借鉴具有代表性公众服务号的经验，根据利电集团销售业务，进行顶层设计、统一规划，对集团旗下售电、增值服务、副产品、煤炭、物流、航运、物资等板块，建立以客户为中心的服务体系和统一销售移动平台，一方面提供集团整体形象，另一方面为客户提供便捷增值服务，增加与用户互动，提高用户满意度。

以江苏利电能源集团申请公共服务号，集团客户可通过微信去关注利电能源集团公众服务号，并在公众服务号中注册客户信息，管理员通过注册信息申请核实客户提供信息，经核实后的客户信息，将同步到 ERP 客户基本信息中，实现客户联系人微信与客户信息关联，客户通过微信能够查询、办理相关业务，并能接收公告通知和客户投诉和业务交流等信息。

三、智能化电厂建设体会

利港电厂拥有自己的研发队伍，可以根据电厂的实际生产需求直接进行相关产品的开发，使得实际生产中的解决问题的想法能够快速落地实施。利港电厂的员工主导建设了智能监盘、APS 等项目，有很强的技术实力，也形成了相关的知识产权，并且具备对外实施的能力。

第四节　国家能源集团宿迁发电有限公司

国能宿迁发电有限公司地处江苏省宿迁市宿城区洋北镇，一期 2×135MW 火力发电机组于 2003 年底动工兴建，分别于 2005 年 2 月 27 日、6 月 29 日投入商业运营。二期扩建工程（2×660MW）超超临界二次再热机组。

2018 年 5 月国能集团公司明确该集团《智能火电关键技术研究与示范应用》课题项目，依托国能宿迁电厂二期工程，采用国电智深控制有限公司提供的设计方案，研发并实施智能发电运行控制系统（四大智能控制）、智能发电公共服务系统（六大智慧管理），建立七大智能中心。整个项目由宿迁发电有限责任公司、新能源研究院、科环集团三家单位共同承担，拉开了国能宿迁电厂智能化建设序幕。

一、电厂智能化总体情况

1. 智能发电运行控制系统

智能发电运行控制系统搭建生产实时数据统一处理平台，运用各种数据分析技术和先进控制技术。

（1）数据聚合：创新构建全厂生产数据统一处理平台，消除数据孤岛，实现发电生产现场全范围数据聚合，为全厂一体化监控和深度数据分析挖掘提供基础。

（2）深度分析：首次将大数据分析技术融入控制系统，实现人工智能与生产运行控制紧密融合，保障能效实时分析和智能操作指导。

（3）智能计算：升级传统火电 DCS 算法，内嵌智能分析计算引擎，开发具有预测控制、自抗扰控制、能效分析等功能的先进控制、运行优化算法，实现智能控制和全程自趋优运行。

（4）协同开放：首次将发电运行控制系统设计为一套高度开放的智能运行控制平台，无缝整合各类智能应用，构建智慧工业生态圈。使第三方专注于其专业技术核心功能的实现，并充分保护其知识产权，推动先进技术研究的良性发展。

该系统主要任务实现生产过程的数据集中处理、实时监控，深入挖掘实际生产数据中蕴含的特征、信息和规律，使数据充分发挥价值，用于厂内生产过程流程的智能控制、优化和诊断，包括：

1）ICS 系统的能效实时计算：ICS 的能效计算系统在生产实时控制层面计算并给出机组的各项性能计算指标、能损分布及其大小，为运行员指明机组的节能降耗潜力，并为后续进一步的智能寻优计算和智能控制提供必要的基础条件。

2）智能运行寻优：在能效实时计算的基础上，系统采用自寻优算法给出机组运行过程中当前工况下的最优运行目标值（如最佳氧量、最佳真空、最优主汽压设定值、最优一次风压等）和最优运行方式（如磨煤机组合方式、配风方式等），并可与底层控制回路配合，实现机组自趋优的"能效大闭环"运行，有效提高效率，降低煤耗。

3）智能最优控制：ICS 系统采用广义预测控制＋系统辨识算法代替传统的 PID 算法作为控制回路的核心。预测控制基于控制对象过程模型，系统辨识算法具有自学习特性，综合而言具有更好的控制效果，有效保证系统最优目标值的精准实现。

4）智能运行报表：ICS 系统提供生产数据智能化统计分析与报表展现功能。如机组的小指标情况，归类统计情况（关键超限次数、保护动作次数、自动投入率等），能效对标情况等。智能报表还可自动提炼历史规律信息，提示指标异常状态。

上述功能通过四大智能功能群组（智能顺控系统、智能诊断预警系统、智能运行优化系统和智能安全管控系统），对生产及辅助装置实施控制。

（1）智能顺控系统。

通过充分考虑宿迁电厂二期 2×660MW 超超临界二次再热机组启停运行特性、主辅设备运行状态和工艺系统过程参数，设计了智能顺控系统，包括机组自动启动和自动停止两部分，涵盖启动、并网、带负荷、升负荷、降负荷、停机/停炉、投盘车等整个机组启停各个阶段的控制。根据机组的不同工况（冷态、热态、温态、极热态）采用相应的上层控制逻辑，通过 DCS 数据高速公路，发控制指令到相应的模拟量自动控制系统、锅炉炉膛安全监视系统、汽轮机数字电液调节系统、锅炉给水泵汽轮机调节系统、汽轮机旁路控制系统等各控制子系统。实现机组运行的高度自动化运行，有效减轻运行人员操作强度，进一步提升机组运行稳定性、安全性，其中：

1）机组自启停 APS 功能：实现机组自动化启停机、自动化启停子系统，运行中大部分固定步骤操作量均由系统自动完成，功能界面如图 2-42 所示。

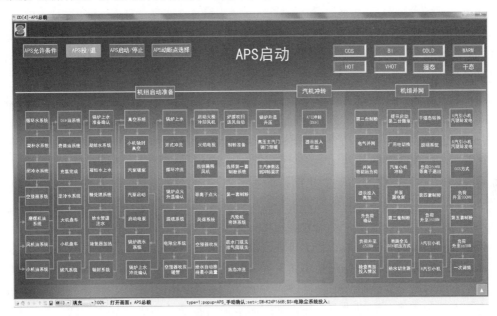

图 2-42　APS 控制画面

2）典型操作自动执行：机组日常定期操作工作均由系统自动完成，运行人员可在必要情况下手动干预。

3）典型故障处理：机组运行中典型故障发生时，一系列紧急处理操作均由系统自动完成，以提高响应速度并降低误操作概率。运行人员可在必要情况下手动干预。

（2）诊断预警系统。

诊断预警系统采用人工智能、专家系统方法及时识别机组异常或劣化工况并给出参考处理意见，是机组清洁高效运行的可靠支撑系统。

1）智能报警系统。智能报警系统采用人工智能方法同步监测机组运行所有重要参数及设备状态，快速给出异常点信息，并自动推理异常原因，有效提升监盘质量。同时系统可进行自我完善，抑制滋扰报警信息并持续改进系统异常、顽固报警状态。

2）转机诊断系统。转机诊断系统将振动分析技术与专家系统、人工智能技术相结合，对汽轮机、三大辅机及给水泵等重要设备进行全天候智能监测分析，及时提示运行人员设备的劣化及异常状态，同时系统提供二维－三维联动监视功能。

a）可视化汽轮机故障监测与诊断。可视化汽轮机发电机组智能安全预控系统通过对汽轮发电机组轴系各种动静间隙的实时计算，在主控室操作员站屏幕上，以透视的方式实时监视汽缸内高速转动的各转子的运行状态；显示各转子的动态间隙变化，包括各轴颈处的油膜厚度、盘车状态下的大轴顶起高度、各轴封间隙、各隔板汽封间隙等，根据间隙变化和机组的振动水平确定密封和机组的状态，并以不同的颜色显示可视化监测画面。从监测画面上可以直观地判断机组常见的不平衡、不对中、油膜涡动、汽流激振、部件脱落、松动和碰磨等故障；系统可根据需要修改有关参数进行调整，具有：①实时功能：包括实时在线监测、智能故障诊断、运行指导和故障处理、防止汽轮机超速、可以防止汽轮机断轴、杜绝汽轮机烧瓦、汽轮机可视化调节阀阀序优化。②管理功能：包括趋势实时查询、分析，事件实时记录功能、防止汽轮机大轴永久弯曲、绘制专业振动图谱、滑动轴承设计优化建议。

b）可视化大型转机故障监测与诊断。可视化大型转机智能管控系统能够设置、采集、自动分析处理机械设备的振动数据，在主控室操作员站屏幕上，以透视的方式实时进行监视机械设备的运转状态，系统自动给出分析诊断结果，并及时提醒运行与维护人员。

系统具有设备状态实时在线监测及传输功能，管理功能包括设备故障自动智能诊断分析、多种方式报警数据分析、具有绘制图谱功能。

3）智能监测功能。智能监测功能控制系统状态、控制回路品质、执行机构性能的全方位智能监测，保障系统控制体系本身的可靠性和稳定性。

4）高温受热面监测。高温受热面监测系统对炉内过热器、再热器受热面的壁温、汽温、应力超温情况、氧化加剧情况进行在线实时监测和三维展示，同时对各受热面吸热状态及热偏差进行监测和展示。系统为燃烧运行调整和检修提供有效方法和依据。

高温受热面监测系统，采用基于机理模型和可测变量建立软测量模型，实现高温受热面状态的在线监测，对锅炉高温受热面管屏汽温及壁温进行在线模式识别、数据处理与系统仿真，实现对高温受热面管子进行炉内壁温动态显示、超温统计、热偏差甄别、强度和氧化寿命以及积灰状态等的状态监测，动态揭示炉内各受热面吸热偏差曲线，为运行方式的优化调整、高温受热面状态检修和设备的优化改造提供指导，包括：

a）系统与DCS进行无缝连接（原则上不接受采用MODBUS/OPC等通信的方式），通过直接调用DCS数据库相关测点实时数据信息，实时监测炉膛内高温受热面各屏各管沿长度关键管段的壁温，动态计算显示应力超温和管内氧化加剧报警值，避免超温引发爆管，延长高温管屏的使用寿命及减缓管内氧化皮的生成。

b）动态计算显示炉内各受热面吸热偏差曲线，为燃烧调整提供依据。

c）在线计算炉内各管段的氧化皮形成和寿命损耗累积值，为高温受热面状态检修提供依据。

d）通过优化调整提高高温受热面管子壁温裕量，避免因超温引发的爆管，为提高锅炉运行的安全性提供有效的数字化管理手段。

5）通过燃烧调整防止因部分管子超温而被迫采取的降温运行。

由于锅炉高温管屏炉内壁温在线计算技术以炉内壁温在线计算模块和寿命损耗在线计算模块为核心，利用锅炉高温管屏上原有的炉外壁温测点在线计算每根管子沿长度各点的炉内壁温，同时算出沿烟道宽度的热负荷偏差和同片各管热偏差，在线动态显示过热器、再热器炉内受热面管子关键点壁温、汽温及烟气分布情况，及时揭示应力超温和管内氧化加剧报警值，避免超温引发的爆管。配置设备模块见表2-1。

由于高温受热面监测系统对炉内过热器、再热器受热面的壁温、汽温、应力超温情况、氧化加剧情况进行在线实时监测和三维展示，同时对各受热面吸热状态及热偏差进行监测和展示，为燃烧运行调整和检修提供有效指导，可取得效益。

表 2-1   配置设备模块

序号	监测部件	功能模块	功能用途
1	一次高温再热器 二次高温再热器	高温管屏炉内壁温在线监测模块	实时动态显示各管组每根管子炉内管壁温度
2		高温管屏炉内汽温在线监测模块	实时动态显示各管组每根管子炉内蒸汽温度
3		高温管屏炉内壁温历史追忆模块	按照输入条件查询炉内每根管子各点的历史管壁温度
4		高温管屏炉内汽温历史追忆模块	按照输入条件查询炉内每根管子各点的历史蒸汽温度
5		超温统计模块	显示炉内各管组每根管子各段的历史超温情况和剩余寿命、超温详情等，有利于电厂的炉内状态检修
6		各屏最高温度模块	显示炉内各管组各屏的当前及历史最高壁温和最高汽温
7		动态炉外各管出口段壁温表	以动态表格的形式显示各管组所有炉外出口管段的动态金属壁温
8		动态炉内各管出口段壁温表	以动态表格的形式显示各管组所有炉内出口处管段的动态金属壁温
9		宽度吸热偏差模块	以动态曲线的形式反映各管组炉内沿宽度方向的动态吸热偏差曲线，及时形象地反映锅炉炉内燃烧情况
10		超温幅度、时间分析管理模块	在线监测高温管屏炉内管子的超温情况分析模块
11	锅炉出口处	锅炉偏差管烟温偏差在线监测模块	通过对锅炉炉内偏差屏的烟温偏差计算，实时动态显示炉膛出口处的烟温偏差；（锅炉运行中可代替烟温探针功能）
12	高温管屏炉内	主、再汽温度动态流程图	以动态流程图的方式显示过热器和再热器进出口集箱温度、温差和左右侧吸热偏差
13	锅炉炉外测点	炉外异常测点实时报警模块	实时判断炉外铠装热电偶测量精度和好坏分析，以动态的形式及时反映给用户，以便及时维护
14	变化速率	锅炉启停过程各变化速率模块	使运行人员能随时掌握锅炉启停过程中所需要随时监视的各种变化速率，如：锅炉中间点温度、给水温度、分离器出口温度、分离器出口压力等，保证锅炉安全运行

1) 可以提高锅炉安全性 20% 以上。

2) 锅炉效率提高 0.5%～1%；全年节省燃煤≥1%；延长检修周期而产生的效益，减少四管爆漏危险。

3) 锅炉本体平均检修周期预计延长 12 个月，延长了无故障检修周期。

但该系统还有待于进一步完善。该技术实施中关键是锅炉建模，需要拓展研究炉膛内部基于光学信号分析的管屏/积灰表面温度测量技术、实时精确测量高温管屏表面积灰层几何形貌及温度分布。为了实现功能的可靠应用，需要深入研究包括飞灰辐射—温度特性参数数据库的建立、炉膛脉动光学环境辐射特性测量、基于多目视觉的积灰形貌重构方法研究、高温内窥镜冷却关键工艺研发、基于辐射光谱的锅炉管屏积灰状态监测系统研发等。

（3）智能运行优化控制系统。

将预测控制、自抗扰控制、内模控制、鲁棒控制、PID自整定等先进控制算法（包含多目标寻优算法以及机器深度学习等实时优化算法）应用于制粉系统预测控制、机炉协调预测控制、过热汽温预测控制、再热汽温预测控制、凝结水节流控制、高压加热器旁路控制等，建立磨煤机、汽轮机－锅炉多变量机理模型、过热汽温数学模型、再热汽温数学模型，并根据历史数据自动分析和更新模型参数，自动适应不同工况、煤质和设备特性变化的控制要求，保证锅炉宽负荷工况下更稳定地燃烧，增强机组宽范围的负荷调节能力与负荷动态响应能力，以适应机组快速、经济、环保等多目标柔性优化控制需求和电网两个细则的调度要求。

1）制粉系统预测控制。正压直吹式制粉系统是一个典型的多变量非线性时变系统。各控制量和被控量之间存在着严重的耦合关系，控制量扰动大，被控量滞后严重，基于经典PID设计的控制方案难以实现制粉系统的解耦控制。因此，在研究建立的制粉系统模型的基础上，设计了制粉系统多变量预测控制方案。该方案提出了新的制粉系统出力控制方法，即磨煤机出口煤粉流量控制法，并根据煤中CO最低析出温度，结合煤粉水分，对磨出口温度进行了设定值优化，利用原煤水分智能前馈，设计了抗煤水分扰动方法。具体控制原理框图如图2-43所示。

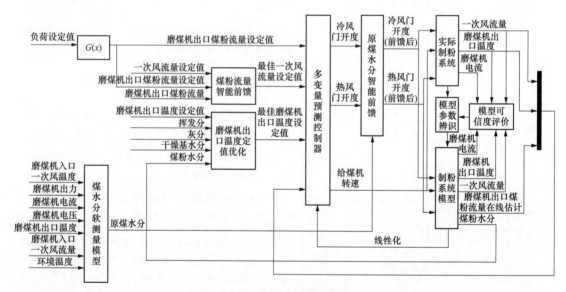

图 2-43　制粉系统优化控制原理框图

基于状态方程的多变量预测控制算法，在多个工作点对制粉系统模型进行线性化并设计了相应的预测控制器，控制器的输入部分包括磨煤机出口煤粉流量设定值、最佳一次风流量设定值、最佳磨煤机出口温度设定值、一次风流量（自实际对象）、磨煤机出口温度（自实际对象）、磨煤机出口煤粉流量在线估计值（来自制粉系统模型）。

给煤量作为制粉系统出力控制，本身存在内扰和滞后性，严重影响制粉系统出力的精确控制，根据建立的制粉系统模型能够在线估计磨煤机出口煤粉流量，可采用煤粉流量作为制粉系统出力控制；此外，由于磨煤机出口煤粉流量与磨煤机出入口差压和磨煤机内煤粉量成正比，而磨煤机出入口差压又正比于一次风流量的平方，因此，设计了磨煤机出口煤粉流量智能前馈模块，使得当磨煤机出口煤粉流量偏低时，能够迅速增加一次风流量，将稍大颗粒的煤粉吹入锅炉燃烧，实现制粉系统出力的平稳控制，一次风流量设定值优化流程如图 2-44 所示。

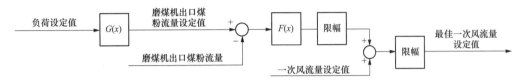

图 2-44　一次风流量设定值优化流程

利用模型估计的煤粉水分对磨煤机出口温度进行了定值优化。煤粉水分对磨煤机出口温度设定值的校正作用为：当其他条件不变时，磨煤机出口温度上升，煤粉水分降低，磨煤机出口温度下降，煤粉水分升高。当煤粉水分高于上限值或者低于下限值时，可以通过改变磨煤机出口温度的设定值来调节磨出口温度，使得煤粉水分恢复到限值以内。具体校正逻辑如图 2-45 所示，当煤粉水分高于上限值时，控制器的输入为煤粉水分与上限值的差值，输出为磨煤机出口温度正向校正量，磨煤机出口温度随之升高，从而达到降低煤粉水分的目的；当煤粉水分在限值范围内时，控制器的输入为零，磨煤机出口温度校正量为零；当煤粉水分低于下限值时，控制器的输入为煤粉水分与下限值的差值，输出为磨煤机出口温度负向校正量，磨煤机出口温度随之降低，从而达到升高煤粉水分的目的。

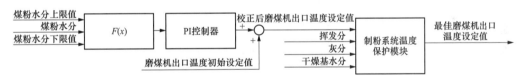

图 2-45　磨煤机出口温度定值优化

2）协调预测控制。建立汽轮—锅炉多变量模型，采用多变量预测控制算法，对系统非线性特性采用多模型切换方法解决，实现机炉协调控制，并对预测控制器所输出的给煤量进行智能前馈校正。给煤量的智能前馈的输入量包括蓄能动态补偿、热值静态补偿、频率偏差，其中蓄能的动态补偿量是通过蓄热系数和汽水分离器压力计算获得，热值补偿量是通过低位发热量和机组负荷设定值计算获得，协调预测控制流程如图 2-46 所示。

a）多模型预测控制的基本原理。将被控对象的工作区域划分为 s 个稳定的工况点，在每个工况点通过线性化得到一个较为精确的局部模型，根据每个工况点的线性模型设计了预测控制器。在实际控制过程中，实时计算实际工况与控制器设计工况点间的"距离"（即两者相对偏离度的二范数），并对计算结果进行排序，对"距离"最近的两个工作点所对应的控制器输出进行线性内插，得到被控对象的控制输入。具体原理框图如图 2-47所示。

b）给煤量智能前馈。根据入炉煤低位发热量在线检测，确定目标负荷指令下的基准总燃料量。根据锅炉蓄热系数在线计算，乘以分离器出口压力的实际微分，确定锅炉的蓄

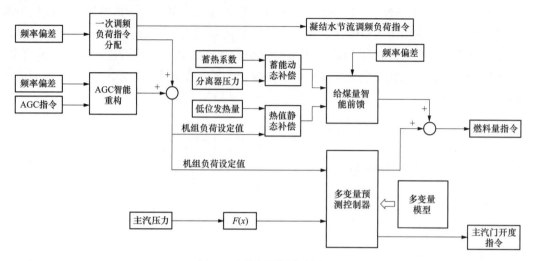

图 2-46　协调预测控制流程

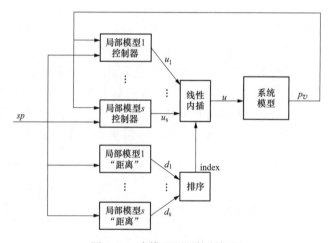

图 2-47　多模型预测控制框图

热量。根据蓄热量确定总燃料量的超调量以及超调的时间常数。依据基准总燃料量和超调总燃料量确定锅炉控制器的前馈量。前馈的微分时间常数依据智能规则确定。

c）抗磨煤机扰动系统设计。在启停磨煤机过程中，在燃料量指令上减去被启停磨煤机的经过磨煤机模型计算的磨煤机出口煤粉流量偏差，然后平均分配并下发至各磨煤机。

3）主汽温预测控制。二级减温设定值根据负荷函数给出，一级减温设定值由二级过热减温器后温度叠加负荷函数修正给出。一、二级减温采用串级结构，主调节器均采用滑动多模型阶梯式预测控制器，副调设定值由主调输出附加负荷相关的燃烧器摆角、磨煤机组合、燃料量、风量动态前馈组成。主调控制器采用 T-S 模糊模型作为被控对象全局模型（模型集），实际运行过程中，根据运行工况自动选择其中三个模型作为预测控制器模型，其中一个控制器输出作为实际输出，另外两个模型作为备用输出，多模型预测控制器模块如图 2-48 所示。

4）再热蒸汽温预测控制。再热蒸汽温控制采用燃烧器摆角和喷水减温联合设计方案，其中燃烧器摆角采用内模和智能前馈相结合的控制方法。燃烧器摆角根据负荷指令、磨煤机组合情况、总风量情况进行智能前馈完成初始定位，多变量内模控制进行辅助微调。喷水减温调节系统设定值具有自适应性，可以根据燃烧器摆角指令、再热蒸汽温度变化速度自适应调整喷水减温设定值。

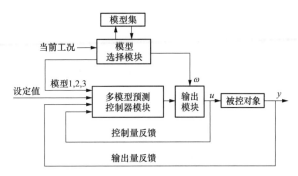

图 2-48 多模型预测控制器模块

a）燃烧器摆角的内模控制设计。与采用再热器减温水调节再热蒸汽温度的控制系统相比，采用调整燃烧器摆角来控制再热蒸汽温度存在严重的滞后和惯性，采用普通 PID 已经无法达到控制目的。项目中燃烧器摆角的自动控制系统拟采用内模控制（Internal Model Control，IMC）。

内模控制是一种基于过程数学模型进行控制器设计的新型控制策略，具有设计简单、控制性能好等优点。内模控制在工业过程控制中已获得成功应用，体现出在控制系统稳定性和鲁棒性的优势。内模控制还与许多其他控制算法，诸如动态矩阵控制（DMC）、模型算法控制（MAC）、线性二次型最优控制（LQOC）等之间存在很大的内在关系，尤其是多变量内模控制可以直接调整闭环系统的动态性能，并对模型误差具有良好的鲁棒性。内模控制的主要性质：对偶稳定、理想控制和零稳态偏差。IMC 系统的这一零稳态偏差特性表明：IMC 系统本身具有偏差积分作用，无须在内模控制器设计时引入积分环节。内模控制与传统反馈控制比较其主要优点为：容易获得良好的动态响应，同时也能兼顾稳定性和鲁棒性。

燃烧器摆角控制系统设计为单回路控制系统，控制器采用 IMC 内模控制器，同时引入机组负荷指令前馈信号和磨组合前馈信号。当再热蒸汽温度超过设定值 613℃ 时，输出指令使燃烧器摆角向下摆动；当再热蒸汽温度小于设定值 613℃ 时，输出指令使燃烧器摆角向上摆动。示意结构如图 2-49 所示，$F(s)$ 为滤波器，一般为一阶惯性环节，$G'(s)$ 为估计模型，$FF(s)$ 为负荷指令和磨组合前馈信号。

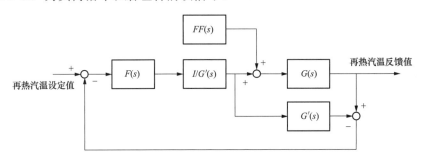

图 2-49 燃烧器摆角控制模块

再热蒸汽温内部模型通过选择典型的负荷区间，停吹灰，做燃烧器摆角扰动试验获得。通常是正向摆动，稳定后负向相同幅度摆动，分析试验数据。如果估计模型准确，即 $G'(s)=G(s)$，且没有外界扰动，则模型的输出与过程的输出相等，此时反馈信号为零。

这样，在忽略模型不确定性和无未知输入的条件下，内模控制系统具有开环结构。这就清楚地表明，对开环稳定的过程而言，反馈的目的是克服过程的不确定性。也就是说，如果过程和过程输入都完全清楚，只需要前馈（开环）控制，而不需要反馈（闭环）控制。事实上，在工业过程控制中，克服扰动是控制系统的主要任务，而模型不确定性也是难免的，因此对控制器参数的设计需要权衡控制准确性与鲁棒性。

b）再热蒸汽温控制系统前馈。由于不同层磨煤机的投入，会影响火焰中心的高度，对再热蒸汽温产生巨大影响。因此，再热蒸汽温的控制中，引入磨煤机启停的前馈信号，修正燃烧器摆角的高度。对不同层磨煤机赋予不同的权值，越是靠近炉膛出口的磨煤机，其权值越大，代表了其对再热蒸汽温的影响越大。

负荷对再热蒸汽温的影响也同样不可忽视。一般来说，低负荷下，再热蒸汽温会低于设定值，因此，燃烧器摆角应上摆，反之，高负荷下，由于炉膛热负荷较高，一般情况下，再热蒸汽温会超温，燃烧器摆角需要下摆。故再热蒸汽温控制中加入了负荷作为前馈，修正燃烧器摆角，使其快速动作，改善系统的控制性能。

c）再热减温水调节系统逻辑。控制系统设计为单回路控制系统，控制器采用常规 PID 控制器。喷水减温设定值同时引入再热器出口蒸汽温度快速变化偏置信号。

d）燃烧器摆角调节和减温水调节联合设计方案。当燃烧器摆角和再热减温水同时投自动时，再热喷水控制的定值不能由运行人员修改，该数值是燃烧器摆角控制定值 613℃加 6℃，即 619℃，当燃烧器摆角摆至最下方时，取消这 6℃的偏差。当再热蒸汽温低于减温水的定值时，燃烧器摆角是主要的调节手段，减温水基本不参与调节。当再热蒸汽温高于减温水的定值时，燃烧器摆角与减温水共同调节。

开启减温水阀门时，燃烧器摆角闭锁增，直至减温水阀门关闭且保持 80s 才解除闭锁增。另外，燃烧器摆角的频繁动作可能会导致燃烧器执行机构的使用寿命下降，为防止燃烧器摆角的频繁动作，需要对燃烧器摆角的控制系统输出设置死区。

a. 稳定工况，且再热蒸汽温度平稳变化。

再热蒸汽温度 613～616℃时，再热蒸汽温度由燃烧器摆角自动调节，关闭喷水减温阀，事故减温水不参与调节，顶部过燃风不增加偏置。

再热蒸汽温度 616～619℃时，再热蒸汽温度由燃烧器摆角自动调节，顶部过燃风增加偏置。

当燃烧器摆角调节未达到下限时，关闭喷水减温阀，事故减温水不参与调节，再热蒸汽温由燃烧器摆角和顶部过燃风共同调节。

当燃烧器摆角调节达到下限时，开启喷水减温阀，事故喷水，同时闭锁减燃烧器摆角调节指令，使燃烧器摆角只能下摆，不能向上摆动，再热蒸汽温由事故减温水和顶部过燃风共同调节。

再热蒸汽温度超过 619℃时，开启喷水减温阀，事故喷水，同时闭锁减燃烧器摆角调节指令，使燃烧器摆角只能下摆，不能向上摆动。顶部过燃风同时增加偏置。再热蒸汽温由燃烧器摆角、事故减温水和顶部过燃风共同调节。

再热蒸汽温度低于 613℃时，再热蒸汽温度由燃烧器摆角自动调节，顶部过燃风同时增加偏置，关闭喷水减温阀。

b. 稳定工况，且再热蒸汽温度快速变化。

根据再热蒸汽温度的变化趋势和变化速度，改变喷水减温调节控制器和顶部过燃风控制器的设定值。再热蒸汽温度快速升时，降低喷水减温设定值，达到提前喷水的目的，同时增大顶部过燃风的调节强度；再热蒸汽温度快速降时，提高喷水减温设定值，达到提前关闭喷水减温阀的目的，同时减小顶部过燃风的调节强度。

c. 负荷大范围变化工况下。

负荷快升时，燃烧器摆角及顶部过燃风立即超前调节。再热蒸汽温度超过 619℃，或再热蒸汽温度在 616～619℃同时燃烧器摆角达下限时，开启喷水减温阀，事故喷水，同时闭锁减燃烧器摆角调节指令，使燃烧器摆角只能下摆，不能向上摆动。

负荷快降时，燃烧器摆角和顶部过燃风立即超前调节。

d. 其他。

左、右侧再热蒸汽温度温差较大时，调节顶部过燃风。火检失去 2 个时，燃烧器摆角调节投手动，顶部过燃风投手动，系统增加一个解手动报警提示。

燃烧器摆角闭锁减信号解除的条件是喷水减温阀关闭并且延迟 2min。

燃烧器摆角指令输出限幅，每次动作不超过 ±5%。

当锅炉出现 MFT、汽轮机跳闸时，喷水调节阀自动联锁解除。

所有新增逻辑与原系统逻辑可互相切换，保证在本逻辑失效或控制效果不理想时投切至原设计逻辑。

逻辑中的设定温度可由运行人员在线调整。本说明中以设定值为 613℃，手动偏置为 5℃为例，此时燃烧器摆角控制站的设定值 610℃，左右侧喷水减温控制站的设定值均为 615℃。此处需要特别注意的是：手动偏置必须为正值，以确保喷水减温设定值高于燃烧器摆角设定值。

（4）智能安全管控系统。

通过应用工业监控系统信息安全管控、人员定位关联设备控制等功能，实现主动安全管控，达到安全生产的目标。使用国电智深的信息安全系统，该系统基于生产监控系统量身开发，具备通用性，适用于 DCS、NCS、ECS、PLC 等多种系统，可用于全厂信息安全部署，以满足能源局 36 号文中综合防护的要求、电力行业信息系统安全等级保护基本要求（三级）和集团发电企业监控系统安全防护规定（方案）等的各项要求。提供生产大区网络内部入侵检测、主机加固、网络结构监管、安全审计和恶意代码防护的要求，使发电厂的生产系统安全防护措施达到国家监管部门对发电企业的硬性要求。

工业监控系统信息安全管控平台采用主动网络信息探测和网络节点设备安全强化相结合的安防技术和方法，通过层层主动监管、整体协作，组成一个完整的多层次的网络安全系统，为智能化电厂平台提供安全可靠的网络运行环境，保证业务的连续性和数据安全性。通过 DCS 主机操作系统安全防护、网络边界的安全防护、DCS 网络内部的主动安全防护，构建了第二代 DCS 网络安全管控平台。主要包括 DCS 专用网络安全监控平台、DCS 关键设备和节点操作系统安全加固相关产品、研发 DCS 安全审计平台。实现从操作系统到 DCS 控制器的全自主安全可控，确保 DCS 内部通信数据经过合法审核，成为具有最高等级的信息安全强化型 DCS，生产监控系统信息安全集中控制网络拓扑图如图 2-50 所示。

1）安全管控系统防护功能。①网络管控：每个域单独部署一台网络监控服务器。网络监控服务器采用 Linux 安全操作系统，实现第三方设备接入管控、DCS 内部设备监控、

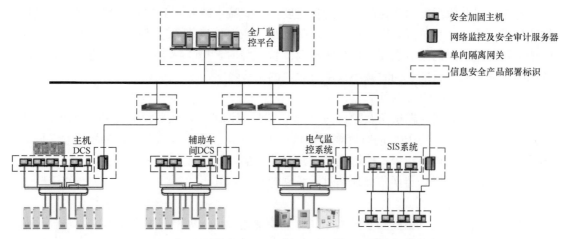

图 2-50　生产监控系统信息安全集中控制网络拓扑图

DCS 网络结构监视和网络审计等功能。满足《电力行业信息系统安全等级保护基本要求》和《发电厂监控系统安全防护方案》中生产控制大区部署网络入侵检测系统的要求。②设备加固：对所有上位机安装主机加固软件。实现进程监控、文件管理、外联管理、系统自检、系统加固及单机审计等功能。满足《电力行业信息系统安全等级保护基本要求》和《发电厂监控系统安全防护方案》中的设备加固和应用控制要求。③安全审计：在每台网络监控服务器上安装一套安全审计软件产品。通过图形界面、事件分析和事件告警的方式，实现对主机事件、网络事件、数据库事件、应用系统事件的审计，进行统计、关联分析、潜在危害分析、异常事件分析、扩展分析接口，将审计结果形成记录及报表，方便查阅。满足《电力行业信息系统安全等级保护基本要求》和《发电厂监控系统安全防护方案》中的安全审计要求。

2）安全管控系统实现方式：①在 3 号机组、4 号机组、辅助车间、厂级 DCS 网络分别增加系统信息安全管控平台/综合审计服务器：在每个 DCS 域单独部署一台网络监控服务器，在每台网络监控服务器上安装网络主动安全监控软件、综合审计软件。②对所有上位机安装主机加固软件，主要设备清单见表 2-2。

表 2-2　　　　　　　　　　　　　　　主要设备清单

序号	设备名称	数量	备　　注
1	网络管控平台软件	4 套	3、4 号机组、辅控、厂级 DCS 各 1 套
2	综合审计软件	4 套	3、4 号机组，辅控、厂级 DCS 各 1 套
3	服务器	4 台	3、4 号机组、辅控、厂级 DCS 各 1 台
4	主机加固软件	3 套	

2. 智能发电公共服务系统

智能发电公共服务系统以云计算、大数据、物联网、移动应用、人工智能等支撑技术和生产过程的工业化技术、管理技术相结合，从安全管控、高效管理、设备健康、经营管控和经济环保五条主线着手，建立覆盖智慧安全管理、智慧运行管理、智慧资产管理、智慧燃料管理、智慧营销管理和智慧行政管理六个业务板块的开放平台系统。以提升本质安全水平和防范风险能力，达到更规范的运营管理、更高的设备可靠度，更强的电力市场适应性以及更低的企业运营成本，并具有以下系统特点。

（1）柔性拓展：首次应用微服务的核心框架及基础组件，支持业务应用从单体向微服务转变，支持多种主流数据库、中间件，并兼容主流浏览器，降低开发技术对厂商的依赖性，提高了应用生命力。

（2）规范先行：采用集团统一的数据标准体系，夯实电厂侧数据基础，实现以 KKS 编码、设备编码、物资编码、固定资产编码的"四码联动"，深入优化实时数据编码、故障编码，为集团"全量数据采集与交换"提供强有力的支撑。

（3）网络生态：首创运用 GPON 无源光网络技术及 eLTE-1.8G 无线专网技术，建设园区生态网络链，提高业务融合管理效率，支持网络融合业务扩展，具有高带宽、易扩展、安全可靠等优点。

（4）智能物联：打造具备数据处理、应用支撑、生态开放、设备管理、安全保障、架构适应等能力的物联网平台，并首次探索 IPV6 的电厂侧应用。

（5）首台四全：通过全息三维模型、全景管理体验、全程数据跟踪以及全局分析掌控，为宿迁公司二期两台机组的运维、管理保驾护航。

（6）数据安全：基于对应用系统的安全风险分析，构建全闪高性能 VSAN 安全存储体系，支撑数据中心业务运行数据承载支撑能力，支持数据加密存储和无限制的容量扩展或收缩能力，并采用安全虚拟手机和虚拟云桌面，实现数据不出数据中心，集中存储在服务器上，数据安全可靠。

3. 智能中心

（1）数据管控中心：采用华为模块化机房一体化设计，双排部署集成了 IT 机柜、配电柜、水冷空调、UPS、环境监控等联合使用，使 PUE 低于 1.2（大多数传统数据中心的 PUE 值介于 2.5～3.5 之间）；聚合设计、安装、调试、运行、检修等多维信息，通过设备信息、设备状态、检修业务、物资数据、资产跟踪的集成联动和大数据分析，实现以设备为中心的全方位可视化管理，为设备巡点检、缺陷管理、检修管理等工作辅助决策。

（2）智能集控中心。

集控中心上线三大系统：

1）智能顺控系统，提升 DCS 自动化程度，实现定期切换等操作自动执行、一般典型故障自动处理，大幅降低运行操作量和操作风险；

2）智能监测诊断系统，汽轮机、锅炉六大风机等大型设备实现在线诊断与监测，设备故障提前发现，系统问题提前预警，提升设备运行可靠性；

3）指标运行优化系统，将 SIS 功能下沉至 DCS 层，氧量、端差等控制值自学习自巡优，对煤耗、汽轮机热耗等关键指标进行实时计算并展示，对影响因素量化分析和偏差预警，指导运行参数实时调整，保持机组高效运行。

（3）智能燃控中心：建设了集智能采购、阳光调运、自动计量、采制一体、自动制样、自动存取、标准化验、智能接卸、数字煤场、智能掺配为一体的燃料智能管控系统，涵盖采购、调运、验收、接卸、煤场管理、配煤掺烧各环节，实现了燃料生产和管理控制集中智能一体、信息自动贯通识别、过程规范阳光可视。

（4）智能安防中心：通过构建企业可视化智能安防系统，打造安全管理"驾驶舱"，实现视频监控、门禁、周界报警、三维、消防报警、人员定位等多个子系统的整合联动，系统间"一点触发、全面联动"，提升平台各子系统间的预警联防能力。

（5）智能热网中心：集供热计量、系统控制于一体化，通过供热用户的集中监测管理、分析计算及运行调度、故障检测、远程控制，优化运行方式，提高供热品质，降低供热成本。

（6）智能仓储中心：自助式无人化的模式，改变了以往人工业务串行的点对点方式，提供随时的开放式仓储服务能力；业务过程的行为和数据记录，不再是单纯地依靠人为手工输入，而是主要由各类智能设备自动提供，真正做到及时、准确、完整；主要业务的各个环节都可独立分离，对人的依赖大为降低，库管员的工作不再碎片化，管理能力可提高数倍；各类标签、标识、指引的运用，将大幅提升仓库的规范化，降低了对库管员经验的依赖，提升整体形象。

（7）智能档案中心：以实体档案安全保护为核心，以计算机网络、自动化设备为基础，以物联网技术为纽带，通过远程自动控制、报警联动、智能防范技术、在线监控、新型数据库技术等手段对档案馆的各类管理信息进行了综合集成，提升档案馆的智能化、标准化、自动化、信息化管理。整个系统由实体档案环境保护系统、安全防范系统、消防系统、智能存储系统、业务一体化系统等构成。

二、智能测量

1. 重要参数软测量

通过建立全厂生产实时数据中心和生产运行指挥调度中心，并应用参数软测量等技术，进行煤质水分、锅炉排烟含氧量、入炉煤低位发热量、锅炉蓄热量、锅炉有效吸热量等重要参数的间接计算：

（1）煤质水分在线测量。在制粉系统中，由于磨煤机是一个相对独立和密闭的环节，根据磨煤机的质量平衡和能量平衡，建立一个关于煤收到基水分 Mar 为未知数的一元二次方程，求解方程，得到 Mar。具体方程如下：

$$q_{ag1} + q_{rc} + q_{mac} + q_s + q_{le} = q_{ev} + q_{ag2} + q_f + q_5$$

输入热量包括干燥剂的物理热、原煤物理热、磨煤机工作时碾磨所产生的热量、密封风的物理热、漏入冷风的物理热。

输出热量包括蒸发原煤中水分消耗的热量、乏气干燥剂带出的热量、加热燃料消耗的热量、设备散热损失。

（2）锅炉排烟含氧量软测量。利用主蒸汽温度、主蒸汽压力、给水温度、主蒸汽流量、再热蒸汽温、再热汽压、高压缸排汽温度、高压缸排汽汽压、排烟温度、冷风温度、总风量、给水流量、泵出口温度、油流量、总煤量、机组功率等数据，校核煤空气热量比，计算燃料燃烧产生的热量、动态热量，得到锅炉排烟氧量。

（3）入炉煤低位发热量。锅炉内工质吸收的有效热量可以表示为主蒸汽与再热蒸汽吸收的热量之和，减掉加热给水消耗的热量以及过热和再热器部分减温水消耗的热量。其中涉及的工质的焓可利用该时刻工质的温度和压力值计算获得。再结合排烟消耗的总热量，可以得到锅炉内部释放的总热量。则该段时间内单位燃料量所释放出的热量即可表示为燃煤的低位发热量。

煤的低位发热量利用锅炉总热量与给煤量来计算。煤的低位发热量计算误差一般优于3%，存在堵煤和漏粉情况例外。煤的低位发热量计算公式如下：

$$Q_{\mathrm{net,ar}} = K \frac{Q_{\mathrm{b}}}{B_{\mathrm{v}}}$$

式中　Q_{b}——锅炉总热量，MW；

　　K——与效率相关的系数，此时 $K=1$；

　　B_{v}——进入炉膛的总煤量，kg/s；

　$Q_{\mathrm{net,ar}}$——煤的低位发热量，kJ/kg。

（4）锅炉蓄热量。根据汽水热力性质分别计算锅炉汽水系统各部分水、蒸汽和金属的容积蓄热系数，再结合锅炉结构设计数据计算各个设备的金属蓄热系数，求和后得到锅炉总蓄热系数。

在不同负荷—压力工作点，随着压力的升高，金属蓄热系数减小，汽水蓄热系数变化很小，总的锅炉蓄热系数减小；不同锅炉单位负荷对应的蓄热系数大小与锅炉类型有关，随着锅炉容量增大，单位化后的蓄热系数有减小的趋势；锅炉蓄热系数在实际运行中还应进行修正。锅炉的蓄热量为在线计算的锅炉蓄热系数乘以锅炉分离器出口压力的微分得到。

（5）锅炉有效吸热量。锅炉有效吸热量利用锅炉汽水系统吸热量计算。锅炉汽水系统吸热量包括过热系统、再热系统吸热量和排污损失热量，其中排污损失热量可以忽略。超临界锅炉有效吸热量采用下式计算：

$$Q_1 = q_{\mathrm{s}}(h_{\mathrm{s}} - h_{\mathrm{fw}}) + q_{\mathrm{sw}}(h_{\mathrm{s}} - h_{\mathrm{bw}}) + q_{\mathrm{r}}(h_{\mathrm{r}} - h_{\mathrm{g}}) + q_{\mathrm{rw}}(h_{\mathrm{r}} - h_{\mathrm{bw}})$$

式中　q_{s}——给水流量，kg/s；

　　h_{s}——主蒸汽焓，MJ/kg；

　　h_{fw}——锅炉给水焓，MJ/kg；

　　q_{sw}——过热器减温水流量，kg/s；

　　h_{fw}——给水泵出口给水焓，MJ/kg；

　　q_{r}——再热蒸汽流量，kg/s；

　　h_{r}——再热蒸汽焓，MJ/kg；

　　h_{g}——高缸排汽焓，MJ/kg；

　　q_{rw}——再热器减温水流量，kg/s。

软测量结果，可供运行人员进行机组监控参考分析，应用于制粉系统预测控制、机炉协调预测控制等优化控制回路，与优化控制协同作用，实现机组及厂级运行与控制优化，达到提升机组运行效率，降低排放和机组煤耗、灵活调节的目标。

2. 光测量

采用常规测量技术对生产过程的温度、压力、流量、转速、振动、物位、火焰、氧量、煤量等检测量进行过程参数测量，还采用基于微波、激光、红外等先进测量技术，实现发电过程参数的在线检测：

（1）绿色冷光源传感器。采用绿色冷光源作为发射光源测量烟道内烟尘浊度，原理如图 2-51 所示。

（2）远红外温度传感器。采用远红外温度传感器通过被动地检测在锅炉内热二氧化碳

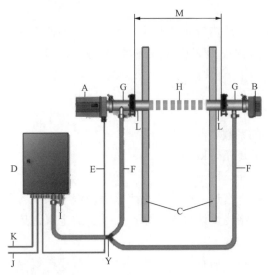

图释2.1(标准)系统元件

A	测量头(M)	H	测量部分
B	反射镜(R1 or R2)	I	新鲜空气进气口
C	烟道内壁	J	数据电缆
D	供应单元(包括风扇)	K	主电源连接
E	连接电缆M	L	带有调整法兰的安装管
F	净化空气软管	M	测量长度1.0~3.0m或者2.5~10.0m
G	安装到带有调节法兰的安装管路上的净化空气法兰	Y	Y形通管

图 2-51　绿色冷光源烟尘浊度测量装置

气体辐射出的热能值来对炉膛温度进行测量，测量系统如图 2-52 所示。

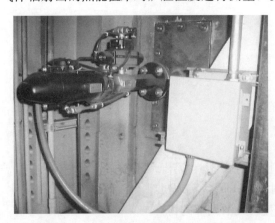

图 2-52　红外温度传感器测量炉膛温度

（3）ICP 加速度传感器。针对转动设备的易损部位，通过冲击解调技术（冲击解调是应用加速度传感器的高频共振原理，通过高速信号采集，采集到冲击等信号，进而通过包络解调等处理得到设备的故障信号），实现设备的关键部件（滚动轴承，齿轮箱内的轴承、齿轮等）的诊断，探测部件的早期故障，为设备故障监测和全寿命周期管理提供可靠的基础数据。

3. 无线网络

通过 1.8G 无线专网基站采用 TDD-LTE 制式，单载波最大带宽支持 20MHz，满足 3GPP 标准的 LTE 空中接口协议。通信覆盖分为室内、室外覆盖。

室外覆盖：根据室外环境和地理情况合理布放室外大型天线对室外区域进行信号覆盖。

室内覆盖：根据建筑结构和装修情况安装室内分布系统，把信号引入到室内所有信号盲区和弱区。

对基站做初步选点后，到现场进行实际查勘。基站的数量和最终位置由查勘结果决定。通常的基站现场勘测过程为：根据覆盖目标，采用传播模型，得到该项目无线链路预算结果以及厂区覆盖半径。考虑切换因素以及实际环境情况，结合网络建设需求，对厂区覆盖半径进行微调，得到相应的 LTE 室外基站站距以及室外基站数量。现场勘测环境，根据需求初步确定基站位置，获取经纬度等参数。将参数输入基站覆盖仿真模拟软件，获得仿真模拟结果。根据仿真结果调整基站位置和数量，获得最终的基站规划。

1.8G 无线专网基站采用包括 TD-LTE BBU（基带单元）＋RRU（远端射频单元）分布式基站，两者共同完成 TD-LTE 基站业务功能。BBU＋RRU 光纤基站解决方案的核心思想是将基站的基带部分和中频/射频部分分开，使基带共享资源池（BBU）集中放置，通过光纤与远端单元（RRU）相连，相比传统馈线基站安装更加灵活快捷，对机房的要求降低，能够实现经济、灵活、快速建网。无线基站设备的功能见表 2-3。

表 2-3   无线基站设备的功能

网元名称	功 能 简 介
基带处理单元	主要功能为基带处理、信令处理、无线资源管理，以及提供到核心网的传输接口，提供操作维护功能和时钟同步
射频拉远单元	实现基带信号、中频信号和射频信号之间的转换，实现对无线接收信号的解调、对发送信号的调制和功率放大

以太网无源光网络 EPON 光纤接入网技术，通过光分路等无源设备，采用点到多点结构、无源光纤传输，在以太网之上提供多种业务，同时采用 1.8GHz 专网频率的无线通信网，借助 eLTE 专网具备较强的集群能力、视频能力、语音能力、数据能力、短消息能力等，为电厂管控系统智能应用提供安全、可靠、稳定的数据传输通道。

三、三维可视化

按照设计期的数据关联进行文档查询或按照业主要求进行文档结构更新。机组投产运行后，在已有的全息数字三维模型上可以结合设计期的 KKS 编码、设备规格名称、物资编码等基础数据改进和联通电厂的生产运营管理系统，可以包括安全模块、运行模块、设备管理模块、设备技改管理模块、采购管理模块，直至公司层面的决策支持管理系统模块，为实现整个电厂运营管理的数字化提供及时有效的决策参考资料和依据，在电厂全寿命周期内对电厂进行全方位数字化管控的目的。

1. 三维基本功能

（1）平台技术架构。

采用轻量级 Web 服务架构 RESTFUL，同时向客户端、Web 浏览器以及移动端提供服务，达到同时兼容从大屏到小屏的各种客户终端的目的。以 JavaEE 为核心技术，其特点包括灵活性、稳定性、可伸缩性及跨平台等，是当前企业级应用的主流技术实现方案。系统架构如图 2-53 所示。

采用开放的设计思路，一方面，提供了标准的数据访问 API，可以让第三方系统使用这些 API 访问到系统内数据，满足类似于企业门户系统这样的集成工作。另一方面，支持二次开发，将其他系统的数据展现到本系统中，三维可视化平台框架如图 2-54 所示。

（2）三维模型格式发布及浏览。

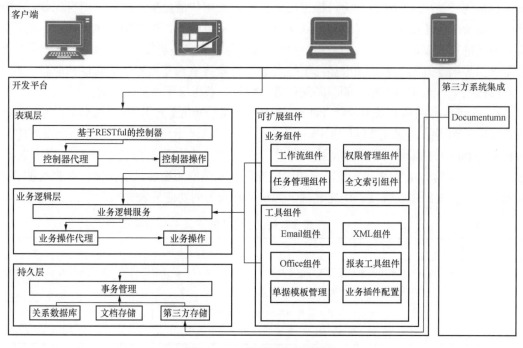

图 2-53　三维可视化平台架构

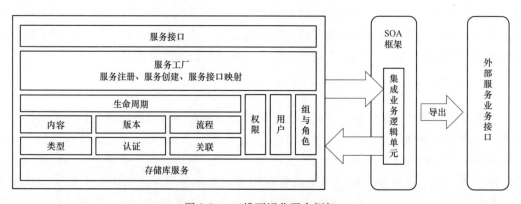

图 2-54　三维可视化平台框架

平台除了解析常见的流程工厂三维设计模型（Smart 3D、PDMS、PDS 和 DWG、DWF 等）外，还可以解析三维建筑模型（Revit，天正建筑，AutoCAD，Microstation 等）和三维机械模型等，三维模型格式见表 2-4。

表 2-4　　　　　　　　　　　　　　　　三维模型格式

机械 MFG 格式	建筑 BIM 格式	工厂 PIM 格式	其他格式
3Shape DCM（*.dcm）	DWG/DXF/DWf/DWFX （*.dwg；*.dxf； *.dwf；*.dwfx）	AutoCAD Plant 3D （*.dwg）	JTOpen（*.jt）
ACIS（*.sat；*.sab）	IFC（*.ifc）	AutoPLANT（*.dwg）	Wavefront（*.obj）

机械 MFG 格式	建筑 BIM 格式	工厂 PIM 格式	其他格式
CATIA V4 3D（＊.model；＊.exp）	Microstation(＊.dgn)	CADWorx(＊.dwg)	PLMXML（＊.plmxml）
CATIAV5 3D（＊.CAT-Part；＊.CATProduct）	Revit 2014-2017	PDMS(＊.rvm；＊.att)	Procera(＊.c3s)
CATIA V6 3D(＊.3dxml)	Rhino(＊.3 dm)	PDS(＊.dgn；＊.drv)	VDAFS(＊.vda)
CGR(＊.cgr)		Smartplant 3D 2011/2014	
IGES 3D(＊.igs；＊.iges)			
Inventor 3D（＊.iam；＊.ipt；＊.ipj）			
Parasolid(＊.x_t；＊.x_b)			
ProE/Creo（＊.asm；＊.prt；＊.neu）			
Solid Edge 3D（＊.asm；＊.par；＊.psm）			
Solidworks 3D（＊.sldprt；＊.sldasm）			
STEP(＊.stp；＊.step)			
UG NX(＊.prt)			

可以进行基本的平移、旋转、缩放、定位、属性查看、高亮、对象隐藏、对象透明等功能，三维模型基本操作如图 2-55 所示。

（3）二维文档格式发布及浏览。

对于常见的二维文档格式，例如：PDF、MSOffice 系列、BMP、TXT 等，平台采用统一的二维图纸浏览器在 WEB 网页上浏览，二维文档样式如图 2-56 所示。查看过程中，可以对模型旋转、缩放、平移等操作。

（4）文件存储和模型浏览结构。

平台初始阶段以电子文件的形式收集数据，后期还可整合移动端数据，设备设施实时数据到平台中。系统提供了与 Windows 系统文件夹类似的文件存储结构，首先建立文件组织结构，然后再上传三维模型和二维文档到数字化移交平台。如果上传同名文件，会自动提示是否升版，还可以查看文件的历史版本。文件存储和模型浏览结构如图 2-57 所示。

此外，用户可以根据需要将模型文件重新组合创建新的模型浏览结构，按照工艺系统或按空间结构的方式，以及二者结合的方式查看三维模型，例如按设计院卷册目录＋建筑模型分类。

（5）数据编辑与挂载。

三维模型中的每个对象都可以设置资产类型及相应的属性集（设计信息、调试信息、

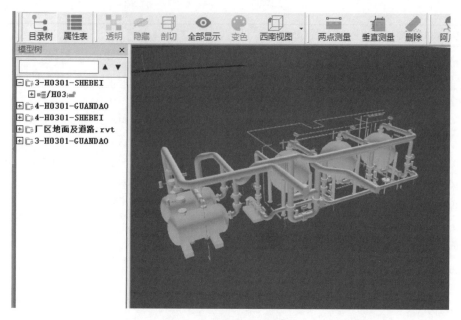

图 2-55　三维模型基本操作

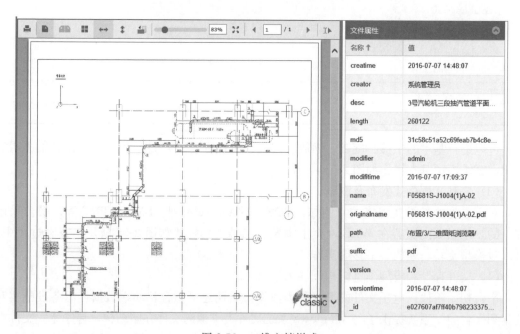

图 2-56　二维文档样式

施工信息、运维信息等)。对于大批量资产属性数据,可以通过 Excel 表单批量导入。通过对象的 KKS 码自动将模型和表单数据关联起来。

对于后期临时补充或更新属性的情况,可通过平台模型手动录入。首先选择对象,指定资产类型例如普通阀门,自动将阀门对象属性集与所选对象关联起来。还可以创建对象到文件的关联,从三维模型导航到相应的图纸、资料或数据。

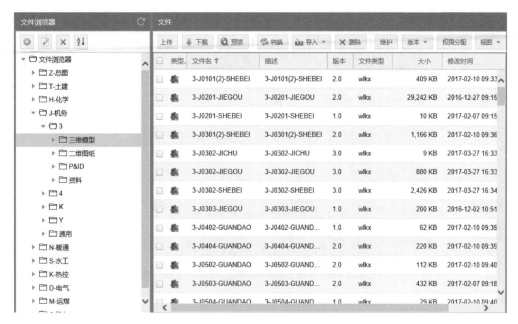

图 2-57 文件存储和模型浏览结构

（6）对象检索。

输入对象名称即可精确或模糊查询到对象，双击即可实现查看对象信息。三维模型对象检索模块如图 2-58 所示。

图 2-58 三维模型对象检索模块

2. 设备全周期档案管理

依据电厂提供的设备清单、焊口清册、阀门清册、电缆清册、仪表清册和备品备件清单等，按照补充完善后的 KKS 编码体系，建立设备树形结构作为设备台账主体。台账覆盖不同类型设备，通过加载三维模型，实现与实时数据、安装数据、设备信息等相关数据进行关联。

应用发布功能是对应用发布及版本的管理，将工程建设阶段的模型场景和核心数据经移交验证及进行数据比对无误后发布到应用平台中，以供应用平台用户使用，如自动高亮居中显示三维模型，如图 2-59 所示。

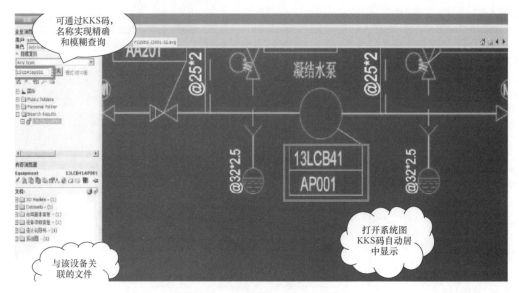

图 2-59　查询设备自动居中高亮

具备多种查看功能。查看设备参数，如图 2-60 所示。查看设备在基建期相关合同文件，查看设备设计说明书和施工图，焊点信息查询管理、查看设备备品配件、查看设备运维履历，与视频集成调看设备现场视频等功能。

图 2-60　查询设备详细参数

3. 三维可视化应用

三维工艺流程画面具有导航功能，以模型为入口，查看设备参数、检修记录、图纸等信息。通过与实时数据互通，在真实的空间位置显示测点数据，同时以动画及特效来体现设备实时状态的变化。

三维模型与精密点检系统数据相关联，获取精密点检系统对异常参数给出的分析结果，并以可视化方式对故障部位及根源性原因进行展示。每当设备的状态数据或波形发生变化，该设备所在的空间位置会自动以颜色的变化来表达。

如果是需要立即停机检修的设备，系统平台会将报警变红的设备自动推送到用户面前，以剖面图示的方式标注设备的故障部位，设备故障模式种类、故障元件具体位置、剩余寿命等状态，给出详细的诊断报告及解决方案。

可视化设备图模导航系统能作为公司管理人员、检修人员的了解设备检修和运行情况的平台，同时三维直观界面也可供生产人员对工艺系统培训。

（1）可视化图模导航。

可视化设备图模导航系统总体架构分为数据层、场景层、应用层三层，三维可视化引擎如图 2-61 所示。

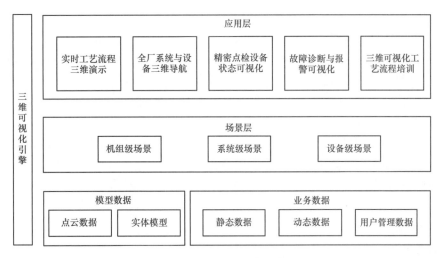

图 2-61 三维可视化引擎

1）数据层：包括模型数据和业务数据两大类。

模型数据：点云数据（由三维激光扫描仪生成的点云数据，以及点云拼接所需的控制点参数、标靶坐标等数据）和实体模型（依据点云、图纸建立的实体模型，包括纹理贴图数据）。

业务数据：静态数据（包括系统流程图、设计文档、工艺原理说明、材料、图纸、运行和检修规程、专家知识库文档等）、动态数据（各类支撑系统功能的实时数据，包括 DCS 测点、检修记录、精密诊断记录和报告、实时报警等）和用户管理数据（系统管理员用来配置系统的数据）。

2）场景层：包含机组级场景、系统级场景、设备级场景三个级别的场景。

机组级场景：展现电厂生产区的建筑和钢结构、设备及其连接管道，力图表现机组的各个组成系统，并将其表现为一个有机的整体。当有异常提示时，可以快速定位异常设备所在的区域和位置。

系统级场景：展现所有工艺设备的真实空间分布、管道的布置和阀门位置，并和 DCS 画面中的符号一一对应，使用户直观感受真实的生产现场。

设备级场景：主要用于设备三维检修作业指导和故障部位标识，场景中使用零部件级的精细化模型，通过自由的视角切换以及分解视图，能让用户看到设备每一个零件的细节。

3）应用层：应用层实现可视化设备图模导航系统的具体业务功能。①实时工艺流程三维演示。②全厂系统与设备三维导航。③精密点检设备状态可视化。④故障诊断与报警可视化。⑤三维可视化工艺流程培训。

（2）三维模型构建。

建立电力仿真系统，以设计院提供的二维图和部分管道的三维模型为基础，通过对主、辅机设备进行三维建模，形成高精度、等比例的三维模型，构建与电厂一致的虚拟电厂，将现实电厂的工业厂房及设备在计算机中三维虚拟展示出来，利用数据库技术、数据采集与监视控制技术，将电厂的工业厂区和生产设备的运行状态参数与运行及监控系统同步连接，实时地展示在虚拟电厂系统中，在三维虚拟场景中可实现对工业厂区的浏览和设备的查询管理。

目前三维建模有逆向建模、正向建模及导入建模三种技术路线，具体为：

1）逆向建模：对于已有实物的装置或设备等可以使用三维激光扫描等方式进行逆向建模，三维模型建成后再根据图纸资料等将相关属性录入。

2）正向建模：根据业主方提供的图纸资料进行三维建模。一般对于无法达到逆向建模条件的，可以采用该种建模方式。

3）导入建模：根据将设计院提供的三维模型及相关的属性数据、文档、关联关系等进行工程转换，导入三维数字化电厂系统平台。

基建期主要对设计院和设备制造厂提供的三维图纸进行导入建模，对于施工方的修改图纸采用正向建模的方式。平台可以达到 200 万～300 万的颗粒度水平。

（3）可视化培训。

1）工艺流程基础培训。电厂的生产区域设备密度高，空间分布复杂，通过一个包含了电厂土建、钢结构、主要设备和管道的三维场景，能让用户对电厂生产区域的全貌有一个概括性的认识，了解电厂各系统的组成和相互关系、主辅机设备的空间位置、管道和阀门的布置方位等信息。

用户可在该场景中自由飞行和漫游，仿佛在虚拟世界中游览全厂。通过点击场景中的热点，软件会高亮相应系统或设备，并对其组成和功能进行介绍。工艺流程基础培训示意如图 2-62 所示。

2）流程原理培训。分专业将各个系统从全厂模型中抽取出来，用户可以在一个全局视角中，看到系统中设备的空间分布，设备之间管道的布置，管道中介质的种类和流动方向，了解管道上阀门的位置、种类和作用。

选择设备并将视角拉近，可看到设备内部的主要结构、进出管口的具体位置、介质在设备内部的运动方向和状态变化。流程原理培训示意如图 2-63 所示。

3）工况仿真培训。通过对机组启停、冲转、并网等典型工况的切换，三维场景中设备运转状况、管道内部介质、阀门状态能根据所选择工况产生相应的变化，同时通过动态渲染效果的调整，用特效模拟出不同工况下火焰、烟气等的变化。工况仿真培训示意如图 2-64 所示。在三维流程中表现以下典型工况：

a）从冷态、温态、热态到满负荷的启动工况；

b）从满负荷到正常停机到热备用或冷态的停机工况；

c）从其他指定的工况启、停或升、降至目标负荷的工况；

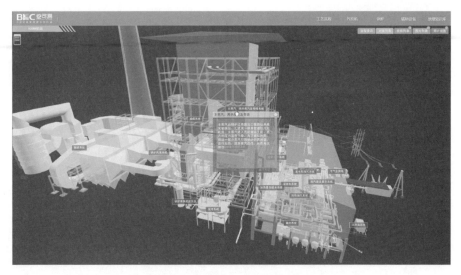

图 2-62 工艺流程基础培训示意图

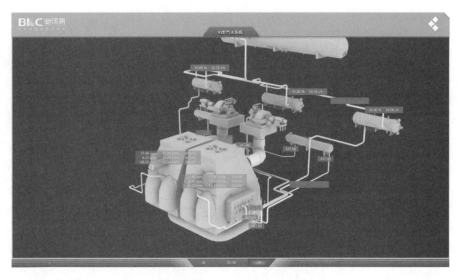

图 2-63 流程原理培训示意图

d）其他任意的稳定运行工况；

e）RB、高压加热器切除等其他典型故障工况。

4）操作仿真培训。在一些工况条件下，用户可以点击场景中的交互点，通过弹出的手动操作面板对设备部件、阀门等物体进行控制，软件系统能根据用户的动作，通过模拟动画或者特效的方式，定性地描述操作带来的结果。

通过仿真操作，用户可以了解到操作器和被控对象在空间中的具体位置，能更直观地认识每一次操作对系统流程的影响，同时联系到三维场景也可以加深对一些规程的理解。操作仿真培训示意如图 2-65 所示。

5）三维工艺作业指导书。使用三维激光扫描仪对设备进行扫描，构建一个同实物外形尺寸完全一致的零部件级设备三维模型，用户可以在场景中自由观察，对模型进行合并

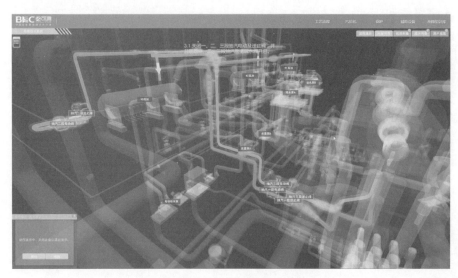

图 2-64　工况仿真培训示意图

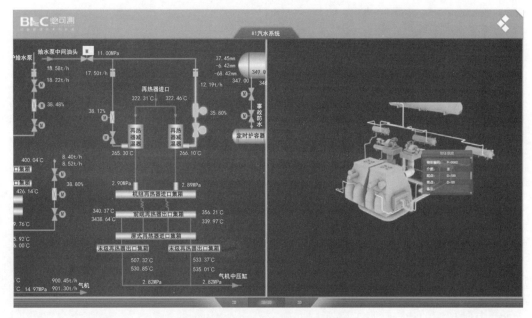

图 2-65　操作仿真培训示意图

或分解状态之间的切换，点击设备零部件查看结构概述和技术规范。

本功能模块可以让用户对设备结构有一个全面认识，了解各部件所在位置和功能，从全局角度认识设备的组成及工作原理。

6）检修作业三维演示。软件系统将作业指导书中的操作步骤、技术规范，在虚拟现实三维场景中，结合动画、特效、注释等手段展现出来。演示过程中用户能选择暂停、快进或是回放，还可以根据关键字或进度条快速定位需要查看的步骤。

通过与三维模型充分互动，模拟现场实际的操作过程，用户能更好地理解作业指导书，增强培训效果。

7）专家系统和故障案例演示。用户根据设备关键字、故障类型、专业等方式，检索想要了解的典型故障。在三维场景中标识故障点，使用户准确知道故障发生的部位，并可以进一步查看故障具体现象和产生原因。专家系统和故障案例演示示意如图 2-66 所示。

专家知识库包含针对故障的解决方案，根据专业、设备、类型对电厂设备的典型故障进行分类。针对故障，专家知识库将给出解决方案，并将方案通过三维模型展示出来，方案包括故障诊断、改善方案等。用户可添加注释，并对文本、截图进行保存，作为知识库资料的一部分不断积累，使知识库可以不断更新和传承。

对于新的故障案例，使用软件系统编辑新的三维场景，来表现故障案例或是专家知识库，并保存在系统数据库中，提供给有权限的用户使用。

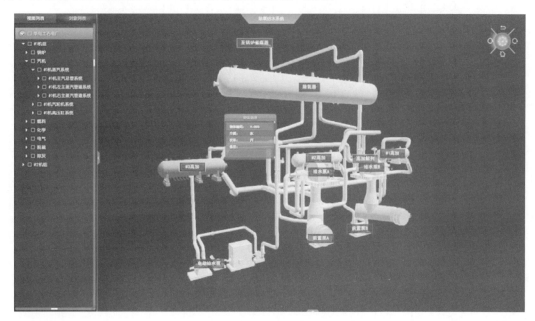

图 2-66　专家系统和故障案例演示示意图

8）机组运行培训。

a）机组运行规程培训：此规程对机组的启动、运行维护、停运、保养、典型事故处理、典型试验等方面的操作要求和应遵循的原则做了明确规定。

b）机组应知应会培训：集控运行岗位应知应会内容。

c）机组运行应急预案培训：规范电厂安全生产事故、自然灾害引发生产事故的应急管理和响应程序，提高处置能力，有效预防和减少突发事故及其造成的损害，最大限度地减少人员伤亡、财产损失、环境污染和社会不良影响。

（4）三维监控画面。

通过与运行及监控系统二维、三维联动，在二维画面选择某个设备时，三维监控画面会自动定位相应温度压力等测点的实际位置，甚至包括一些设备检修相关信息，有利于运行人员对故障的判断。此功能还可在锅炉炉膛热负荷分析、火焰燃烧分析、防磨防爆管理和防止锅炉的四管泄漏方面有很重要的拓展应用。二维平面监视与三维模型立体监视联合监视更便于分析设备运行状态，更形象直观。

（5）生产流程模拟。

生产流程模拟功能模块可以随时查询设备及生产运行数据，进行设备操作、工业预览等动画演示，通过和生产管理信息系统、操作票管理信息系统等结合，在虚拟场景中实现设备基本信息查询、模拟五防操作等与电网安全生产相关内容，实现虚拟场景和现实场景的实时同步。生产流程模拟示意如图 2-67 所示。

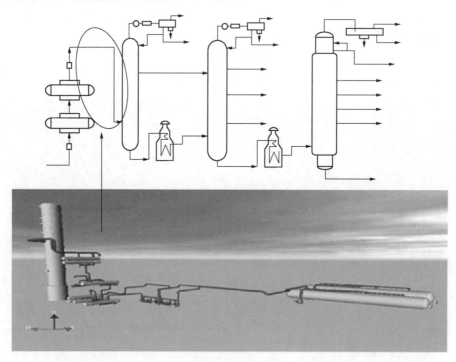

图 2-67　生产流程模拟示意图

（6）生产作业指挥。

在三维数字化模型、无线网络和定位、设备射频标示等技术应用的基础上，可实现生产现场三维可视化的生产作业指挥应用，直观看到目前有哪些工作，在现场什么位置正在开展。如正在开展的操作票，正在进行中的工作票、动火票，全厂缺陷单分布情况等。生产管理人员可以借助系统直接呼叫某个位置的工作人员，进行生产和安全工作指导，也可以直接修改某个区域的安全等级，禁止某项工作开展。现场工作人员可以借助系统将现场视频、音频、图片等资料发送给专业技术人员，寻求技术支持；在企业网络安全允许情况下，还可以通过互联网相关应用，寻求外部专业协作的技术支持。

4. 智能两票

通过应用设备故障监测与诊断、智能预警与报警、二维＋三维联动监视等技术，实现设备与工艺系统的智能监测与诊断，达到智能监视的目标。

（1）操作票管理。

操作票模块通过对操作票进行电子化管理，与监控视频一体化集成，与三维可视化集成，实现了开票方式多样化、防误管控智能化、操作审批流程化、强制防误闭锁、实现视频联动等功能。

1）开票方式多样化：系统实现手工开票、调用典型票、调用历史票、智能开票等多种开票方式。

2）操作票管控智能化：系统通过标准规约从控制系统获得设备的实时状态信息，模拟开票时，系统进行逻辑防误判断，不符合防误要求的操作，系统会给出错误提醒，确保模拟开票生成的操作票符合防误要求。

3）操作票审批流程化：用户可以按照本企业的实际情况，图形化配置操作票审批流程；操作票完成后可以通过电脑或手持 App 审批，也可以采用指纹验证。

4）强制防误闭锁。防误是指对电气线路上的设备及其附属装置（开关、隔离开关、母联、接地开关、小车等），通过加装智能锁具及配套附件，对其操作方式实现硬节点强制闭锁的防误技术措施，防止运行人员在倒闸操作过程中，因人为因素而导致误操作事故的发生，加强设备本位安全级别。与智能 DCS 集成，校验设备是否关联操作票，如果是则 DCS 中无法操作。

开票完成后，将操作票传送到移动终端，形成电子钥匙，操作人持到现场执行操作票，移动终端按照操作票顺序提醒操作人，操作人员只有严格按照操作票规定的顺序操作正确的设备，电子钥匙才能打开对应的智能锁具，操作人员执行倒闸操作；如果顺序不对或操作设备不对，将不能打开闭锁的智能锁具，确保不会发生走错间隔和发生误操作事故。

如果部分设备没有智能锁具，采用扫描设备二维码，实现对设备的二次确认，二维码设备二次确认如图 2-68 所示。

图 2-68 二维码设备二次确认

5）实现视频联动，达到可视化防误的目标。防误操作模块从技术上采取可靠手段，在权限管理、唯一操作权、模拟预演、逻辑判断、设备强制闭锁等方面对电气设备操作进行全面、完善的防误管理，避免人为不确定因素，无论远方操作、就地操作、检修操作、事故操作、多地点操作还是解锁操作都具有完善的防误闭锁方式和管理手段。

与现场视频监控系统接口，实现开票预演过程中，监控系统遥控操作时，现场就地操作时，都可以实现视频联动，将现场视频通过弹出窗体主动推送到桌面上。现场作业与后台监控系统联动如图 2-69 所示。

（2）工作票管理。

工作票管理模块具备多种开票方式，图形开票（基于三维模型）、手工开票、调典型票开票、调历史票开票。图形化配置审批流程，实现移动端验证指纹进行审批。通过审批

图 2-69　现场作业与后台监控系统联动

流转图，实时查看工作票当前流转位置及历史审批轨迹。实现工作票资质校验，如同一个工作负责人相同时段不能存在两张工作票。用户可以根据本厂实际情况，在工作票流程中增加条件，只有在满足该条件的前提下，审批才能进入下一步，如开工许可前，必须将安全措施执行完的现场照片通过移动应用发送到服务器，才能执行开工许可审批，确保开工前，每个安全措施落到实处。

工作票管理模块与风险预控体系关联，智能提示危险源、危险点和防范措施。实现工单与工作票关联，工作票和操作票关联。工作票的许可和终结环节，与DCS实现联动，在相应环节中对安全措施相关设备运行参数进行校验。多张工作票对同一个设备操作时，按挂牌顺序智能识别是否可以恢复设备。与智能门禁实现联动，实现动态授权，监护人与工作人员同时刷卡才能打开相应工作区域的门禁。对于特定作业，判断到场人数，人数超过或低于规定人数时都不能打开相应区域的门禁。

在三维虚拟电厂中以工作票的时间要素和空间要素生成虚拟电子围栏，对相应的工作人员进行授权，借助人员定位技术，对两票的工作负责人和工作班成员长时间离开电子围栏区域进行手机的振动或短信等报警提醒，对非工作成员的闯入，不但对闯入人员，同时对工作负责人和值班成员等进行手机的报警提醒，防止非工作人员误入设备间造成误操作。自动记录非该工作票工作人员停留时间。在多张工作票同时进行的工作时，如果三维模型中电子围栏区域出现部分重叠时可进行有效的预警，对不同工作票区域间的交叉作业及时告知相关人员，有效地避免安全隐患。

建设服务式办票大厅，在机组检修、办票比较集中的时候，检修人员可排队取号等候，依次办理工作票。同时支持通过移动应用进行办票排队，节约等待时间。在服务大厅设置摄像头进行过程留痕。

5. 智能巡检

智能巡检模块用户可配置巡检路线、巡检时间、巡检设备、需要确认和录入的信息及参数。系统根据巡检周期自动生成巡检任务，并推送至相关岗位人员。建立巡检区域三维模型，根据系统巡检路线及巡检设备设置自动在三维模型中进行标注。通过在巡检路线部署定位装置，实时监测巡检人员巡检位置，展示在三维模型中，并可以随时调出巡检人员历史巡检轨迹及实时巡检动作。在巡检路线上设有危险点预警功能。将存在井、坑、孔、洞的危险点自动关联到移动智能终端的巡检线路上。巡视人员进入工作票及工作任务单所列的区域时，巡检线路上会自动弹出危险点警示，提醒巡视人员注意自身的安全。

在巡检过程中集控室可与巡检员语音对讲、并可通过视频进行监督。巡检人员到达某个巡检区域后，系统自动识别该巡检区域内的巡检设备、巡检项目，可自动提醒当前设备在当前时间有相关缺陷、工作票记录等。

巡检数据通过 eLTE-1.8G 网络实时上传，录入的参数能实时与 SIS 对应数据比对，误差超过范围报警提醒。与该参数阈值比对，超出阈值报警提醒并能及时创建缺陷。同时可及时查看每个巡检项目对应的巡检标准和技术规范，最大程度提高巡检工作智能化水平。

6. 燃料管理系统

（1）入厂煤管理。

1）水运入厂总览。集中管控中心总览图为主运行图，全面覆盖燃料入场监控和样品管理到入炉全部过程。从燃料入场、称重计量、煤场堆放、样品采集、样品管理、煤样化验、对上煤卸煤和入炉进行实时管控，集中监控各业务环节设备。水运煤各环节如图 2-70所示。

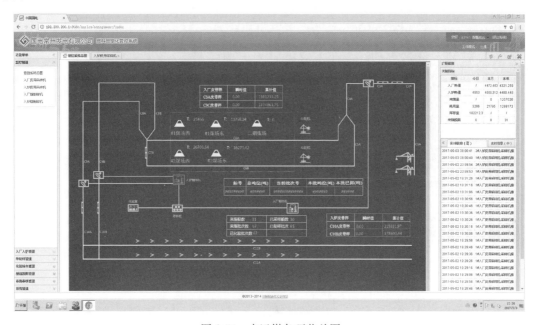

图 2-70　水运煤各环节总图

水运煤入厂流程各环节点状态数据展示：展示当前来煤信息，航次、船号、发港、矿别、煤种、离港重量、已卸重量，未卸重量等信息；皮带秤处瞬时值、累计值展示；筒仓处筒仓号、存煤量、灰分、水分展示。

各环节工况信息展示：卸船机、采样机、制样机、皮带秤、伸缩头等设备运行状态展示（红色表示正在运行，黄色表示故障、绿色表示设备正常、灰色表示离线）；各皮带段状态展示。

信息展示：关键信息包括离港重量、已卸重量、未卸重量、来煤批次数、已化验批次数、已制样批次、来煤数量、存煤数量、上仓量；煤场煤质信息包括煤场存煤数量展示；故障报警信息包括报警日期，报警内容，双击可查看详情，如有视频监控，并可以切换到故障点；动态信息包括动态信息日期，动态信息描述内容，双击可查看详情。

设备运行管控：支持总览图中采样机、制样机设备实时控制，急停，启动。

2）计量监控管理。计量监控管理具备设备状态信息展示、称重信息明细展示、皮带秤参数等功能。

设备状态信息展示：皮带秤等设备运行状态展示（红色表示正在运行，黄色表示故障、绿色表示设备正常、灰色表示离线）。

称重信息明细展示：船名、供应商、航次、批单号、煤种、代码、装船重量、卸船重量、皮带秤实时数据展示。

皮带秤参数：称重数据自动生成、实时上传，设备故障信息、计量脉冲、瞬时流量监控，定时读取皮带秤底码数据，读取周期可设置。

3）采样监控管理。采样监控管理具备设备运行状态展示、运行方式展示、采样方案展示、采样罐监控、当日采样记录明细展示、采样机控制等功能，皮带采样监控如图 2-71 所示。

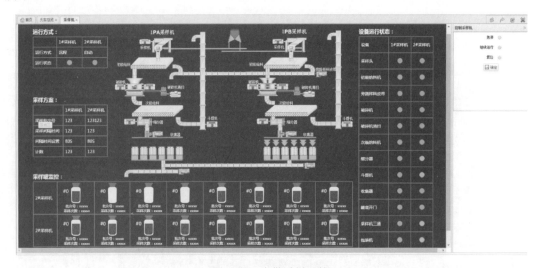

图 2-71　皮带采样监控

设备运行状态展示：采样头、初级给料机、旁路样料皮带、破碎机、破碎机清扫、次级给料机、缩分器、收集器等设备运行状态展示（红色表示正在运行，黄色表示故障、绿色表示设备正常、灰色表示离线）。

运行方式展示：自动、远程。

采样方案展示：采样批次号、采样间隔时间、间隔时间设置、计数展示。

采样罐监控：对应罐批次号、采样次数、瓶满状态展示。

当日采样记录明细展示：车型、采样方式、采样编码、封装码、开始时间、结束时间。

采样机控制：支持采样机急停、复位控制。

4）制样监控管理。制样监控管理具备设备运行状态展示、当日制样记录明细展示、制样机控制等功能，全自动制样机监控如图 2-72 所示。

设备运行状态展示：支持展示制样机破碎、缩分、清洗等各设备流程点运行状态展示（红色表示正在运行，黄色表示故障、绿色表示设备正常、灰色表示离线）。

当日制样记录明细展示：制样编码、封装码、来样重量、制样方式、采样类型、开始

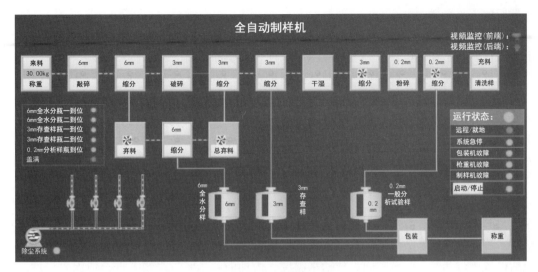

图 2-72 全自动制样机监控

时间、结束时间等。

制样机控制：支持制样机急停、启动、复位手动远程控制。

5）存查样监控管理。存查样监控管理具备样品柜中样品详情展示、取样和弃样操作、设备运行状态展示、存查样柜关键数据展示等功能，存样信息管理界面如图 2-73 所示。

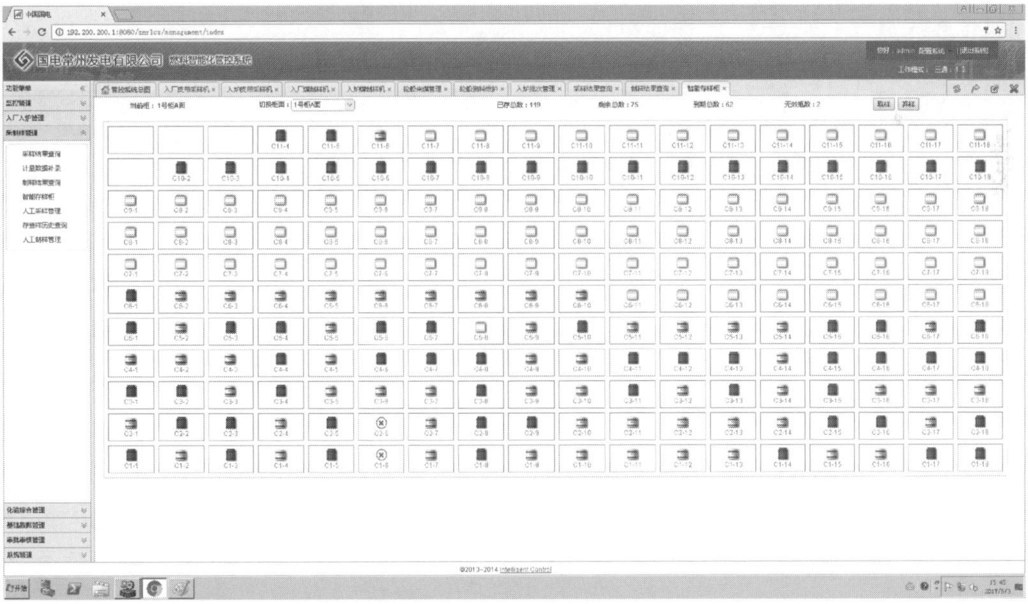

图 2-73 存样信息管理界面

样品柜中样品详情展示：支持查询样品柜中样品存放情况，并用不同颜色表示样品是否过期、柜位是否占用；双击样品可查看该样品柜名、位名、层名、制样时间、存样时间、煤样类型、样品状态、存样人等。

支持取样和弃样操作：根据结算情况及存储时间，系统筛选符合条件的样品并经三级审批后取样或弃样。

设备运行状态展示：支持展示制样机破碎、缩分、清洗等各设备流程点运行状态展示（红色表示正在运行，黄色表示故障，绿色表示设备正常，灰色表示离线）。

存查样柜关键数据展示：已存总数、剩余总数、到期总数、无效瓶数。

6）气动传输系统。气动传输系统可实时显示取样系统的运行状态，以图形化直观显示取样系统运行情况。实时检测取样是否运行故障，有故障则实时报警。样品传输过程全程监控，若发生传输故障可定位样品瓶所在位置，并进行位置点闪烁提醒监控人员。实时显示化验室应取样品数、实取样品数。

7）化验室管理。化验室管理支持化验原始记录（定硫仪、量热仪、工业分析仪、光波分析仪化验结果）查询、修改、审核确认，确认后形成正式数据供 MIS 或其他系统使用。化验报告根据计算规则自动生成，并实现三级审批。支持显示各化验设备的实时运行状态。工业分析仪参数包括设备运行状态、目标温度、当前温度、升温速度。量热仪参数包括设备运行状态、测试时间、外桶水温度、内桶温度、定量水箱温度、恒温盒温度。测硫仪参数包括设备运行状态、目标温度、当前温度、升温速度。水分仪参数包括设备运行状态、目标温度、当前温度、升温速度。化验室设备监控如图 2-74 所示。

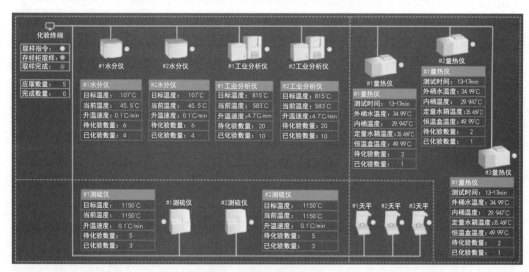

图 2-74　化验室设备监控

8）视频监视管理。视频监视管理实现对视频监控系统的图像监视，同时配合设备控制系统对燃料计量、采样、制样、存样、取样、化验各环节进行联动。相关权限人员能在监控系统通过网络调出各控点的实时监控界面，并对云台摄像机进行操控，具备查看视频回放功能。

9）水运来煤管理。水运来煤管理支持根据入厂时间、航次查询来煤航次、船名以及明细信息（批次号、航次、船号、发港、矿别、煤种、装船重量、卸船重量、验收重量等信息）。支持来煤大票（仓单）信息录入（矿点、煤种、供应商），并进行分批次处理，生成批次号、采样编码等（管控系统读取皮带动作煤流信号，依据单个批次煤样总量及单批次系统留样量确定采样机采样频率，划分来煤批次数，向采样机发送采样动作指令）。

10）来煤预报管理。来煤预报管理功能具备来煤预报维护（按日预报、月预报、年预报录入）、来煤计划生成（根据来煤预报生效时间，生效后生成来煤计划）等功能，并可根据来煤计划指导生成采样方案。

11）基础数据维护。基础数据维护支持供应商信息的维护管理、煤矿信息的维护管理、煤种信息的维护管理、运输单位信息的维护管理等功能。

（2）入炉煤管理。

入炉煤管理实现入炉煤计量准确，采样设备运行可靠，定期校验、检定，计量、化验数据自动传输至燃料管理信息系统。入炉煤皮带秤具备数据接口，接口程序实时上传计量数据。入炉煤化验设备实现网络化管理，化验数据自动提取，自动生成原始记录和化验报告。

（3）审批审核。

审批审核模块支持审批流程可配置化。支持查看审批历史、审批事项、审批类型、申请人、申请时间、申请事项内容、审批详情。支持取样、弃样三级审批，化验室化验数据审核审批。

7. 智能安防

（1）集成软件平台。

集成软件平台从系统架构上分为设备接入层、数据交互层、基础应用层、业务实现层、业务表现层，具体架构如图 2-75 所示。

业务表现层	浏览器	C/S客户端	手机	PAD	其他
业务实现层	HTTP				SDK
	视频监控	入侵报警	可视对讲	门禁管理	消费管理
	访客管理	电梯层控	停车场管理	考勤管理	动环管理
	电子地图		事件中心		运维管理
基础应用层	API/WEBSERVICE/HTTP				
	统一资源	统一用户	统一权限	日志检索	联动管理
	存储服务	流媒体服务	报警服务	网管服务	大屏控制
	报表引擎	消息总线	任务调度	设备检测	其他应用
数据交互层	数据访问对象DAO		安全数据交互中间件		
	数据库				
设备接入层	数据采集(SDK)				
	视频设备	门禁设备	梯控设备	报警主机	巡查设备
	消费机	访客机	考勤机	停车场设备	可视对讲设备

图 2-75 智能安防集成软件平台

设备接入层：第一层为设备接入层，设备接入层包含各监控安防系统设备资源，如视频设备、门禁设备、报警主机、磁盘阵列等基础设施，为系统应用提供可靠、有效、稳定的数据来源。

数据交互层：第二层为数据交互层，数据交互层包含关系数据库、安全数据交互中间件等组成的综合信息资源库。对操作系统、数据库、安全加密、多媒体协议进行封装，屏蔽差异，实现上层应用的平台无关性，提高运行效率和系统兼容性。

基础应用层：第三层为基础应用层，基础应用层负责在软件框架之上提供各个子系统的管理，如视频、报警、一卡通、停车场、可视对讲等。基于基础应用层的平台开发设计，能满足用户实际操作应用需求，并丰富安防综合应用功能，实现了各子系统间的统一管理。

业务实现层：第四层为业务实现层，业务实现层负责提供在统一的综合安防应用软件框架之上的各类应用，包括视频、报警、一卡通、停车场、可视对讲等，实现了各子系统间的业务集成及联动。

业务表现层：综合安防管理平台通过 Web Service 接口使用平台提供的各种服务，将具体的业务展现给最终的用户。平台支持 C/S 客户端、B/S 客户端、大屏客户端、手机客户端以及 iPad 客户端，最大化满足用户的体验效果。平台满足多部门对视频数据、信息数据的共享需求，可根据各使用部门不同的应用需求，采用自定义针对性的用户界面，通过授权的情况下，各部门可实现视频、一卡通资源及信息数据的共享。

（2）视频智能应用。

1）安全帽佩戴检测识别。为保证宿迁电厂生产装置及施工现场进出人员安全，对进出人员进行有效的安全监管，必须严格要求进出人员佩戴安全帽。对进出人员进行佩戴安全帽情况有效智能检测，进而实现报警和联动控制，不仅能够有效减少人力投入，也可以避免因人为检测而出现的疏忽遗漏情况发生。

通过视频识别技术，将视频监控图像信息在平台进行分析处理，对检测到的人员是否佩戴正规要求的安全帽进行报警提醒。对施工及运行管理人员进入施工区域是否佩戴安全帽进行智能识别分析。对于现场人员是否佩戴安全帽的情况，对正脸、侧脸或背对摄像机都能识别，对运动和静止人员均可准确检测，并可一次同时识别多人（包括多人重叠情况下），不依赖于安全帽颜色，检测速率可达 30 帧/s，实现实时检测和报警。复杂场景识别准确率大于 90%，非复杂场景准确率大于 99%。安全帽识别系统如图 2-76 所示。

图 2-76 安全帽识别系统

2）人脸识别。人脸识别通过前端部署的高清摄像机，首先通过智能分析服务器将普通视频数据中的人脸图片进行抓拍，并将抓拍到的人脸图片数据进行分析比对，包括提取人脸性别、年龄段、人体属性等信息，以实现特殊场景的应用。人脸识别系统使用效果如图 2-77 所示。

a）人脸抓拍：多人人脸同时检测、跟踪和抓拍，且无须特定角度和停留，30m 左右即可识别。

b）实时人脸比对识别：系统将跟踪抓拍到的最清楚的人脸照片与人脸数据库中的人

图 2-77 人脸识别系统

脸照片进行实时快速比对验证，当人脸的相似度达到阈值，系统显示比对结果，包括抓拍照片、人脸数据库照片及对应的人员姓名、相似度等信息；支持黑白名单功能。

c）人证对比与身份验证：系统通过将高清网络摄像机抓拍的人脸图片与证件照人脸数据进行识别比对，实现人员身份验证。

d）人脸数据库管理和检索：系统可对图片中的人脸进行检测入库，并标注姓名、性别、年龄等信息；支持海量人脸数据快速检索；可任意选择一张人脸针对历史数据进行检索并且快速生成快照，便于人员定位、轨迹跟踪、查询等。

e）海量图片人脸分析和检索：系统可对海量图片进行人脸分析和检索，实现对海量图片的筛选和过滤。

f）门禁、道闸联动：系统支持门禁联动，当人脸识别成功后，快速联动门禁放行，否则禁止通过。

g）人员通行记录与查询：系统保存所有人脸识别门禁通行记录以便事后查询和统计，同时保存通过门禁时的人员图片快照以便事后查证；支持按时间、地点、人员等查询人脸识别记录，并能够将识别记录导出，方便查证和留存。

h）人员数据管理：系统支持图片和实时视频做人脸入库，人脸数据库可标注存储姓名、性别、年龄、籍贯等信息；系统支持人员图片的快速批量入库和人员信息的批量更新系统支持一人录入多张人脸照片；系统可根据人员姓名进行模糊搜索。

i）基于监控摄像机泛卡口的实时人脸检测和识别，实现黑名单报警和白名单过滤布控。

j）基于人脸识别的快速身份核准和验证，包括身份证与证件照验证。

k）基于快速人脸识别的刷脸门禁控制与人员考勤管理，联动等。

（3）智能视频分析。

智能视频分析通过摄像机实时自动"发现警情"并主动"分析"视中的监视目标，同时判断出这些被监视目标的行为是否存在安全威胁，对已经出现或将要出现的安全威胁，及时向安全防卫人员通过文字信息、声音、快照等发出警报，极大地避免工作人员因倦怠、脱岗等因素造成情况误报和不报，让全场的视频监控系统不仅有眼睛，而且有大脑，更大地发挥监控系统的威力和功能，切实提高全厂区的安全防范能力。

1）视频异常检测。视频异常检测技术是一种通过智能图像分析软件自动检测摄像头的视频状态，能够检测各种视频异常现象并报警的技术，常见视频异常有：摄像机被移位或遮挡、视频信号被干扰、视频信号差或无视频信号等现象。该技术能有效解决前端设备视频异常而不能及时发现的问题，可减少人员的日常设备维护工作量。视频异常检测内容如图 2-78 所示。

图 2-78　视频异常检测

2）区域入侵检测。区域入侵检测技术是一种可以自动检测出异常事物进入视频画面中预设的防区内，并进行自动抓拍、录像和报警等关联性动作的技术。与被动红外传感器、地面震动传感器等传统传感器相比，区域入侵检测技术具有更大范围的入侵检测能力，能提供更大的检测范围、更高的检测率和更低的误报率，可用来替代各种类型的传统式传感器来进行入侵检测和报警。这种检测技术可适用于各种场合的非法入侵检测，例如入室盗窃、入侵高危区域、入侵无人区、攀越围墙等。区域入侵检测内容如图 2-79 所示。

图 2-79　区域入侵检测

3）人流量统计。人流量统计模块实现对画面中特定区域如大门、通道口等进出人数进行统计，进入人数量、离开人数量等统计数据，并根据客流数据进行各类分析，系统主要实现如下六个功能：

a）对视频监控区域（通道或出入口）人流按方向实现实时人数统计；

b）实时统计人数并可按方向进行分别计数；

c）支持人员重叠的复杂情况下的人数统计；

d）可通过客户端实时在线预览视频和当前人流计数；

e）实时统计结果存储到数据库，用于历史数据查询；

f）可按时间区间对存储的历史人数统计结果进行查询，精确到秒级；

g）对象识别。对实时视频的结构化分析，提取对象类型、属性等结构化数据并存储，以便快速查找和大数据分析。可按时间段、对象类别（人、车）、属性（颜色、方向）、视频源等条件查询存储的实时视频结构化数据。

（4）智能联动。

1）各子系统联动。安全消防保卫综合集成平台多个子系统集成的最终目的是提高宿迁电厂的综合防范能力，通过安全消防保卫综合集成平台，可实现视频监控、报警、门禁、巡更等多个子系统的整合联动，获取各子系统的实时报警信息及相关设备状态信息，上传至综合集成平台后，都可以迅速联动其他各子系统进行应急处理，提升平台各子系统间的预警联防能力。

门禁与视频监控的联动：人员进出门禁，将自动抓拍现场图像，启动录像存储，及时记录人员进出的信息，抓拍的刷卡人员照片会与综合集成平台系统中的合法人员信息进行比对，确认其合法性。对于合法入侵事件，还可通过门禁系统发出的报警信息触发监控系统的一系列告警联动操作。

智能分析与视频监控的联动：通过智能分析定义的区域入侵、图像异常等策略告警识别和相关报警联动，对进入禁入区域的目标进行检查并触发报警，发生入侵行为后，联动电视墙大屏幕显示、自动抓拍现场图片、跟踪移动目标、启动录像存储、记录报警信息。

电子围栏与视频监控联动：电子围栏划分多个防区，每个防区都有一个控制器，当某个防区有触动信号，报警主机就会把报警信号输出给监控中心，通过监控中心综合集成平台联动电视墙大屏幕显示、联动报警防区附近监控系统、自动抓拍现场图片、跟踪移动目标、启动录像存储、记录报警信息。

2）与火灾报警联动。当平台接收到火灾报警信息后，立即弹出多路实时现场视频，多角度、全方位展现当前报警点火情，指挥中心通过转预置位、调焦、变换镜头角度，对火场细节进行进一步查看。通过预先设置，可对着火前的现场进行提前录像或即时录像，方便查找原因。同时，针对重点视频，可手动录像另做保存。

当平台接收到火灾报警信息后，经操作确认，系统自动打开火灾区域门禁，确保逃生路线正常，保证人身安全。配合视频复合，关注逃生状况、配合地图联动，关注火灾蔓延情况，并配合喊话指引逃生、火警解除后，自动关闭所有门禁，避免人员未经授权进入火灾区域。火灾联动系统如图 2-80 所示。

3）三维可视化关联。将报警点、门禁点、视频点等各子系统的监控点位在宿迁电厂厂区三维可视化模型中进行标绘，实现虚拟（三维实时场景）和现实（厂区视频照射实际场景）相结合，在三维场景中选择任何一点，厂区中视频照射该点的摄像头会自动弹出实时视频信息。三维可视化联动如图 2-81 所示。

四、应用中存在的问题

（1）宿迁电厂的智慧电厂规划做得比较完整，在国内也是最早一批开展智慧电厂建设的电厂，而智慧电厂建设项目近年来发展很快，技术突破比较多，因此部分项目由于是第一批试点建设，存在部分内容建成后与现阶段技术所能达到的水平存在一些差距。

（2）宿迁电厂认为智能机器人在目前阶段对火电智能化建设意义有限，究其原因在于

图 2-80　火灾联动系统

图 2-81　三维可视化联动

目前智能机器人无法爬楼，在 0m 台使用较多。

（3）故障诊断模块针对主机、风机、磨煤机等设备开展了故障诊断模型的建模，基于频谱分析和数据模型分析效果尚可，不过故障诊断主要还是需要依靠人的经验实现。

（4）目前视频监控系统智能检测模块能力不足，后续将增加摄像头智能检测功能，提升视频识别的准确率。

（5）VR 体验区设计思路比较好，不过实用性待考究，对员工的培训效果有待优化。

（6）APS 功能都已实现，据厂方反映，使用 APS 实现机组启停效率更低、耗时更长，主要原因是国产设备需要手动，运行规程规定了各状态人工确认，导致效率较低，APS 各判断点只有逻辑，没有和现场状态数据反馈挂钩。

五、下一步工作计划

（1）视频监控摄像头一部分是固定的，一部分是能够活动的，采用不同功能的摄像头可以减轻巡检或者代替部分巡检功能。火电厂的环境比较复杂，电厂机器人实际应用难度较大（比如很难以实现在锅炉上的巡检）。在智能巡检模块增加带有智能识别算法功能的摄像头，以自动识别工作现场可能出现的问题。

（2）目前故障诊断系统主要是诊断转动设备，比如汽轮机、风机等。对于其他方面的建模（比如堵煤、锅炉结焦、阀门卡涩等）可以进行研究拓展。

（3）全场智能化需要有安全可靠传输快的网络作为信息交换基础，加强建设全厂无线网络。

（4）智能优化控制功能模块部署于生产区，还未形成闭环控制，后期会进行逐步完善，最终实现智能优化的闭环控制。

（5）现阶段基建电厂不太适合在基建期进行大规模智能电厂项目开发，基建工程和科研项目不同，需要控制成本，按计划实现建设目标，而科研项目在新技术运用过程中有太多变数，甚至有可能失败，基建电厂更适合先做整体规划，基建期进行基础设备、架构方面的部署实施，为今后的智能电厂建设提供基础条件，逐步推进。

第五节　徐州（铜山）华润电力有限公司

徐州（铜山）华润电力有限公司总装机容量 3280MW，由华润电力投资有限公司、国投电力控股有限公司、江苏省国信资产管理集团有限公司和徐州市华兴投资有限公司按不同比例投资建设，公司两块牌子，一套班子进行运营管理。

徐州华润电力有限公司成立于 1994 年 6 月，负责一、二期（4×320MW）机组的建设与运营，四台机组分别于 1996 年 9 月和 1997 年 5 月、2004 年 6 月和 2004 年 9 月建成投产；铜山华润电力有限公司成立于 2007 年 3 月，负责三期（2×1000MW）机组的建设与运营，两台机组分别于 2010 年 6 月和 2010 年 7 月建成投产。徐州（铜山）华润电力有限公司现有员工共 543 人，其中本科以上学历员工占 71.22%，初级职称占 43%，中高级职称占 23%。徐州（铜山）华润电力有限公司厂区如图 2-82 所示。

图 2-82　徐州（铜山）华润电力有限公司厂区

一、电厂智能化总体情况

徐州（铜山）华润电力有限公司从 2000 年开始进行整体信息化系统建设，分阶段实施了 OA、EAM、SIS、ERP、HR 等软件系统，在近 20 年应用中不断深化、细化，为公司生产经营管理发挥了很大作用。

从 2016 年开始，公司进行电厂智能化建设，先后实施了智能安防系统、运行操作寻优系统（或叫作智能监盘系统）、智能工作票安全隔离闭锁系统、智能机组检修系统、燃料验收智能化系统、智能煤场与燃料寻优系统，以及移动 App 系统等，尤其是近年来实施的火电集中监测与分析专家系统（CSASS），通过汇集海量生产数据，采用机器学习、人工智能等先进算法，结合行业经验和技术积淀，全方位、多维度对机组运行状态进行实时监测、分析与诊断，为机组安全、经济、环保运行提供建议和优化方案，为集团和项目公司运营提供综合报告和决策支持，已取得了一定的应用效果。

二、特色介绍

1. 火电集中监测与分析专家系统（CSASS）

CSASS 系统是一套基于设备管理、服务运营管理的工业大数据分析与诊断云平台，包括数据采集与集中监测、系统集成与展示、分析专家系统三部分。分析专家系统又分为：设备预警、高级诊断、以可靠性为中心的维护（RCM）、技术监控、自动优化、能耗分析、负荷优化、燃料分析八大功能应用模块和一个大数据分析模块。从火电机组运行的经济性、安全性、灵活性等方面为运营管理提供支持。该系统由三部分组成，系统架构如图2-83 所示。

第一部分，CSASS 平台-数据采集与集中监测系统。

第二部分，CSASS 平台-系统集成与展示：包括环保预警诊断、实时交互系统、实时成本核算、展示、综合报表等功能。

第三部分，CSASS 平台-分析专家系统：基于工业互联网的平台，有 9 个模块，一个大数据模块和 8 个业务模块；负责非结构型数据处理、数据编码原则及编码清单，完成与标段一、二的数据接口，实现大数据分析、技术监控、设备预警诊断、以可靠性为中心的设备维护（RCM）、性能分析及优化、燃料分析及优化、自动品质评估、实时负荷调度等功能。

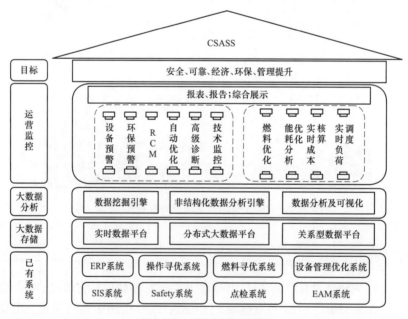

图 2-83　CSASS 系统架构

2. 运行操作寻优系统

（1）系统主要功能。CSASS 技术架构如图 2-84 所示。

1）性能分析：通过流程图分系统展示重要性能指标运行情况，可控与不可控耗差数

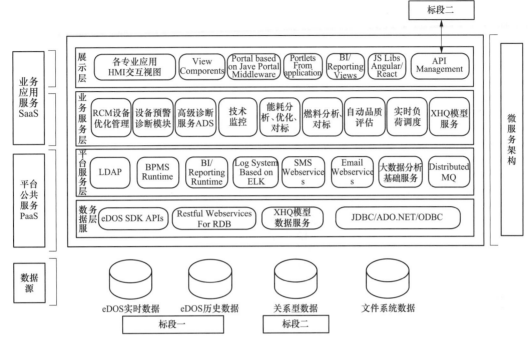

图 2-84　CSASS 技术架构

据和占比分析情况。

性能计算包括：锅炉性能、汽轮机性能、供热性能（包括分机组、全厂及供热首站）、低压加热器抽汽疏水系统、高压加热器抽汽疏水系统、质量和能量平衡图、加热器抽汽性能、辅机性能指标、低温省煤器和换热器性能。

耗差分析：包括锅炉系统耗差、汽轮系统耗差、耗差指标汇总、煤耗追踪分析、可控与不可控参数分析。

2）操作指导：展示重要中间变量、可控因子对应关系的实时分析监测画面。中间变量、可控因子实时值、标杆值、偏差值、耗差值显示以及关联分析。

中间变量：主蒸汽压力、主蒸汽温度、再热蒸汽温、排烟温度、厂用电率。

可控因子：一次风压、空气预热器出口二次风压、低温省煤器差压、氧量、再热减温水流量、凝水至冷一次风加热流量、凝水至冷二次风加热流量、磨煤机出口温度、磨煤机运行方式、除氧器上水主调节阀开度、除氧器上水辅调节阀开度。

3）操作考评：实时监视重要中间变量和关键可控因子耗差值，并作预警提示指导操作调整。实时统计重要参数越线信息；输出值际和个人监盘报表进行统计分析。

4）KPI 考评：实时查询各岗位人员 KPI 得分情况、免考申请信息、特殊加减分申请申报。

（2）应用效果。

1）有别于传统的工况寻优，新的试验方法对"最优"进行了重新定义——在一定的边界条件下，提高整个系统的抗干扰能力，综合考虑安全、环保和经济等边界因素，实现系统的稳定性和可持续性，从而最终达到长时间下的系统"最优"，"最优"工况是机组实际存在的，而非设计工况或者不稳定的最经济工况。

2）新型的耗差分析系统以运行操作作为分析指标，通过数学统计回归的办法找到运行操作因子与机组煤耗的关系。供电煤耗跟踪分析如图 2-85 所示。

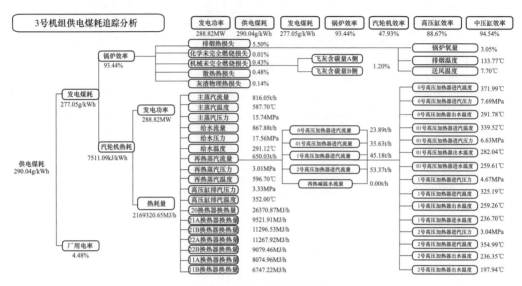

图 2-85　供电煤耗跟踪分析

3）建立了不同工况条件下的操作因子标杆值数据库，用于指导运行值班员操作、同时作为运行值班员操作水平考评基准。

4）建立了相应的 KPI 考评体系激励运行值班员向最优靠拢，通过岗位分层将部门关键绩效有效地分解到每位员工，取消了原有小指标竞赛运行班组值际排名的办法。运行操作 KPI 考评如图 2-86 所示。

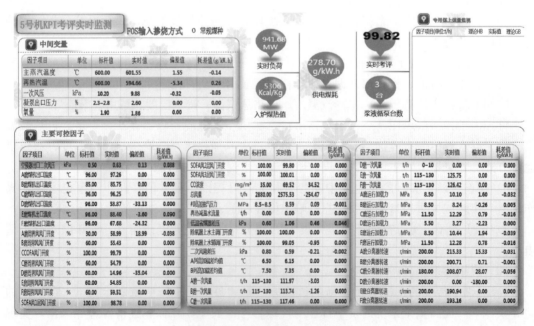

图 2-86　运行操作 KPI 考评

5）OOS 系统 KPI 考评自 2015 年 12 月份正式投运以来，煤耗等经济指标经同比分析有下降趋势，与机组安全、环保相关的指标如汽温超限、壁温超限、磨煤机振动、NO$_x$ 排放等有较大改观。在运行方式的执行上如循环水泵的启停、磨煤机切换、风门开度、磨煤机分离器转速等有明显好转，对机组安全稳定高效运行有较好的促进作用。

3. SIS 数据挖掘与深度开发应用

应用数据挖掘技术结合电厂积累的数十亿条的海量数据，电厂开展了能耗分布分析、能耗寻踪、技术监督重要指标进行绿黄红灯管理等工作。

（1）能耗分布分析。能耗分布是把影响供电煤耗的指标按级分解，对比展示。如图 2-87 所示，对比展示一级指标供电煤耗及相关二级指标、三级指标。

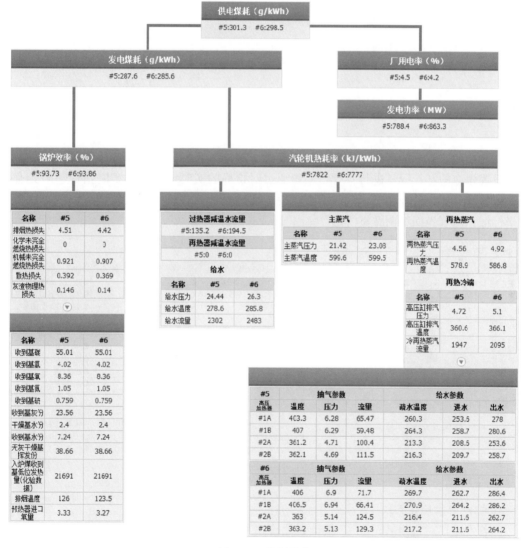

图 2-87　能耗分布

（2）能耗寻踪。能耗分布是通过树目录的形式展示了供电煤耗的计算过程，对影响煤耗的所有指标有一个总览的效果。而能耗寻优的目的则更加明确，能耗寻优通过雷达图的展示方式，直观地告诉运行人员那个指标偏离目标值比较大，最终定位到三级指标对煤耗的影响上。图 2-88（a）、图 2-88（b）偏离中心比较远的指标（红点表示），说明对煤耗影响较大，应及时调整。

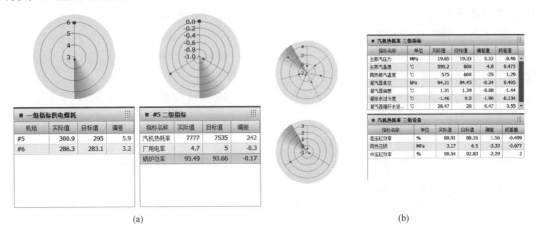

图 2-88　指标雷达图

（a）二级指标雷达图；（b）三级指标雷达图

（3）技术监督重要指标进行绿黄红灯管理。对技术监督重要指标按照需要提醒的上下限值设置相应的红、绿灯进行管理，系统通过对指标的实时监控，对实时指标超限具有提醒、报警及分析、处理功能，同时将红灯提醒通过短信方式提醒相关负责人。技术监督重要指标红、绿灯界面如图 2-89 所示。

图 2-89　技术监督重要指标红、绿灯界面

4. 机组智能检修系统

随着发电厂对机组 A、B、C 级计划性检修工作标准化、精细化要求，我们在吸取行业内优秀实践的同时，结合机组等级检修特点，以控制进度和成本、规范检修质量、安全业务活动、提高检修工作效率和管理水平为目标，经过需求调研、流程梳理及优化、系统设计、代码开发、系统测试、用户培训、部署上线等阶段，实现了覆盖检修项目策划、审批、检修过程管理、质量验收、安全管理、进度与费用控制、检修总结，包括移动应用平

台开发应用等，创新开发应用检修一体化智能化管理系统。

（1）系统功能。检修标准化管理平台是 EAM 系统的一个模块，在 Maximo 平台上设计，共享 EAM 系统总体数据结构、功能架构。机组智能检修系统功能架构如图 2-90 所示。检修管理平台包括了检修进度、质量、安全、费用等内容，覆盖了机组检修各个领域。同时与 EAM 系统其他模块集成，实现了多项目（多台机组同时检修）一体化管理，固化检修业务流程，实现管理复制。机组检修智能管理可实现"一键启动"模式，覆盖检修施工全过程，实时跟踪检修进度，自动生成检修报告。建立检修单位评价体系，检修费用及时提醒、便于检修费用控制和工程项目一体化管理，并通过检修智能移动应用，实现检修业务流程的高效性。

图 2-90　机组智能检修系统功能架构

（2）应用成效。系统已经在徐州（铜山）华润电力有限公司 506C、201C 检修中得到了全面使用，在检修过程中发挥了重要作用。通过系统应用不仅规范了管理，又达到了业务的贯通和数据的共享，大大提高了业务审批效率和质量，有效地促进了项目检修的进展，为项目管理和决策分析提供了强有力信息化支撑。达到了"业主总体管控，各参建单位信息共享"的机组管理目标，取得了明显的社会和经济效益。

1）提高工作效率 20%，检修时间缩短 10%。

2）敏感数据预警，降低项目风险。

3）通过检修备件分析，降低检修费用 15%。

5. 智能安防系统

（1）人员定位。燃料采制样区域实现人车定位功能，人车定位采用 2.4GHz、125kHz 频段的半有源 RFID 射频卡定位技术，卡内同时封装 13.56MHz 频段无源标签，可实现一卡多用。区域共安装有源无线定位基站 11 个、无源无线定位点 128 个、覆盖接送样线路 1950m，发卡 50 张，系统定位精度为 5m，人员定位示意如图 2-91 所示。系统可以根据区

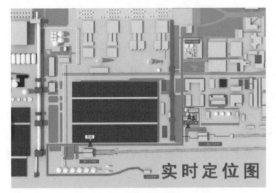

图 2-91　人员定位示意图

域人员设置相关权限，具有实时显示、历史查询、超范围报警等功能，定位卡中还有 SOS 呼叫功能，遇有危险状况时可按键报警，屏幕会定位显示。系统上线后，管理人员可以对人员的实时位置及工作状态进行监控，避免人员长期停留而产生安全隐患，杜绝安全事故的发生，提高燃料采制样的安全性。

（2）安防中心。徐州（铜山）华润电力有限公司共布置了 1000 多个摄像头、6000 多个火灾报警、9000 多米周界防护（电子围栏）、320 多个门禁，均可在安防中心实时监控，关键区域和重要区域监控无死角、全覆盖。生产现场配备 30 套执法记录仪，对现场工作实现安全记录，实现了工作过程实时记录。

（3）人脸识别。所有人员进入厂区和生产区全部通过脸部识别验证，既实现了上下班考勤自动统计，又有效防止未授权人员进入生产现场，提升了公司 EHS 管理水平。

6. 智能工作票安全隔离闭锁系统

（1）安全隔离闭锁系统。安全工作是电力生产企业的首要工作，安全是企业的生命线，也是不可触碰的红线。在电力生产工作中常出现因为现场隔离措施未到位而导致严重的人身伤亡事故及设备损坏事件。徐州（铜山）华润电力有限公司于 2014 年开发了一款针对大型火电机组现场检修作业中安全隔离措施执行的管理系统。该套管理系统将工作票的办理软件 Safety 系统和现场实体隔离的锁具有效结合。现场隔离锁具如图 2-92 所示。

（2）安全隔离闭锁体系在机组检修中的应用。在机组的检修过程中，由于工作

图 2-92　现场隔离锁具

票集中办理，安全措施隔离工作量巨大，各系统之间相互级联较多，对安全隔离闭锁体系的成功运用带来很大的挑战。近年来，公司不断深入推进安全隔离闭锁体系在机组检修过程中应用，发电部的运行人员在机组检修过程中不断总结经验，摸索实践出一套适合机组检修的安全隔离体系运用模式。

一般在机组停运前 5 天，由操作组组长、（副）组长根据检修项目以及节点安排，对相关工作票进行梳理。对检修期间相关工作票的安全措施，进行审核完善，对缺失的安全措施，及时联系工单调度人员进行补充。

检修工作票梳理完毕后，根据检修工作票及工期安排，由操作组组长、（副）组长负责编制此次检修级联图。检修级联图一般按照系统进行划分，分别分为汽轮机、锅炉、电气、热控四个部分。级联图绘制时，以相关电气工作票作为基础票，汽轮机、锅炉等系统工作票对电气工作票进行级联，热控工作票一般对机务工作票进行级联。具体级联方法根

据各自的隔离措施进行区别对待，主旨是为了隔离措施执行的便利性及全面性。

级联图上的钥匙箱与现场的钥匙箱布置一致，机组检修级联图如图 2-93 所示，一旦级联图绘制完成，相关的级联信息产生后，隔离闭锁措施在执行时必须按照事先绘制的级联图进行。

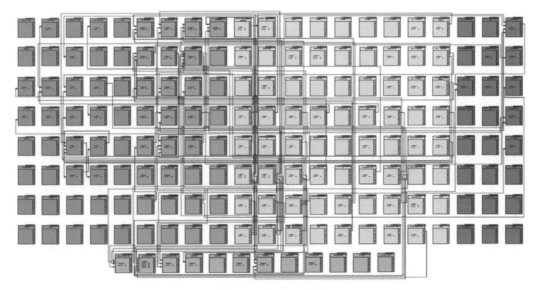

图 2-93　机组检修级联图

从左向右为汽轮机、锅炉、电气、热控，最下方一行为辅控钥匙箱。

（3）安全隔离闭锁系统应用效果。安全隔离闭锁系统应用，在机组检修过程中发挥极其重要的作用：

1）通过安全隔离闭锁体系，运行人员在检修前便对整个机组检修计划和周期有了更加清晰的认识，对各系统的关联性有了充足的认知，提前做好相关安全隔离措施，便于检修工作按计划开展。

2）对于不同工作票中重复的安全隔离措施，就地仅需要做一次安全隔离措施，减少了运行人员的重复操作量，提高了工作效率。

3）通过现场大量隔离锁具的使用，在没有相关联的钥匙就无法开锁的情况下，避免出现因误操作或违章操作而造成人身伤害或设备损坏事故的发生，极大地保障了安全。

4）安全隔离闭锁体系的运用，使得现场的安全隔离措施规范有序，提高了检修现场的管理水平，并在一定程度上提高了作业人员的安全意识。

7. 智能煤场与燃料寻优系统

燃料全价值寻优系统主要为厂内燃煤接卸、掺配、最终实现对多种煤掺烧的有效控制，达到降低燃料生产成本的目的。燃料全价值寻优系统分为煤场管理、来煤接卸、配煤掺烧和寻优决策四大模块，每个大模块细分为若干不同的功能单元，燃料全价值寻优系统整体流程如图 2-94 所示。将火电厂生产业务中的燃料采购、煤场管理、燃料加仓、运行掺烧四个环节作为四个独立的模块分别进行寻优，分别设置 KPI 目标值，且上一环节的 KPI 指标作为下一环节的主要输入参数，实现系统全价值最优，同时和安全性、经济性、环保性、节能性等约束条件和因素充分结合。系统开发的核心是为了经营，系统为运行操作寻优系统服务。运行操作寻优系统为燃料全价值寻优系统提供支持，通过长时间的数据积累，实现数据的交互和相互支撑。

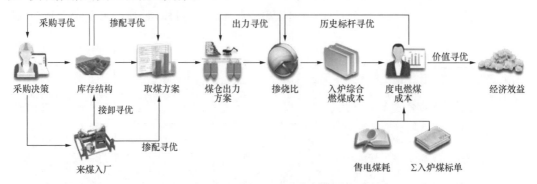

图 2-94　燃料全价值寻优系统整体流程

（1）燃料验收智能化系统。徐州（铜山）华润电力有限公司提出燃料验收管控领域"三线一流"的燃料验收智能化管控理念：三线即运输线、样品线和燃料线，一流即管理信息流。运输线是指对运输设备的出、入厂等环节进行全程自动化闭环管理；燃料线是指对燃料堆放、存储、掺配、入炉等环节进行全程智能化管理；样品线是指对燃料采样、制样、封样、传样、存样、取样、化验等环节进行全程封闭化样品管理；信息流是指对全厂燃料业务管理流程、数据、表单等进行全程信息化管理。

以"三线一流"燃料验收智能化管控理念为引领，通过升级优化改造设备、新建专用网络和管控中心建设，集设备管控、视频监控和数据分析与展示于一体，使相对分散的燃料管理工作归集到统一平台，科学、系统、高效、规范地工作，最终实现了以燃料验收管理自动化、智能化、一体化为目标的全新的燃料验收智能化管控系统，燃料智能验收系统业务流程如图 2-95 所示，从而达到规避管理风险、降低发电成本、提高企业经济效益的目的，达到了预期的效果。燃料智能化验收中心如图 2-96 所示。

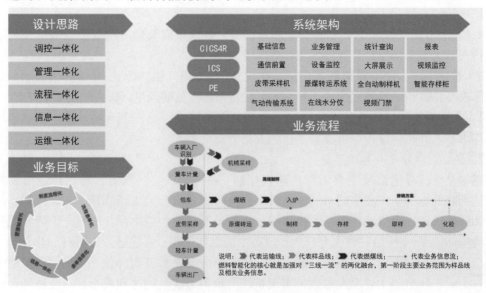

图 2-95　燃料智能验收系统业务流程

图 2-96　燃料智能化验收中心

（2）智能煤场管理。进煤管理中的火车煤、汽车煤堆场、汽车来煤与衡计量及刷卡系统相连接，直接记录统计出火车、汽车煤的计量时间、发货单位、卸煤位置、车号、票重和净重等信息，数据全面、便于浏览分析。在此基础上可以实现每天每个矿点来煤量统计。

煤堆总览以三维立体图形式展示各煤场存煤动态，图形可以根据用户需要用鼠标拖曳进行角度变换、旋转等操作。煤堆管理以二维图形方式展现煤场和煤堆状况，智能煤场管理界面如图 2-97 所示。当鼠标放在某一煤堆上时，即时显示煤堆信息：煤种、重量、热值、挥发分、硫分等参数。堆煤可以采用手工选取单一堆煤自动堆料，还可以在列表内对所有煤堆进行自动堆料。取料操作可以在事后记录，在点选煤堆选项后选择起止时间，选择煤仓信息，进行自动匹配取料数量和手动填写每个原煤仓取料数量。

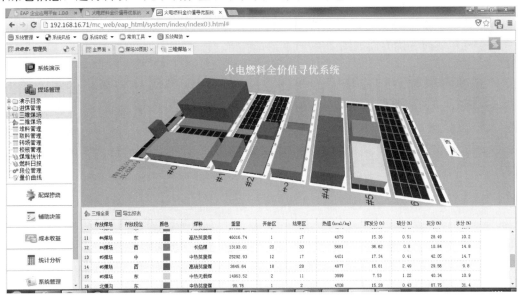

图 2-97　智能煤场管理界面

（3）智能配煤掺烧管理。配煤方案选择的过程是燃料全价值流程双向寻优的过程。配煤方案的选用是以库存结构为基础的，优先掺烧价格低、库存量大及参数差的存煤，同时兼顾安全和经济。寻优系统通过统计各煤种掺烧比和单位售电成本，在数据库中查找推荐单位售电成本最低的掺烧比例供配煤方案选择，在库存结构等边界条件内最终确定适合当前的配煤方案。智能配煤掺烧管理界面如图 2-98 所示。

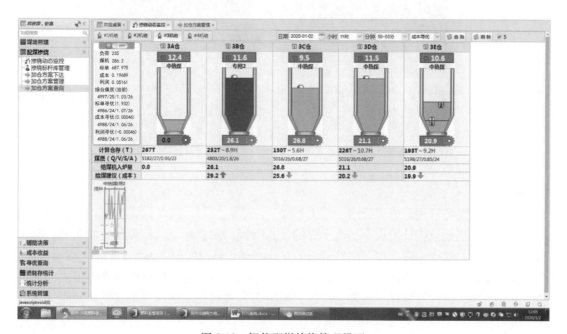

图 2-98　智能配煤掺烧管理界面

（4）智能寻优决策。

1）入炉标单实时寻优。掺烧成本实时显示分析，并且自动寻优。集控运行人员可以根据入炉掺烧成本走势及时进行给煤量调整。系统设置了自动提醒成本最高、最低值功能。入炉标单实时寻优界面如图 2-99 所示。

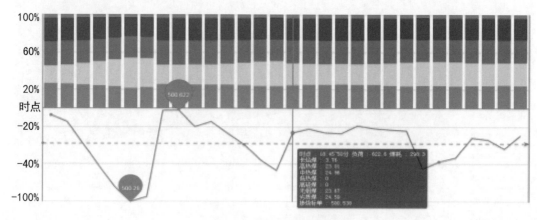

图 2-99　入炉标单实时寻优界面

2）掺烧调整实时寻优。系统根据煤耗和负荷进行实时寻优，掺烧调整实时寻优界面如图 2-100 所示，显示当前的发电负荷、售电煤耗和售电成本。对当前各煤种的掺烧比例和最优比例实时对比，提供当前机组掺烧排名。系统依据负荷段、煤耗和掺烧对当前机组掺烧状况进行综合寻优，根据寻优结果直接给出各煤仓对应给煤机的给煤量增减建议，指导集控运行燃烧调整。

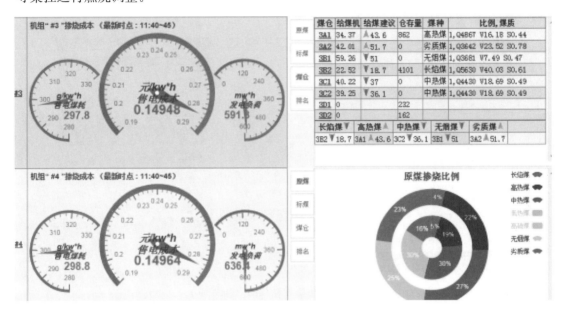

图 2-100　掺烧调整实时寻优界面

3）采购寻优功能。根据设定的边界条件，采购辅助决策模块可以在日、周和月度燃料采购计划制中自动生成采购建议，实现库存寻优目的。采购寻优操作界面如图 2-101 所示，系统根据当前各煤种库存量、期末库存、计划天数、负荷及对标单、燃煤参数的要求，根据相同负荷率掺烧历史数据计算出各煤种消耗量、最佳库存比例下的采购需求量。燃料采购人员根据煤炭市场情况提供采购量计划，系统自动计算采购需求量和商务采购计划量之间的偏差量，作为采购计划修正的参考依据。

今天是	计划期起止日期	2015-4-01	采购计划截止日	2015-05-01	一期发电量(万度)	二期发电量(万度)	采购煤质要求			
							标单	热值	挥发分	硫分
2015-4-6	计划期 已运行天数	5	需运行天数	25	30950	63750	<510	>4300	<10	<0.7

采购计划计算

采购辅助决策模块

	煤种	期初库存量	合计消耗量	一期消耗量	二期消耗量	采购需求量	预据进煤占比	库存最佳占比	库存折算量	商务采购量	偏差量
1	长焰煤	60224	46500	24800	21700	46036	11%	20%	59760	30000	16036
2	高热贫瘦煤	91000	96100	31000	65100	100716	23%	32%	95616	98000	2716
3	中热贫瘦煤	54266	77500	43400	34100	68054	16%	15%	44820	155000	-86946
4	低硫贫瘦煤	103870	162285	65720	96565	148055	34%	30%	89640	70000	78055
5	高硫贫瘦煤	9734	37200	0	37200	33442	8%	2%	5976		33442
6	中热无烟煤	17700	43400	0	43400	34664	8%	3%	8964	40000	-5336
7	劣质煤										

图 2-101　采购寻优操作界面

8．移动应用

徐州（铜山）华润电力有限公司主要在机组智能检修、工作票审批、燃料全流程跟踪业务方面进行了移动应用的研发。

（1）机组智能检修 App。机组检修智能 App 界面如图 2-102 所示，所有检修人员与管理人员均通过移动应用进行检修信息录入、业务流程审批，极大地提升了信息录入实时性，实现了检修业务流程的高效性。

图 2-102　机组检修智能 App 界面

（2）工作票审批 App。工作票移动 App 由工作台、工作票查询、即将到期工作票智能地图等模块组成，移动工作票 App 界面如图 2-103 所示。根据工作票待办列表可进行工作票及附加工作票审批、退回等系统操作。即将过期查询界面显示半小时内过期的工作票及已过期工作票数据。

图 2-103　移动工作票 App 界面

（3）燃料全流程跟踪 App。燃料全流程跟踪 App 以燃料全流程为主线，监控各环节重要指标，通过分析对比，为生产经营管理提供支撑。功能界面如图 2-104 所示，主要功能模块包括入厂管理、采制管理、化验管理、煤场管理、掺烧管理、运行管理等。

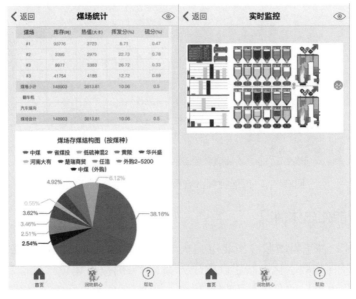

图 2-104 燃料全流程跟踪 App 界面

三、下一步工作计划

（1）对现有的智能化系统进一步深化应用，加强相关系统之间的数据集成，尤其是加强 CSASS 系统的进一步功能完善与深化应用。

（2）对现有生产控制系统进行整体规划，重点对一期老机组进行辅控 PLC 升级，推进控制系统主辅一体化设计。

（3）进一步调研、学习其他电厂在智能化系统的应用情况，推进大数据、5G、云计算、区块链等最新技术的应用。

第六节　国能神福（石狮）发电有限公司

国能神福（石狮）发电有限公司建设两台 1050MW 容量机组，分别于 2015 年 3 月、2015 年 4 月相继投产，项目获 2016 年度中国电力优质工程奖，国能神福（石狮）发电有限公司厂区如图 2-105 所示。三大主机全部采用东方电气集团公司产品，锅炉型式为高效超超临界参数变压直流炉、对冲燃烧方式、固态排渣、采用单炉膛、一次中间再热、平衡通风、露天布置、全钢构架、全悬吊结构 II 型锅炉。汽轮机是由东方汽轮机有限公司引进日立技术生产制造的超超临界 1000MW 汽轮机，后增容至 1050MW。其型式为超超临界、一次中间再热、单轴四缸四排汽、冲动凝汽式、八级回热抽汽。发电机由东方电机股份有限公司制造，为全封闭、自通风、强制润滑、水/氢/氢冷却、同步交流发电机。主机分散控制系统（DCS）、汽轮机 DEH 及给水泵汽轮机 MEH 装置均采用杭州和利时自动化有限公司生产的 HOLLiAS-MACS V6.5.2 一体化系列产品，投产至今运行安全稳定，未发生控制系统原因造成的不安全事件。《燃煤电站一体化控制关键技术研究及示范》项目获中国电力科技进步二等奖。

图 2-105　国能神福（石狮）发电有限公司厂区图

一、电厂智能化总体情况

2013 年 11 月，神华集团联合华北电力大学和华北电力设计院，瞄准智能化电厂建设目标，立项研究《神华数字化电站建设解决方案》，明确提出建设"低碳环保、技术领先、世界一流的数字化电站"的具体技术规范要求。为此，将火电厂常规技术与目前先进的信息化技术有机融合，实现火力发电厂的智能化。

国能神福（石狮）发电有限公司负责建设 1050MW 超超临界燃煤发电机组，并具体落实《神华数字化电站建设解决方案》中"数字化控制"和"数字化管理"的智能化建设关键技术研发及工程应用，和利时集团和华北电力设计院被确定为共同研发和实施单位。

2017 年开始，国能神福（石狮）发电有限公司启动智能化电厂建设。生产工艺流程以国产分散控制系统＋现场总线智能仪表为基础，并进行现场智能仪表数据二次开发应用，运行人员能够对生产工艺过程更有效控制、仪表维护人员能够更准确掌握仪表的工作状态；生产过程方面，通过技改方式，增加了凝汽器在线清洗机器人装置，改善了胶球系统收球率低、清洗不均以及受循环水流速限制存在堵管的问题，凝汽器平均压力下降0.62kPa，发电煤耗降低约1.33g/(kW·h)；全厂安防方面，实施了基于光线测振原理加高清摄像头的智能安防系统；在检修管理方面，配备了专门针对有限空间作业安全管控的管理系统，集作业管理、人脸识别准入、行为监控、有害气体连续监测等功能为一体，使有限空间作业全程处于安全监控之下，有效监管作业人员进出、作业行为。

二、特色介绍

1. 国产 DCS、DEH 一体化现场总线控制系统及智能仪表的应用

神福鸿电公司从设计开始，瞄准智能化电厂方向，控制系统设备大量采用现场总线方式，现场总线覆盖率达到65%以上，现场设备仪表种类三十余种，覆盖全厂各区域（包括锅炉、汽轮机、脱硫、脱硝及电气等）电气开关、执行机构、变频器、电磁阀岛、变送器、仪表通信、系统通信等进口及国产设智能仪表。机组分散控制系统网络结构如图2-106所示，单元机组 DCS 配置45对过程控制站（DPU），公用 DCS 配置5对过程控制站（DPU）。单台机组连接 DP 设备729台，PA 设备448台，全厂主机加脱硫的现场总线仪表设备共计3000余台，智能设备的品牌30余种，其中60%以上采用国产智能总线仪表。现场总线设备采用和利时 HAMS 智能仪表管理平台进行管理，实现远程诊断、远程操作、远程管理、统计分析等功能。分散控制系统 DCS 与汽轮机数字电液调节系统 DEH 采用同一架构、同一数据库、同一通信网络的国产一体化分散控制系统产品，实现了系统间数据的无缝互联互通。

DCS 控制系统实现了与智能设备的互联互通，除了能够实时稳定地读取设备的状态信息，及时有效地执行控制系统发出的指令外，对智能设备的状态、报警及诊断数据等其他有效数据的挖掘，也为今后大数据分析、数据挖掘及二次开发应用都打下了坚实的基础。

基于机炉一体化控制完成了协调控制策略、一次调频优化控制策略、AGC 控制策略等。项目应用后，机组运行稳定，未出现因控制系统问题导致的不安全事件，且机组的一次调频性能优于电网的要求，协调控制系统调节品质优良，AGC 投入效果满足电网公司要求。

2. 凝汽器在线清洗机器人系统的应用

在多次机组停机检修中，发现凝汽器钛管内部存在黏泥（0.1~0.2mm）沉积，部分钛管内还有不同程度泥沙、胶球和海生物（如海虹等贝类）。实施技改后，改善了胶球系统收球率低、清洗不均以及受循环水流速限制存在堵管的风险，切实提高了凝汽器运行真空，降低了凝汽器端差，且有利于凝汽器换热效果的保持。改造前凝汽器平均压力为5.06kPa，改造后凝汽器平均压力为4.44kPa，改造后凝汽器平均压力下降0.62kPa，发电煤耗降低约1.33g/(kW·h)。

3. 有限空间作业安全管理系统

在神福鸿电机组 A 级检修期间，为更好管控现场作业安全，防止不安全事件的发生，在部分有限空间作业时，采用现代化的管控手段，配置有限空间作业监控管理系统。集作业管理、进出登记、行为监控等功能为一体，具有有害气体连续监测功能，在有限空间内布置监控摄像头并连接到管理平台，人员进入工作区之前需要通过人脸识别系统自动登记

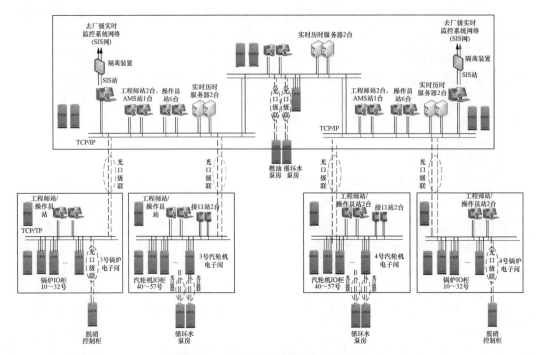

图 2-106　机组分散控制系统网络结构

工作人员信息，使有限空间作业全程处于安全监控之下，有效监管作业人员进出、作业行为，为 A 级检修安全提供了可靠保障。

4. 光纤测振

2016 年建成光纤测振，并在四周布置摄像头，厂区外周约 2000m，共布置 400 多个摄像头，目前的摄像头不具备图像分析功能。虽然光纤灵敏度可以人工调节，但是由于厂区位于海边风大导致光纤随风抖动发生误报的情况，后续将光纤测振与智能摄像头相结合。

5. 现场总线

（1）应用情况。

现场热控设备，主机部分除机组及主要辅机的保护、自动调节设备仍采用硬接线仪表外，其他热控仪表及执行机构均采用现场总线设备。电气开关设备除送风机、一次风机、磨煤机本体的开关外，其他开关均采用现场总线通信方式。外围辅控系统设备除了除灰、除尘系统外，均采用现场总线通信方式，覆盖率达 65％以上。

现场总线功能包括远程诊断、远程操作、远程管理、统计分析管理等功能，降低了维护人员的劳动强度，补充了管理人员的统计分析手段，为智能化电厂建设打下了基础。首先由设计院联合 DCS 厂家设计总体网络架构，分配网段及 IP 地址。然后由 DCS 厂家制定 PROFIBUS 总线通信的底层通信协议框架及通信规范，DCS 系统 Profibus 总线拓扑示意如图 2-107 所示。到货后的现场总线设备，先送到 DCS 厂家进行兼容性测试，设备厂家根据测试情况按要求修改具体通信参数。现场按照现场总线施工标准进行施工、上电调试。

采用现场总线管理平台，在日常维护消缺工作中，节省了人员现场检查处理缺陷的时间，降低了现场处理问题的风险。DCS 工程师在日常巡检时，发现某一总线型电动执行机构间歇性报故障，通过设备管理平台进行分析，发现此设备电源板工作不稳定，更换电源

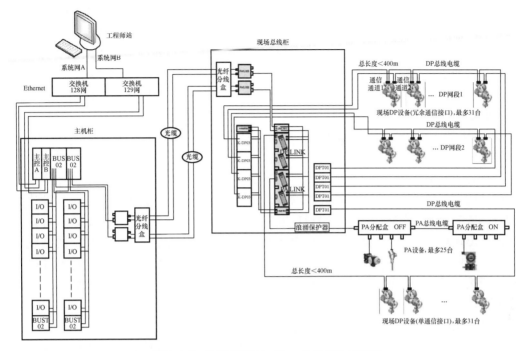

图 2-107　DCS 系统 Profibus 总线拓扑示意图

板后正常。提前发现了设备缺陷和隐患，为设备预防性维护提供了有效的渠道；送风机油站两台油泵偶发故障问题，在设备管理平台上进行检查分析，诊断为油泵开关的马达控制器有问题，更换后故障消失。

　　现场总线设备带来的好处是，便于技改增加设备。如某个区域需增加一台变送器，直接从就近网段的接线盒扩展出一个网络节点并分配 IP 地址即可，避免了传统的硬接线方式需重新敷设电缆的麻烦；现场总线设备，配合总线设备管理平台进行远程诊断、远程操作，为处理问题提供了便利，如通过现场总线管理平台，检查经常故障的电动执行机构的非周期性数据，可确切知道具体的故障原因，如过力矩、行程超限、电源板故障等。现场安装在高处的电动执行机构，每次定位均需搭设脚手架进行，使用了总线设备管理平台，可远程进行自动定位、修改量程等参数，降低了现场操作的风险，节省了处理时间。

　　（2）应用问题与经验。

　　现场总线技术作为电厂智能化建设的基础设施，相比于传统硬接线回路，采用屏蔽双绞线将就地设备接至总线柜，总线柜与 IO 柜之间采用光纤进行传输，大量节省了建设期电缆材料和敷设工作量。远程可查看和修改设备的组态和配置信息，提高了工作效率；不同的仪表采取统一的管理方式，方便快捷地管理大量仪表，降低了现场维护作业的风险；总线管理平台作为 DCS 网络的一个节点，能够读取历史数据库，运行中总线设备的投运、异常状况数据准确翔实，便于统计分析，在福能电厂应用总体效果良好，但在总线仪表设备、总线施工调试及 DCS 组态方面也出现过一些问题，反映出建设方、设计院、DCS 厂家以及设备厂家在设计研讨阶段，对总线系统建设的经验不足，后在电厂方、设计院、DCS 厂家及设备厂家的共同努力下得到解决。

　　1）包括总线设备 GSD 文件与 DCS 通信参数不匹配、通信板不可靠、部分厂家未按要求配置双通道通信等问题——在修改 GSD 文件、重新设计研发通信板之后得到解决。

2）在总线施工过程中，出现仪表接线、电缆敷设、光纤熔接及终端电阻设置等方面的问题导致无法正常通信——对施工中不规范、组态错误、总线网络设备接地不可靠导致的通信异常问题，在逐一进行现场排查处理后得到了解决。

3）DCS 厂家的问题包括组态问题、冗余机制问题导致设备出现频繁切网和部分设备通信不稳定问题、总线网络设备接地不可靠问题等——组织参建各方进行讨论分析，原因为 DCS 控制器对 DP 网络判断标准过于严格，对现场信号质量品质要求高，容错能力较差，经修改通信冗余切换机制后得到了解决。

现场总线系统建设，对基建期设计、施工质量要求较高，必须在基建期开始重视，成立专门的质量管理机构，负责制定详细的设计、施工规范，监督施工中的质量。设计要详细到具体电缆槽盒的走向、布置，物理位置与网络地址要划分清晰，严格对应，否则调试或生产期出现故障，需要隔离处理时比较麻烦。施工过程中要坚决按照设计的图纸规范施工，不能图便利擅自改变施工方案，否则在后期调试及生产过程中会留下隐患，且整改起来比较困难；设备的选型方面，尽量减少总线设备品牌的种类，出现问题的数量也少，也比较好处理。

此外，现场总线应用，以下问题值得考虑：

1）系统虽然减少了常规电缆的敷设，但因总线网络、总线仪表设备及总线电缆的价格较高，整体造价并未得到明显降低。

2）部分设备的维护，因需根据现场实际情况进行处理，仍需维护人员到现场进行，无法完全远程维护。

3）总线施工布线的安装规范要求较高。总线控制系统容易受各种外界环境因素的干扰，影响参数的测量和对象的控制，因此安装要求更加规范和严谨。例如：电缆桥架必须严格分离，要提高接地网的铺设等级，多点接地；电缆敷设，必须做好接地及信号屏蔽处理，在施工前设计院以及和利时应共同绘制现场总线网络各系统接地示意图；现场总线控制系统在设计和施工上必须要高要求等。

4）总线故障点较难排查。由于总线通信网络的中间环节较多，不如传统硬接线简洁直观，总线设备间相互干扰影响，导致检修维护人员查找故障点和故障原因较为困难。

5）因国产总线品牌仪表起点迟，质量上还存在问题，如总线执行机构国产品牌通信板件质量较差，主从站之间通信机制不匹配导致通信不稳定，通信故障率较高，板件耗材量较大，增加了人员维护量，并影响总线设备可靠安全运行；进口品牌总线设备虽然通信机制、规范较成熟，质量好点，但费用也高，在配合 DCS 总线通信方面也存在不少问题。

6）总线在网络兼容性、扩展性、稳定性和非周期数据应用方面仍存在进一步提升的空间。

兼容性：目前是仪表设备厂家按照 DCS 厂家的通信协议要求配置相关通信参数和规约，若能达到总线仪表设备联网后自动识别、即插即用，将大大提高总线系统的兼容性和可用性，给用户带来很大便利，和利时厂家已经在做这方面的工作。

扩展性：受总线网络节点数量、形式的限制，可扩展性还不强，连接的设备仍限于硬线通信方式，希望能够进一步进行研发，增加系统的备用容量和网络连接自由度。

稳定性：同一网段总线网络通信稳定性有时因接入设备品牌增多，偶尔会互相干扰，影响通信质量，需进一步提高。

热控仪表设备作为监视、诊断工艺系统运行和异常工况的手段，本身的可靠性和预防性维护也很重要，这就要求仪表能够及时提供实用的非周期性数据给维护人员，以便对仪表的健康状况进行判断，在此方面仍需设备厂家进一步开发。

三、应用中存在的问题

（1）在热控方面使用较多总线和智能仪表，现场总线仪表覆盖率达到 66％，打通了数据通道，对后续智能化建设起良好铺垫作用，是智能化建设的先决条件。存在问题是目前从 DCS 中获得的大量数据不知如何去使用和分析，现阶段缺少分析终端软件、分析系统，缺乏后续用于建模分析的开发应用，同时也缺少相关诊断软件。在运行中现场总线设备的更换频率以实际环境和故障情况进行判定。

（2）国内电厂包括新建机组大多数工艺系统都保留有手动开关的阀门，无法实现真正的一键启动。提高设备的智能化、自动化水平，设备是基础。国内设备厂家应加大研发力度，提高国产设备的精度、性能，降低手动调整设备的占比，提高机组自动化水平。

（3）火电厂将来人员越来越少，靠人工巡检作业面及劳动强度较大，无法满足安全生产需要。智能巡检机器人、无人机替代人工巡检，国内很多领域都进行了尝试，但在火电厂现场应用数量不多，主要是火力发电厂现场工况相对恶劣，工艺参数种类繁多，现场工艺系统布置复杂，给智能巡检机器人替代人工带来了难度。需国内厂商加大研发力度，研发出切实可行的替代手段和产品，降低运行人员劳动强度。

（4）现场作业人员安全培训工作量较大。神福鸿电生产模式方面，检修大部分工作进行外委，包括计划检修、日常维护等。辅助系统的运行也都采用外委模式，每年进行的安全培训考试压力较大，出题、阅卷工作量巨大。目前，神福鸿电已在研究采用基于智能移动终端的作业人员安全培训系统，作业人员入厂前使用智能手机进行培训答题，能够切实改善培训效果，同时又减轻了安全培训人员压力。

（5）信息化建设过程中数据信息化与集团要求的信息留痕有些场景相矛盾。

（6）将光纤检测震动应用在厂周围墙上，并跟现场摄像头进行联动，一旦产生报警相应区域的摄像头就会抓拍。目前光纤绑在铁栅栏上，海边风比较大，误报现象比较严重。

（7）现场利用外挂 INFIT 协调优化系统及低负荷经济性优化策略应用，使机组煤耗降低 0.4g 左右（预估值，对应气温提高 1～2℃）。但该系统产生的效果难以界定，因为可能该厂原有系统即存在一定问题和缺陷，没有达到较好运行水平，项目实际效果难以评估。

四、下一步工作计划

（1）研发可靠完善的智能安防系统，辅助火电厂作业人员安全管理，降低人员劳动强度，提高工作效率，提升设备可靠性，降低能耗水平。

（2）可视化、便捷化、智能化程度需提高。目前，火电厂机组运行、检修方面，虽然应用了一些新的技术，对现场设备、系统进行了改造，但整体上仍采用传统的方式。从可视化、便捷化、智能化方面做出的尝试及应用较少，科技感不强。在大数据的智能统计分析，指导运行及维护方面，目前国内一些高科技公司已经开始研究，预期能够将运行及维护人员经验、系统最优方式固化为机组运行、设备维护中提供有力的指导，希望能够早日落地。

（3）应推进分散控制系统智能化。目前，分散控制系统能够满足所有工艺流程系统的自动化控制，对于一些智能化分析方面比较欠缺，应提升控制器处理复杂工艺系统或工况的能力，搭建好控制系统这个平台，使智能化应用真正落地。

（4）智能安防方面，原利用移动摄像头对重点区域进行监控，但利用率较低，只是记录功能，没有实时识别。升级摄像头，研发人员违章抓拍检测系统，包括开发安全帽检测软件、安全带检测软件、工作人员玩手机检测等功能。将人员检测模块与公安系统相连接。

（5）入厂人脸识别系统（门禁系统），原有系统方向不对，逆光拍不到，改善系统实现准确的人脸识别，但是考勤功能有待完善（电厂倒班不确定导致）。

（6）研发专家诊断系统，为检修提供便利。

（7）结合 VR 技术开展入场教育方面工作。

（8）因现在参考人数多批卷工作强度大，后续研发考试系统。

第七节　华能（广东）能源开发有限公司汕头电厂

华能汕头电厂隶属华能国际电力股份有限公司广东分公司，位于汕头市濠江区澳头，厂区东邻海湾大桥，南靠深汕高速公路，占地面积 1045 亩（1 亩＝666.6m²），电厂装机容量为 1200MW。一期工程建设两台 300MW 俄罗斯汽轮发电机组，工程于 1993 年 12 月正式开工，1996 年底两台机组相继投产发电；二期工程扩建一台 600MW 国产超临界汽轮发电机组，于 2005 年 10 月 20 日建成投产。厂区如图 2-108 所示。

华能汕头电厂秉承"坚持诚信、注重合作、不断创新、积极进取、创造业绩、服务国家"的核心价值观，以科学发展观为指导，自觉践行"三色"公司宗旨，视社会责任为己任，建设优秀节约环保型燃煤发电厂。自投产以来，先后荣获全国文明单位、全国推行厂务公开工作先进单位、全国电力企业文化建设标杆企业、一流火力发电厂、广东省五一劳动奖状、广东省清洁生产企业、广东省五星级环保诚信企业、广东省先进集体、广东省先进基层党组织、汕头市环境保护示范点、汕头市纳税大户、华能集团公司先进企业、华能集团公司优秀节约环保型燃煤发电厂等荣誉称号。电厂一年一个台阶，在技术革新、企业管理和机制体制等方面不断创新，实现了稳定、健康和持续发展。

一、电厂智能化总体情况

汕头电厂以增加效益和降低人的劳动强度为目标，进行了电厂智能化建设相关的一些项目尝试。主要有斗轮堆取料机无人值守系统、输煤廊道巡检机器人、6kV 配电室智能监控系统等。

二、特色介绍

1. 斗轮堆取料机无人值守系统

2016 年研发并投产应用了斗轮机无人值守系统，如图 2-109 所示，能实现自动取煤、自动盘煤、人工干预，减轻人的工作强度，减少人力。投入运行后，每个班减少斗轮司机

图 2-108 华能（广东）能源开发有限公司汕头电厂厂区

1个人，5个班减少5个人，将斗轮机操作人员移到集控室作业，并将斗轮司机从恶劣的煤场环境中解放出来，减少恶劣工作环境对人的伤害。在整个华能已经推广使用，在国内推广比较好，是国内最先开展斗轮机自动化建设的单位。

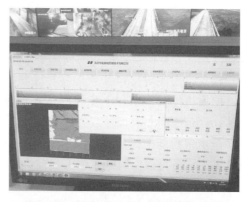

图 2-109 斗轮堆取料机无人值守系统

2. 输煤廊道巡检机器人

输煤系统很脏很恶劣、线路很长，长度约有 3km。采用机器人智能巡检将是未来输煤系统巡视发展的一个方向。机器人为西安热工院研发的轨道式输煤廊道机器人，如图 2-110 所示。该机器人带红外测温仪、摄像头、振动传感器等各种传感设备，借助智能化手段辅助或替代人工巡视，进一步提高重要输煤系统的安全等级，以现代技术手段实现设备的不间断巡检，全覆盖在输煤廊道来回巡视，包括上下坡，能检测输煤廊道粉尘浓度、电机、减速机的温度。实时监测设备振动、托辊异响、煤粉自燃、廊道火灾等事故发生。与其他电厂相比，巡检功能齐全，基本涵盖了输煤系统设备巡检要求。能上下坡，机器人平台带有三维动态图更直观。机器人增加清扫装置，减少粉尘对机器人轨道的影响。

图 2-110　输煤廊道巡检机器人

3.6kV 配电室智能监控系统

加强现场的安全监督，传统的操作手段录音、摄像、监控，存在弊端，后续资料整理工作量比较大。为此研发 6kV 配电室智能监控系统，如图 2-111 所示，基于高精度室内定位技术、摄像机控制技术和电机控制技术整合，轨道式高清摄像、定位、五防系统对接，跟踪人员，误走错间隔时报警或进行远程巡视，以实现自动无感有效监督。

6kV 配电室智能监控系统原理示意如图 2-112 所示，当操作人员进入配电间之后，现场高精度室内设备可以实时地定位人员的位置；同时系统驱动电机控制监控平台实时跟踪操作人员，拉近监控平台与操作人员之间的距离；在监控平台移动的过程中，系统自动判断操作人员与监控平台的相对位置，实时调整角度，保证人员在监控画面内。所有视频信息都会保存在硬盘录像机中，用于后期视频的调取。

该系统与传统的固定监控设备和便携式拍摄设备比较，系统能实现自动提取操作票的操作任务、操作间隔信息，当操作人员佩戴信标进入操作区域时，监控系统自动启动，对操作间隔定位提示，自动对操作人员进行全过程、近距离、多角度的监控并语音对讲，录像、录音。当操作人员走错间隔时提示，或操作人员在非操作间隔停留超过设定时间时，现场和集控室均有报警音提示。操作任务完成后，自动对任务进行闭环，并生成操作任务的时间节点。与此同时，集控室人员或管理人员可通过集控室该系统电脑或厂网清晰查看实时操作情况，及时发现不足之处并给予纠正，或通过系统操作历史节点信息调取监控画面进行监督管理分析，或利用系统录制的视频进行操作和现场危险源辨析培训。此外，系统具有自动巡视、一键到位、云台控制、历史查询和远程查看等功能。该系统适应一张操作票一个操作间隔、一张操作票多个操作间隔、连续操作任务等现场所需各种操作模式，可促进现场人员操作的规范性，进而促使操作人员养成良好的操作习惯。在实现相关功能

图 2-111　6kV 配电室智能监控系统

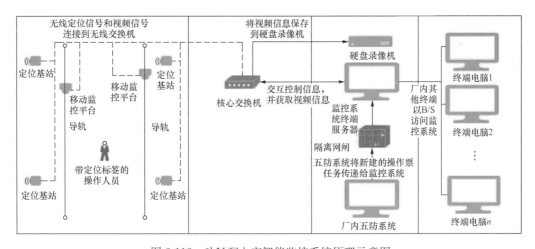

图 2-112　6kV 配电室智能监控系统原理示意图

的同时不给运行人员增加额外工作量，使得安全性、生产效率和可执行性得以保证，也满足了专业或安全管理人员的监督管理需求。

　　系统于 2018 年 6 月份投运至今，系统性能稳定，各功能使用正常，取得较好效果，适用于任何电厂的高压和低压配电间系统，具有普遍的适用性，是一个可持续推行的项目。操作间隔定位，人员行走定位。关联两票系统进行工作范围定位，人员定位可以精确到20cm。但目前只支持一个操作任务，不支持多任务同时监视。两个移动摄像头，一个固定摄像头，6 个定位基站，人员佩戴定位发射器。操作票唱票，声音辨识可以实现。

三、应用中存在的问题

（1）电厂的设备智能化水平普遍较低，投入资金比较多，但效果不明显。需提高设备的智能化水平。

（2）斗轮机进行无人值守自动化改造后，现场机械故障不易及时发现，如设备磨损、发热等，需加强设备的巡检力度。

四、下一步工作计划

将逐步建设智能燃料管控系统，如图 2-113 所示，实现设备"一键启停"，建设智能数字化煤场，建设全燃料的输煤廊道机器人巡检系统，保证设备、人身安全，最终实现燃料从入厂到入炉全过程监督和自动配煤掺烧策略。

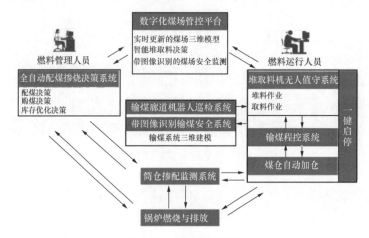

图 2-113　智能燃料系统

第八节　国家电投中电（普安）发电有限责任公司

中电（普安）发电有限责任公司（以下简称"普安公司"）位于贵州省黔西南州普安县青山工业园区，地处全国 13 个大型煤炭基地之一的普兴矿区中部地带。普安公司是中国电力国际发展有限公司（以下简称"中国电力"）积极响应国家西部开发号召，在贵州省投资建设的首个大型电源点项目，厂区如图 2-114 所示。

建设 2×660MW 超临界 W 火焰锅炉燃煤发电机组，分别于 2018 年 12 月 16 日、2019 年 1 月 24 日通过 168h 试运。锅炉采用北京巴布科克威尔科克斯（中国）有限公司生产的超（超）临界 W 形火焰锅炉，汽轮机、发电机采用东方电气集团有限公司产品，同步配套建设高效烟气脱硫、脱硝和除尘装置。

一、电厂智能化总体情况

普安公司根据火电发展趋势和项目具体情况，在 2014 年 10 月，初步设计阶段，即提出"全面应用现场总线技术、全面采用三维设计、建设数字化电厂"的初步构想，得到了

图 2-114　普安公司厂区

国家电投的大力支持。2016 年 7 月，集团公司总经理助理王树东到普安公司调研，现场将普安项目列为集团公司数字化电厂示范项目。

2017 年初，中国电力成立专项工作组，定位"全面超越、国内领先"，委托埃森哲咨询公司团队、中电华创技术团队参与，在广泛调研收资和借鉴国内外数字化电厂建设的成果，提出普安公司数字化电厂建设的总目标，共同制订完成普安项目数字化电厂实施方案，普安公司数字化电厂总体架构如图 2-115 所示。

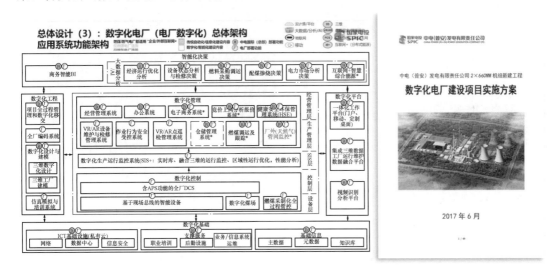

图 2-115　普安公司数字化电厂总体架构

普安公司数字化电厂实施方案按照电厂全生命周期管理设计，应用"三维建模""现场总线""云计算""物联网""大数据分析""移动技术"等 6 类关键技术，充分体现"完整采用三维设计""广泛使用总线技术""统一建设信息平台""精准计量物联感知""深入挖掘数据价值""全面推行移动应用"等 6 大数字化基本特征，建设能够实现深入体现价值驱动创新的 10 大重点功能：

（1）全厂三维设计与数字化移交；

（2）基于 ERP 的数字化竣工决算；

（3）具有完整 APS 功能的主辅一体化 DCS；

（4）基于数字化煤场和采制化全过程信息管控的智能燃料管理；

（5）结合三维展示的运行检修仿真模拟与培训；

（6）结合三维展示的设备与检修管理；

（7）基于多维信息融合的作业行为安全管理；

（8）基于现场无线网与设备二维码的点巡检与缺陷管理；

（9）基于 ERP 与物联网集成的物流与后勤管理；

（10）实时数据和大数据分析的智能辅助决策。

落实为数字化工程、数字化控制、数字化管理、数字化决策、ICT 基础设施等 5 类 30 项具体建设内容。

二、特色介绍

1. 全厂三维设计与数字化移交

普安公司在设计阶段就应用了三维联合设计，实现了碰撞检查和路径规划功能，显著降低工程造价。电缆使用与预算偏差在 5%，节省了数千万电缆费用。主体工程未发生碰撞情况，避免工期延误。现场设备检修场地和通道设计合理，有效助力生产运维，三维设计如图 2-116 所示。

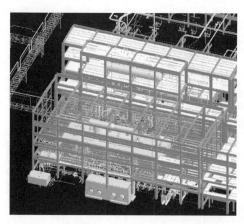 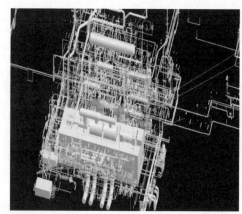

图 2-116 全厂三维设计

普安公司三维数字化移交的三维模型范围与设计深度完全依据设备管理和生产业务的实际需要来确定，其中：

建模范围：包括全部设备和围墙道路、地下管网、支吊架、桥架、沟道在内的全厂构建筑物。

设计深度：建筑结构到开孔和配筋，机务专业包括主蒸汽管道焊缝、疏水排气管路和保温，仪控专业包括主要测点，电气专业到动力电缆和接地网。

数据移交：设计参数在三维模型数据库中移交。

2. 基于 ERP 的数字化资产管理及竣工决算

普安基建 ERP 是依托中国电力现有 ERP 系统功能模块，实施内容如图 2-117 所示，进行工程报量、投资完成报表、物流管理、设备管理、合同查询、预转资、费用分摊功能和竣工决算报表等基建 ERP 模块开发，建立了一体化基建工程业务平台，固化了数据标准和管理要求，将工程建设阶段项目管理技经信息完整纳入，使基建、生产等各阶段都可以使用同一个 ERP 系统，做到过程中完成结算，工程中的管控风险前移，实现工程管理事前控制，ERP 系统中完成工程竣工决算和资产设备移交。

整个基建工程通过审计变更条目累计 3500 余条，总计审减金额约 1.79 亿元，单位千瓦动态造价 3545 元（含税），创造了巨大经济效益，同时实现了资产全生命周期管理，圆满实现预期功能目标，形成了一些创新成果。

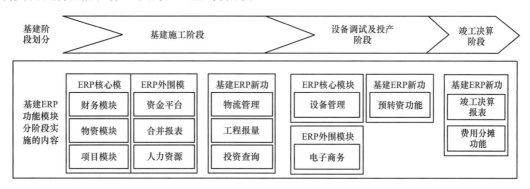

图 2-117 基建期 ERP 功能模块分阶段实施内容

工程伊始，即投用物资、财务等模块，通过项目管理的全过程信息化，建立标准化的概算体系和会计核算体系，工程概算体系页面如图 2-118 所示。通过月进度款的在线支付实现刚性概算控制和单项工程结算工作的前置。168h 前完成设备级 KKS 编码、设备基础信息等数据导入，设备缺陷管理、检修工单、标准两票等业务全面投用，实现设备资产管理 ERP 业务无缝转入生产期。

图 2-118 工程概算体系页面

投资完成报表严格按照国家电投集团公司要求的格式，如图 2-119 所示，实现在线自动生成，实时掌握费用发生情况，可穿透到任一凭证。

3. 具有完整 APS 功能的主辅一体化 DCS

依托主辅一体化 DCS，在国内 W 火焰炉煤电机组中首次建立了完整的 APS 功能。APS 控制画面如图 2-120 所示，其中 APS 功能断点数量按冷态"启 4 停 2"设置。冷态启动设置 55 个功能组，分为机组启动准备、冷态冲洗及真空建立、锅炉点火及升温升压、汽

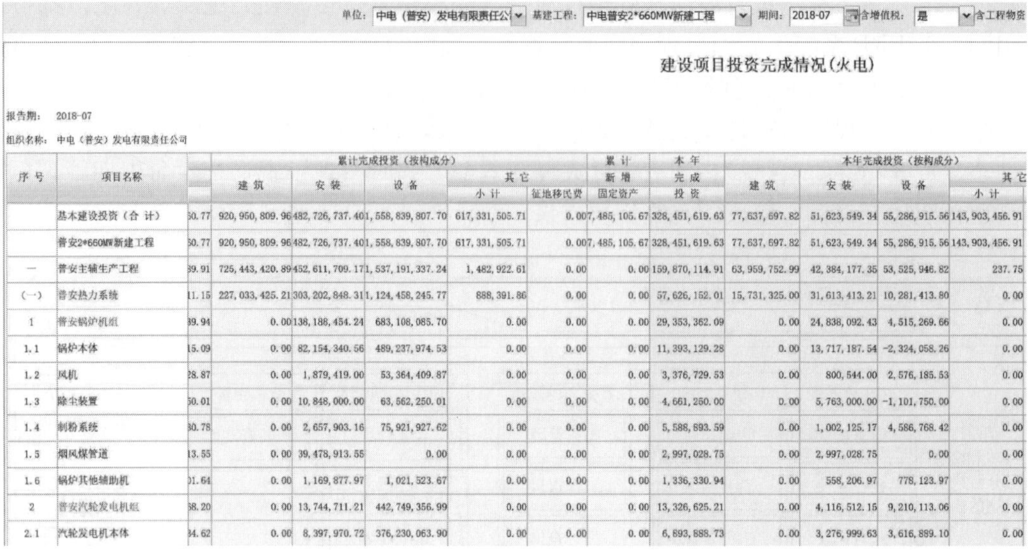

单位: 中电(普安)发电有限责任公	基建工程: 中电普安2*660MW新建工程	期间: 2018-07	含增值税: 是 含工程物资

建设项目投资完成情况(火电)

报告期: 2018-07

组织名称: 中电(普安)发电有限责任公司

序号	项目名称	累计完成投资(按构成)					累计新增固定资产	本年完成投资	本年完成投资(按构成)			
		建筑	安装	设备	其它 小计	征地移民费			建筑	安装	设备	其它 小计
	基本建设投资(合计)	920,950,809.96	482,726,737.40	1,558,839,807.70	617,331,505.71	0.007,485,105.67	328,451,619.63	77,637,697.82	51,623,549.34	55,286,915.56	143,903,456.91
	普安2*660MW新建工程	920,950,809.96	482,726,737.40	1,558,839,807.70	617,331,505.71	0.007,485,105.67	328,451,619.63	77,637,697.82	51,623,549.34	55,286,915.56	143,903,456.91
一	普安主辅生产工程	725,443,420.89	452,611,709.17	1,537,191,337.24	1,482,922.61	0.00	159,870,114.91	63,959,752.99	42,384,177.35	53,525,946.82	237.75
(一)	普安热力系统	227,033,425.21	303,202,848.31	1,124,458,245.77	888,391.86	0.00	57,626,152.01	15,731,325.00	31,613,413.21	10,281,413.80	0.00
1	普安锅炉机组	0.00	138,186,454.24	683,108,085.70	0.00	0.00	29,353,362.09	0.00	24,838,092.43	4,515,269.66	0.00
1.1	锅炉本体	0.00	82,154,340.56	489,237,974.53	0.00	0.00	11,393,129.28	0.00	13,717,187.54	-2,324,058.26	0.00
1.2	风机	0.00	1,879,419.00	53,364,409.87	0.00	0.00	3,376,729.53	0.00	800,544.00	2,576,185.53	0.00
1.3	除尘装置	0.00	10,848,000.00	63,562,250.01	0.00	0.00	4,661,250.00	0.00	5,763,000.00	-1,101,750.00	0.00
1.4	制粉系统	0.00	2,657,903.16	55,921,927.62	0.00	0.00	5,586,893.59	0.00	1,002,125.17	4,586,768.42	0.00
1.5	烟风煤管道	0.00	39,478,913.55	0.00	0.00	0.00	2,997,028.75	0.00	2,997,028.75	0.00	0.00
1.6	锅炉其他辅助机	0.00	1,169,877.97	1,021,523.67	0.00	0.00	1,336,330.94	0.00	558,206.97	778,123.97	0.00
2	普安汽轮发电机组	0.00	13,744,711.21	442,749,356.99	0.00	0.00	13,326,625.21	0.00	4,116,512.16	9,210,113.06	0.00
2.1	汽轮发电机本体	0.00	8,397,970.72	376,230,063.90	0.00	0.00	6,893,888.73	0.00	3,276,999.63	3,616,889.10	0.00

图 2-119　项目投资完成情况表

轮机冲转及机组并网、升负荷 5 个阶段,停机设置 12 个功能组,分为降负荷至 30%、机组解列、机组停运 3 个阶段。在机组调试和 168h 过程中逐一进行实际热态验证,目前已验证到第三阶段,有效解决运行人员经验不足、技能不高的问题,确保机组调试期间未发生误操作。

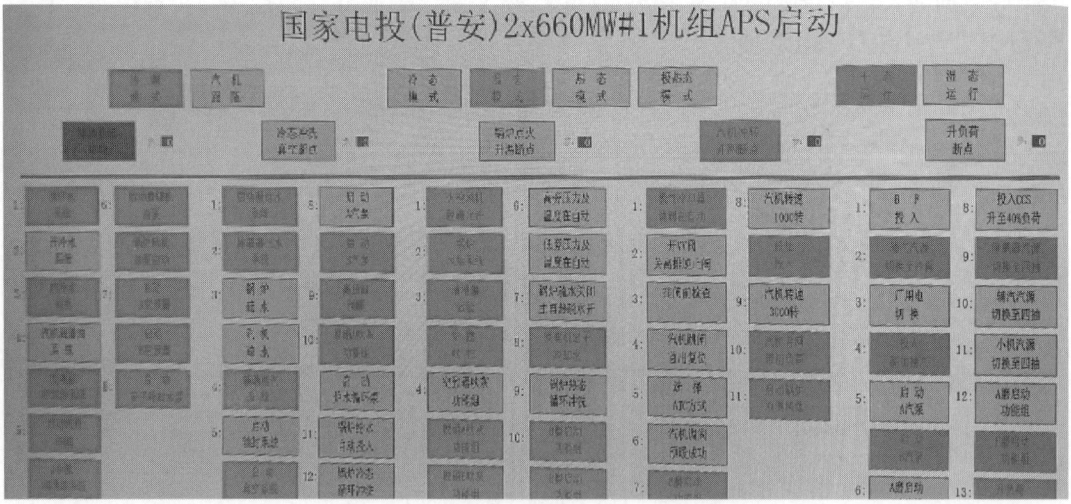

图 2-120　中电普安电厂 APS 控制画面

自主开发 W 火焰炉壁温管理系统属国内首创,如图 2-121 所示,实时显示相邻管温差、不相邻管温差等状态,解决了 W 火焰炉壁温偏差大的监控问题。

全面应用 Profibus DP 和 FF 两种现场总线技术,涵盖汽轮机、锅炉、电气、脱硫、燃料、化水等全厂范围,如图 2-122 所示。单台机组约 1800 余台,全厂合计约 5000 台,现场总线设备全厂占比超过 83%,是目前国内现场总线设备应用比例最高机组。

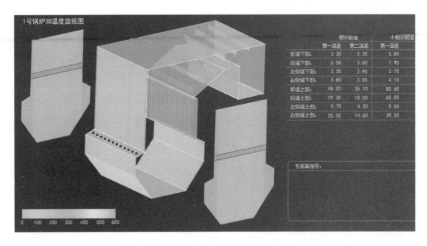

图 2-121　W 火焰炉壁温管理系统

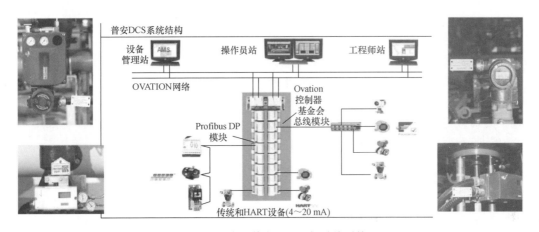

图 2-122　中电普安电厂现场总线系统

建设总线设备管理系统，如图 2-123 所示，真正实现对所有智能设备的在线组态/设置、远程校对、实时状态监测及远程故障诊断等功能。

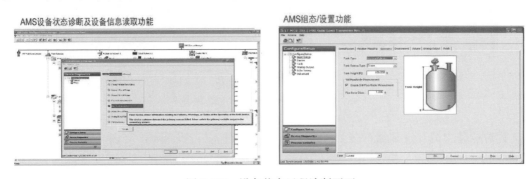

图 2-123　设备状态远程诊断画面

实行大集控，如图 2-124 所示，集控室将除尘除灰、化学补水、电气网控等公用系统监控全部纳入，操作员站创新采用双屏布置，监视和操作完全分开，大大提升监控水平。

图 2-124　中电普安电厂集控室

4. 基于数字化煤场和采制化全过程信息管控的智能燃料管理

融合燃料 ERP 结算模块，建设一体化智能燃料管理平台，将采购计划、车矿调运、采样接卸、制样化验、煤场管理、配煤掺烧、结算管理等业务全流程整合，把燃料、采制化设备、煤场、电厂管理人员、煤场设备通过信息流有机联结起来，构成完整的一体化管控与辅助决策体系，实现全生命周期、全方位、可视化、智能化的高效闭环管理。

建设全自动汽车煤采样机、全自动汽车衡、全自动集样封装系统、全自动集样传输和暂存系统、全自动制样机、在线全水系统、全自动存样柜、气动样品传输系统、智能化验数据采集系统等，实现制、存、取样过程的无人化管理、采制化数据的自动采集，如图 2-125 所示。

(a)　　　　　　　　　　　　　　　　(b)

图 2-125　自动采制化

(a) 集样传输系统；(b) 全自动存样柜

针对业务人员开发部署矿发、司机、验收、管理等 4 个 App，实现全部业务移动化，如图 2-126 所示。

基于等高线形式数字化煤场建设全自动斗轮机机器人系统，如图 2-127 所示，通过斗轮机上装设的 3 个激光摄像头，实现实时的堆型检测、实时成像建模和一键作业，真正实现减员增效、精准掺配和实时盘点。

图 2-126   汽车煤采运全流程管控画面

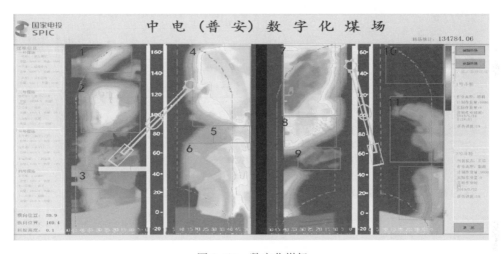

图 2-127   数字化煤场

5. 基于多维信息融合的作业行为智能管理

利用人员定位、门禁系统、图像识别、电子围栏、移动应用等技术，与两票三制深度融合，从人、机、料、法、环五个维度对现场人员生产作业的全过程进行实时、主动安全监控，真正实现本质安全管控。

与两票三制自动关联的智能门禁系统，自动根据 ERP 人员信息和工作票信息进行业务授权，实现重点生产区域作业人员情况实时监控。设置人脸识别设备，确保人证相符。现场门禁随工程进展随时投用，有效保障电厂建设的安全管理，工程建设至今，未发生人身重伤及以上事件。

AI 智能作业行为视频监控系统已经上线运行，采用 4 台 GPU 服务器构成的实时视频分析系统，实现 66 个重点区域 4 类违章行为的自动抓拍，有效保障现场作业安全，如图 2-128 所示，正在和第三方单位合作建设人工辅助训练违章样本的云平台。

针对转动机械易造成人身伤害的问题，建设输煤系统转动设备主动防护系统，越界自动停机，并与视频监控联动，有效防止人身伤害事件发生，如图 2-129 所示。

通过安健环移动应用，实现安健环管理工作实时化、移动化，如图 2-130 所示。

图 2-128 AI 智能作业行为视频监控系统

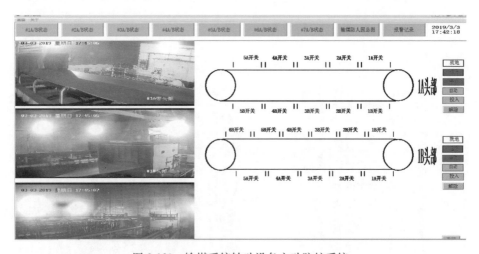

图 2-129 输煤系统转动设备主动防护系统

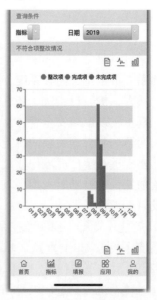

图 2-130 安健环 App

6. 基于现场无线网与二维码的点巡检与缺陷管理

基于 AR 眼镜的智能点巡检系统，如图 2-131 所示，自动识别设备，现场实时获取 DCS 运行参数、现场录入运行巡检、精密点检的相关信息，实现智能点巡检管理和远程作业指导。

图 2-131　基于 AR 眼镜的智能点巡检系统

7. 基于三维展示的设备与检修管理平台

建设基于三维数据的设备与检修管理平台，如图 2-132 所示，提供便捷的二三维信息联动查询功能，实现三维数据与设备信息、运行检修维护业务信息、预防性检测试验等离线手工录入数据、ERP 集成数据等信息的融合。

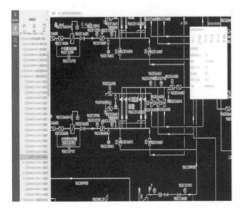
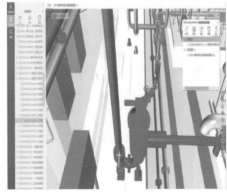

图 2-132　三维设备与检修管理平台

管线路径展示功能，如图 2-133 所示，提供隔离边界的精准指示。

支持各类终端的移动应用，大大便利生产人员的使用，提升管理效率，如图 2-134 所示。

三、智能化电厂建设经验与下一步工作计划

1. 建设经验

（1）智能化电厂的建设必须制定完整的顶层架构方案，智能化电厂的建设，不是简单的控制系统、信息系统建设工作，要通过完整的顶层架构设计，才能将建设目标与业务管

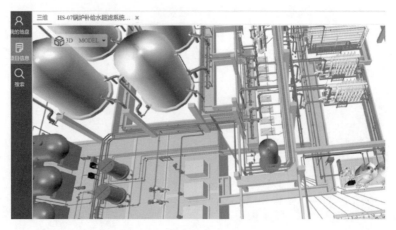

图 2-133　管线路径展示功能

图 2-134　三维系统移动应用

理的优化紧密集成，避免重复建设或信息孤岛。

（2）基于价值创造开展建设工作。从业务出发，寻找数据价值创造点，针对性采集相关数据和开发建设应用系统，提升管理效率，创造数据价值。

（3）做好基础数据架构设计和自动采集工作。确保基础信息编码、数据接口统一，降低开发成本，避免数据接口过多、纸版转录电子版、数据不一致或重复等情况的发生。

（4）防止总线通信失败可重点关注以下四方面：

1）重要设备双总线 a、b 口。

2）每一串卡件错开。理论 16 个，实际使用 8～12 个，通信效率更高。

3）安装很重要，充分考虑抗干扰因素，开展了 40 多期培训班。

4）总线设备兼容性测试，所有设备都搬到上海测试。

（5）集控室大集控，充分考虑人体学专门设计双屏显示，使监视和操作完全分开，大大提升监控水平。

（6）基建管理要点：

1）将区域硬隔离。

2）第三方人员监督。

3）门禁先行，受电之前都要先安门禁。

（7）全厂分等级布置门禁系统，有需要的进出都设置门禁，分为重点区域、一般区域、普通区域三级门禁，实现小区域隔离，不关注人员具体的路径。

2. 下一步工作计划

普安公司在数字化电厂建设方面进行了一些探索和实践，基建阶段的工作取得了一定的成果，特别是在防止人身伤害、减员增效方面发挥了明显作用。后续将进一步做好各业务应用的深度优化，积极与中国电力数据中心深度合作，做好三维运行检修仿真培训、智能仓储系统、运行优化和设备状态诊断系统的开发工作，深度挖掘数据的价值，全力向智能化电厂发展，中电普安电厂智能化电厂展望如图 2-135 所示。

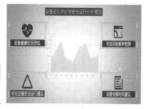

图 2-135 中电普安电厂智能化电厂展望

第九节 国能国华（北京）燃气热电有限公司

国能国华（北京）燃气热电有限公司（简称国能京燃热电）位于北京市 CBD 东 19 公里，建设有一套"二拖一"9F 级燃气-蒸汽联合循环发电供热机组（950.98MW），于 2015年 8 月竣工投产，厂区图如图 2-136 所示。国能京燃热电厂是国家能源集团的"智能电站"示范项目，从顶层设计到工程建设均遵循"数字化建设、信息化管理"的理念，以建设"低碳环保、技术领先、世界一流的数字化电站"和"一键启停、无人值守、全员值班的信息化电站"为目标，进行体制机制创新，建设成为国内智能化程度最高、用人最少的绿色生态电站。

国能京燃热电围绕智能谋篇布局、干事创业，凭借在数字化电站、信息化管理方面的探索实践，垂范了智能电站的运营管理新模式，驱动了生产技术的进步与体制机制的变革。"多维度融合的燃气智能电站研究与应用"项目荣获中国电力科学技术奖一等奖、中国电力创新奖一等奖。国能京燃热电工程项目获得 2016～2017 年度国家优质投资项目奖、亚洲年度最佳燃气轮机电厂金奖。"智能电站"的示范建设为推进发电企业"互联网＋"的转型升级提供了经验和范例，开启了"环保领跑、效益领先、创新领航"的新篇章。

国能京燃热电燃气轮机为日本三菱公司 F 级 M701F4 型燃气轮机，蒸汽轮机为东汽双缸双排汽汽轮机，设 SSS 离合器，可实现纯凝、抽凝、背压三种工况方式运行；余热锅炉为东锅三压、无补燃、卧式、自然循环炉。

图 2-136　国能国华（北京）燃气热电有限公司厂区图

一、电厂智能化总体情况

国能京燃热电以设备、控制、管理三个层次的智能化为目标，以"电站数字化，管理信息化，营运智能化"为手段，构建设备全寿命周期数据融合、系统"自启停控制、自学习建模、自调节寻优"、平台"全面覆盖、共享联动"，实现生产过程的泛在感知，信息化的全景集成，决策的全面支持，实现了"一部一室三中心"的管理模式变革，全厂定员仅 30 人。国能京燃热电智能电站体系架构如图 2-137 所示。

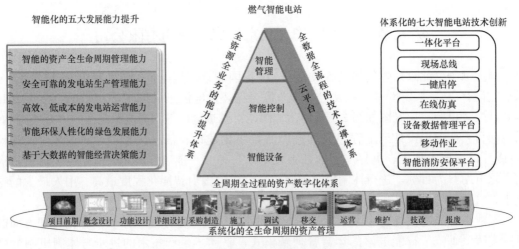

图 2-137　国能京燃热电智能电站体系架构

国能京燃热电的智能电站业务运营体系以数字化驱动生产力进步，促进运营效率提升，以信息化推动生产关系优化，保障企业价值创造，按照"安全、灵活、经济、环保、开放"的目标，将智能电站运营体系规划为四个层面的内涵，即：智能的发电设备、智能的生产管理、智能的运营决策、智能的信息平台。国能京燃热电的智能电站框架如图 2-138 所示。

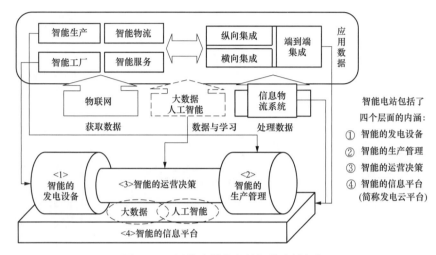

图 2-138　国能京燃热电的智能电站框架

二、特色介绍

1. 管理模式

先进的智能化应用水平推动了生产关系的变革。国能京燃热电打破传统火电厂的组织架构模式，创新性设置"一部一室三中心"的组织架构，即党建行政部、主控室、信息分析诊断中心、安全消防保卫中心、成本利润中心，如图 2-139 所示。根据生产运营需求，将研究、分析、诊断的功能移向后台并强化，通过信息化手段实现信息分析诊断中心、安全消防保卫中心、成本利润中心所需功能，三中心围绕生产、营运，各有侧重，同时面向多终端（智能手机、平板电脑、现场手持设备等）推送数据，实现移动管理，形成了"一个控制中心，三个监视中心，多个数据终端"的生产运营模式。各部门具体职能划分：

（1）党建行政部负责公司党建、纪检、行政、人力资源、内控、法律等综合管理工作，突出国有企业党建领航的特点。

（2）主控室主要负责调度执行、运行管理，对各项生产业务进行监控分析。

（3）信息分析诊断中心开展机组经济运行、状态预判和故障诊断分析，主要承载技术分析和演练培训，为检修维护人员提供设备数据库，帮助一线管理人员全面了解设备情况，获取专家建议，提升设备管理。

（4）安全消防保卫中心实现安全管控、职业健康和消防安保等业务工作的专业化管理和一体化管控。

（5）成本利润中心整合经营、物资、财务职能，开拓电热市场，并为其他中心提供物资、财务支持。

"一部一室三中心"在组织上通过服务外包、专业运营和集中管理实现机构精干合成和管理层级扁平，切实减员增效，达成电站管理人员 30 人的设计目标；在实现上借助自动化技术的提升和信息化管理手段的全面应用。

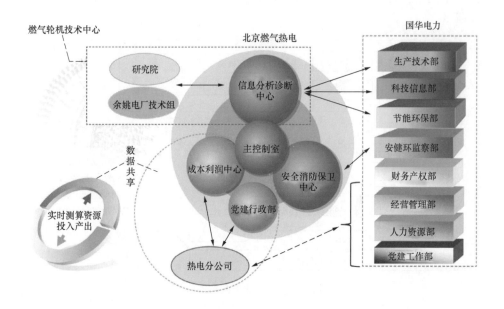

图 2-139 "一部一室三中心"管理模式

2. 数字化基础

国能京燃热电为提高机组自动化水平，一方面采用了机组自启停技术 APS，实现了机组不同状态下、覆盖主辅机的全过程、无人干预自动启停控制，减少人为干预机组运行；另一方面广泛应用现场总线技术，在大幅提高远控执行机构比例的同时，将大量的现场设备数据传到控制系统，实现了对设备的实时监视、统计分析、故障维修/维护、历史数据管理，在分析诊断中心实现设备远程管理，加强数据采集能力，为管理者提供更多的实时信息。

（1）APS。国能京燃热电对"二拖一"燃气-蒸汽联合循环机组的工艺系统特点和控制需求开展了深入研究，突破了三压余热锅炉全程水位自动控制、高中压同时全自动解并汽等传统自动启停系统（APS）的技术瓶颈，实现国内首个自化学制水、启动炉点火、余热锅炉上水、燃气轮机点火并网、系统升温升压、汽轮机冲车并网、第二套燃气轮机启动至并解汽及停机的无断点、无人工干预的机组启停全自动控制，真正意义实现了联合循环机组复杂系统环境下的一键启停功能，达到无人值守水平。该技术显著提高了机组的控制和自动化水平、提高了电厂管理水平和经济效益。APS 实施过程中的难点与对策：

1）设计和设备上的难题。目前国内燃气轮机电厂影响 APS 投入的一个主要因素是辅机设备存在的问题，如中压汽包容积过小，启动及变负荷时水位波动大；部分调节阀门流量特性不好，变负荷时易引起振荡；部分电动、气动调节阀门有内漏、行程开关动作不可靠、部分调节阀或执行机构存在非线性等。因此，设备选型时应重点管控执行设备的质量，选用可靠的阀门、执行器，确保变送器、压力开关、电动门可靠、耐用，同时常规设计中的部分手动门需要改为电/气动门。此外需要成立专题组详细规划及完成 APS 整体框架、断点及系统功能组划分等工作。

2）在全过程中实现自动调节。如果要实现 APS，许多自动控制都必须全程投入，如：

汽包水位、主蒸汽温度、一级过热器出口蒸汽温度、再热蒸汽温度、旁路压力和温度、中压过热器出口压力、天然气调压站等。这些自动装置投入失败，会使运行人员频繁手动干预，一方面存在安全隐患，另一方面谈不上真正意义上的全自动启停顺控。

3）调试质量及工期问题。调试质量是保证 APS 能够正常投运的关键之一，目前投产的大多数机组 APS 功能未能正常使用的主要原因之一就是在机组调试期未进行专项调试，主要受工期节点影响。针对 APS 调试要结合机组调试制定专项调试方案，调试过程应确保APS 顺控全部达到设计指标，另外充分保证调试时间。

（2）现场总线。国能京燃热电将现场总线智能设备全面应用于现场的各个热力系统（行业内首次用于燃气、汽包水位调节等系统），现场总线设备共计 1672 台，应用比例达到 64%，在国内外同类型电厂中位居前列。现场配置了 PROFIBUS DP 和 FF 两种协议的现场总线设备及通信网络，其中配置 DP 协议现场总线 192 个网段，FF 协议现场总线 72个网段。现场总线数据管理界面如图 2-140 所示。

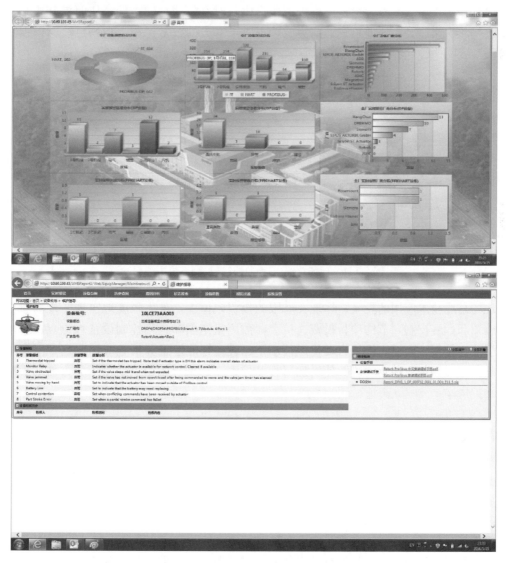

图 2-140　现场总线数据管理界面

国能京燃热电发明了现场总线一体化控制装置，提高了总线应用的可靠性，扩大了应用范围。开发了现场总线应用系统，对非周期性数据进行挖掘利用，使智能测控设备的状态自检自举成为现实，显著提高了工作效率和机组可靠性水平，实现了现场总线仪表、设备管理的数字化、智能化、网络化，建立了智能电站的数字化基础。

目前大多数的专业诊断设备和工具都是用于总线通信出现故障现象之后的分析，但由于通信网络的隐患缺陷往往具有突发性，包括信号干扰类的现象通常在极短时间内即可恢复正常，不易捕捉，这就给查找故障原因造成了很大困难。现场总线网络一旦发生通信故障，现场工程师需要利用专业工具逐一排查故障点，尤其是对于偶发性故障，只能采取对中间通信部件逐一替换并且长期观察的方式，尝试性地消除缺陷，既费时费力，还很难起到一针见血的效果，大大降低了工作人员效率。国能京燃热电建设了现场总线通信在线诊断检测系统，主画面如图 2-141 所示，能够显示所有被检测总线网络的当前通信状态及历史报警信息，故障报警信息画面如图 2-142 所示，能够在保证不影响现场设备运行的前提下，快速分析现场故障点，给检修维护工作提供及时有效的帮助指导，从而提升检修消缺工作效率，为快速分析处理总线通信类故障提供了有力的技术保障。现场总线通信在线诊断检测系统网络管理界面如图 2-143 所示。

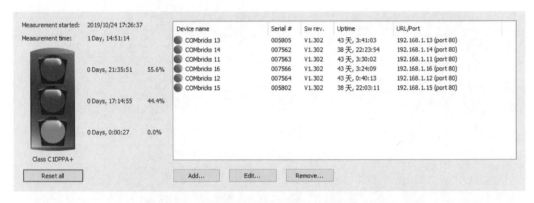

图 2-141　现场总线通信在线诊断检测系统主画面

现场总线技术应用的意义，体现在有限的投资限值下，最大限度地实现了现场参数的泛在感知和远程控制，节约项目投资、扩大参数测量范围和远程控制设备数量，在生产中发挥了很好作用，为提高机组自动化运行水平、设备智能运维分析等应用奠定了坚实的数据基础。同时在生产运营阶段，使增加远程监控测点、执行机构也变得十分方便，大幅降低了维护成本。

3. 智能管理

在智能管理方面，国能京燃热电围绕"一体两翼三提升"的总体思路开展信息系统的建设工作。

一体是基础，即建设一体化业务云平台，如图 2-144 所示，将主要应用系统整合集成，为管理人员提供统一视图，做到数据一体、平台一体、应用一体、展现一体。

两翼是补充，一个是移动作业与移动管理，一个是消防安全保卫集成，打破地理限制，扫除视觉盲区，任何一点都是中心，随时随地都能工作，实践电站的"互联网思维"。

三提升是突破口，一是数据自动报送，通过就源采集、数据复用和文档表单化，减轻

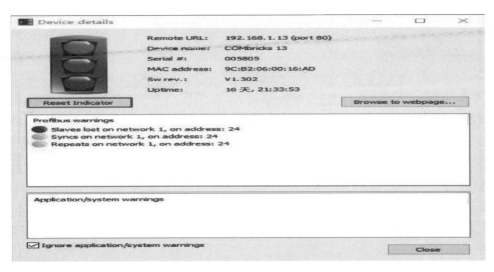

图 2-142　现场总线通信在线诊断检测系统故障报警信息

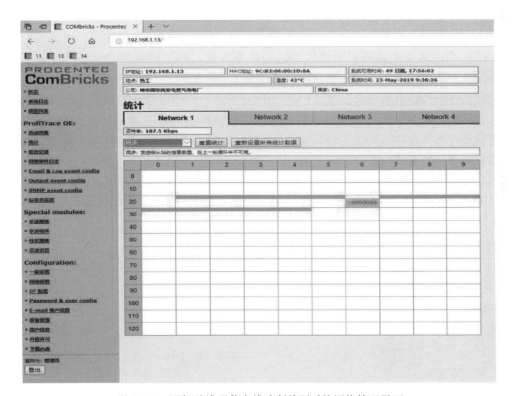

图 2-143　现场总线通信在线诊断检测系统网络管理界面

例行性、重复性填报工作量，推进流程自动化；二是加强分析预判，实现经营指标的实时统计预测和生产数据的诊断预警，推进管理预控化；三是加强决策支持，为领导层提供全面的数据指标、分析模型和预测结果，推进决策科学化。

（1）一体化云平台建设实施。

作为建设智能电站的重要前提与基础，国能京燃热电建设了基于云模式的一体化业务

图 2-144　一体化业务平台

平台，以支撑和促进企业的集约化管控、一体化协同、信息共享、数据分析。云平台的构建以"云大物移智"为基本的信息技术要素，实现"数据致察、连接致通、平台致创"的IT 价值。一体化业务平台项目覆盖电站的全业务流程，涉及相关的二十余个业务信息系统，涉及生产运营管理人员和外委队伍全部相关人员的使用。

　　建设工作以项目群管理办公室（PMO）方式推进，内部集合公司本部、研究院和电厂的专家骨干，外部与一流的设计院、咨询机构、软件厂商合作，协同工作。PMO 将项目分为咨询设计和开发实施两大阶段，建立"四纵六横"矩阵式的组织机制，如图 2-145 所示，做到业务从始至终，开发紧抓主线。

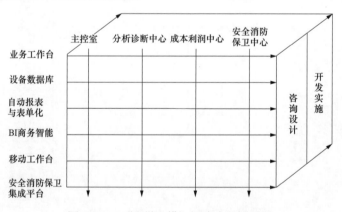

图 2-145　"四纵六横"矩阵式组织项目

　　"四纵"即依据"一控三中心"划分为四个业务组纵贯到底。各个业务组整合业务资源，梳理业务逻辑，重组业务模式：流程方面，建立流程手册，确定了生产、经营两大业务域，二级业务能力 17 项，三级业务能力 113 项，四级业务流程 360 个，并按社会化程度和管控程度，设计了核心业务框架；制度方面，从 416 个现行制度中匹配出 189 个在岗位工作中需要密切关注和参照执行的制度；指标方面，以 EVA 价值体系为依据，设计流程指标 292 个、业务指标 133 个；在此基础上，进一步细化新的业务模式落地方式，即针对三十个核心岗位，以每一个岗位为中心，明确相对应的职责、流程、制度、指标以及设备资产负责范围。以此为依托，四个纵向业务组为平台各个系统的设计、开发、实施和测试提供业务知识，保证业务逻辑的一致和延续。

"六横"即依据"一体两翼三提升"划分为六大横向主线系统组，以此为抓手整合二十余个底层业务系统，依据统一设计的业务架构、技术架构和应用架构，打造全面覆盖、流程贯通、数据共享的一站式业务工作平台。其中，实现功能需求 773 项，报表 402 份，自动化率和数据复用率 100%，文档表单化 514 张，商务智能分析指标 380 个，分析报表 177 张，移动应用 8 项，建立了涵盖 6 大专业，600 余个主要设备的设备数据库。

一体化业务平台的开发实施采用先进的 SOA 架构，总体分为五层，如图 2-146 所示。最底层为专业应用，主要是核心的业务系统，包含资产管理 BFS++、实时数据 PI、人财物管理 ERP 等十余个系统；次底层为技术支撑平台，部署集成应用环境、企业服务总线、业务流程管理、数据仓库等核心技术环境；中间层开发跨系统使用数据的综合应用，包含了自动报表、BI 主题分析及设备数据库；次顶层与业务管理和职能划分紧密结合，从"一控三中心"角度整合应用、移动办公和移动作业；最顶层即展现层，为用户提供一体化的桌面交互界面和移动交互界面。

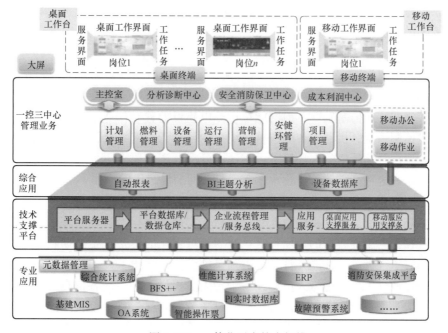

图 2-146 一体化平台技术架构

（2）一体化平台主要特色。

以岗位为中心的智能一体化业务平台，773 项功能按岗定制、主要工作智能提醒，自动推送与岗位相关的工作内容。根据部门和岗位职责，将流程、制度、绩效指标相关的信息化资源有目的地提供给使用人员，既保证了全面、有效数据和应用的获取，又确保系统和数据的安全，还可进行个性化定制，提供的都是与自己切身工作相关的内容，大大提高了效率，也提高了信息系统的实用化水平。

以国华电力设备数据库为基础，通过 KKS 码从电厂设计期、设备采购期、基本建设期到生产运营期形成价值链的贯通和一体化数据关联，应用层面通过设备树的一致性，保证了三维设计、基建管理、设备管理、故障预警、物流管理等系统的应用功能打通，设计分析诊断应用场景，实现全寿命周期管理贯通的信息化集成能力。

实现了电厂的实时运营监控、绩效分析和利润预测，涵盖指标 380 多个，分析报表 177 个。增强对市场变化快速反应能力，便于资源配置优化和风险预控。

实现了安全、消防、保卫的一体化管理：其一是将视频监控、消防报警设施、周界防护（电子围栏）和门禁集成到全厂三维平台进行集中管控（含 1980 个火灾报警点、340 个门禁、237 个视频监控），通过信息共享、联动，实现全景监控与自动报警。其二是将这些资源一体化联动与管理流程相结合，达到快速响应、及时处理目的，提高管理效率，减员增效。

建设了高效自动的报表体系：报表逻辑标准化、报表出具自动化，就源输入、多次复用，方便数据追溯，保证了数据的唯一性和准确性，促进了数据的透明共享，减轻了数据报送的简单重复劳动。

便捷即时的移动作业与一体化业务云平台的集成：随时随地多终端作业，通过全厂 Wi-Fi 覆盖，移动应用开发，实现厂内的移动互联，过程异地监控、信息随时获取、业务及时处理，支撑全员值班。118 个 Wi-Fi 点，9 类移动业务，后台支持就源处理，提升了现场作业和管理的便捷性。

4. 服务感知执行

（1）无线网络建设。

国能京燃热电实现了全厂无线网络全覆盖，共建设 118 个 Wi-Fi 点，为移动作业、无线监测奠定了坚实的通信基础。目前国能京燃热电建设的移动作业系统、点巡检系统、现场环境温湿度监测系统、机器人智能巡检系统等均是以无线网络全覆盖作为通信基础。在当前网络安全要求日趋严格的大环境下，实现内外网分离的要求更加明确，建设一套独立的厂内无线网络，为提高整体信息化水平起着基础性的保障作用。

（2）三维可视化。

国能京燃热电基于三维可视化数据管理平台，实现了电厂设计期、基建期、生产期工程文件、工程模型、工程数据的全面移交，建立起可视化的设备全生命期数据中心，利用重点监视画面、三维拆解、性能计算、故障预警等手段，强化了设备信息的集成共享和设备隐患的实时监控。为电厂运行人员和设备管理人员提供了一个设备信息统计、分析、诊断的平台，集成了设备设计资料、设备台账、设备节能环保信息、设备维修运行信息、设备预警信息、设备物资成本信息、设备隐患、设备诊断分析等数据，实现对设备查询、交流、分析、知识经验共享，提高对设备管理的实时性、高效性、准确性。管线三维可视化如图 2-147 所示，燃气轮机实现三维可视化如图 2-148 所示。

基于国华云平台建设的智能化安全消防保卫平台以三维展示及漫游为核心交互方式，集成全厂工业及安防视频、周界防护、人员定位、消防报警和门禁等系统，实现数据的共享和联动，可以二维地图方式提供与三维场景互动的交互式的鹰眼功能，在鹰眼中显示当前三维视点的位置和方向，可以通过点击鹰眼的相应位置来控制用户在三维场景中的漫游行走路线；结合三维场景，实现火灾自动报警系统、身份识别系统、视频智能分析的报警

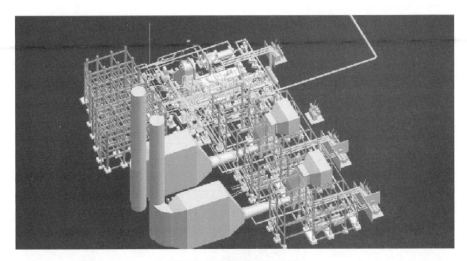

图 2-147　管线三维可视化

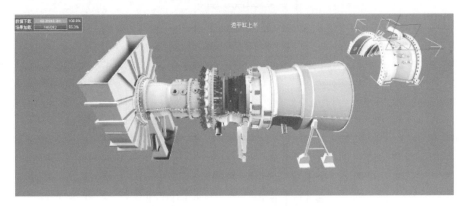

图 2-148　燃气轮机实现三维可视化

联动及视频实时预览。

（3）在线仿真系统。

国能京燃热电开发建设了基于虚拟现实技术沉浸式在线仿真培训系统，采用激励式仿真机实现机组在线仿真，国内首创实时仿真、故障重演、操作预演功能。在线仿真通过通信接口接入机组全部实时数据，共接入实时数据点 8576 个，初始化系统 156 个，初始化设备 1844 台，建立热力模型 197 个。使用模糊向量集理论进行在线仿真最关键的工况初始化，并使用现场数据不断矫正仿真模型，通过自学习、自完善，对现场各管路管道阻力、阀门操作对热力参数影响等进行大量计算，以不断完善模型曲线，最终达到与实际一致的模型特性。

该仿真系统在发电领域首次实现了双虚拟包激励型高精度仿真，创新性地将多维模糊向量集的方法应用于在线仿真，实现了在线仿真工况初始化，首次运用双层循环迭代的方法实现了在线仿真模型的自学习、自修正，把仿真机从常规的培训系统升华为运行管理的手段，还可以发现并辅助解决生产中的逻辑问题，为逻辑优化提供验证。

（4）智能巡检机器人。

国能京燃热电智能巡检机器人是一套既能对设备自动进行多种数据采集，又能对所得数据进行全面综合分析和比较的智能化机器人系统，是整合了图像智能识别技术、激光定位导航技术、超声探障技术、多传感器融合技术、无线通信技术、红外测温技术、物联网技术等多种先进技术的专用智能巡检系统，智能巡检机器人设计框架如图 2-149 所示。

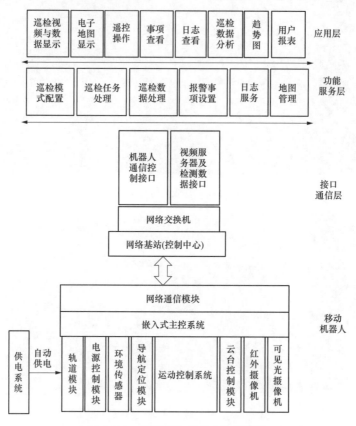

图 2-149　智能巡检机器人设计框架

图 2-150　智能巡检机器人"闪电哨兵"

智能巡检机器人采用无轨化导航技术，通过激光雷达、惯性测量单元、编码器等多种传感器的信息融合与精确解算，获知机器人的精确定位信息，并通过最优路径规划算法和精确轨迹规划算法自主行走到目标位置，智能巡检机器人"闪电哨兵"如图 2-150 所示。

智能巡检机器人采用的机器视觉技术对图像中设定的区域进行定位与提取，然后通过模式识别技术对仪表进行识别与读数判别。仪表图像识别流程如图 2-151 所示，当表计读数超过设定的阈值时，对异常读数提出报警，读数误差小于 5%。

智能巡检机器人上还配备了红外热成像仪、高清摄像机、气体传感器、音频传感器、激光测振仪等多种智能传感器，可为后台分析系统提供现场测温、高清成像、危险气体检测、声音分析、振动测量等多种信号数据。数据进

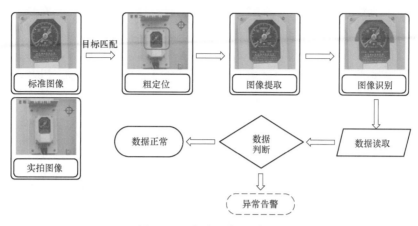

图 2-151　仪表图像识别流程

入平台后，通过多维度的数据关联分析和数据挖掘等技术，结合 CPS 系统数据和机器采集数据，并通过实时监控模块和巡检结果分析模块进行对比处理，进行辅助决策与判断，从而提升设备巡检水平。智能巡检监控画面如图 2-152 所示。

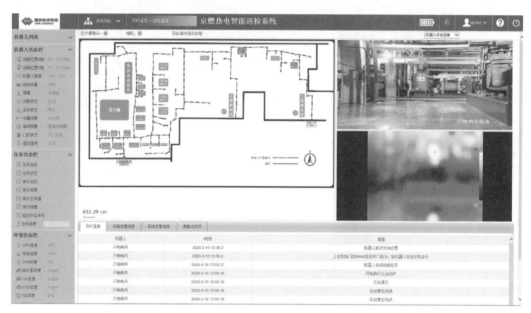

图 2-152　智能巡检监控画面

（5）基于地磁惯导定位技术的应用。

地磁惯导定位技术，不同于以 UWB 为代表的四点时间差法，该技术采用了以指纹法为主的定位思路，结合惯性导航信息、地图信息与磁场信息，配备精密准确的数学算法，实现无须在现场铺设基站的高精度、低成本人员定位功能。此外，时间差法定位受现场钢结构反射影响精度无法保证，而工业生产环境的复杂地形结构为地磁惯导定位技术提供了更为优良的应用空间，在越是复杂的地形结构中，地磁分布变化特征越为明显，进而定位算法的计算时间可以得到有效降低。

通过地磁＋惯性陀螺＋地图＋全厂 Wi-Fi＋蓝牙辅助的智能人员定位，利用收敛算法，计算人员经过路径上的地磁分布在地图内的相似匹配情况，锁定人员位置，然后根据惯性陀螺的人员加速度以及偏转角信息计算人员位移情况，再通过地磁算法在缩小后的预估范围内修正人员位置。当出现人员换区域或者地磁地图没有采集的区域，以及设备掉线重连的情况时，采用蓝牙辅助点重置人员位置，重新进行以上计算过程，确保人员轨迹恢复正常。利用低成本的地磁惯导定位技术，可以实现厂内人员的精确定位，从而为智能点巡检管理、现场人员作业安全管控、安防管理等应用场景提供了全新的解决思路。地磁惯导技术应用画面如图 2-153 所示。

该技术属于军用科技，用于辅助导弹定位，后以军民融合的方式首次应用在国能京燃热电厂。该技术的主要特点是低成本、高精度、便于建设，在国能京燃热电实际应用中定位精度可以达到 1m 以内。同时，由于该技术无须在现场建设大量电磁基站，避免了对现场电控设备的影响，其应用的安全性与可延伸性得到了充分保障。

图 2-153　地磁惯导技术应用画面

5. 智能生产监管层

（1）智能移动工作台。

国能京燃热电一体化云平台重要的一部分功能便是将传统的桌面工作平稳迁移到了移动端进行实现，日常业务可利用平板电脑、手机端完成，使高速发展的业务不再受场所和时间的限制。在移动端可进行审批待办业务，实现流程的简化，并使业务链条缩短，行政审批时效性增加。在生产中通过智能操作票、工作票、智能监控等手段随时随地管控生产现场作业情况，降低人员的时间空间损耗。

国能京燃热电移动工作台作为电厂内、外部工作人员现场作业及移动工作的平台，具有可随时随地处理业务，实现现场移动作业，及时、便捷、全天候的业务信息访问，以及自动推送待办信息、报警和业务提醒信息等特点。在国内首次实现了移动操作端"单点登录"，只需要登录一次就可以进入多个系统，而不需要重新登录，改善了用户体验，降低了管理消耗。

智能操作票系统与就地五防机械锁进行联动，只有间隔、五防逻辑正确，操作票系统才开放操作，最大限度避免电气误操作。行业内首次采用智能操作票系统与 PI 系统进行交互的技术，避免了因操作票系统设备状态更新不及时而开出错误的操作票，发生误操作事故；开票时可以在风险较大操作步骤下生成风险提示和预控措施，比传统的风险预控票更加直观醒目、有针对性。

国内首次实现了运用移动工作平台将电厂生产业务全覆盖，工作票、动火票、电气工作票、热机工作票、巡检参数记录等均可在移动端实现。在移动端可以实现工作票流程的审批、动火票多方人员的会签、可燃物浓度的记录、隔离措施的执行。为了避免误开操作票，工作票与操作票系统基于设备的kks码实现了闭锁，只有相关设备无检修工作时才允许开具操作票；同时为了方便实现闭锁功能，创造性地增加了押票环节，使得两票之间的闭锁更具可操作性。

创造性地实现了操作票、巡点检与台账系统交互，可以将操作票系统的绝缘数据、巡点检系统填写的就地液位、油位、避雷器动作次数等自动写入运行台账系统，实现了数据的一次录入、多次复用。

实现了巡点检系统与缺陷管理系统的联动，当巡检时发现设备异常，点击缺陷自动进入缺陷管理系统，真正实现了现场就地缺陷录入功能，缺陷管理系统可以通过扫描设备二维码自动填写相关设备信息，同时可以实现在线、离线缺陷的录入。

首次在移动端增加了管理的需求，集成了多项生产管理功能，移动端生产实时系统可以方便生产人员实时查看运行工况、设备状态信息，智能移动工作台框架如图 2-154 所示。可以实现 VPN 登陆，便于各级生产管理人员随时随地了解机组运行工况；集成公司信息公告，便于公司相关公告信息的传达。集成视频监控系统，便于查看相关设备的工作状况、相关区域人员工作情况。

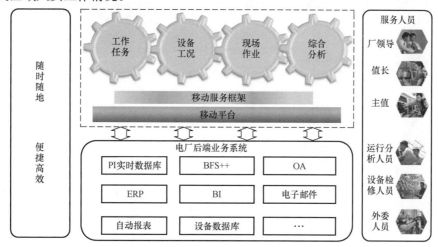

图 2-154　智能移动工作台框架

智能移动工作台是在现代移动通信技术、移动互联网技术构成的综合通信平台基础上，通过移动终端、服务器、个人计算机等多平台的信息交互沟通，实现管理、业务和服务的移动化、数字化，提供高效优质、规范透明的全方位管理与服务。信息的采集、移动与管理三个部分被有效地结合，业务、管理者、空间和时间信息被全面集成，信息流被高效地、实时地和安全地管理，因此企业获得了移动性能特有的生产效率和竞争优势。移动工作台终端展示画面如图 2-155 所示。

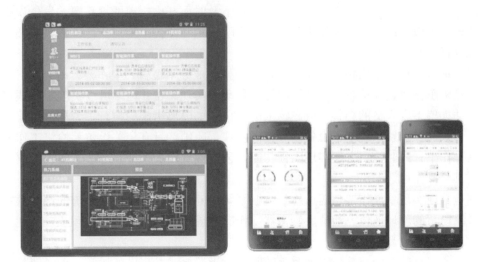

图 2-155　移动工作台终端展示

（2）智能安全消防保卫一体联动平台。

国能京燃热电基于智能国华云平台建设的智能化安全消防保卫一体联动平台，如图 2-156 所示，主要由视频监控、火灾自动报警、门禁管理、周界围墙报警四个系统组成，共集成了 1980 个消防火灾报警点，237 个视频监控摄像头，304 个门禁和 9 个区域的周界围栏报警。

图 2-156　安全消防保卫一体联动平台

平台将监控火灾报警、周界防护报警、门禁报警信息、视频监控、典型违章自动识别等功能进行集成，以三维展示及漫游为核心的人机交互方式，实现数据的共享和联动，实现日常监控管理，比如关键区域使用具有开关反馈功能的直开式门锁（内有电磁阀），能够感知开闭状态，开门超过 5min 就会报警，并配合摄像头实时拍摄（门禁根据人员分为 5 级权限，带有失电开关）。在重点区域内配置相应的监控，在收到任一个报警信号后，利用虚拟三维模型增强信息量和观感度，自动定位给出报警信号，让监控人员第一时间获取

财务管理	从年累计利润总额分析	月度含税销售收入
	从月度应收账款周转率分析	月度应收账款余额
	从月度应收账款周转率分析	经营现金流流入明细
	从年累计经营现金流情况分析	经营现金流流出明细
	从月度经营现金流流入分析	财务费用构成
	从月度经营现金流流出分析	可控固定成本及可控期间费用因素分析
	从年累计经营现金流情况分析	内部长期借款利息支出
	从月度经营现金流流入分析	内部短期借款利息支出
	从月度经营现金流流出分析	外部长期借款利息支出
	从年累计财务费用分析	外部短期借款利息支出
	从月度财务费用分析	可控管理费用因素分析
	从年累计可控固定成本及可控期间费用分析	可控其他费用因素分析
	月度可控固定成本及可控期间费用分析	可控固定成本分析
	从年累计财务费用钻取	不可控固定成本分析
	从利润总额因素分析	市场占有率表
	从利润总额因素分析	预算完成情况分析表

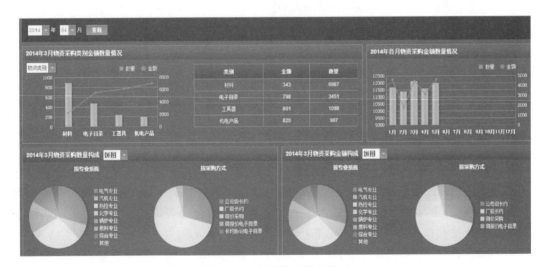

图 2-167　智能物资管理界面

8. 信息安全

(1) 安全原则。

为了达到系统安全控制的目标,在国能京燃热电智能化信息系统规划、建设、运行维护的整个生命周期中,按照以下安全原则,指导系统的安全工作:

1) 起点进入原则:从系统建设开始就考虑安全问题,防止在系统设计的早期没有考虑安全性,导致因为错误的选择留下基础安全隐患,以致在系统运行期为保证系统安全付出更大的代价。

表 2-10 物资管理分析表

模块	项目分析	具体内容
物资管理	物资采购规模分析	物资采购类别的金额数量情况
		月度物资采购金额数量趋势
		物资采购金额构成（按物资需求专业）
		物资采购金额构成（按物资采购方式）
		物资大类穿透到二类构成情况
	需求计划分析	采购计划完成情况
		采购计划偏差
		紧急采购计划各需求专业情况
		紧急采购计划占比
		物资需求计划综合查询
		物资批准需求计划综合查询
	采购价格管理	物资采购类别的节约金额分析
		物资价格趋势分析
		物资二类构成分析
	物资库存管理页面需求	物资库存金额数量情况按照物资类别
		物资库存账龄构成情况
		出库、入库金额对比
		库存综合查询分析
		物资大类穿透到二类构成情况
		库存账龄穿透构成分析
		出入库详细分析
		物资平衡利库综合查询

2）长远安全预期原则：对安全需求要有总体设计和长远打算，包括为安全设置一些可能近期不会用到的潜在功能。

3）遵照业界通行准则原则：完全遵循国际上有关的金融数据安全标准；采用当前先进的数据安全技术和产品，并确保系统达到所设计的安全强度。

4）公认原则：参考当前在基本相同的条件下通用的安全防护措施，据此做出适合本系统的选择，系统所采用的产品是成熟、可靠的，系统能安全、稳定地运行。

5）最小特权原则：不给用户超出任务所需权力以外的权利。

6）最小开放原则：先禁止所有服务，只有限开放需要使用服务。

7）适度复杂与经济原则：在保证安全强度的前提下，考虑安全机制的经济合理性，尽量减少安全机制的规模和复杂度，使之具有可操作性。

8）系统效率与安全性平衡原则：由于安全程度与效率成反比，在设计安全系统时，应尽可能地兼顾系统效率的需求。

在工作中遵守了安全原则的情况下，可以使系统保持以下几个安全特性：

1）可用性，确保授权实体在需要时可访问系统，并进行业务处理，防止因为计算机系统本身出现问题或攻击者非法占用资源导致授权者不能正常工作。

2）机密性，确保信息不暴露给未授权的实体或进程，系统应该对用户采用权限管理，防止信息的不当泄漏。

3）完整性，确保数据的准确和完整合法，只有授权的实体或进程才能修改数据，同时系统应该提供对数据进行完整性验证的手段，能够判别出数据是否已被篡改。

4）可审查性，使每个授权用户的活动都是唯一标识和受监控的，对其操作内容进行跟踪和审计，为出现的安全问题提供调查的依据和手段。

5）可控性，可以控制授权范围内的信息流向及行为方式。

（2）安全防护。

系统防护依据国家能源集团信息安全防护总体方案要求，按照"安全分区、网络专用、横向隔离、纵向认证、综合防护"的原则部署，从物理、边界、应用、数据、主机、网络、终端等层次进行安全防护设计，最大限度保障信息系统的安全、可靠和稳定运行。系统的总体安全防护包括：应用安全防护、数据安全防护、网络安全防护、主机安全防护、安全管理。

（3）安全架构设计。

系统为了满足安全防护要求，从基础平台服务、前台业务应用、安全管理及运维三个方面，在网络安全、系统安全、主机安全、数据安全和应用安全等不同安全层次上进行规划设计，确保整个系统的安全。总体安全架构如图 2-168 所示。

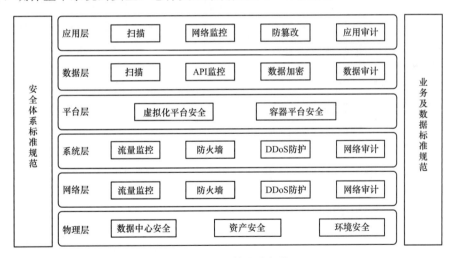

图 2-168　总体安全架构

系统的总体安全架构体系，主要包括安全治理风险管理与合规、安全运维、安全技术三部分，如图 2-169 所示。

按照国家信息安全等级保护要求，防护策略从重点以边界防护为基础过渡到全过程安全防护，形成具有纵深防御的安全防护体系，实现对电力生产控制系统及调度数据网络的安全保护，尤其是电力生产中控制过程的安全保护。

（4）安全管理体系。

在信息系统安全开发与建设上，在初始阶段即明确系统安全开发的工作机制，对项目

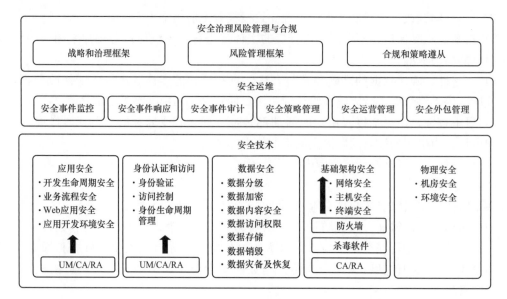

图 2-169　总体安全架构体系

组有关成员进行安全开发培训。从系统的需求设计、安全设计、开发、测试、系统上线直至运行维护的信息系统生命周期全过程中，该系统均遵循公司有关规定，严格执行公司等级保护定级、安全需求分析、安全编码要求、上线安全测评等关键环节的安全管理策略。

在信息安全管理制度与人员安全管理方面，该系统有关建设开发与运维管理人员均按时参加公司组织的各类信息安全培训，同时，系统管理部门依据公司规章制度要求建立了一系列信息安全人员管理以及系统安全运维管理制度，保障信息系统安全稳定运行。

9. 体系制度

体系制度标准是业务管控的核心支撑要素。制度是否健全、制度是否标准是衡量业务管控的两个重要指标，因此制度标准体系的建立至关重要。通过信息化的手段，让管理制度化、制度流程化、流程表单化、表单信息化，这样就形成了一个标准的闭环管理。

在闭环管理中，制度流程化至关重要，这是传统制度管理实现信息化管理的最佳方式，因此建立制度标准最好的方式就是建立起标准的流程引擎，这就可以实现业务场景化的闭环管理。业务流程引擎库分类如图 2-170 所示。

安健环管理	运行管理	财务管理	采购管理	计划管理	技术管理	经营管理	燃料管理	人力管理	设备管理	项目管理	消防管理	营销管理	保卫管理
体系管理 安全管理 应急管理 职业健康 环境保护	调度指令管理 四票管理 巡检管理 运行台账 定期工作 运行分析 运行绩效	预算管理 资金管理 核算管理 资产健康 产权/土地管理 税务管理	采购需求及计划 采购执行 库存管理 供应商管理 承包商管理	计划编制 计划执行 计划调整 质量与评价	信息技术管理 科技创新管理 技术标准管理 可靠性管理 节能管理 计量管理 技术管理分析	经营计划管理 统计信息管理 经营活动管理 绩效与评价 合同管理	燃料需求管理 燃料采购管理 燃料核算管理 燃料结算管理	人力资源计划 组织与岗位 人事用工管理 培训管理 薪酬福利管理 绩效管理 统计分析	日常维护 设备检修 设备技改 设备变更 设备分析	项目启动管理 项目计划管理 项目执行监控 项目风险管理 项目质量管理 项目验收管理	消防计划管理 消防执行管理 消防安全检查 评价与考核	经营计划管理 经营管理 统计及分析	门卫门禁管理 监控巡视管理 保卫信息收集 保卫管理分析

图 2-170　业务流程引擎库分类

流程的梳理力度和深度已经达到最基层的业务范畴，除了业务线维度，一体化云平台还针对基于角色的岗位维度进行流程的梳理，规范化了不同岗位的业务范围、工作职责、绩效指标等。这样不同的业务岗位人员就能够从大量的流程分类中聚焦到和自己相关的流程上。

建立流程引擎库并不是要取代原有专业系统已经建立的业务流程，而是在原有流程基础之上进行更标准的一层封装，标准化的流程才能够根据业务场景的需求进行自由的组合，标准化封装原有系统业务流程的实现架构如图 2-171 所示。

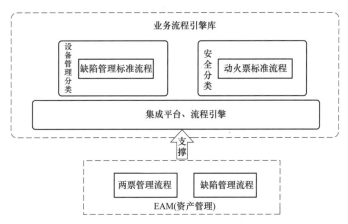

图 2-171 标准化封装原有系统业务流程的实现架构

传统业务的办理方式并不能在基础流程之间达到自动化的衔接，需要业务人员在线下人工的方式来处理。举例来说，一个年度检修计划的业务场景，其中牵扯到的基础业务流程有几十个，如图 2-172 所示。图 2-172 中的几十个流程全部来自依据国华公司安全风险预控管理体系梳理的 14 个业务线的流程引擎库，基本分为四个大的业务方向，向前追溯是"经营计划方向"，向后分别是"生产执行""物资财务""绩效及培训"。由于几十个基础业务流程已经标准化封装，因此流程直接的衔接可以全部实现自动化，数据能够智能化地进行计算和分析。业务人员不用再去系统里找场景相关的数据，数据会自动找到需要它的人，这也是智慧电厂的核心功能。

三、电厂智能化建设中问题与建议

1. 电厂智能化问题与挑战

（1）目前智慧电厂仍处于尝试探索阶段，没有统一的标准和规范，没有可以借鉴的成熟模式，"云大物智移"等技术仍在快速发展阶段，因此需要建设方广泛调研、超前谋划，开展尝试性和探索性的研发建设工作。

（2）电厂应用人员与智能系统开发人员的知识代沟是影响电厂智能化建设应用效果的重要因素，在项目启动初期，应及时组建包括应用人员和开发人员的团队，并在整个项目实施周期内始终保持双方的充分沟通，确保使用者的需求切实转化为应用功能。

（3）智能化应用往往带来管理的变化，实质上是思维模式的转变，能否解放思想，勇于接受认同这种转变，对传统的发电企业管理人员是很大的挑战。

2. 智能化电厂建设建议

（1）智能化电厂建设过程中应遵循"顶层设计、需求驱动"的原则。通过加强顶层设

08-10-9008_售电量预算流程
08-10-9010_发电量结算流程
08-10-9012_营销分析流程
03-04-9002_经济活动分析报告编制及上报流程
02-02-9001_计划编制规范编制与下发流程
02-02-9004_业务计划编制规范编制与下发流程

年度检修计划业务流程

22-01-9002_预算方案编制流程 09-02-9003_项目物资管采计划管理流程 19-02-9001_年度检修计划编制流程 09-02-9006_检修项目服务需求及计划管理流程 02-02-9015_业务计划评价流程
19-03-9001_检修准备材料编制流程
19-03-9002_检修开工申请单编制流程
11-03-9005_工作票办理流程
11-03-9003_运行操作票编制流程 11-03-9008_动火票办理流程
27-04-9044_动火作业消防监察流程
23-05-9002_绩效考核实施流程 27-04-9048_消防安全检查评价与考核流程
23-05-9003_考核结果汇总流程 23-05-9002_绩效考核实施流程
23-04-9001_培训计划编制及下发流程 23-06-9003_工资、社保、福利的维护、核算及发放流程
23-04-9002_培训实施流程 22-05-9016_成本费用管理流程
23-04-9004_培训评价流程 22-05-9019_年度财务报告编制流程

图 2-172　检修计划基础业务流程

计，才能保证智能化建设方案的全面性，可以有效避免重复投资、重复建设。通过需求驱动，才能保证智能化建设方案的针对性，同时有效调动应用人员参与的积极性。大部分智能化的应用都需要在现场进行大量的调试工作，如果需求不强烈，现场应用人员参与的积极性不高，将会直接影响调试质量和应用效果。

（2）智能化电厂建设过程中应坚持不断创新、持续投入、逐步完善。目前大数据、云计算、人工智能等技术仍在快速发展，且这些技术在国内电厂的应用还处于起步探索阶段，因此智能化电厂的建设过程不可能一蹴而就，需要坚持不懈地探索。

（3）智能化电厂建设过程中应建立适当的容错机制。由于目前智能化电厂建设没有完全可供借鉴的成熟模式，很多工作的开展都是先行先试的探索性工作，因此难免出现疏漏，应建立适当容错机制，积极鼓励发电企业开展探索性研究，进而以需求驱动整个社会的技术进步。

第十节　北京京能高安屯燃气热电有限责任公司

北京京能高安屯燃气热电有限责任公司成立于 2010 年 12 月 30 日，为北京能源集团有限责任公司下属企业，现为北京京能清洁能源电力股份有限公司全资子公司，厂区图如图 2-173 所示。北京东北热电中心京能燃气热电厂工程是根据北京市"十二五"期间加快构建安全、高效、低碳、城市供热体系，持续改善环境质量、加速能源清洁化进程的有关精神，按照"一个中心、统一规划、两个电厂、共同协作"的原则，由京能集团投资建设的北京市重点工程。机组于 2014 年 12 月 10 日顺利通过 168h 满负荷试运，转入商业运营。

工程新建一套 9F 级燃气-蒸汽联合循环"二拖一"发电供热机组，总装机容量 845MW，供热能力 596MW，年发电量 38 亿 kWh，供热面积约 1200 万 m²。工程采用先进的 SSS 离合器技术和烟气余热深度利用技术，同期建设烟气脱硝装置，可最大限度地提高机组的供热能力，符合国家节能、高效、环保政策。工程将先进的"一键启停"技术及现场总线技术应用于联合循环机组，构建现场设备、工业控制系统、企业管理体系一体化的智能化管控平台。通过三维建模、数字化模拟施工、大数据、智能设备等技术的应用建成了全国首家数字化电厂，在行业内引领了全新的建设模式和管理模式。

北京京能高安屯燃气热电有限责任公司以"建设智慧电厂，成就卓越典范"为愿景，积极倡导"阳光和谐，创新卓越"的核心价值观，以创建行业领先、国内一流的燃气-蒸汽联合循环热电厂为目标，致力于满足首都能源需求多元化，为促进北京能源产业的发展、优化能源结构、压煤减排、改善生态环境做出贡献。

图 2-173　北京京能高安屯燃气热电有限责任公司厂区图

一、 电厂智能化总体情况

高安屯电厂控制系统选择的是艾默生公司的 OVATION 控制系统，总线协议选择 PROFIBUS DP 和 FF。建设总体思路是围绕基建期数字化电厂建设和生产期智慧电厂建设逐步探索开展，实现物联网、移动应用、视频分析、大数据、机器学习和人工智能等技术在发电行业的应用，替代部分人工判断、分析、管理和决策职能，克服人为不安全因素影响。智慧电厂体系架构如图 2-174 所示，努力建立少人值守，无人干预的发电运行模式；努力建立实时、可视化、自动响应的安全管理模式；努力实现机组性能实时优化和状态检修；努力建设智慧营销体系。

二、特色介绍

1. 全厂三维模型建立及应用

基建期同步完成了全厂三维模型的建立，发电行业内首家开发并应用了三维建模和模拟施工技术。可以直观地反映出基础、设备、管道、电缆等的布置及特征数据，为合理安排施工工序，提前布置安全和技术措施提供了直接指导；提前发现碰撞 562 处，避免大量施工变更，有效缩短施工工期，避免结算分歧；精确测算电缆、桥架等主材长度，有效节省基建投资；同步记录全部基建数据和生产数据，生成全寿命周期的设备档案。三维数字化电厂的建设和运营管理成果得到了集团和行业内的高度认可，集团内四家新建电厂已经推广应用，目前已经成为发电行业智慧电厂建设的标准配置。

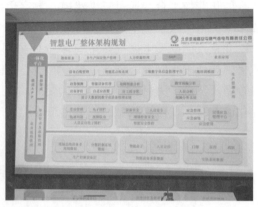

图 2-174　智慧电厂体系架构

（1）三维培训仿真。

采用自主研发的图形引擎，通过 OpenGL 实现三维显示，通过脚本实现更多演示场景的扩充，支持客户端/服务器、浏览器/服务器两种模式，使用客户端模式时可以实现更好的显示效果，使用浏览器模式更加便利。在公司全厂三维模型的基础上，构建三维虚拟仿真平台，利用三维虚拟仿真技术，使得虚拟培训成为现实，实现全厂三维场景自由漫游、

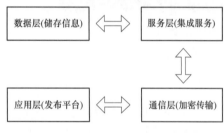

图 2-175　三维培训仿真方软件结构

设备拆装模拟（汽轮机、燃气轮机、给水泵等）、设备检修指导、操作规程模拟（多人协作方式模拟线上演练）、事故演练教学、生产流程动画演示，培训内容真实可见。通过构建个性化业务模块，建立电厂人员培训系统，用户可根据实际需要，选择进入不同场景，学员自主学习代替被动接受，有效提高了学习的积极性和效率。三维培训仿真方软件结构如图 2-175 所示。

数据层储存信息，服务层集成来自包含其他应用系统的功能，由通信层负责加密传输，最后多平台发布。建立不同层级，各司其能，为三维虚拟仿真教学提供有力支撑，也为今后的拓展预留空间。功能结构如图 2-176 所示。

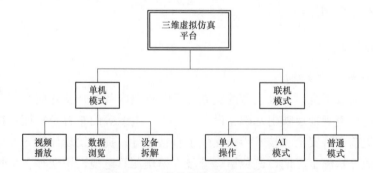

图 2-176　三维培训仿真方功能结构

1）设备检修指导。通常设备信息局限为平面图纸，学习人员很难直观了解设备构造

及核心部件。利用设备现有说明书和图纸资料构建三维立体场景，按照规定步骤对设备进行拆解、安装，并显示零部件，创造多方位、多角度效果，培训者可根据自身知识掌握的熟练程度选择不同的操作模式，反复实践主要设备的拆装操作，进而学习该设备的结构和原理。以此方式进行培训，无需对实际设备进行操作，也不必考虑培训成本。设备检修指导示意如图 2-177 所示。

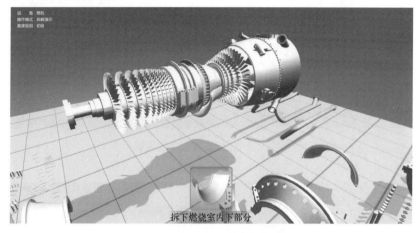

图 2-177　设备检修指导示意图

2）操作规程模拟。通过将设计模型轻量化处理，与场景素材相结合形成模型贴图，将贴图与操作票内容制作动画导入三维引擎中，最后导出三维场景。整个操作规程培训场景根据现场实际情况，1∶1 还原操作环境，如图 2-178 所示。通过真实场景构建的虚拟环境，学习人员可以良好掌握设备位置，每一步操作的内容及正确的操作方式，避免实际操作过程中的误操作。以交互式的方式，用户通过联机的模式进入培训，可选择值长、主值、监护人、操作人四种角色，以不同的身份完成不同的操作。同时，当人数不够时可以选择加入系统 AI 机器人，协助自己完成操作，解决联机模式的局限性。也可以提高难度，选择单人模式完成所有操作，巩固整体的操作规程，有助于增强不同人员间的配合，更好地完成工作任务。操作任务步骤在场景右下角以对话框的形式进行显示，从中获知所处工作的地点、所需的工具以及任务提示。整个业务流程参与性强，有助于学习人员熟练掌握培训内容。通过类似于游戏的培训模式，使得学习更为轻松。

3）厂区场景漫游。电厂面积大，其中多为高温高压环境，具有一定危险性，实地教学存在诸多风险和局限性。根据原本已有的数字化信息数据和图纸进行整合，通过三维渲染形成立体场景，新员工可通过第一人称在真实比例的场景中漫游，快速熟悉电厂环境和设备位置，如图 2-179 所示。选取相应设备，还可以查看基本参数、技术信息和实时数据，有助于对全厂设备进行全方位了解。也可通过数据浏览的方式，利用三维数字化信息灵活测量长度、角度，查看系统图和设备说明书，为生产资料查询提供快速便捷的途径。

4）动画教学。传统教学模式简单枯燥，仅仅根据所列文字性内容，不便于理解。在事故演练方面，通过观看安全模拟视频的形式引导用户理解相关知识或者指导用户完成特定的任务。视频教育会向用户传递更加直观的特定信息，在以视频为基础的教程中，内容是基于实际操作设计的，用户可以通过视频教育的形式更加容易提高某种技术的熟练程

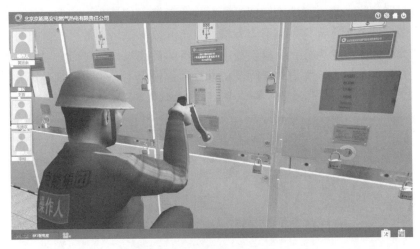

图 2-178　操作规程模拟示意图

图 2-179　厂区场景漫游示意图

度，从而提升事故后的快速处理能力。例如天然气泄漏应急处理，通过视频动画再现事故场景，通过对全厂天然气流程进行简单介绍，着重讲述事故发生后紧急处理流程及重点注意事项。

电厂生产过程复杂，涉及不同系统、不同设备，学习人员根据理论知识与系统图相结合，很难在脑海中浮现应有的场景。制作生产流程视频动画，通过三维模型展现立体的画面，将众多环节串联起来形成整块培训内容，利用直观的场景，提供了高效的学习方式。学习人员依托所观看的内容，结合生产系统和设备的功能，加深了理解，巩固了知识。

（2）三维培训仿真应用与问题。

电厂传统培训很难达到预期效果，部分教学无法开展。虚拟仿真平台打破了演练空间的限制，培训者可以在任意的地理环境中模拟培训内容进行演练，将自身置于各种复杂、突发环境中去，在确保人身安全的情况下，卸去事故隐患的包袱，尽可能极端地进行演练，从而大幅地提高自身的技能水平，确保在今后实际操作中的人身与设备安全。安全是企业稳定的基础，使用三维虚拟仿真技术，为电厂培训提供了新思路。与传统枯燥的教学模式不同，操作者可以感受友好的交互式体验，进行针对性训练，更为直观地理解培训内容、加深认识，使培训切实服务于生产，全方位激发员工的能力，使员工的知识与才智转化为企业的宝贵财富。新的培训模式也将帮助企业高效地利用数字化资源，为企业的发展提供有力保障。

但部分设备由于厂家技术保密原因，无法获得详细的图纸，在设备拆装模拟培训模块中只能使用相对粗略的模型，无法较好实现相应功能。建议在基建初期招标阶段，就将提供图纸资料或配合三维模拟培训系统建设的内容列入技术协议。目前系统未与仿真机结合，对工艺流程的培训方面还有不足，网页模式加载速度较慢，如果要实现良好的用户体验，需要安装客户端。

2. 大数据设备管理

在投产初期实施并完成了基于大数据的数字化设备管理系统一期工作，利用互联网思维解决工业问题。充分利用数据计算能力和算法的飞跃，不再采用适应性较差的数学模型和专家系统的技术路线，基于对数据的分析来进行生产优化和故障诊断等工作。

目前已经初步突破了工业大数据分析的算法应用瓶颈，数据架构和存储、运算能力通过了验证，参数趋势预测和趋势预警的技术路线通过了验证。现阶段正在开展二期深化应用工作，对机组历史运行数据进行各种运行工况和运行状态的寻优，通过对机组运行最优方式的不断挖掘和差异对比，指导运行调整，提升机组经济性能；同时，通过对设备的数据建模和机器学习，努力实现参数实时趋势预警和状态诊断，指导运行和检修。大数据设备管理系统如图 2-180 所示。

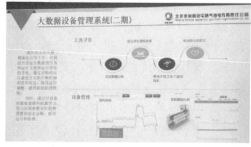

图 2-180　大数据设备管理系统

基于大数据的数字化设备管理系统包括基于数据模型的趋势预测、智能设备管理（智能无线设备数据采集及大数据应用）、故障智能分析（设备故障库搭建）、基于数据模型的设备评价、自适应报警、分工况寻优几个模块。

3. 一体化工作管理平台

按照"大平台、微应用"的设计理念，立足实际需求，通过对原有 16 个业务系统的整合，实现"人员集成、界面集成、流程集成、业务集成、消息集成、应用集成"，为企业员工提供单一的信息资源访问入口，并根据角色的不同，提供个性化的服务。开发了一体化平台，如图 2-181 所示，在整合的基础上，定制开发了固定资产管理、智能报表、巡点检管理、人力资源管理等应用模块，在提高办公效率方面有显著成效。同期定制开发的手机移动端应用，在手机移动端实现 DCS 画面和数据的实时监视和主要工况变化报警。同时实现了生产日报自动推送、代办消息提醒、即时通信、视频监视等功能，可辅助处理实时性强的业务。

图 2-181 一体化工作管理平台

4. APS 控制

（1）APS 技术要求。

依据机组启动和停止过程特性，制定机组自启停控制系统的整体框架，确定机组 APS 启动和停止所包括的范围、所涵盖的内容、启动和停止过程所需设定的断点数量，各断点所包含的工艺系统及所需实现的功能。

机组自启停控制系统下的功能组并非一般意义的顺控，不是简单地把相关设备启动和停运，而是确保相关系统安全稳定地投入运行，确保电机不过流、不过载，管路不发生冲击、振动等现象。凡是涉及模拟量控制系统的功能组，顺控要和模拟量控制握手配合，更好更快地将系统投入运行。另外功能组的设计功能上要具有独立性，功能组可单独使用且可安全平稳地完成系统的投入和退出，即使自启停控制系统不投入，功能组也能照常运行。

APS 与其他系统的接口是实现机组自启停控制的重要组成部分，只有在 APS 发出指令后其他控制系统能顺利完成自启停控制系统所要求的功能，才能保证自启停控制系统的顺利投运，APS 与 MCS 的接口技术是 APS 成功与否的关键。因此为了实现 APS，必须对 MCS 进行重新设计和优化完善，使之实现全程稳定调节并且与 APS 无缝结合，共同完成机组的启动和停止控制，实现全厂 DCS 一体化是有效的解决方案。

高安屯热电 APS 功能组包括：循环水系统功能组、开式冷却水系统功能组、闭式冷却水系统功能组、汽轮机油系统功能组、EH 控制油子功能组、凝结水系统功能组、辅助蒸汽功能组、汽轮机轴封和真空系统启动功能组、高中低压汽包上水功能组、低压汽包加热功能组、燃气轮机燃料系统准备功能组。

（2）实施方案。

根据工艺特点和重要程度，统筹兼顾经济性及可靠性，从热工元件、测点布置、设备选型、工艺系统设计等认真梳理分析。DCS 厂家应尽早介入电厂设备选型工作，对系统设计、设备选型、元部件选择等作提前整体安排。

为了顺利实现机组自启停功能，自启停控制系统的方案设计至关重要，合理的自启停控制系统方案设计不仅是系统和机组安全稳定运行的保证，也是能否顺利调试和投运的保证。

机组 APS 自启停控制系统的设计、调试过程，既是对主设备运行规范优化的过程，也是对控制系统优化的过程。APS 设计和应用不但要求控制策略要更加完善和成熟，机组运行参数及工艺准确翔实，而且对设备提出了更高的要求。快速准确地完成机组启动，缩短机组启、停设备时间，可以提高机组的运行经济效益。

a. APS 启动过程控制

1) 机组启动准备断点。①循环水系统功能组。循环水系统控制的设备包含循环水泵、出口蝶阀、凝汽器进出口电动门等设备。其中循环水泵以及出口蝶阀构成循环水泵子功能组。循环水系统启动功能组作用是将整个循环水系统建立起来。②开式冷却水系统功能组。开式冷却水系统控制的设备包括两台 100％容量的开式水循环冷却水泵、两台 100％容量的开式循环热交换器、各冷却器，其中开式水泵以及出口门构成开式水泵子功能组。③闭式冷却水系统功能组。闭冷水系统控制的设备包括闭式缓冲水箱水位的控制、两台 100％容量的闭式水循环冷却水泵、两台 100％容量的闭式循环热交换器，各闭式冷却水用户投用。其中闭式水泵以及出口门构成闭式水泵子功能组。闭式冷却水系统功能组可实现闭式冷却水的建立及各闭式冷却水用户的投入准备工作。④汽轮机油系统功能组。汽轮机油系统包括汽轮机润滑油子系统、发电机密封油子系统、汽轮机顶轴油系统、盘车、定子冷却水子系统等。汽轮机油系统功能组可实现机组的润滑油建立、密封油建立、盘车的投入、定子冷却水的投入。⑤EH 控制油子功能组。EH 控制油系统包括两台高压抗燃油泵、两台高压缸控制油循环泵、两台低压抗燃油泵、两台低压缸控制油循环泵。⑥凝结水系统功能组。凝结水系统功能可完成凝汽器水位的建立，凝结水系统的投入。凝结水系统主要包括除盐水泵，3 台凝结水泵及 3 台凝结水前置泵及相关的设备。⑦辅助蒸汽功能组。辅助蒸汽功能组包括辅汽母管及各供汽门，疏水门。⑧汽轮机轴封、真空系统启动功能组。功能组完成真空泵启动，相应入口气阀，轴封系统投用。⑨高、中、低压汽包上水功能组。功能组完成进水到启动水位，水位调节阀投自动（或自动待机模式）。⑩低压汽包加热功能组。功能组完成用辅汽将低压汽包给水加热到 80℃。⑪燃气轮机燃料系统准备功能组。功能组完成燃料系统快关阀开，燃料出口单元压力、温度正常，燃料处理单元各设备液位正常。

2) 燃气轮机启动断点。①燃气轮机启动功能组。燃气轮机启动功能组完成燃气轮机的点火、升速、GTG、并网。②低压省煤器组启动功能组。低压省煤器循环泵启动，低压省煤器入口、出口温度投自动。③高、中、低压汽包蒸汽投入功能组。高、中、低压汽包蒸汽投入功能组完成 HRSG 的升温升压，高、中、低压旁路自动投入及汽包水位自动的投入。④STG 冲转断点。蒸汽轮机冲转、暖机、升速至同期转速。⑤STG 并网断点。蒸汽轮机并网带初负荷。⑥ST 高、中、低压蒸汽进汽/并汽断点。旁路系统自动调节高压蒸汽压力，随着高压调节阀开度增加，高压旁路退出运行。ST 进入压力跟踪模式。随着负荷增加完成中压和低压进汽。⑦升负荷至目标负荷断点。随着机组负荷增加，投入负荷主控回路。APS 通过负荷主控回路给出负荷目标值，完成 APS 启动过程。

b. APS 停止过程控制

1) 机组降负荷（GT、ST）。APS 通过负荷主控回路给出机组停运负荷目标值，以一定速率减负荷，启动 ST 高、中、低压蒸汽退汽功能组。

2) 汽轮机解列。ST 发电机解列。

3）GT 发电机解列。停运高、中、低压蒸汽系统功能组。

4）HRSG 停运。HRSG 泄压或保压停炉，关闭疏水阀，停运高、中、低压给水功能组。

5）机组停运。

6）停运凝结水功能组。

7）停真空系统功能组。

（3）重点关注。

通过建设 APS 一键启停系统，解决协调全程投入、二拖一自动并汽、汽轮机 ATC 自动控制等关键技术难点。实现全厂机组设备 APS 启动/停止控制的正确、规范和安全，提高机组自动化水平、减少运行人员对主观判断的依赖和工作强度。其中要重点关注：

1）退汽与并汽参数需与主机厂家及国外专家反复确定，即要保证机组安全运行的要求，同时要保护设备不受损坏。

2）启动及停止断点设置位置的合理性及安全性，需慎重考虑。

3）机组子组结束的判据条件应考虑充分、合理，从而保证 APS 步序的安全性及可行性。

4）子组控制逻辑中在工况转换设备启动停止的阶段，应尽可能全面地考虑减少系统的扰动性，更合理地设置控制参数。

5）如机组本身 DCS 控制网络为多网控制，尽量减少网间通信点的设置，避免增加 CPU 通信的负荷率，造成机组运行的不稳定性。

6）在 APS 系统中设置断点控制，将整个启动、停止过程分成相对独立的若干个程序段，在每个程序段中完成各自的控制内容。采用断点控制方式，各个断点既相互联系，又相互独立，只要满足断点条件，各个断点均可独立执行。

7）由于 APS 同一时刻往往有多个子组级控制模块在对机组的设备进行操控，运行人员无法同时逐一跟踪查看。因此，APS 系统还应考虑报警信息处理，采取超时判断和设备状况异常逻辑判断逻辑，为 APS 系统提供了丰富的运行状态信息，运行人员仅需在出现异常报警时进行跟踪处理即可。

8）与传统电厂相比，APS 系统的设计使大部分手动设备改为了电动或启动，实现了远方操作，并能够实现逻辑自动控制，从而实现机组的一键式启停，但是由于运行过程中部分设备会出现缺陷和故障，在机组启停过程中影响了 APS 的自动进行，需要人为去处理和步序的跳步，使 APS 在实际的使用效果未达到目标的价值，因此在生产运行中设备的维护和产品的选择，需要进一步的提高。

9）APS 设计成功与否的关键之一是实现顺序控制功能与闭环控制的无缝衔接，使水位调节、蒸汽压力调节、蒸汽汽温调节等回路在启停阶段实现全程投用自动。顺序控制功能与闭环控制的衔接应根据自动回路和工艺的特点采用不同的方式且确保被控流程参数在安全范围内无大扰动。实现该功能的组合方法包括改变闭环设定值、改变闭环 PID 参数、启停过程选取其他参数作为闭环被控量、根据启停过程某参数变化设置闭环不同跟踪值等技术手段。

APS 一键启停控制理念及逻辑方案。全面提高了机组的运行水平及自动化程度，主要体现在以下几方面：

1）完善联锁保护逻辑，实现主要调节回路的全程控制，提高机组长期安全运行水平。

2）运行人员检查各系统满足机组启动要求并确认可启动机组后，APS逻辑控制指令只在必要的阶段设置断点，给予运行人员和调度确认沟通的时间。在不考虑设备故障，系统存在问题的工况下，逻辑启动所耗时间远远低于手动启动时间。

3）规范应对启停过程中的故障工况，提高机组设备故障处理的正确率。

4）操作规范，减少运行人员的操作失误；各系统均具备顺控启动程序，从各辅助系统启动开始就采用SGC子组级控制方式，并不存在以往控制理念上的纯手动启动模式，各转机、阀门虽具有各自的控制驱动级，但并不单一启停控制。此种控制方式灵活且用逻辑控制手段规范了运行操作，避免启动/停止过程中的误操作。

5）以往老式机组运行手动启动，由于其控制逻辑的不完善，联锁逻辑覆盖程度不深，造成每位运行人员在一台操作员站上同一时间只能控制1~2个设备的启动/停止。而APS启动在逻辑步序控制指令中，除机组正常启停采用断点控制外，可以灵活实现阶段操作，可同时动作多个设备，并结合合理的结束判据，既能减少运行人员的操作强度、减少操作失误，又能大大缩短机组启动时间并保证设备动作的正确性。

目前，APS控制系统目前在实施过程中仍然需要设置一些断点，需要人为进行判断，例如汽水品质、并网等，前者是由于部分化学分析仪表在机组启动初期无法正常投入，后者是由于需要人工向电网申请，针对此类问题还需要仪器仪表的升级和电网管理的改革才能深入。此外，APS控制系统继续发展主要重心应该放在设备层级，通过提高设备运行的可靠性，才能提高APS的实际利用效果，通过设备技术的革新实现APS断点的减少和消除，实现真正上的一键启停，无断点无人为干预。

5.故障诊断与预测

安全为主经济运行是电厂的基本准则，故障诊断与预测系统开发一直是国内外专家研究的课题。但提到应用和诊断的准确性，一般都很难说清楚。出现故障异常时，如振动大、温度高等，往往很难直接分析判断出原因，处理起来也很困难。因为长期连续运行的机组及辅助设备的故障，是一个长期渐变的劣化过程，利用传统的、单点的监测已经无法满足设备实时的、故障提前预知的要求。

开发故障诊断与预测系统，通过大数据平台趋势分析，得出各运行工况下设备参数运行期望曲线。把设备参数的实时运行数据同其特有运行期望值进行比对，发现设备或系统行为的细微差异，从而对设备可能存在的问题进行提前预警，帮助用户实现设备的预测性运维，是智能化电厂应有的特征之一。

（1）实施方案。

故障诊断与预测的主要技术包含以下四个部分：

1）故障库管理平台的开发。将主要辅机列为故障库的研究对象，搭建故障库管理平台。平台具备故障库经验导入、特征值提取和匹配度审核、故障预警推送以及故障经验的准入和优化机制。通过大数据平台基于海量数据分析得出数据趋势的基础上结合热动相关专业知识和电厂实际运维经验，对大数据平台的分析结果进行二次验证。

2）故障知识库的建立。故障知识库是大数据设备管理平台故障预知分析系统的重要组成部分，知识库的好坏直接影响到故障预知分析系统质量的好坏，从知识本身来看它可以分为两种类型：一是基础原理和理论。二是基于直接和间接经验积累的专门知识。故障的知识并不都是从经验中得到的，如果缺乏坚实的理论基础，就很难做好经验的积累工作，也就不可能对一个复杂的问题给出正确的解释，因此，一个好的故障知识不仅需要具有扎实稳定的电力企业相关原理理论的相关知识，更重点还需要具有能够处理复杂问题所需的基本理论的深层知识。通过对已知故障库经验的收集（设备说明书、检修文件包、运行规程等），导入故障库管理平台，作为故障知识库的基础数据。

3）运行典型故障的积累。通过数据分析辅助专家判断，将实际运行中发现的典型设备故障、现象及原因和电厂生产技术人员的经验导入，进行分析、判别、提取或数据建模完善，通过专家审核后存档，作为故障知识库的正式条目积累，不断完善设备故障库的内容。

4）故障库的应用。建立和完善故障库的各项维护功能，包括设备故障预判及报警、设备故障定位、自定义故障判断逻辑设置，故障经验的审核和优化机制等。

大数据平台基于对海量历史数据的分析，通过数据特征对将来的运行和趋势进行预判，这种分析方式建立在"所有的故障都是有征兆的，在一个相对状态下发生错误，这种错误是会重现的"。按照以上分析方式，大数据平台在给出预警或异常之后，只能向用户反馈在历史的某一个时间点上出现过类似的运行状态，并且此状态引发了设备异常。这种解释方式往往无法提供给用户更多的运行帮助和检修帮助。为了解决在生产过程中出现的问题，故障诊断与预测系统建立了推理模块，根据决策树模型，结合知识库、设备故障分析模块和系统实时数据，通过已知的问题进行有效推理，以实现对问题的求解。

（2）应用。

在大数据平台中，搭建设备故障库的功能架构，通过软件手段验证设备故障库应用的可行性；将已有的理论故障知识进行数字化、信息化，并作为验证设备故障库可行性的基础数据；结合电厂积累的检维修经验，以知识图谱方式构建故障库，再结合专家经验设置自定义故障判断逻辑设置。

基于复杂设备系统而言，为了使故障智能型诊断系统具备与人类专家能力相近的知识，故障库建造智能型诊断系统时，不断固化领域专家的经验知识，从实际出发，注重发展诊断对象的结构、功能、原理等知识。将故障数据进行科学合理的分级分类，将重要测点在不同工况不同环境情况下的运行趋势进行分析和预测。

通过将数据分析的范围和数据的分析边界通过电厂原理进行约束，结合"设备相关性/系统相关性"的分析结果进行问题定位，实现在系统出现报警的同时给出设备的报警原因和设备上下游的相关联情况，从而确认报警的根本问题。

通过设备故障平台经验的积累，实现对设备运行故障或劣化趋势的在线验证，并进行主动推送，建立检修指导数据规范，通过设备检维修标准实现设备问题和检修方式的关联，同时提供系统自学习方式，自动记录用户在出现报警后的系统操作方式，作为检修指导的一部分。

平台层实现故障诊断与预测决策树数学模型，具备设备故障分析和检修指导功能，实现在平台出现报警后给出设备故障的分析报告，并提出相对应的检修方案，以便技术人员进行决策。提高在运行期间设备出现报警后的原因分析速度，降低故障排除时间。

故障诊断与预测系统平台的有效投运，可减少安全事故，提升机组运行的安全性、稳定性、可靠性；提升机组运行监控的智能化程度，降低工程师的工作量；实施参数预测，减少机组跳闸次数，可提高环保指标的控制水平。

6. 现场总线

机组除燃气轮机系统外，汽轮机及热力系统、余热锅炉系统、厂用电源系统、热网系统、锅炉补给水处理系统和废水处理系统的 70% 控制设备采用现场总线。包括阀门电动装置和电动执行机构采用总线型 EMG、SIPOS、ROTORK、扬州恒春、南京科远、江苏恒春的执行机构，气动执行机构采用总线型 SIEMENS 的阀门定位器，现场总线技术的仪表主要用的是罗斯蒙特的 3051 压力、差压变送器和 ABB 的化学分析仪表，电动机控制主要是总线型 SIMOCODE 的智能电动机保护器。

（1）现场总线设计与施工。

在工程设计之前积极开展与 DCS 厂家之间的技术交流，通过交流使 DCS 厂家预先了解工程期望达到的目标，以便在技术上进行充分的准备。同时，由于现场总线设计应用与现场仪表、控制设备的布置位置关系密切，在设计过程中要充分考虑设备的物理安装位置和网络分段对工艺系统运行的影响。在确定了 DCS 厂家及总线协议标准后，我们将在以往工程实践具有良好应用业绩的变送器、分析仪表、执行机构、电动机控制器等现场总线设备的厂商设备送至 DCS 厂家提前进行测试，测试后的结果用于确定之后的这些总线设备的招标意向，以确保整个现场总线控制系统能达到良好的实施效果。

现场总线系统的安装工作量减少，但技术要求提高。如通信光纤的熔接、通信电缆的分支连接、现场总线仪表通信接口接线等，有的需要使用专用设备和工具，有的需要特殊的工艺和方法。这些虽然不难掌握，但与常规安装工艺和方法有差别，需要一定的培训。在系统组态、通信和系统联调、现场安装、现场调试等各阶段，密切协助各有关单位解决技术难题。此外，由于现场总线技术包含许多新的技术内容，组态参数很多，不容易掌握，在工程调试和运行时常会遇到困难，需要有一支较强的技术队伍来解决调试中产生的技术难题。同时，为了使现场总线应用达到预期的目标，技术人员努力学习现场总线技术的有关知识，加深对现场总线的理解，逐步形成现场总线控制技术的应用能力。

（2）现场总线应用。

采用现场总线之后，整个机组控制系统的投资费用较采用常规 DCS 增加一部分，但这一投资增加量占整个工程中热控设备材料投资额的比例很小。考虑到由设计、电缆、桥架、现场安装施工及调试工作量的减少带来的基建成本节约，投产后全厂管控数字化带来的长期运行维护成本节约（包括网络化的设备管理所带来较低的维护及运行成本，较低的扩建及改造费用），增加的投资费用还是物有所值。

由于现场总线设备维护简单、具有更多的故障自诊断能力和校正等管理功能，并通过数字通信方式将状态、诊断信息送往 DCS，管理人员通过 DCS 的设备诊断和管理软件查询所有仪表设备的运行情况，进行远程诊断、维护，寻查故障，以便早期分析故障原因并快速排除，仪表设备状况始终处于维护人员的远程监控之中。有的软件系统还提供文档管理功能，可查阅备件储备，查阅仪表、设备调校历史资料，为制定检修方案和计划提供数据，从而有利于进一步节约维修费用，降低生命周期成本。

（3）现场总线应用问题与处理。

现场总线在实施过程中会碰到很多的工艺设备配供控制装置，这些厂家长期形成的习惯做法对现场总线的实施将是一个巨大的挑战。他们的设计人员中对现场总线技术概念还很少接触，特别是技术执行人员在设备采购中对技术协议中要求视而不见，加之国内工程进度紧迫，这方面的困难尤为突出。此外，目前虽然国内已开始把管理自动化和远程诊断功能集成在一起纳入监控系统，在一定程度上发挥现场总线系统降低运行维修成本的优势，但还没有达到期望的高性能和对火电机组的充分适应，有待进一步提高。

实现包括基础自动化、管理自动化和决策自动化的高层次综合自动化是电厂必然选择。充分信息化是基础，而现场总线的现场智能设备能将大量现场信息送上通信网络，为企业综合应用，有利消灭火电厂"信息孤岛"。

采用现场总线技术后，颠覆了原有的整个工作流程，热控专业应在项目启动初期，就要明确机组主系统和各辅助系统的控制要求，各个专业要全力配合热控专业做好前期工作。例如为了使现场总线系统的网段划分合理并减少后期修改的工作量，工艺专业应提前进行主设备布置设计或三维系统设计；在主辅机设备招投标时，对所有相关仪表和控制设备都要明确现场总线的技术要求，并在签订技术协议时落实所有细节；为了提高采用现场总线控制的工艺系统和电气系统的一致性和成功率，要求热控、电气一次、电气二次等专业密切配合，协调一致。

7. 无线智能传感器

京能高安屯热电基于智能终端的数据收集，利用大数据分析技术发现问题、寻找规律、进行预测，对设备的异常进行诊断，优化生产设备的效率，指导生产操作，为制造系统搭建高度智能的工作环境，形成了互联网时代新的发展思路和管理模式。

（1）无线智能传感器应用。

高安屯热电公司采用无线智能传感器是无线＋传感网络（Wi-Fi＋RF）连接方案的组合（即在一个传感器网络中，由传感器获取环境有关参数，再通过无线模块传到网络），网络拓扑如图 2-182 所示。

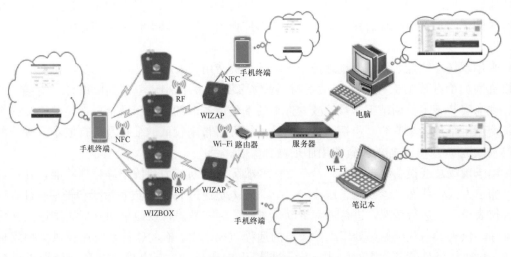

图 2-182　网络拓扑

将无线智能传感器应用于转动机械的振动测量、转动机械轴承温度测量、环境湿度测量、环境噪声测量、支吊架位移测量、锅炉膨胀量测量。

无线智能传感器的组成模块封装在一个外壳内，在工作时它将由电池提供电源，构成无线传感器网络节点，由随机分布的集成有传感器、数据处理单元和通信模块的微型节点，通过自组织的方式构成网络。它可以采集设备的数字信号通过无线传感器网络传输到监控中心的无线网关，直接送入计算机进行分析处理。

无线智能传感器所有模块采用超低功耗产品，传感器按需进行信号采集，在无须信号采集时关断电源或进入低功耗深度休眠状态（使得传感器节点具有非常低的平均电流消耗，满足一次性锂电池供电方案，大大延长维护周期）。传感器能够存储一段时间内的采集数据，实现离线缓存，以确保网络阻塞恢复后能传送以前累计的数据。监控中心也可以通过网关把控制、参数设置等信息无线传输给节点。数据调理采集处理模块把传感器输出的微弱信号经过放大、滤波等调理电路后，送到模数转换器，转变为数字信号，送到主处理器进行数字信号处理，计算出传感器的有效值、位移值等。实现生产设备的实时安全监控、设备及检测对象性能分析和状态诊断；根据大数据平台海量数据分析结果，结合数字化电厂及智能两票等功能，实现智能化运维，避免人员现场巡检及手工抄表，降低人员劳动强度。

（2）遇到的问题与解决方法。

1）无线智能传感器采用物联网通信方式实现现场组网，由于厂房内设备的复杂性，无线信号会受到设备的遮挡导致部分数据丢失或设备掉线，因此，现场传感器的安装及AP点布置选择是无线智能传感器建设实施的难点。为此，在布置过程中使用了前期三维数字化项目的实施成果，采用三维模型进行AP点的电缆敷设和布点预设工作，降低现场勘查时间提高布点选点的准确性。

2）振动位移的准确获取，在工程领域以及有限元分析边界条件的确定中均具有重要的意义。但位移传感器对测试条件要求苛刻，很多情况下都无法实施；采用加速度传感器测试并两次积分得到位移信号的方法相对方便易行，但加速度积分时常出现趋势项干扰，导致积分出的位移曲线严重偏执。针对该问题研究了积分参数的选择对结果的影响，通过对现存几种加速度积分算法理论公式的推演，发现其在积分趋势项误差控制和加速度有效信息保留上存在不足，因此造成了积分误差偏大。针对该问题，使用一种基于频域积分的"低频衰减积分算法"，并通过简谐函数叠加算例，强迫振动、自由振动以及含限位碰撞振动工况的仿真算例对积分算法进行验证与误差评价，结果表明不但积分误差更小，而且对积分控制参数的选择容错性强，更易于操作。同时，根据"低频衰减积分算法"在工程中的应用特性，设计并搭建了"含限位碰撞的加速度测试实验台"，并基于虚拟仪器软件开发了该实验台的控制系统，实现了加速度和位移测试的自动化。为了修正加速度测试系统误差，利用实验台测试了发动机活塞上的加速度，再通过理论求解得到其理论值和多次测试并将理论值与实测值进行对比得到测试系统的误差，对误差进行了多项式拟合后使误差得到了修正。

3）无线智能传感器应用首先需要实现全厂的Wi-Fi覆盖，并需要大面积的部署才能实现其预定的目标价值，利用无线智能传感器提高智能监控的覆盖面，并将海量数据通过大数据技术进行分析，才能预知性维修和避免故障的发生等目标。

4）当无线智能传感器大面积部署时，虽然已采用低功耗传感器，但仍然存在需要更换电池的时候。因此测量频率不宜过高，否则会影响电池的使用寿命，增加维护的工作量。

（3）无线智能传感器应用效果。

由于许多无法避免的因素的影响，有时设备会出现各种故障，以至降低或失去其预定的功能，甚至造成严重的乃至灾难性的事故。因此保证设备的安全运行，消除事故，发展设备状态监测与预报技术是十分迫切的问题。

在通过智能盒子实现秒级监控的并对非总线设备和监测点的报警推送，由大数据平台对报警信息进行多重过滤，有效过滤重复报警和无效报警，净化实时报警的设备数量和报警事件，实现运维人员集中精力处理真正的报警事件。同时对机械设备的历史运行状态进行趋势分析，预测设备的未来运行状态，由此来确定相应的预防性措施和对策，实现预知维修避免了故障的发生，从而既减少维护时间，又降低故障率，可使企业经济效益上升。

1）减少了设备的维修损失，采集了所有现场设备管理信息并进行数据挖掘，实现了对设备故障的预测；减少设备损失，对于重要设备进行在线诊断，防止重大设备事故的发生，很大程度减少了因设备损坏带来的经济损失。

2）提高了自动化管理水平，加强了运行人员及检修人员对设备信息的监控，减少了运行人员及检修人员的工作强度及工作量，降低人员劳动强度，指导运行人员操作，减少巡检人员配置。

可以扩充已有智能终端类型，持续深化大数据分析技术在设备管理、状态检修方面的功能，将智能终端除目前厂内设备外，推向各系统，如汽水系统泄漏检测、电缆沟液位监测、泵坑最低点液位监测等。

8. 无线网络

根据移动办公业务需要，公司业务所需区域（除禁止无线通信外其他区域）均实现无线覆盖，包括：汽机房、燃机房、锅炉房、循环水泵房、机力通风塔、化学水车间生产区、厂前区建筑物内，通过 App 实现移动办公。

（1）实施方案。

通过集中转发模式搭建 Wi-Fi 无线覆盖网络。AC（无线网络接入控制器）统一部署在公司信息机房，AP 部署于各个覆盖场景，所采用的网络为二层星形结构，核心交换机为三层双机热备，骨干网络均采用光纤连接，接入层采用 POE 交换机，通过超五类非屏蔽双绞线与 AP 相连接。厂区内部采用集中转发，无线数据流统一在 AC 上做认证、管控和转发。无线数据流直接从本地出口到 internet。WLAN 网络从逻辑结构上可分为终端接入侧、数据通信网、无线运维和管控平台三大块。

（2）主要遇到问题及处理。

1）部分区域无线覆盖信号较差，尤其穿墙后 Wi-Fi 信号强度下降明显；为此，在第一次部署之后，对全部无线网络覆盖区域进行一次型号强度测量，将需要被无线网络覆盖区域划分成若干个面积相等的网格，在每个网格中测量信号强度并绘制信号强度分布图，根据分布图情况，制定 AP 补充方案，对信号弱的区域补充 AP。

2）注意做好 AP 部署的设计，网线长度尽可能短，稳定性会随网线长度增加变差，POE 供电稳定性下降，导致部分 AP 掉线。为此，针对不稳定的 AP，采用单独的 POE 供电模块供电，后续逐步将原超五类双绞线更换为六类网线。

3）如果采用 802.11n 覆盖无线网络，成本相对较低，但是传输速率较低，通过无线网络实现高清视频数据的传输比较吃力；如果采用 802.11 ac 标准传输，那么需要更加密集的 AP 部署，投入和维护成本较高。需要决策时考虑。

4）所有 AP 都需要通过双绞线与交换机相连，对于厂区较大的生产现场，穿线工作难度相对较大。

（3）应用情况。

无线网络建设完成后，生产现场、办公区域均实现了无线网络覆盖。对移动两票、巡点检系统、三维数字化信息管理平台等各种需要移动联网作业的信息系统提供了很好的支撑，也为智慧电厂建设奠定了基础。另外，全厂无线覆盖也为智能盒子的部署提供了便利，智能盒子通过无线接入点将数据传回，使盒子部署不受位置限制，无须再次穿线。总的来说，无线网络建设完成后，为多项应用提供了底层的支撑，间接降低了成本。随着电厂智能化建设的深入，建议无线网络建设：

1）随着 5G 技术的发展和普及，可以与电信运营商合作，通过 5G 技术实现厂区无线网络覆盖。

2）可以采用 MESH 网络，提高无线网络覆盖的自由度。

9. 大数据平台工况寻优

（1）寻优系统实施方案。

通过 K-means（聚类）算法对海量历史数据进行处理，对机组历史运行数据进行各种运行工况和运行状态寻优，查找和提取历史最优样本作为标杆值，匹配机组当前运行状况和当前的指标、参数，指导运行调整，提升机组经济性能，从而得出提升机组运行安全性、经济性的运行优化操作建议。利用自学习算法对机组运行最优方式的不断挖掘和差异对比后不断优化最优样本模型，基于历史真实数据的最优状况的标杆值并且不断自学习，摆脱常规算法预测误差脱离实际，使机组一直运行在最优状态，工程实施方案：

1）自定义最优参数标准，通过对历史海量参数的检索与提取，给出当前工况历史最优的参数集，并与实时运行参数进行差异性对比，列出偏差参数清单。

2）根据运行方式、操作人员的不同，深度挖掘机组运行操作自身潜力，通过指标对比、操作寻优方式不断提升运行安全性、经济性。

3）根据机组工况的变化，实现最优工况的迭代，自动进行最优工况的提取和推送，达到机组运行水平自我提升的目的。

4）制定最优工况的标准，作为历史运行参数的寻优标准。最优工况标准包括并不限于厂用电率最低、气耗率最低、度电利润最高等。

5）通过大数据平台技术，按照最优工况标准对海量历史数据进行检索和提取，从而得出当前工况下历史最优参数和运行操作方式。

6）采用直观、便捷的可视化方式进行最优工况及运行方式进行推送，指导运行操作。

平台通过对大量历史数据的分析，通过聚合、分类、拟合等科学的算法，分析出隐藏在深处的信息。为了保证原始数据的准确性，系统需要对噪声数据剔除和数据完整性校验两种方式来保证数据的准确性。其中：

对于噪声数据，系统采用 K 临近算法对数据进行拟合，实现对噪声数据的有效处理，同时根据时间对数据进行聚合。

数据分析样本的完整是数据分析结果准确的必要条件。首先根据时间进行最简单的校验筛选，然后针对不同的业务要求即业务规则筛选不同的数据进行分析，同时根据去重处理，对重复数据进行筛选，最后根据专家系统对数据的完整做最后的校验，层层筛选和校验来保证数据的完整性，从而保证数据输入的正确性和完整性。

工况寻优系统利用操作人员的行为数据和设备的状态反馈对机器进行训练，利用机组实际累计的运行数据进行各种工况、设备运行效率寻优，以高效、节能、安全、稳定为目标，为运行人员的操作提供指导意见。从经济运行角度展开突破，降低综合气耗提高电厂的经济运行效益。

（2）寻优系统应用。

目前寻优范围：综合气耗指标、综合厂用电率、压气机状态和凝汽器背压寻优。

1）综合气耗指标寻优，通过考虑环境温度、环境湿度、机组运行负荷、供热量，以综合气耗为评价指标，在充分考虑背压、供热量各种因素综合作用的结果下，找到历史最低的综合气耗即为最优综合气耗，机组实时运行状态下，给出最优综合气耗，并且给出运行建议。工况寻优综合气耗如图 2-183 所示。

图 2-183　工况寻优综合气耗

2）综合厂用电率参数指标寻优，通过考虑环境温度、环境湿度、机组运行负荷、供热量，以综合厂用电率为评价指标，在最优综合厂用电率（历史最低的综合厂用电率）下，分析机组厂用电情况，给出最优综合厂用电率和各部分厂用电情况（各部分厂用电情况主要是通过可调参数来调节），并且给出运行建议。如同温度、湿度、同供热量下热网循环泵电流和最小、同工况下（环境温度、环境湿度、机组运行负荷、供热量）循环水泵和机力塔风机电流和最小，同工况下（环境温度、环境湿度、机组运行负荷、供热量）高压给水泵电流和最小。展示热网循环泵、循环水泵和机力塔风机、高压给水泵的电流和最优值、实时值、最优时间。工况寻优厂用电率、供热电率如图 2-184 所示。

3）压气机状态参数指标寻优，压气机清洁程度直接影响机组整体效率，通过压气机效率在同温度、同湿度的分析 IGV 阀门在 25％～100％开度区间，以 1％颗粒度同阀门开度下压气机出口压力对比，压气机出口压力最大时候认为最优，通过当前压气机压力与最优压气机压力偏差对比，给出压气机是否需要在线水洗和离线水洗，实际出口压力小于最

图 2-184　工况寻优厂用电率、供热电率

优出口压力 3％在线水洗，小于最优出口压力 10％离线水洗。工况寻优压气机寻优如图 2-185 所示。

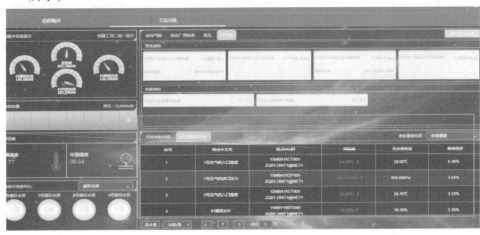

图 2-185　工况寻优压气机寻优

4）凝汽器背压参数指标寻优，背压指标寻优通过考虑环境温度、湿度、供热量、汽轮机进汽量，找到汽轮机最大负荷下的背压，这时候循环水温升、凝汽器端差、过冷度、轴封压力、真空泵、循环水泵和机力塔风机组合运行方式认为是比较好的运行状态，以背压为评价指标，在最优背压（同边界历史最大汽轮机负荷）下，分析凝汽器背压各种影响因素效果。凝汽器端差和凝结水过冷度是衡量凝结器运行经济性的重要指标。工况寻优背压寻优如图 2-186 所示。

寻优系统可实现机组级和系统级的工况寻优。通过自定义的寻优目标（综合气耗、综合厂用电率、生产厂用电率、补水率、污染物排放量、碳排放量等），对海量历史数据、操作进行最优值的提取和展示，通过可视化界面方式，协助运行人员优化操作。可实现最优工况的不断迭代和更新，从而提高对机组的调控水平，提高机组效率。

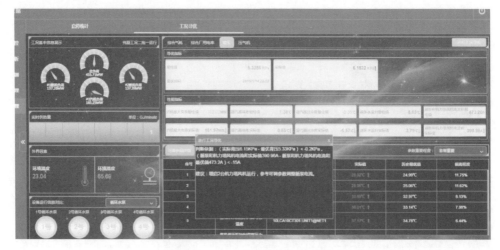

图 2-186　工况寻优背压寻优

目前国内进行机组优化运行、对标管理、精细化管理等方面的应用都是基于实时历史数据库（SIS）而开发，而实时历史数据库从其数据采集、存储、访问提取的机制来看，限制了数据点和数据量。因此，开发的基于大数据技术的工况寻优系统在国内电力行业将属于未来的发展趋势。

（3）寻优系统问题。

1）为了确保推送的最优运行参数建议的真实可靠性，工况寻优系统需要以机组负荷、环境温度、环境湿度、供热量作为边界条件，将工况进行细分切片，导致摊薄了该工况下的数据量，因此实施工况寻优建设需要极其庞大的数据量积累作为分析的基础。

2）虽然在大数据应用上已积累了几年的数据量，但是在实施过程中发现，数据仍然出现不足的情况，需要继续积累不断进行自学习，完善数据模型。

3）由于市场上可借鉴的方案较少，在实施时算法的选择以及策略的制定仍然需要多次优化才能使用。

10. 智能安防

（1）智能视频分析系统。

1）实施情况。智能视频分析技术主要是针对视频资料进行特殊规则的判断、处理，结合系统常规的运行方式，用以判别现场的异常工况，如漏气、漏水、漏油、烟气颜色以及人员识别的功能。主要技术路线依赖于过往视频信息的学习和归纳，对特定工况、特殊图像特征的捕捉，由于特殊工况的不确定性，造成提取有效信息难度较大，人为开发或者模拟的事故工况难以满足现场需要，需要有大量的事故视频及画面信息作为支撑。

在汽轮机、燃气轮机、余热锅炉以及其他重点监控区域，加装高分辨率摄像头，实时对现场重点部位进行重点监控，并利用后台视频服务器对过往视频信息进行学习、根据异常工况的特征综合分析、归纳视频的关键信息，主动发现可能出现的异常情况（比如非法闯入、现场跑冒滴漏等），并提供最快的预警方式。2019 年 5 月，循环水泵房发生过一次水淹地面的事件，利用智能视频分析系统，捕捉到了当时的异常工况，给生产人员提供了一些关键信息。

2）存在问题。由于特殊工况视频资料的收集及整理分析较慢，现场事故工况发生的概率又很低，过往视频中有效信息的量有限，致使捕捉有效信息较慢，工况的可重复性较差。虽然利用喷壶、加湿器、花洒等多种工器具，手段模拟事故工况能解决部分问题，但覆盖面有限，尚不能很好地指导、分析现实工况。此外，目前的视频分析手段对外部因素的干扰不能很好地排除，如现场光线的变化、地面的清洁度的变化等都会直接影响到分析结果，造成误报警的现象。因此，需要积累更多的视频素材，为特殊工况的判别提供良好的技术支撑，及时报警，给生产人员足够的现场信息，减轻事故工况下人员在现场可能遭受的伤害。另为了最大可能地收集现场的有效视频信息，需要现场布置尽可能多的摄像头，实现全覆盖无死角监控。

（2）定位系统。

目前室内定位技术主要包括蓝牙、Wi-Fi、地磁、RFID、UWB 等，实现方式均通过在所需定位区域布置相关硬件设备（地磁无须设备），在被定位者身上装设标签实现定位。实施定位系统时，需要考虑定位精度、初期投入、维护成本、功耗这几个因素，应该根据实际需要来选择合适的定位技术。

1）实施方案。采用基于 GPS/BDS＋Wi-Fi＋IMU 的无线实时定位系统（分为巡检管理、电子围栏、轨迹回放、视频联动四个子系统），在除天然气调压站、储氢站、天然气前置模块、燃气轮机罩壳内、禁止无线通信房间以外的全部室内外生产区域，实施室内定位系统与室外 GPS 定位结合的定位系统。移动端模块功能优先考虑在 wiz talk 移动 App 中，避免重复开发和资源浪费（当性能无法满足要求再单独开发 App）。

系统硬件主要由监控中心服务器、工作区设备和定位标签三部分组成，网络拓扑如 2-187 所示。

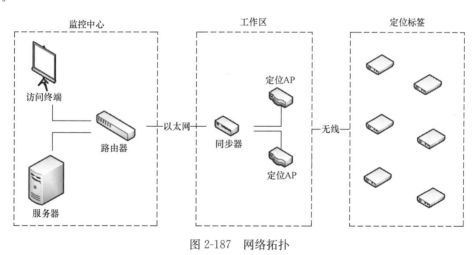

图 2-187　网络拓扑

a）定位标签。配备 200 套定位标签。标签佩戴方式为安全帽。适用于室内外定位，基本参数见表 2-11。

将标签支架通过 3M 胶粘贴在安全帽上。标签主体可以自由从支架上拆装。安装佩戴效果如图 2-188 所示。

b）室内定位基站。基于定位的无线局域网络有别于一般的通信网络，要求在任一位置点，均可以收到 1 个以上的 AP 信号。AP 主要分为主通信 AP 与定位 AP，主通信 AP 负责服务器与通信 AP 之间的数据交换和传输，所有主通信 AP 通过网线进行连接。定位 AP，主要负责收集标签信息，并将结果发送给指定服务器。定位原理如图 2-189 所示。

表 2-11　　　　　　　　　　　　　　　　定位标签基本参数

定位标签种类	头戴式定位标签（安全帽）
充电接口	Micro USB
刷新率	100～0.05Hz 可调
电池种类及容量	充电锂电池 480mAh
待机时间	一周（7×8h）
尺寸	70mm×46mm×20mm（长宽高，初步设计）
工作温度	—20～60℃
工作湿度	0～95%（无冷凝）

图 2-188　定位标签

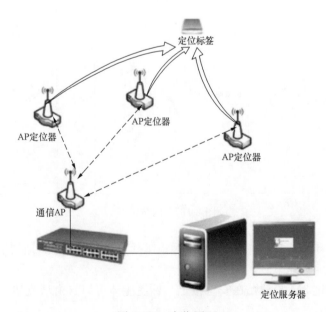

图 2-189　定位原理

在覆盖无线局域网的地方，定位标签佩戴的人员安全帽，周期性发出定位信号，无线局域网访问点（AP）接收信号后，将信号传送给定位服务器。定位服务器根据信号的强弱或信号到达时差判断出人员位置，并通过电子地图显示。

c）硬件部署实施流程。确认实施范围内基站预布置方案，网络规划方案。由于 AP 收集的定位信息需要回传至服务器，所以需要确认实施范围区域是否有网口能够连接至信息机房。如无，则现场布线，以达到人员定位系统要求。

d）室外定位。通过 Wi-Fi 实现定位数据传输，通过 GPS 实现室外人员定位。完成系统硬件布置与调试后，通过三维数字化电厂模型和电子围栏，实现在生产现场复杂空间中的精准定位（室内精度小于 1m，室外精度小于 3m），路程跟踪及回溯，搜索现场人员位置，结合已开发的三维数字化信息管理系统，可以实时显示作业人员当前的位置信息，及时了解现场作业人员及位置分布，实现对现场工作人员全过程三维可视化监控和主动管理。

2）应用。结合三维数字化电厂系统，在全厂实施一种新型的室内定位系统，通过对作业人员当前进行精准定位，及时提醒作业人员危险区域和禁止区域，保证作业人员顺利准确地在场地进行作业，当发现异常时可快速给出报警和提示。如通过获取 SAP 系统中两票实时信息，结合安全管理相关要求，对高温、高压、有检修工作等区域动态设置电子围栏，结合人员定位信息，及时提醒作业人员危险区域和禁入区域，发现无关人员越界或者某一区域人数超过限制，将及时报警并推送给当事人和管理人员，有效提高安全水平。有紧急情况时，及时推送信息到现场人员，并提示应急疏散路线，保障人身安全。从而提升企业安全管理水平，降低安全管理复杂度。系统具有完善的对外接口，第三方应用可以方便地获取系统中人员实时以及历史位置信息。

3）存在问题。

a）生产现场布置的 AP 点较多，安装和施工过程中会与其他专业设备发生影响；解决办法是在设计初期，应与热控、电气等专业共同确定 AP 安装位置，避免设备安装过程或试用期间与其他专业设备产生影响。

b）部分生产区域 AP 安装固定困难。解决办法是 AP 安装方案应充分考虑现场实际情况，避免无法安装或难以固定情况发生。

c）由于考虑到投入和后期维护成本，本项目采用 Wi-Fi 技术实现定位，定位 AP 数量较少，精度在 1m 的级别。

d）定位标签需要定期充电，切随着电池的使用，续航时间可能会缩短。

e）采用的是 Wi-Fi 定位方式，随着蓝牙 5.1 标准的确定和软硬件推广，将来可以实现更低功耗和更高精度的定位，定位原理也将由目前的标量式定位逐步发展成矢量式定位，有更优秀的三维空间定位能力。

（3）移动应用。

在移动应用发展初期，业务场景并不复杂，原生开发还可以应对产品需求迭代。但近几年，随着技术的快速发展，在很多业务场景中，传统的纯原生开发已经不能满足日益增长的业务需求。目前主流的移动应用技术路线包括，原生、H5＋原生、JavaScript＋原生渲染、自绘 UI＋原生等。

1）应用情况。高安屯京能电厂根据工作实际需要开发移动应用，利用"微知"移动应用作为各类移动应用的载体，采用原生（移动通信部分）＋H5（其他应用）方式实现多种应用功能集成到同一个 App 中，在"大平台、微应用"的一体化平台基础上，统一 App 开发标准，实现同一个 App 作为载体和多项不同功能的应用，充分利用移动端特点，实现便利的非生产固定资产盘点、移动巡点检等功能。

目前移动应用范围包括：数据报表、生产日报、数字看生产指标、生产系统实时监控、值班记录、巡点检系统、非生产固定资产系统等，涉及公司生产、物资和人力资源管理等。通过 App 即时通信、在移动端查看 DCS 画面、数据的实时监视、主要工况变化报警等信息；实现了生产日报自动推送、公司各信息系统待办消息提醒、大数据系统中设备报警的定向推送、视频监控等多项功能，成为 PC 端各应用系统的一个重要补充，有效提高了日常工作和生产经营工作的便利。

2）遇到的问题及解决方案。

a）移动应用有很多外网访问的需求，利用传统的 VPN 实现公司内网应用访问操作烦琐不够便利，而将公司服务器暴露在外网增加了信息安全隐患，重保期间需要暂停服务。解决办法是通过防火墙配置好 DMZ 区用于提供外网 App 应用，做好其他相关网络安全配置和系统加固，最大程度降低信息安全隐患。敏感数据和应用禁止在外网环境下使用。做好数据传输加密和身份认证、硬件认证工作。

b）iOS 版本软件升级时因应用商店审核问题，时效性较差。解决办法是使用 iOS 的企业 App。

c）应用建议。为了保证开发效率和兼容性，采用原生＋H5 方式实现移动应用，性能相对一般。解决办法是未来的建设，可以在信息安全方面允许的情况下，使用如企业微信等平台，借助专业信息化公司的技术和服务，将主要精力集中在系统开发和功能实现方面，更好地利用移动端便利快捷的优点实现我们所需的功能。前期做好各类应用移动端的规划。

11. 应急管理

应急管理系统本着实现应急管理的"快速反应、协同应对"能力，综合运用"互联网＋"移动应用，实现应急管理的高效、及时，尽量最大限度地预防、减少和消除突发事件及带来的损失。以"平战结合"为原则，实现应急预案、演练计划、演练方案、应急演练的编、审、批及应急响应的启动、处置及关闭，并实现应急预案和应急演练的结构化关联，应急救援队伍和应急物资等业务场景的立体式关联。通过移动应用建立应急指挥、应急演练、应急预警的管理信息平台，实现挥高效率的应急指挥。

12. 智慧营销

（1）应用情况。在已取得的科技成果基础上（大数据分析平台、经营管理数据等），研发基于智慧能源营销管控的厂级经营优化及营销报价平台：

1）根据历史数据以及当前厂内各类数据（包括年度计划电量、供热量任务安排等），用基于大数据技术手段，结合调峰辅助服务的管理细则等内容，建立实时计算出厂内成本、非调峰阶段利润等数据模型。数据模型和规则。

2）利用已有的历史数据和信息，分析不同工况下的最优运行方式；综合年度、月度计划电量、供热量计划等数据，对不可预知的网侧未来负荷率数据进行分析和预测，结合调峰辅助服务的管理细则等内容，指导数据模型的优化和分析，计算出月度等电量、负荷率，从而指导当前的电量分配，以及是否参加辅助调峰市场提供基础数据。

3）依据历史同期及当年发电任务数据，建立本年度中各月份发电任务分配模型，并实时进行数据偏差调整和利润、成本变动分析。

4）建立满足项目目标的大数据分析模型，并融入与之相关的所有数据进行大数据分析。辅助全年计划电量调整、调峰辅助服务决策支持。

在华北电网辅助调峰市场运行规则出台后，首次通过厂侧数据来进行数据建模分析，通过电厂积累的四年多的历史数据，进行供热季、非供热季，以及各月份发电负荷率等关键指标规律摸索，指导机组争取最优利润方式，为全年各时段负荷分配、调峰辅助服务提供决策建议。

（2）应用问题。由于厂内历史基于辅助调峰市场的数据样本不足，平台运行存在下述不足：

1）华北网从2018年11月份刚刚启动该辅助调整市场运行，已有的数据样本不够充分，市场运作还未达到稳定成熟期，还未能客观反映供热季调峰周期的运行规律。

2）辅助调峰市场规则不明朗，目前厂内只能通过自身数据来摸索市场规则，电网侧的运行规则了解不够深入，需要进一步积累和学习。

3）网侧数据取得难度很大，对报价模型的建立产生一定程度的影响。需积累调峰市场数据，积极与主管部门进行沟通，反馈系统存在的问题，提出调整建议。同时深入电网企业进行调研，积极与电网企业开展合作交流。

（3）应用意义。华北电网辅助调峰规则自2018年采暖季开始运行，高安屯热电作为调峰辅助的主要参与单位，以及大数据技术集团应用的试点单位，具备实施本项目的基础和优势。从国内各电网的政策应用来看，调峰辅助市场的参与和精细化研究是未来电厂提高自身盈利能力中不可或缺的内容之一。因此，在华北网施行该规则的第一年就对该项目进行研发和试运行，可以为后续集团同网其他电厂、甚至其他电网类似规则的研究都有明显的示范意义和指导意义，具备后续推广、成果转化的条件。

13. 无人巡检

基于三维数字化、大数据、视频分析、物联网和移动通信等技术手段，实现部分生产区域无人巡检。通过视频分析技术，替代人眼感知，读取就地仪表，发现泄漏、超温、火灾等异常情况。通过快速安装的智能传感器和物联网替代人工巡检中的手持测量方式，数据自动上传大数据系统用于对比和综合分析。根据需要可对重要设备实现实时连续巡检，对偶发的设备异常情况可快速布置和撤除。

三、电厂智能化建设经验与建议

1. 电厂智能化建设经验

（1）智慧电厂建设创新工作必须具有一定的前瞻性和敏感性。前沿的技术应用和研发，可能存在短期收益不明朗，甚至存在一定风险。

（2）人员配备方面，新建燃气电厂定员有限，难以保证有充足的人力投入到智慧电厂建设方面。

（3）数据源在目前的测点数据基础上进行扩展，尽量多地采集数据。

（4）规划好保存数据的范围、时间和颗粒度，统一数据存储格式，形成企业数据仓库。

2. 智能化电厂建设建议

(1) 智能化电厂建设过程中应遵循"顶层设计、需求驱动"的原则。通过加强顶层设计，才能保证智能化建设方案的全面性，可以有效避免重复投资、重复建设；通过需求驱动，才能保证智能化建设方案的针对性，同时有效调动应用人员参与的积极性。大部分智能化的应用都需要在现场进行大量的调试工作，如果需求不强烈，现场应用人员参与的积极性不高，将会直接影响调试质量和应用效果。

(2) 智能化电厂建设过程中应坚持不断创新、持续投入、逐步完善。目前大数据、云计算、人工智能等技术仍在快速发展，且这些技术在国内电厂的应用还处于起步探索阶段，因此智能化电厂的建设过程不可能一蹴而就，需要坚持不懈地探索。

(3) 智能化电厂建设过程中应建立适当的容错机制。由于目前智能化电厂建设没有完全可供借鉴的成熟模式，很多工作的开展都是先行先试的探索性工作，因此难免出现疏漏和遗憾，应建立适当容错机制，积极鼓励发电企业开展探索性研究，进而以需求驱动整个社会的技术进步。

第十一节　国电内蒙古东胜热电有限公司

国电内蒙古东胜热电有限公司于 2005 年 12 月 8 日在内蒙古鄂尔多斯市东胜区成立，是原国电集团在内蒙古建设的第一个火电项目，厂区如图 2-190 所示。$2 \times 330MW$ 空冷供热机组分别于 2008 年 1 月 24 日和 6 月 28 日投产发电，两台机组采用无燃油等离子点火系统，成为世界首家无燃油火力发电厂。采用直接空冷技术、城市中水软化补水，较水冷机组节水 70%。同步投入电除尘器、全烟气脱硫，综合脱硫效率达到 99% 以上，极大地改善了当地环境。水岛和灰煤硫全部采用集中控制和集中管理，减少厂区用地面积。根据国家环保政策要求，先后进行了锅炉低氮燃烧器改造、脱硝改造、余热回收热泵系统改造、燃料智能化系统改造、超低排放改造等，机组能耗指标保持国内同类型企业最高水平。

图 2-190　国电内蒙古东胜热电有限公司厂区图

192

国电内蒙古东胜热电有限公司高度重视技术创新工作，自建厂投产以来，先后开展了全国首家无燃油系统建设，全国首家燃料无人采制系统研发和应用，率先实现了基于热泵技术的火电厂余回收项目、全中水制水系统，化水、灰煤硫、集控全部 DCS 控制等创新技术的开发和应用，利用机组检修期完成机炉低氮燃烧、超低排放等改造等项目，其中 4 项科技成果荣获行业及集团科技进步奖，2 项国家级科学技术奖，2 项集团公司科技进步奖二等奖，9 项电力行业管理创新奖，各项节能环保指标达到同类机组的领先水平。截至 2017 年年底，东胜公司共完成创新项目 117 项，全厂参与创新人数达 100 多人。

东胜公司提高创新工作的规范性和系统性，由总经理全面负责和主抓规划，由总工程师具体落实，依托"职工创新工作室"激发企业创新活力，努力推进团队及载体平台建设，着力打造"六大创新工作室"，以项目为纽带，聚焦公司各项重点任务、难点项目进行攻关研究，以劳模及高技能人才为基础，发挥其示范作用，凝聚广大群众创新的智慧和力量，以点带面、引领公司创新工作向纵深发展。

目前，东胜公司技术创新和管理创新工作方兴未艾，蓬勃开展，基于"无人值守，精准预测"的智慧企业建设目标，东胜公司提出打造"10 大无人系统或技术"，利用无人技术和人工智能技术，实现真正意义的生产经营全过程闭环管理和无人优化控制。时代呼唤创新、发展需要创新、创新决定未来，国电内蒙古东胜热电有限公司打开创新工作新格局，在后续时间里将逐步构建以智慧化电厂为主导、企业自身科技力量为主体、自主创新与开放式研究相结合的科技创新体系，适应新常态带来的新挑战，利用前沿技术积极探索，搭建与时俱进的智慧电厂，让创新引领企业发展，实现智慧企业建设目标的第一动力。

一、电厂智能化总体情况

2017 年并成立了智慧企业建设领导小组和工作小组、专职智慧电厂办公室作为组织保障，制定了完善的智慧企业建设方案，通过了内外部的评审，制订了三年滚动计划。提出了使东胜电厂具备"9 个自"的能力，实现少人值守，精准预测的智慧企业建设目标。

2018 年，东胜公司通过以点带面的形式探索智慧企业建设的方向，共建设了 15 个项目，其中多个项目均是首次在国内火电机组投入实际使用。2019 年，按照国电电力统一部署，东胜公司智慧企业建设开始由试点向示范进行转变，探索智慧企业建设的体系架构。

按照国电电力的规划，在常规 DCS 的基础上用智能组件升级改造成 ICS，通过部署高级应用服务网、智能计算服务器、智能控制器、高级值班员站、大型历史实时数据库、数据分析服务器、数据处理服务器、高级应用控制器、网络管理审计和域间隔离等组件，构建出高度开放的应用开发环境、工业大数据分析环境、智能计算环境和智能控制环境，提供丰富的内置算法和应用功能，同时由全面的工控信息安全技术保障网络和数据的安全稳定运行，着力打造了以"两平台三网络"为主要架构的智慧火电体系，即智能发电平台、智慧管理平台，生产大区网络，管理大区网络，工业无线网络。三网络是智慧企业建设的基础，是实现数据互联互通的重要保障，两个平台是国电电力智慧火电建设的主要方向。截至目前，两个平台和三网络基础设施都已部署完成，在生产控制层面实现机组的能效分析以及闭环控制，在生产运行控制层面实现机组的故障诊断以及闭环处理。

智能化电厂建设为复杂的生产工艺流程增添自动化的操控手段及更智慧的算法，将孤立的功能模块融会贯通、交叉共享，形成了工厂"类神经网络"，海量的数据和应用让底层数据发挥更大作用，更高价值，从而赋予电厂智慧的精准预测功能，最终实现减人增效。

二、特色介绍

智能发电建设中将原来的 DCS-SIS-MIS 的三层体系架构改变为由智能发电运行控制平台和公共服务支撑系统组成的两层体系架构，将 SIS 的部分功能下移以及上移至 DCS 侧以及 MIS 侧，体系架构如图 2-191 所示。

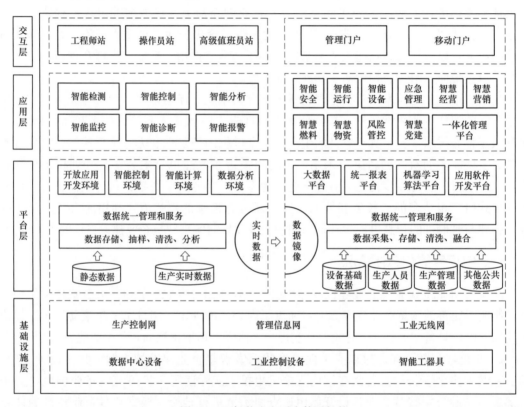

图 2-191　智能发电平台体系架构

1. 智能发电平台（ICS）

在生产控制层面建设智能发电平台（ICS），如图 2-192 所示，该平台集成智能传感与执行、智能控制与优化、智能管理与决策等技术，逐步形成一种具备自学习、自适应、自趋优、自恢复、自组织的智能发电运行控制模式，实现更加安全、高效、清洁、低碳、灵活的生产目标。

（1）全厂生产数据统一处理平台。在常规 DCS 硬件平台上，设计与布置高级应用控制器、高级应用服务器、工业大数据分析平台等组件，为智能发电提供高效、稳定的运行平台，如图 2-193 所示。通过搭建智能发电厂级网络，将两台机组智能 DCS、灰煤硫智能 DCS、化水智能 DCS 接入到厂级网络，构建全厂生产数据统一处理平台，消除数据孤岛，实现发电生产现场全范围数据聚合。

图 2-192　智能发电平台界面

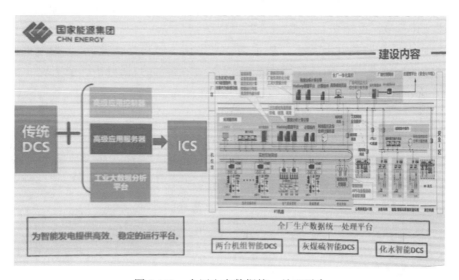

图 2-193　全厂生产数据统一处理平台

（2）智能测量。目前有一些先进的检测技术应用于炉内检测，以进一步保障锅炉的安全运行并为锅炉燃烧优化提供指导意见，常见的检测技术主要有低频率电磁波检测技术、超声导波检测技术、相控阵检测技术、热成像技术以及远场涡流检测技术等。在智能发电平台上利用各类先进检测技术，实现对电力生产过程的全方位监测，如图 2-194 所示，如在输煤皮带上安装了红外线探头，实时检测入炉煤质。通过智能算法实现炉内煤质的在线软测量，作用于锅炉燃烧控制 AGC 协调控制逻辑，以改善控制系统性能。采用次红外技术的入炉煤实时检测系统，结合数据分析建模，实现入炉煤煤质的实时检测，以及采用三维激光探头的数字化煤场系统，在深度学习算法的支撑下，实现煤场无人盘煤。

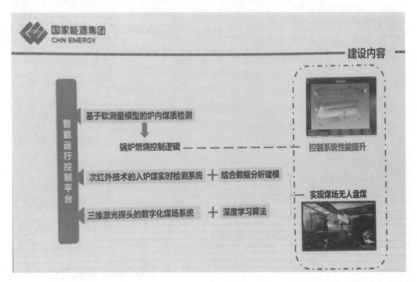

图 2-194 智能测量

（3）智能应用。在智能发电平台上部署各类智能应用，如图 2-195 所示，包括智能报警（含知识库推理预警、根源分析、报警统计分析），可视化汽轮机在线监测与诊断（加装加速度振动探头），可视化辅机监测诊断，锅炉结焦情况分析监测，重要辅机健康指数监测，机组四大平衡监测（电平衡、热平衡、水平衡、燃料平衡监测），控制回路品质监测，执行机构状态监测等，构造专家故障知识库，并结合大数据分析算法实现了 50 余种故障的根源分析、自动识别以及处理。

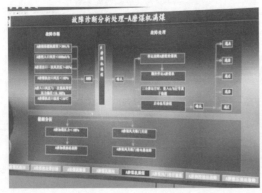

图 2-195 智能应用

（4）智能运行功能。通过大数据分析技术提升机组高效运行水平。在运行控制层面建立机组的能效分析诊断模型，将性能计算与耗差分析结果进行各个生产系统闭环控制，通过建立运行操作因子的标杆值指导运行人员对生产过程进行高效操作，目前已建立最优氧量计算模型和最优真空计算模型。辅机系统健康度总貌如图 2-196 所示。

（5）高效自动化操作功能。实现 60％ 以上的操作由机器自动执行。在已实现的 APS

功能基础上，部署典型操作自动执行、AGC功能一键投切、重要辅机一键启停、典型故障自动处理等功能。APS启动界面如图2-197所示。

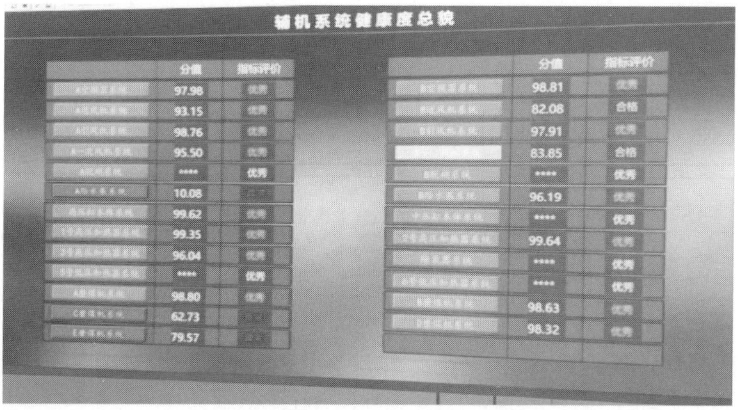

图2-196 智能运行系统总貌

图2-197 APS启动界面

（6）智能优化控制功能。实现机组高精度控制。主要利用基于历史数据挖掘的系统辨识工具和多变量预测控制器优化协调、汽温、脱硝回路，并通过分层配煤调整锅炉燃烧。同时实现了最优氧量闭环控制、最优真空闭环控制、按需吹灰优化控制。

（7）主机安全监管系统。基于国电智深ICS，量身定制开发了基于国产可信技术的主机安全监管系统，如图2-198所示。在信息安全隔离基础上，智能发电平台上部署入侵检测、恶意代码防范、主机及网络设备加固等系统，实现了主机安全策略配置、基于白名单的进程安全管控、系统状态监视和移动介质接入控制等安全功能。此外增加了综合审计系统，对支撑业务运行的操作系统、数据库、业务应用的重要操作行为进行记录，针对工控专用网络协议进行审计，及时发现各种异常行为，加以智能分析，进而实现了工控系统安全态势的自动感知，有助于实施安全防范、应急处置以及事后追溯。通过智能DCS生产安全和信息安全技术的深度融合，大幅提升了系统整体安全和主动防御能力。提升网络安全防护能力，保障工控系统的安全稳定运行。

2. 智慧管理平台（IMS）

在智慧管理层面建设IMS智慧管理平台，如图2-199所示，主要包括大数据平台、算法平台、应用软件开发平台、报表平台，推进人工智能、大数据在生产、经营和管理等各个方面的全方位应用，进一步提升质量效益，增强核心竞争力，加快一流企业的建设。

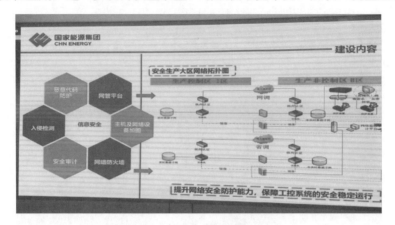

图 2-198　主机安全监管系统

图 2-199　智慧管理平台

（1）建设厂级数据中心和统一报表平台，完成生产、财务、物资、燃料、人资等管理系统的数据治理，消除因推进智能化电厂而建设的多业务系统产生的业务系统信息数据孤岛，厂级数据中心如图 2-200 所示。将各业务系统产生的高价值数据，通过平台计算产生生产、经营和管理的各类报表，充分利用业务互联、数据互通、数据共享的能力，为公司发展决策提供参考和指导，同时为集团公司大数据中心建设备好数据来源。

（2）部署统一应用软件开发平台，如图 2-201 所示，整合现有信息系统，实现业务系统间的互联互通，并在平台上开发智能安全、智慧经营、智慧燃料等应用。

（3）以应用软件开发平台为基础，通过人员定位、门禁、人脸识别等物联网技术与智能视频等技术，结合三维可视化、电子围栏、工业无线网络等，建设了智能安全综合防护系统，如图 2-202 所示。

（4）以数据中心为基础，通过实时性能计算与分析、厂用电计算等重要指标，分析燃料、水、排污、环保消耗等成本的影响因素，结合发电负荷等生产数据，构建实时成本控制模型，计算实时利润，初步实现智慧经营，成本管控界面如图 2-203 所示。

（5）运用图像识别、深度神经网络等技术，在汽轮机、锅炉厂房、输煤廊道、煤场等

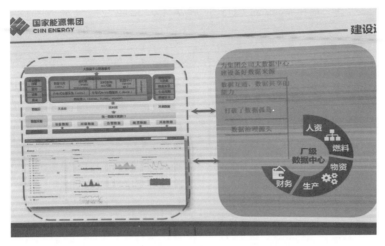

图 2-200　厂级数据中心

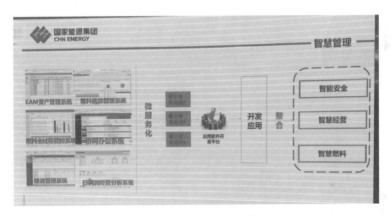

图 2-201　软件开发平台

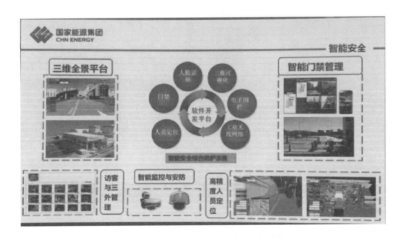

图 2-202　智能安防综合防护系统

区域，应用智能巡检机器人、摄像头等识别设备跑冒滴漏等不安全状态，应用设备二维码

全寿命周期管理 App，提升设备巡检的智能化水平。智能巡检机器人工作示意如图 2-204
所示。

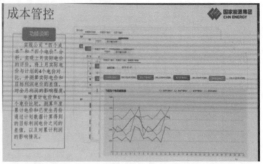

图 2-203　成本管控界面

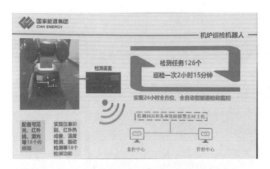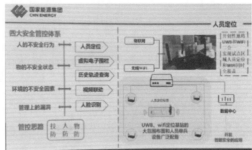
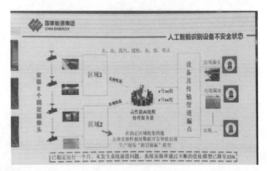

图 2-204　智能巡检机器人

（6）在原有的无人采制基础上建设完成数字化煤场、输煤廊道巡检机器人项目，正在
建设入炉煤实时检测系统，实现燃料从入厂到入炉的全过程智能化管控。智慧燃料部分建
设内容示意如图 2-205 所示。

（7）以数据中心为基础，在应用软件开发平台上不断推进智慧党建、智慧纪检、智慧
班组、智能仓储等功能应用。

3. 实施效果

（1）安全：通过人员定位、门禁、人脸识别等物联网技术与智能视频等技术，结合三
维可视化、电子围栏等，实现职工、外来人员的安全风险智能化管控；通过生产控制层面
的智能监测诊断功能和管理控制层面的智能化巡点检实现设备风险提前预控；与智能巡

检、智能两票等功能进行联动，实现对人员安全与设备操作的主动安全管控，保障安全生产。

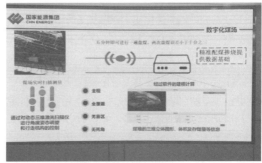

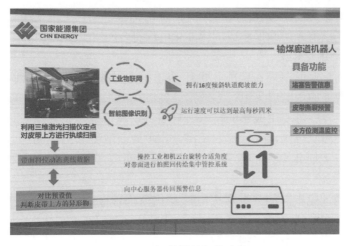

图 2-205　智慧燃料部分建设

（2）高效：通过性能计算与耗差分析、工况分析、冷端优化、吹灰优化、机组四大平衡监测等功能，对机组运行工况进行寻优指导或闭环设定，提高机组发电效率，厂用电率降低 0.32%。

（3）清洁：通过建立配煤掺烧模型、制粉系统多变量解耦控制策略、分层配煤调整锅炉燃烧方式、喷氨优化等措施，不断降低污染物排放量。

（4）低碳：通过全面的机组标杆值及运行方式寻优与操作指导功能，实现锅炉、汽轮机、电气等所有系统的全面运行操作指导，使机组效率逐步趋向最优，实现供电煤耗减少 2.25g/kWh。

（5）灵活：机组变负荷速率提高至 2.0%～2.5% 额定负荷/min；机组电网两个细则考核指标 K_p 年度平均值超过 3.5，月度平均值最高达到 4.5；机组遥控状态下，实现 30% 负荷深度调峰。

（6）智慧企业建设模板：东胜公司目前初步建成了智慧火电体系，具备了较强的推广价值，同时东胜公司根据自身智慧电厂建设的实践经验全面推进编制国电电力智慧火电规范，为国电电力智慧火电的全面推开打好基础。

三、电厂智能化建设经验与建议

1. 电厂智能化建设经验

（1）加强智能化电厂建设工作的宣传及知识普及，并将智能化电厂建设工作及时转化为成果，定期开工作推进会及汇报会。

（2）信息专业人员在智能化建设中承担了项目的整体实施及推动者，需统筹厂内多专业合作完成智能化建设工作，需由厂级领导牵头才能够调动全厂的资源。同时智能化电厂的建设所需要的信息化技术已经超越了日常电厂运维所需要的 IT 技术，因此对电厂信息化人员也是新的挑战。外部信息化合作团队对生产工艺流程不熟悉，故而有一些生产实际问题在智能化改造中工作滞后，不能及时地发现问题和利用智能化改造解决问题。建议聘请专业技术人员对当前尖端、前沿技术进行科普培训，开展智能化电厂系列讲座提升电厂人员相关认知与专业技术能力。

（3）智能化电厂建设的过程对电厂原有信息系统做了架构上的变革，应重点关注网络信息安全的同步建设情况，确保建成的智能化电厂符合网络安全的要求。

2. 电厂智能化建设建议

（1）整体规划，全面布局：智能化电厂的建设已由探索初期进行到了探索的中后期，工艺关键流程的智能应用已广为电厂人熟知，各电厂可根据需求及计划制定总体方案。如迅速见效益的方案，就可使用成熟的技术，将项目迅速落地，实现增效；如探索创新的方案，就可与高精尖团队合作，进行开发及探索，争取获取更大的创新和收益。整体方案的制定不仅可以加速智能化电厂的推进，更可以减少重复投资，是智能化电厂建设的关键一步。

（2）脚踏实地，稳步向前：燃煤火电厂在我国已有很长的岁月，机组状况各不相同，各厂务必根据电厂实际情况进行智能化电厂的建设，信息化-数字化-自动化-智能化是一个不可绕过的建设进程，切勿好高骛远。

（3）从生产实际出发：智能化电厂建设的核心是减人增效，而减人增效的最大难点还是要在生产工艺流程中下苦功夫，因为重复性高、工作强度大的工作主要还是集中在生产工艺流程上的运行及检修人员的工作中，智能化电厂建设工作推进人员一定要深入生产、检修一线，解决实际问题。

（4）转变观念，敢想敢做："云大物移智"等新技术在互联网、金融等领域早已应用甚广，由于工业领域在安全方面的严苛要求，故而在工业和信息化融合方面遇到了极大的阻力，智能化改造推进缓慢，希望筹备智能化电厂建设的相关人员一定要转变观念，努力创新，敢想敢做。

国电内蒙古东胜热电有限公司自 2017 年开始，先后进行了各种方向的探索和尝试，由于很多条路之前并未有人走过，故而也碰到不少困难，但东胜公司从未放弃，始终在走一条适合自己的路。并希望所有筹备建设或者正在建设智能化电厂的各位都能有所收获，并且真正实现燃煤火电厂的"少人值守，精准预测"。

第十二节　华能营口热电有限责任公司

在国家振兴东北老工业基地，沈阳成为国家级经济区，辽宁（营口）沿海产业基地开发建设上升为国家战略大背景下，大型热电联产企业——华能营口热电有限责任公司一期工程2×330MW热电联产机组于2009年12月投入商业运行。公司位于辽宁省南部（营口）沿海产业基地，西邻渤海湾，厂区如图2-206所示。工程同步建设烟气脱硫、脱硝装置，水源采用城市中水，采用全干除灰，实现粉煤灰综合利用。机组燃煤使用华能扎赉诺尔煤业公司生产的褐煤，由铁路运输专线至公司厂内。作为辽宁（营口）沿海产业基地重要基础配套项目，项目规划建设6×330MW热电联产机组，为营口市及辽宁（营口）沿海产业基地供热及工业用汽。公司一期工程建设两台330MW热电联产机组，供热能力可达1100万 m²，蒸汽供应能力为200t/h。同时，公司大力进行产业升级，规划建设风力发电项目10MW，光伏发电项目10MW，创建"风、光、热"一体化的绿色环保火力发电企业。其中，10MW光伏发电项目于2016年6月投入商业运行。

图 2-206　华能营口热电有限责任公司厂区图

一、电厂智能化总体情况

在现代火力发电企业发展进程中，输煤系统的自动化、信息化程度往往滞后，脏、乱、差是燃料系统的普遍印象。在营口热电精益运营体系建设过程中，随着华能集团公司燃料管理标杆电厂创建活动在系统内广泛深入地推进，公司基于工业4.0模式的燃料系统新一代智能化生产技术应用与创新取得质的飞跃。营口热电拥有一支由燃料现场生产一线职工组成的技术研发团队，通过自主创新研发电厂燃料生产管理系统。

输煤系统生产流程示意如图2-207所示，包括智能化生产管理（包括输煤系统智能配煤及一键启停、翻车机系统全自动无人值守、采样系统全自动无人值守、智能化抑尘系统、智能化照明系统等），智能化燃料管理（包括智能化煤场管控系统、厂侧燃料智能管控系统等），智能化安全管理系统（包括火电厂输煤智能安全定位系统、火电厂智能人员及车辆管理系统等），智能化巡检管理（包括火电厂输煤智能巡检管理系统等），实现了由人工、半人工状态向智能生产管理转换，使公司燃料调运、翻卸、转运、煤场管理、掺烧配煤、采制化、安全管理、生产数据考核管理等全流程信息化管理，燃料的生产管理初步形成了"智能工厂"模式。在输煤皮带机、翻车机、堆取料机等主要火力发电企业燃料设备的全自动控制后，进行精益运营管理，促进设备系统自动控制向"智能生产"转变，技术创新驱动成为引领。

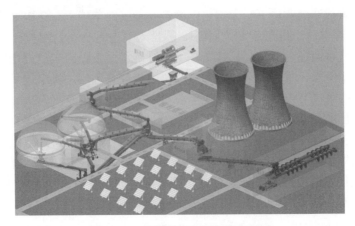

图 2-207　输煤系统生产流程示意图

二、特色介绍

火电厂输煤系统智能化建设，主要通过输煤系统全自动无人值守、智能化安全管理、智能化巡检管理、智能化煤场管理、智能化采制化管理、智能化设备管理、智能化配煤管理、智能化生产数据考核管理、智能化抑尘等模块组成，重点解决目前国内火电厂输煤系统存在的自动化程度低、采制化人工操作、转动机械多、安全生产薄弱、煤场管理水平低、抑尘效果差、设备管理水平低等多种问题。

重点应用三维激光成像、大数据、云计算及云存储、UWB 高精度定位、移动应用、自动化控制、总线技术、干雾抑尘技术等多种先进技术，实现输煤系统智能化生产管理、智能化安全管理、智能化设备管理、智能化燃料管理等最终目标。

1. 输煤系统智能配煤及全自动流程启停

实现犁煤器作为配煤方式的电厂输煤系统，具备全自动配煤及设备一键启停功能。输煤系统生产管理流程如图 2-208 所示。

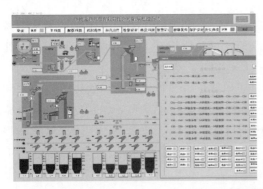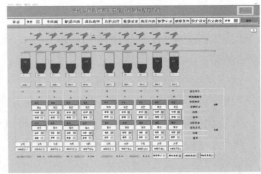

图 2-208　输煤系统生产管理流程

自动配煤：输煤运行人员首先在上位机设置免配的煤斗，然后按下自动配煤按钮，系统根据设定好的控制工艺实现全自动配煤作业，系统分为条件配煤、顺序配煤、匀煤配煤三个流程，通过自动控制保证低煤位先配、各煤斗精确配煤、自动判断尾斗并切换、不带煤抬落犁煤器、煤位计异常自动诊断及处理等策略，提升了输煤系统配煤精确度及提升输煤系统作业效率，同时大大降低了运行人员的劳动强度，配煤全过程实现了高精度控制并且各煤斗煤位始终处于同一基准，有效防止了因高低煤位在输煤系统设备故障无法上煤期间，给机组安全稳定运行造成的影响。

全自动一键启停：输煤运行人员选择要启动的流程，按下启动按钮后，扩音呼叫系统根据选择好的流程进行时长为 2min 的设备启动前精确预警，预警结束后按照流程自动启动设备提升了输煤系统运行安全性，降低了启动时间，提升了输煤系统运行效率，此系统与输煤智能安全人员定位系统配合使用提升了输煤系统的运行安全性，实现了从人防到技防的转换。

2. 输煤运行生产考核管理系统及分炉分仓分区域计量系统

该系统是用于燃料运行班组生产指标考核管理的软件系统，采用 Java 语言编写，通过编写代码软件实现燃料运行班组自动交接班，自动显示当班班组。系统具有各运行班组上煤量、上煤效率、堆煤量、堆煤效率、翻车节数等重要生产数据自动统计及查询功能，同时系统还具有三通挡板等需要定期进行轮换运行的设备操作记录统计查询等多项管理功能。该系统的投入使用实现了输煤系统运行生产数据数字化管理，使得燃料运行检修在生产考核管理上更加科学、规范。

分炉分仓分区域计量系统通过接口实时获取输煤系统入炉皮带秤流量数据、皮带机、三通挡板、犁煤器状态信息，通过计算实现了每个运行班组各个原煤斗上煤量自动统计及查询功能，同时数据自动上传集团公司燃料全过程管理平台，提升了燃料运行专业的生产管理水平。

3. 输煤系统集中监控及照明系统全自动控制

采用总线通信方式，电厂输煤系统、翻车机系统、堆取料机系统及采样机等其他附属系统实现了数据交换及输煤系统上位机集中监控，在输煤系统上位机可实时获取输煤系统、翻车机系统、堆取料机系统的各项运行数据并实现了实时监控，堆取料机监控系统画面如图 2-209 所示，通过对数据进行自动分析实现了输煤系统故障自动判断、显示及真人语音报警，大大提升了电厂输煤系统的运行安全性、故障处理速度及运行效率。

实时对输煤系统总线控制网络、消防水压力、各母线室及配电间温度等重要监测点进行实时监控，实现声光报警提示功能，大大提升输煤系统的运行安全性。

国内大多数电厂输煤系统原设计各段输煤栈桥及各转运站照明控制方式为时控、光控。当出现阴雨天的时候，燃料运行人员需要将输煤系统各段及翻车机就地的时控开关打到手动，手动启动照明保证输煤现场作业，天气正常时，需要将各段照明就地控制箱的时控开关调整为自动，操作较为烦琐。当铁路长时间不来煤时，处于自动状态的堆煤线、翻车机的照明会继续启动，导致照明用电浪费较多。针对这种情况工作室将原来的时控、光控改造为更为节能、控制方式更加灵活的输煤系统上位机集中控制，如图 2-210 所示。输煤系统上位机集中自动/手动控制输煤系统各段照明，在自动方式下可根据输煤系统上位机设定时间自动启停输煤系统各段照明，自动状态下照明自动启停时间根据每日日出日落时间进行自整定，输煤照明系统上位机集中自动控制方式更加节能灵活，降低了厂用电消耗同时节省了时控开关及光控开关的备件费用。

4. 输煤全自动喷淋除尘系统

设计开发输煤喷淋除尘系统并实现了火电厂输煤系统各段皮带机喷淋除尘及除尘器的

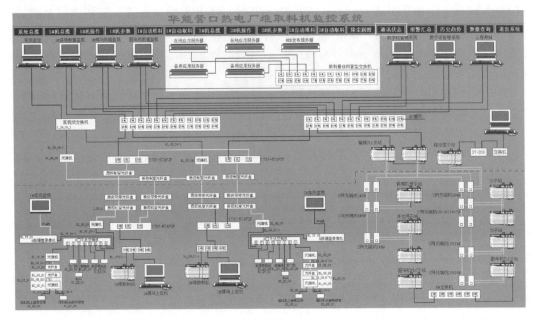

图 2-209 堆取料机监控系统画面

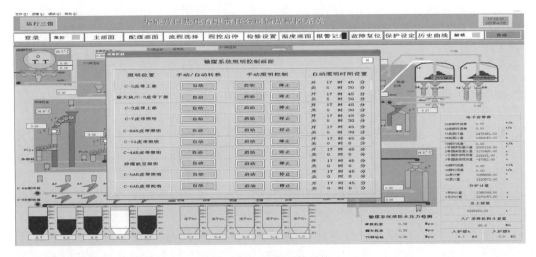

图 2-210 输煤程控系统

全自动控制，如图 2-211 所示。系统根据上下两段皮带机电流等参数进行自动计算判断，自动实现喷淋系统的投入及停止，对输煤现场粉尘状况进行了有效控制，并实现喷淋除尘与布袋除尘器的动态配合运行，保证了输煤系统皮带机最佳的除尘效果。

设计并完成输煤干雾抑尘系统全自动控制逻辑并实现与布袋除尘器的动态配合，系统根据输煤系统皮带机运行工况自动判断并自动完成干雾抑尘系统及布袋除尘系统的动态切换，实现了在输煤系统启动前、带煤运行、停止全过程的粉尘抑制，粉尘抑制效果良好，大大地提升了输煤系统的作业环境。

5. 翻车机卸车系统全自动运行及轨道衡系统全自动运行

该系统主要分为翻车机系统全自动运行、火车采样机全自动无人值守、清篦破碎机全

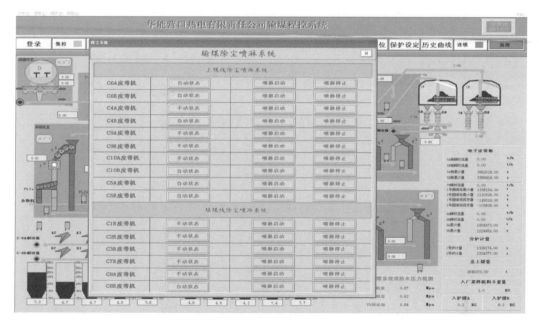

图 2-211　输煤除尘喷淋系统

自动无人值守、干雾抑尘系统全自动运行、轨道衡全自动无人值守等五部分。

采用总线控制及故障自动分析判断处理、根据负载曲线自动调节等先进技术，通过组态控制网络，编写通信及控制程序，在翻车机系统上位机组态火车采样机、清筐破碎机、干雾抑尘操作画面（如图 2-212 所示），实现了翻车机系统单主机集中监控，四大主要设备全自动联锁运行，同时通过通信接口实现了翻车机系统全自动无人值守及远程监控，翻车机系统卸车效率由之前的 10 节/h 提升至 17 节/h，翻车机系统运行更加稳定，故障率较之前降低了 80% 以上，翻车机作业现场环境改善，每年可为电厂降低厂用电、人力成本、设备检修维护费用、卸车延时费用等总计 80 多万元。翻车机卸车系统如图 2-213 所示。

翻车机系统轨道衡作用是对火车来煤重量进行计量，同时将数据自动上传燃料全过程数字化管理平台，根据北方的气候特点创新出轨道衡系统冬季/夏季操作模式，在冬季模式下车厢皮重根据轨道衡扫描到的车厢车型由数据库内进行调用，在夏季模式下车厢皮重由仪表进行直接采集。轨道衡软件通过 PCI 板卡与翻车机系统 PLC 进行数据通信，当轨道衡软件接收到拨车机发来的检测信号后，轨道衡软件未检测到车厢时，软件报警同时给翻车机控制系统发车厢数据异常信号并停止拨车机运行，翻车机主值班员把未扫描到的车型和车号在轨道衡软件内进行录入，在录入结束并确认后，翻车机系统可继续自动运行，轨道衡软件对修改痕迹进行记录。此改造真正意义上实现了轨道衡称重数据不落地，保证了火车来煤重量的真实性。

6. 智能化煤场管控系统

智能化煤场管控系统采用标准的 B/S 架构，系统通过接口服务器分别与输煤系统 PLC、DCS 及集团级的燃料全过程动态管理系统实现接口对接，通过网络将生产数据进行上传及下载，系统主要分为堆取料机全自动无人值守、燃料数字化管控及分析、煤场环境在线监测、设备运行状况在线分析及预警、输煤生产智能化考核管理、混配掺烧等六部

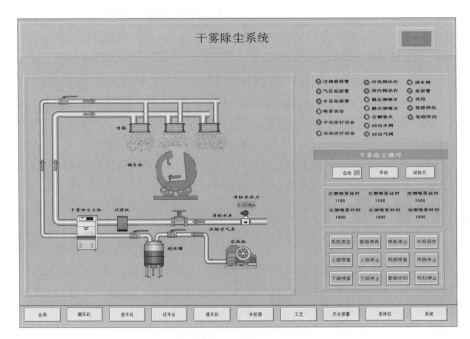

图 2-212　干雾抑尘系统

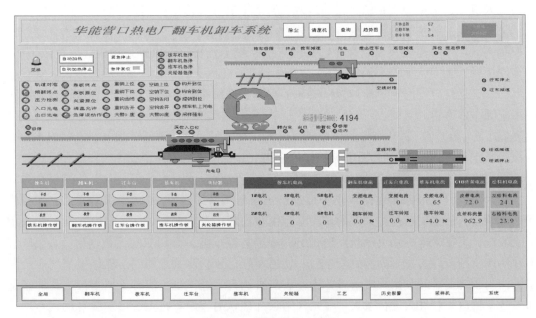

图 2-213　翻车机卸车系统

分，智能化煤场管控系统通过以太网分别与输煤系统 PLC 及翻车机系统 PLC 进行通信，实时获取翻车机剩余节数、堆煤线皮带秤瞬时流量、上煤线皮带秤瞬时流量、原煤斗料位、给料机出力、皮带电流、各段皮带机及翻车机系统状态等参数，通过设计好的各种算法实现取料恒流量控制、堆料自动溜料、边界取料、V 形区屏蔽等多个控制策略。

设计更为先进的扫描仪安装方式，煤场整体扫描视角小于 10min，智能化煤场管控系统通过网络与燃料全过程动态管控系统进行通信,实时获取每个批次来煤热值、密度、灰分、挥发分、水分、含硫量等煤质化验数据,并在智能化煤场管控系统煤场管理界面进行三维展示,如图 2-214 所示,两台堆取料机实现了全自动无人值守。开发了一套煤场环境在线检测系统,实时对煤场内各个位置的有毒气体及粉尘浓度进行实时检测,提升了输煤检修及巡检人员的作业安全性,输煤系统运行效率、运行安全性,混配煤精度大大提升,输煤运行人员的劳动强度大大降低,每年可为电厂降低厂用电、检修维护、人工成本等费用约 100 万元。

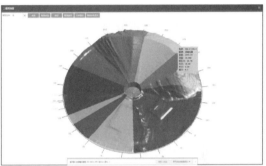

图 2-214 堆取料自动作业画面

7. 全自动无人值守采样系统

设计并开发了输煤入厂及入炉煤全自动无人值守采样及打包系统,如图 2-215 所示。该系统实现了全自动无人值守、智能化控制,在全国率先将打包机应用在采样系统煤样收集上,实现了煤样从采集、破碎、缩分、定量打包全过程无人为干预,杜绝人为舞弊作业风险,煤样水分损失降低到最低,该系统运行稳定,全年投入率可达 100%。

图 2-215 全自动无人值守采样系统

系统自动获取铁路及公路来煤数据结合国家标准自动生产采样方案,自动对采样全过程实现智能监控,自动对采样机运行过程中的故障进行分析判断并对一些故障进行自动处理,动态生成报警事件进行报警提示,大大提升了电厂输煤采样系统的运行稳定性及煤样准确性。

8. 厂侧燃料全过程

厂侧燃料全过程管控系统主要实现电厂入厂、入炉、库存、煤质、化验、计量的全流程智能监督管理，实现数据自动比对及自动分析预警功能，提升电厂的燃料管理水平。通过自动采集前端计量设备（轨道衡、皮带秤等）的数据，结合自动获取的煤场堆存区域实现电厂燃料进耗存的动态统计及煤场数字化管理，指导电厂精细配煤，实现合理堆存。

系统自动获取前端化验设备的煤质化验分析数据，自动对每个批次化验数据进行分析，实现煤质化验数据异常语音报警功能，提升电厂燃料管理水平。通过接口自动获取前端采样设备数据，自动对采样设备煤样重量曲线进行分析，实现采样设备异常自动语音报警功能，有效防止缩分器异常或堵煤故障造成的煤样异常，提升入厂及入炉煤样的准确性。

研发煤质视检仪，通过局域网前后端实现数据实时通信，前端通过视频、照片、文字等方式记录来煤煤质并自动关联至后端管理系统，后端实现煤质异常自动语音预警并自动存储异常煤批的照片视频等资料信息，实现入厂煤煤质的智能管控。

9. 智能安全人员定位及动态检修巡检管理系统

近几年全国发电厂输煤系统人身伤亡事故频发，给电厂带来了巨大的损失，这些事故大都是运行人员人为误操作、两票制度执行不到位造成的。例如某发电厂劳务派遣人员接受清理皮带机尾部地面积煤任务，因违章作业被突然启动的皮带卷入挤压死亡。分析其原因主要是有两点，一是运行人员人为误操作、巡检不到位，运行人员无法做到皮带启动前准确无死角安全检测，检查发现有人在皮带上工作的安全风险。二是清扫落煤管作业时未办理工作票。

针对这种情况，电厂除了加强两票管理外还需要采用一定的技术手段来保障安全生产，实现发电厂输煤系统安全生产从人防到技防的转变，杜绝人身伤亡事故的发生，华能营口电厂开发了输煤智能安全定位及设备巡检管理系统。该系统采用 UWB 高精度定位技术、二维码识别、智能终端、流媒体、局域网数据通信等先进技术，实现了设备启动前自动安全检测、生产现场无死角通信联系、生产现场检修作业安全管理、有效预防走错间隔及误入危险区域、运行及检修巡检管理智能化、设备寿命管理等多项功能，打造出火电厂输煤系统生产现场智能化巡检管理、安全管理、设备管理、通信交互为一体的新型火电厂输煤智能安全定位及设备检修巡检管理系统，提升电厂安全生产管理水平。

（1）该系统采用 UWB 高精度定位技术，在电厂输煤系统合理布置定位基站并实现全覆盖无死角定位及行走轨迹显示，定位精度小于 30cm。

（2）该系统通过高精度人员定位实现了电厂输煤运行及检修人员巡检智能化管理，当巡检任务异常时通过 PC 端及 App 端实时语音报警提示，具有巡检路线错误及巡检任务未完成实时语音报警提示功能。

（3）该系统具有电子围栏功能，对检修作业人员进行动态管理，对工作班成员进出电子围栏及非工作班成员进入电子围栏进行检测，并通过 PC 端及 App 端实时语音报警提示。

（4）该系统与输煤 PLC 控制系统实现通信及联锁控制，电厂输煤系统一键启停，系统实时获取输煤系统设备启动流程并智能对流程内全部设备进行精确安全人员检测，当系统检测到预启动设备上有人作业时，输煤系统启动流程中断，系统通过 PC 端及 App 端准确提示作业人员位置、姓名等关键信息，实现安全生产从人防到技防转变，杜绝人为误操作造成的人身伤害及设备损坏事故发生。

（5）该系统具有局域网 IM 及时通信功能，具有仿微信聊天、单呼对讲、全呼对讲、视频专家系统等多项功能，可完全取代对讲机，特别是在地下段等对讲机无法正常通信的位置实现实时通信，提升了作业安全性。

（6）该系统通过采用二维码识别、智能终端、流媒体、局域网数据通信等先进技术实现了输煤系统设备台账、设备缺陷、设备备品备件及设备资料的智能化管理，可在局域网下在电厂输煤系统任何位置使用移动端 App 通过扫描设备二维码实现设备台账、设备缺陷、设备备品备件的实时查询，设备台账实现视频等多媒体资料添加及播放功能，设备缺陷实现自动推送到设备专责人并实时语音提示功能，设备备品备件实现库存低于设定值实时语音报警提示功能，大大提升设备的安全生产水平。

10. 输煤系统智能人员及车辆管理系统

移动端基于 Android 系统，PC 端基于 Java 开发新型火电厂人员及车辆管理系统，系统实现通过移动应用扫描粘贴在车辆或人员安全帽上的二维码查询当前人员血型、安全教育是否通过、违章记录、特种作业证书、安规考试成绩等关键信息以及车辆行车证、是否存在违章、特种作业车辆培训记录、车辆检验合格证等关键信息进行实时查看，可查看照片等多媒体资料，实现对生产现场作业人员及车辆的动态管控，提升现场的安全管理水平。

三、电厂智能化建设中问题与经验

1. 智能煤场建设经验

首先实现输煤系统生产现场各大系统及各设备的全自动控制及网络全覆盖，之后实现全自动无人值守及远方集中监管、故障自动诊断及真人语音报警、智能化煤场管理、智能化安全管理、智能化生产管理、智能化巡检管理等诸多模块，最终实现以下功能：

（1）输煤系统中采用现场总线，进行数据采集、控制及故障诊断，其中翻车机系统采用了 RockWell 公司的 Controlnet、Devicenet 总线，堆取料机系统采用了西门子的 Profibus-dp 总线，智能化煤场管控系统采用了施耐德的 Modbus 总线。提高了现场设备的自动化程度及控制灵活性、提升了系统抗干扰能力，减低了控制电缆的敷设长度。

（2）煤场实现全自动化，铁路来煤全自动卸车，全自动采样，输煤系统全自动启停，堆取料机全自动无人值守，提升了输煤系统的运行效率。

（3）全自动配煤作业，能够保证各斗均匀，误差 0.2m，根据配煤误差，可通过流量补偿，减小配煤误差。智能化高精度配煤，提升配煤精度。

（4）智能安全，人员安全定位与全自动流程启停系统相结合，操作前先进行人员定位识别，对在操作空间的人员进行提醒（手机＋芯片），若设备运行范围内有人员存在，设备能够自动刹车，并终止操作。

（5）输煤全自动喷淋除尘系统，根据皮带运行状态自动运行，但要注意季节对其影响较大，冬季喷水过多会导致结冰，夏季容易导致皮带失衡。

（6）翻车机系统拨车机运行的安全性、稳定性方面，投运后无故障，原因是降频比较缓，利用电磁抱闸，对设备尤其是轴的危害更小，并通过总线进行控制。

（7）未采用巡检机器人有以下三个原因，一是因为北方天气原因，输煤系统粉尘大，故障率高；二是电控系统、水系统、消防系统等布置复杂，难以布置机器人；三是造价高，一段 100 多万，华能营口热电厂有 10 段。

（8）输煤全自动控制系统自动化程度高、功能先进、运行稳定。在华能营口热电有限责任公司使用已经超过两年，为电厂节能降耗、提质增效做出了突出的贡献，电厂输煤系统实现了从卸煤、上煤、配煤全过程的全自动无人值守，输煤系统运行效率及运行安全性大大提升，目前电厂已减掉输煤运行巡检人员 2×5＝10 人、采制样及检斤人员 5 人、输煤电热检修人员 2 人、输煤机务检修人员 3 人，其中入厂煤全自动无人值守、全自动无人值守干雾抑尘、刮板机自动润滑系统等技术进入华能集团公司技术推广目录并已经获得推广及实际使用，该系统具有较强的可推广性，可在全国各大电厂进行推广使用。

（9）华能营口热电厂智慧燃料部分全部自主开发，同时培养出了一批拥有技术和知识产权的队伍。

（10）实施顺序为依次实现输煤系统生产现场各大系统及各设备的全自动控制及网络全覆盖、全自动无人值守及远方集中监管、故障自动诊断及真人语音报警、智能化煤场管理、智能化安全管理、智能化生产管理、智能化巡检管理等诸多模块。

2. 存在问题

（1）人员定位芯片存在充电不及时、低电无法识别等问题。

（2）因为网络安全管理的需要，电厂内外网严格隔离，因此云计算、云存储等多项技术无法使用，很多移动应用均因为网络安全方面的原因被禁止使用。

（3）火电厂输煤系统在转运印尼煤的过程中粉尘过大且无有效办法抑制，需要利用新技术新工艺来彻底解决这一问题。

（4）自主开发的输煤智能安全定位及检修巡检管理系统未与华能集团运行管理平台通过接口实现数据交互，未能实现电子围栏与两票联动，未能实现停送电智能管控与两票联动。

3. 下一步工作计划

（1）将华能营口热电厂自主设计开发的系统与华能集团的运行管理及两票管理系统通过接口对接，实现电子围栏、智能化停送电管理与两票管理。

（2）输煤系统在翻卸印尼煤时粉尘较大，输煤栈桥内能见度仅为 0.5m 左右，工业电视监控系统基本瘫痪，需开发一套抑尘设备来彻底解决在转运印尼煤过程中粉尘过大的问题，提升电厂输煤系统的运行安全性。

（3）利用 solidworks 软件编制火电厂输煤 3D 系统图，用于培训及新产品设计。

第十三节　华电莱州发电有限公司

华电莱州发电有限公司成立于 2010 年 8 月，经过十余年的持续发展，建成了集火电、港口、光伏于一体的综合性能源基地，规划建设 6×1000MW 机组，厂区如图 2-216 所示。一期工程 2×1050MW 超超临界机组，于 2010 年 3 月开工建设，同步建设 2×3.5 万 t 级卸煤码头，两台机组分别于 2012 年 11 月和 12 月投产发电，年发电量 120 亿 kWh，是山东省和集团公司首个以百万机组起步、首个获得国家优质工程金奖的火电项目。二期工程于 2015 年 9 月获得核准，扩建 2×1000MW 超超临界二次再热机组，同步建设 3.5 万 t 级卸煤码头，两台机组分别于 2019 年 8 月、11 月投产发电。自成立以来，先后荣获全国电力行业"文化品牌影响力企业""中电联电力行业标准化良好行为 5A 级企业""华电集团先进企业"，山东省"富民兴鲁劳动奖状""电力行业 3A 级信用企业"等荣誉称号；2014～2019 年，公司连续获得"集团公司五星级发电企业"称号。

图 2-216 华电莱州发电有限公司厂区图

一、电厂智能化总体情况

华电莱州公司积极履行央企社会责任，全面推进各项事业蓬勃发展，不断创造更大的价值和效益。作为集团数字电厂试点单位之一，莱州公司围绕发电企业运行、检修维护和本质安全企业建设等方面，在先进的自动化技术、信息技术和思维理念深度融合的基础上，集成智能的传感与执行、控制与管理等技术，不断采用新兴技术，推进信息流、业务流智慧一体化融合，以广泛感知、自趋优全程控制、智能融合、自学习分析诊断、自适应多目标优化和自组织精细管理为主要特征，建成安全可控、网源协同、指标最佳、成本最优、供应灵活的世界一流的燃煤数字电厂试点工程，提升企业内部管理水平与外部环境自适应能力，实现企业效益最大化目标，着力打造智慧、生态、美丽火电名片。数字电厂统一数据平台整体架构如图 2-217 所示。

二、特色介绍

1. "智慧·生态·美丽"树立华电莱州电厂品牌

贯彻国家"创新发展、协调发展、绿色发展、开放发展、共享发展"的理念，全面打造"智慧·生态·美丽"电厂。秉承"科技、人文、自然"发展理念，充分运用互联网＋、大数据集成等前沿科技，全力打造智慧化生态电厂。

智慧：融合云计算、大数据、互联网＋等新技术，打通各平台、系统之间的信息壁垒，建立一站式经营管理平台。有序推进智能燃煤岛、本质安全研究及应用，成立设备诊断中心，实现了设备故障的在线预警和诊断分析。加大科技创新力度，加强知识产权保护，5 项成果获软件著作权，19 项成果获国家专利。

生态：安全高效完成了 2 台机组超低排放改造，烟气出口氮氧化物、二氧化硫、粉尘浓度优于国家最新排放标准。安装 2 台 670kW 水轮发电机组，有效控制了循环水排水对海床的冲刷。采用海水淡化技术，每年产水 200 余万 t，实现淡水自给自足，节约了淡水资源。在码头实施岸电改造和干雾抑尘项目，防止了对海洋生态的污染。

美丽：伴随基建工程同步规划厂区景观，实现了电力工业与自然环境的和谐统一。克

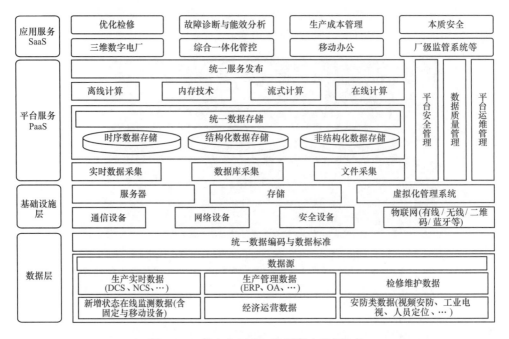

图 2-217　数字电厂统一数据平台整体架构

服海边风大、土质条件差等不利因素，实现了"四季有花、连年常绿"的目标，树立了"花园式"电厂的良好形象。公司被中国能源报评为"中国美丽电厂"，并荣获唯一"环境美"单项奖。华电莱州发电有限公司绿化如图 2-218 所示。

图 2-218　华电莱州发电有限公司绿化图

2. 建设期三维数字电厂建设阶段

莱州电厂一期首次全厂采用三维立体化工程设计，通过数字化火电模型碰撞测试有效避免了管道、钢架、土建的系统布置冲突，累计发现并解决设计缺陷 206 处，大幅提升了设计的准确性。经过设计期、建设期、运行期的工程设计数字化移交，实现了电厂三维漫游、模拟培训、辅助检修等功能。项目荣获 2014 年度电力建设科学技术进步一等奖和 2014 年度中国施工企业管理协会科学技术奖科技创新成果一等奖。

3. 运营期数字电厂建设阶段

一是基于设备智能诊断建设了远程智能监控诊断平台，通过对机组实时数据的分析处理，实现了在线预警、故障诊断、远程监控等功能，并将其作为发电设备专家远程监控、诊断工作的技术工具。

二是基于燃料精细化管理，推进智能燃煤岛建设，建成后将实现从来煤到入炉的智能化分析，存取、掺烧智能管理，项目主体模块已全部构建完成，当前正在进行整体调试。

三是基于本质安全型企业建设，从防范人身触电、高空坠落、机械伤害、火灾事故、防止人员违章、改善环境等方面制定建设方案，作为安全管控平台开发依据，建成后将实现对现场人员、设备安全状况的统一管控，实现违章自动抓拍、监控平台与作业现场实时对话等功能，为人员规范、安全作业和机组安全运行提供保障。

四是基于智能管理和自主决策，开发"下水煤调运全过程信息管控平台"，实现了下水煤计划管理、检质监装、靠泊接卸、验收质检、统计核算等全过程信息化管控，为燃料科学决策和协同调运提供了保证。该项目荣获山东公司 2016 年度管理创新成果一等奖并入围 2016 年中央企业熠星创新创意大赛。

五是搭建生产经营管理平台，以莱州公司生产、经营、管理实际工作需要为出发点，集成公司各业务系统应用入口，整合公司日常工作中涉及的人、财、物、产、供、销等业务系统的主要指标，采用统一的个人工作平台与相关业务数据，建立面向公司经营、管理、生产等业务工作所需的综合管理平台，使公司领导及各专业人员利用该平台，能够快速、全面地掌握公司各个工作环节，以促进公司提质增效。

4. 二期工程数字电厂建设阶段

二期工程开发了基建工程信息管理平台，平台包含质量管理、进度管理、造价管理、安全管理、物资管理、工程管理和综合协同管理六大板块，拥有辅助决策、竣工结算、竣工决算等多种功能，配备电脑客户端、智能移动端和移动应用多种形式，大幅提高了基建管理工作效率，为二期工程的科学化、规范化、痕迹化管理提供了可靠保证。该项目取得国家版权局软件著作权，荣获 2018 年电力建设科技进步一等奖。

5. 莱州一期数字电厂试点建设初步规划

莱州公司数字电厂试点建设，以集团公司数字电厂建设方案为工作纲领，紧紧围绕方案中的七大重点建设任务开展工作，即：优化控制实现自启停（APS）、自动巡航、全负荷运行寻优；创新设备检修维护管理模式；建立故障诊断与能效分析系统；优化生产成本管控模式；打造数字化、可视化的本质安全管控体系；依托工业互联网技术建立可扩展、支持二次开发的数字电厂应用平台；强化网络安全实现主动防御。

6. 智能检测

莱州公司一期化水热工测点和电气电机控制，二期显示用仪表、电动门（除了参加保护的仪表和设备，其余的采用总线）、低压电机控制、高压电机信号等采用了现场总线设备。其中一期项目化水设备现场总线覆盖率 90%，二期现场总线设备覆盖率达 85%，涵盖汽轮机、锅炉、电气、脱硫、燃料、化水等全厂范围（除参加保护的设备外），包括 70 多台重要辅机实现在线监控诊断，设备性能和裂化进行提前诊断预警，降低维护人员的劳动强度。

7. 智能运行

致力于建设无人值守智慧电厂，一期工程采用大量智能执行机构、智能仪表并配合自动化运行调节系统，推行运行巡检二维码，实现了巡检在线签到；自主开发"运行零点自动报表"程序,实现了夜间自主报表;运行全部实现远程抄表,每台机组仅需两人值守。二期工程通过集成各种先进智能优化控制模块,打造一体化智能优化控制平台。通过与DCS的双向通信,实现各模块间的数据共享和动作协同,从而实现控制层级的综合智能优化。另外,二期工程引进无人值守联合制样系统,实现了对煤样称重、破碎、收集,封装、信息收集等整个制样流程自动化,进一步节省了人力物力。

8. 智能燃煤

燃煤智能化是将互联网、人工智能(AI)、物联网技术、数据挖掘、全球定位系统(GPS/北斗)、差分定位技术(RTK)等先进的信息技术和自动化技术综合应用于整个燃煤岛接卸、存放、提取、输送、验收等环节,实现感知生物化、作业自动化和决策智能化,实现从港口卸煤到锅炉原煤仓之间的燃煤的运输、化验、存储、掺配等工作,实现智能化管控。煤样自动化验采用LIPS方法进行测量,生产实践中实现化学检测无人化,对LIPS进行3重复检:有定期设备校核、利用标准煤效验和人工实验检测。

智能燃煤整体由软件及模型开发、煤场智能管理系统、圆形煤场堆取料机远程控制(就地堆取料机无人操作和值守)、入炉煤在线监测系统及输煤程控DCS升级改造构成。通过智能化手段做到精确掺配,实现煤场精确分区管理、精确堆取料作业、高效配煤;借助智能化手段优化煤场管理,优化库存结构、提供采购决策依据、提高作业效率;依托智能化提高作业效能,降低人工成本,改善了工人工作环境和劳动强度,在同一煤种下,预期智能燃煤岛实施前后可以有明显的降耗结果,在达标排放的前提下实现降低度电能耗。入口煤在线检测功能,在线检测煤种识别后,通过预测煤进入炉膛时间调整燃烧策略。三维煤场重建用安装在煤仓顶部的3个激光探头,属于2维激光,每个激光探头各120°,经过数据转化后复现三维场景。堆取料机的定位是用模拟量激光测距定位。

9. 智能化诊断

火电厂设备远程智能监控诊断平台,运用数据挖掘分析、模式识别、在线检测等技术,通过对机组实时数据的分析处理,实现在线预警、故障诊断、远程监控等功能,并将其作为发电设备专家远程监控、诊断工作的技术工具,智能诊断系统如图2-219所示。

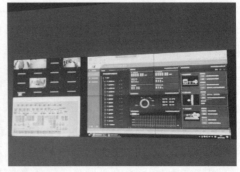

图 2-219 智能诊断系统

设备诊断中心通过自动采集控制技术,将传统需要人工采集的设备参数升级为自动采集,不但提高了采集的频率,更提高了数据的准确性、一致性。通过搭建数据模型,做到让数据能觉醒,让数据会说话,实现了对设备的超前预判,并可以及时维修。依托于平台的专家零部件级诊断,形成一份高精度、高指向性的"体检报告",可以有针对性地对故障设备进行检测，并自动根据故障类型提出维护建议。在实际使用中循环水泵、送风机两次缺陷提前发现问题预警。

通过在转机设备上加装测点，对设备运行数据充分挖掘利用，可以提取特征数据、评估设备状态、指导设备运行。利用设备机理知识、专家经验及各设备单元运行数据，建立基于机理、分析融合的设备诊断分析模型、设备专有特性曲线、节能模型。通过设备诊断模型和设备特性曲线，对各设备单元进行状态检测，通过基于机理、分析融合的设备诊断分析模型、设备专有特性曲线和节能模型，实现设备故障的性能劣化、实时预警、故障分析定位、节能分析管理，运行模式和参数优化。

10. 安全管控平台

通过建设安全管控平台，电厂实现了对外协单位和外协人员的全方位管理、对作业风险按风险级别分级管控、对安全隐患闭环管理、对违章行为全员"随手拍"，对作业人员在线技能培训、资质认证，大大缓解了两外协作管理难、生产隐患发现难、作业风险预防难、高空作业规范难、安全意识树立难的状况。同时厂区安装布置高清摄像头，关键区域和重要区域监控无死角、全覆盖，智能监控实现了人脸识别，重点关注重要设备和出口等，能够识别高空作业违章等。智能摄像头在输煤区域布置 114 个，具有人脸识别，部分具有红外功能，后续准备增加对动作的识别，如跨越、跌倒等。

在 10kV 开关室等重要位置安装具有轨迹自动跟踪功能的高清摄像头，实现了人员自动跟踪、实时定位，10kV 开关柜智能监控系统远程监控画面如图 2-220 所示，现场画面如图 2-221 所示。生产现场配备 120 套执法记录仪，对现场工作实现安全"双述"，实现了工作过程实时记录。智能锁具管理系统，搭建一套平台化、网络化、智能化的防误锁控管理系统，配套完成电气设备、起重设备的防误操作锁具，围绕防止运行、检修防误操作为

图 2-220 10kV 开关柜智能监控系统远程监控画面

主题，通过技术手段对 10kV 开关柜、检修电源箱、干式变箱门、行车、单轨吊等的操作进行授权管理及信息记录，对工作任务中的重点安全措施项实现闭锁强制管理，构建起全天候、全方位、无死角的"天网"系统。

智能锁管理，根据工作票的内容确定要开的锁，手机在一定时间内获得授权，手机和锁联合使用，需要内外网交互。另一种解决方案是将钥匙放在一个专门的储物柜里，通过手机与智能储物柜的联动取出对应的钥匙。

电厂充分利用高科技信息化手段，配合本安智能移动终端，通过以上措施对电厂生产环境进行智能分析、对生产设备进行多种参数精确监测和诊断、对生产人员进行有效监控，智能辨识、主动干预，从而达到人员无违章、设备无缺陷、环境无隐患、管理无漏洞的目的，真正落实"安全第一、预防为主、综合治理"的方针，确保安全生产可控在控。

图 2-221   10kV 开关柜智能监控系统现场画面

11. 生产经营综合管理平台

为建立电力体制改革所需的市场机制、评价体系和支撑关键技术平台，同时满足集团对提高精益化管理水平的要求，建设了面向华电莱州公司的生产经营综合管理平台。通过平台建设，完善了公司信息化系统体系建设，提升信息化系统对公司运营的决策支持作用，整合生产、经营、财务、燃料等业务系统信息，结合政府、集团、市场等环境要求，提炼公司运营所需的 KPI（关键绩效指标），以先进的管理模型为基础，构建支持公司生产、管理、经营的决策支持框架。建立数据统一入口，规范数据来源。增加数据自动采集、调度、校正等功能；制定相关数据规范，统一调整数据出处和形式，在统一的平台中实现数据的共享，通过系统化数据采集方式，提高数据的统计和分析；建立物资全过程管控，及时了解物资提报计划、采购、审批、到货、付款等进度情况，提高物资使用的整体效率，建立物资全生命周期管理，从 FAM 或其他系统获取关于物资各流程节点状态，使其负责人员能从单个计划或合同掌握当前实时进度情况，同时可通过单个物料掌握其整个流程状态；综合计划管理，根据公司的计划管理体系，结合岗位的定期工作和临时性工作，建立全厂统一的综合计划管理模块，通过此功能模块，对上级公司下发的计划予以分解、落实进度；对部门的年度、月底计划进行有效追踪；对自身的岗位工作进行规范。

三、电厂智能化建设经验与建议

（1）网络安全问题，移动办公需要互联网支撑，存在内、外网的网络安全问题，与目前各集团的网络管理存在冲突。如操作票到手机端通过网络传输数据，租用阿里云将涉及内外网交互。

（2）集团统一出口受网络管控，网速太慢，限制部分应用的数据传输和交换速率。

（3）DCS 逻辑的改造受机组检修时间的制约，在大范围的逻辑升级优化过程中，存在调试时间短、逻辑存在错误无法发现的风险。

（4）APS 小的顺控可以顺利完成，大顺控无法完成，瓶颈在于现场设备性能不达标，如现场调节阀卡住等，有时需手动调节，现场设备硬件升级改造费用较高。后续计划实现机组自动巡航，机组自动运行后无须人工干预自动进行操作进行负荷调整。

（5）基建管理平台和生产平台数据没有互通，两个处于独立状态，后续计划实现互通。

第十四节 华润电力湖北有限公司智能化建设情况

华润电力湖北有限公司是香港华润集团旗下电力控股公司在湖北省的首家独资发电企业，也是一家完全按照现代公司制度建立的新型独立发电公司。公司一期工程为 BOT 项目，装机容量为 2×300MW，于 2004 年 10 月 17 日全面竣工。二期工程为 2×1000MW 超超临界燃煤机组，二台机组分别于 2012 年 10 月和 2013 年 10 月投入商业运行。

华润电力湖北有限公司一贯秉承"市场导向、结果导向、效率领先、成本领先"的经营理念，不断继承和发扬华润电力在内地成功发展的宝贵经验，追求社会效益和企业利益最大化的核心价值观，积极探索最先进的电厂管理和运行模式，努力建设、经营成为一个安全、经济、环保、高效，在湖北省乃至全国最高水平的发电企业。

一、电厂智能化总体情况

随着国家电改政策陆续出台和环保政策的持续推进，发电企业能耗指标压力持续增加，燃煤电厂的节能减排压力愈发凸显，日益严格的污染物排放标准，越来越低的能耗标准，均为电厂的生产运行提出了更高的要求。近年来，伴随人工智能及大数据技术的兴起，电厂智能化建设愈加重要和紧迫，而其中的首要条件就是要满足数字化电厂的转型要求，解决火电机组运行过程中存在的一些技术难题，如：

（1）运行边界条件复杂多变：煤质多变、负荷多变、气候多变、设备多变，导致行业内的寻优经验在机组运行实时调整上的应用难度大。

（2）火电厂一般都是采用小指标竞赛模式进行考核，但小指标竞赛不能全面反映机组经济水平、无法反应指标波动、无法约束运行操作行为、值级间易产生恶性竞争、指标无法分解到人。

（3）多数火电厂依靠值内个人寻优，优秀值别经验无法共享，电科院或行业专家的经验无法得到有效固化。

华润电力技术研究院携手华润电力湖北有限公司，于 2014 年开展润优益智能寻优指导系统的研发工作，其核心思想是将高级统计分析、大数据技术、人工智能等先进理念应用到火电运行管理中，基于稳定性节能理念，引入稳定判据，挖掘机组最优工况，对运行操作量化考评，实现火电厂运行经验数字化转化、存储、继承和应用，为火电厂带来经济与社会效益。技术路线如图 2-222 所示。

截至目前，该项成果已在国内 30 多家火电项目中得到成功推广应用，通过对机组各个系统运行工况的综合分析与计算，评估系统运行参数的最佳值，指导运行人员，进行优化调整，使系统运行参数逼近最佳值，极大降低机组的能耗指标与排放指标。

二、特色介绍

1. 基于综合最优工况判别技术下的动态标杆值数据库体系建立

火电机组实际运行工况的边界条件存在：煤质多变、负荷多变、环境多变、设备故障频发，同时由于机组蓄热、介质时滞性和流量代替质量的固有问题，使得固有的运行操作指导意见难以发挥作用。

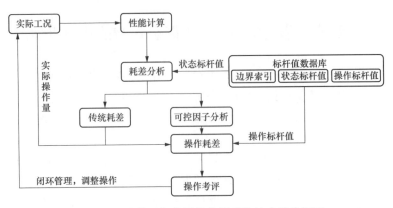

图 2-222　润优益智能寻优指导系统技术路线框图

根据机组各类不可控条件的统计与分析，判断负荷、煤种、设备型号、掺烧方式、循环水温度、大气温度、辅机状态等参数变化范围，依据合理步长，进行分类和综合编码，建立以机组边界索引为关键字的机组综合最优工况动态标杆值数据库体系。

2. 操作耗差分析系统建立

将机组的耗差分析细分为两部分，传统耗差分析（状态变量耗差分析）和新型耗差分析（操作变量耗差分析）。耗差分析系统通过计算、分析出各个中间变量和可控因子在不同种边界条件下实际值与目标值的偏差，对机组运行经济性（供电煤耗）影响的大小，定量定性地描述各项偏差，使有关生产人员及时准确地掌握机组当前运行工况，提示并指导运行人员及时调整。耗差指标汇总分析如图 2-223 所示。

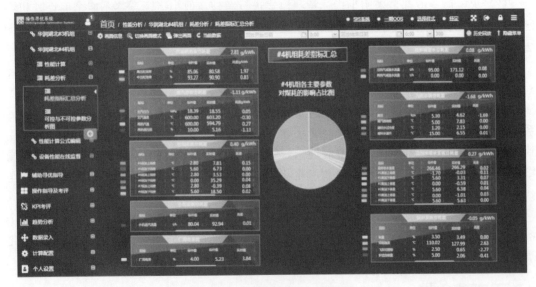

图 2-223　耗差指标汇总分析

3. 动态标杆值数据库建设与操作在线寻优指导

利用大数据分析、人工智能、高精度机理建模等多种技术手段，考虑安全、环保、经济等多个边界维度，搭建机组最优工况标杆值动态计算模型，建立快速、有效的标杆库，并在实际运行时自动捕捉匹配对应工况下的可控因子最优标杆值，为运行人员提供在线操作指导，提升机组运行效率。动态标杆值数据库在线操作指导界面如图 2-224 所示。

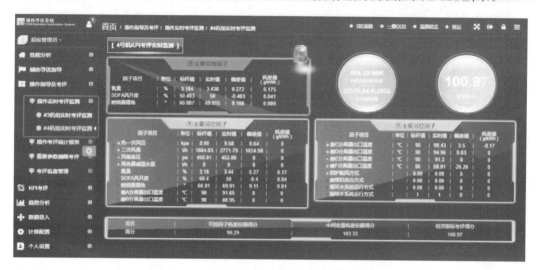

图 2-224 动态标杆值数据库在线操作指导界面

4. 电厂运行精细量化考评管理

基于人脸识别监盘技术与动态标杆值数据库操作量化评价技术，实时计算个人可控因子操作耗差得分，量化运行操作效果，并将机组当前运行效果与个人绩效评价进行关联，而无须值长配盘等烦琐的切换方式。进而实现对运行操作的指导与科学评价，员工可随时查询自己及他人的 KPI 考评结果，实现部门绩效管理的公开、公正、透明。运行精细量化考评界面如图 2-225 所示。

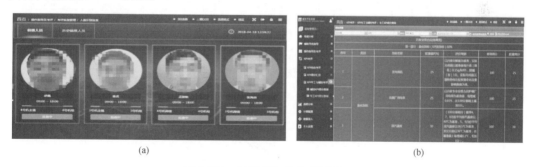

(a)   (b)

图 2-225 运行精细量化考评界面
(a) 人脸识别监盘；(b) 考评量化指标

5. 基于 DCS 平台的嵌入式集成开发与闭环调控

基于 DCS 平台，完成润优益智能寻优指导功能的嵌入式模块编译开发，成功实现与 DCS 平台的深度集成。同时，深入开展模糊算法等先进人工智能理论应用研究，实现不同运行工况最优标杆值的平稳切换与智能推荐，提升控制品质，并通过 DCS 自动控制或值班员进行控制，实现全工况范围的运行操作闭环调整。润优益智能寻优指导功能模块闭环调控如图 2-226 所示。

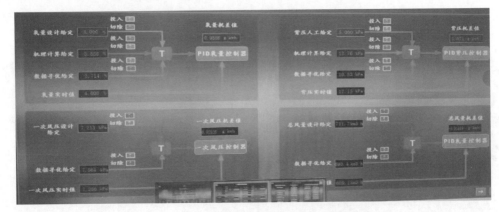

图 2-226　润优益智能寻优指导功能模块闭环调控

6. 润优益使用效果

润优益智能寻优指导系统，通过操作在线指导，结合科学公平的绩效评价，实现了优秀经验的固化与传承，大大提升了生产管控水平，机组运行指标改善明显。润优益投运以来，机组运行稳定性显著提升，系统投入前后主汽压波动对比如图 2-227 所示，班值操作差异趋势图如图 2-228 所示。

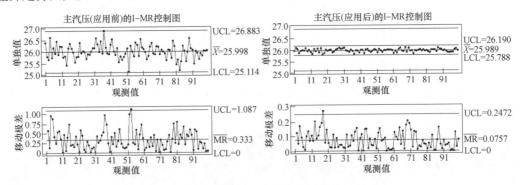

图 2-227　系统投入前后主汽压波动对比

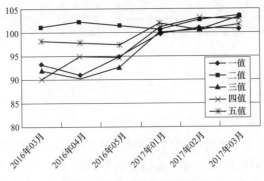

图 2-228　班值操作差异趋势

7. 视频安全管控

视频安全管控实现了工单系统与人员识别系统的数据通信，基于图像识别技术实现了安全帽检测、人脸识别、工服识别、危险源检测、明火检测等功能，服务器部署于集团服务器，需通过外网连接至服务器实现相关检测功能。工服检测模块目前只能检测华润黄色工服，工帽检测模块能检测市面大多数产品。环境危险源检测，使用摄像头能够检测明火、烟雾等。系统检测到违规后会直接推送到手机端进行提醒，目前嵌入到"润工作"App 进行提醒，为提高识别率，根据不同场景的实际情况调整了摄像头的高度和角度，配置可调光摄像头用于夜间拍摄。检测效果方面目前误报率还比较高，问题在于系统学习样本量有限导致模型精度不高，模型鲁棒性有待提高，如在晚上飞虫的飞行对识别效果影响比较大，模型需要现场长时间运行收集足够多的样本对模型进行训练后才能取得满意的效果。

8. 巡检机器人

在主厂房区域和输煤区域使用智能巡检机器人，目前在汽机房和 0m 层两层共用 1 个机器人，可自动搭乘升降梯，并配置有升降臂，能够伸展 1.8m，实现 360°旋转，具有温度检测、声音识别、视频处理能力、压力检测等功能。配备全景摄像头和补光灯、3D 激光雷达、高清摄像头、红外摄像头、升降云台。行驶速度可调，目前可在汽机房 70 多个点进行巡检，单圈巡检时间在 40min 左右。

三、电厂智能化建设经验与下一步工作计划

1. 电厂智能化建设经验

（1）煤质边界实时性检测问题。在火电厂运行过程中，煤质多变是影响机组稳定运行的重要因素，但是目前多数电厂的煤质检测依然依赖于煤质化验，煤质信息存在迟滞性和非连续性问题，将对润优益智能寻优指导系统最优标杆值的在线计算产生一定的影响。

（2）大修、设备老化、设备故障引起的机组性能变化问题。随着机组长期运行，将伴随设备老化、故障、大修等情况的发生，设备性能也将随之发生改变，此时标杆值数据库的适用性将发生变化，对应新工况条件下的最优标杆值，需要依据新的边界状态，进行自适应动态调整，以匹配新的工况边界。

（3）工帽检测夜间蚊虫会导致误识别，检测背景复杂也会导致误识别。

（4）视频识别算法训练所需样本少，多场景适用性差。

（5）相关服务器部署于云端存在网络安全问题。

（6）由于现场环境复杂部分算法测试困难。

（7）视频识别模块对低头识别效果不好，后续计划增加语音提示功能提醒人员抬头检测。

2. 下一步工作计划

（1）智能决策与控制一体化发展。润优益智能寻优指导系统为电厂运行提供最优智能决策，指导运行人员进行操作调控，提升电厂经济效益。后续将逐步实现与 DCS 的技术融合，为 DCS 控制推荐各工况边界下的最优可控因子基准值，从而实现全工况范围的运行操作闭环调整，最终达成少人或无人值守的目标。

（2）打通智能燃料模块，建立生产全流程一体化平台。研发以燃烧最优为目标导向的智能煤场管理系统、基于综合煤耗寻优的配煤掺烧智慧决策系统、智慧煤场无人值守设备控制技术。通过打通燃料、运行关键技术环节，建立以燃烧最优、综合煤耗最低为目标的生产全流程标杆值数据库体系，全面指导生产运行操作，实现全厂生产流程安全稳定高效运行。

第十五节　国家电投集团河南电力有限公司沁阳发电分公司

国家电投集团河南电力有限公司沁阳发电分公司（简称沁阳发电分公司）成立于 2015 年 1 月 20 日，规划容量为 4×1000MW，一期工程是焦作丹河电厂异地扩建 2×1000MW 机组上大压小工程项目，也是国家科技支撑计划"1000MW 高效宽负荷超超临界机组开发与应用"课题的示范工程，是河南省和国家电投"十三五"重点电源建设项目。两台机组分别于 2019 年 5 月 15 日和 2020 年 1 月 11 日通过 168h 试运行。机组投产后，能够向沁阳市产业集聚区提供工业蒸汽 240t/h，同时向沁阳市城区提供居民集中采暖供热 400t/h，民生效应显著。

一、特色介绍

1. 网络和超融合服务器

沁阳发电分公司网络内网网络总体采用星形网络架构，此架构的优点在于易于管理维护、节点扩展、移动方便、易于故障的诊断和隔离。核心交换机采用 2 台 CE12812 核心交换机做 CSS 集群，将 2 台核心交换机虚拟为 1 台，使网络结构更简单，同时避免了核心交换机单点故障的发生。核心交换机通过光口做链路聚合连接接入交换机，既能保证链路的冗余又提高了带宽，接入层交换机根据每层的点位数放置 8 口、24 口和 48 口千兆交换机用来连接各层信息点。内网核心交换机部署防火墙板卡，超融合服务器所有数据通过防火墙板卡进行安全过滤，保护服务器安全。

外网网络总体采用星形网络架构，此架构的优点在于易于管理维护、节点扩展、移动方便、易于故障的诊断和隔离。核心交换机采用 1 台 S7706，配置 AC 功能，核心交换机连接上网行为管理、防火墙，保护网络安全。接入层交换机采用 24 口 POE 千兆交换机用来连接各层信息点和无线 AP，并且每台交换机都有独立的光口，通过千兆单模光纤连接到核心交换机。

使用虚拟化存储技术来构建数据中心，可提升数据中心的资源利用率，实现将计算资源，存储资源，网络资源融合一体的数据中心。对公司各应用系统，采用虚拟化技术，将所有应用服务部署到高性能的虚拟化存储系统上，达到高性能、高可靠、自动化运维的目标。多台服务器存储系统虚拟化成计算资源池，存储资源池，网络资源池（集群），保障虚拟化平台的业务在出现计划外和计划内停机的情况下能够持续运行。超融合技术能将业务的快速发放，缩短业务上线周期，高度灵活性与可扩充性、提高管理维护效率。利用云计算技术可自动化并简化资源调配，实现分布式动态资源优化，智能地根据应用负载进行资源的弹性伸缩，提升系统的运作效率，使 IT 资源与业务优先事务能够更好地协调。超融合主机使用 10GE 网络进行网络连接，保证带宽充足。

超融合实现了计算、存储和网络资源的融合，不再是单独的计算、网络、存储设备，而是预置集成的一体化设备，无须额外配置存储、网络等资源。如果以后有进一步的需求，只需要增加超融合服务器节点，即可满足数字化电厂的新增需求。

2. 三维数字化设计

沁阳发电分公司三维数字化项目是国内首个进行数字化移交的百万机组电厂。沁阳发电分公司三维数字化项目采用国产自主化研发的"互联网＋"三维工厂平台架构，通过基于云技术的数据采集、汇聚、分析服务体系，建立了集设计、建造、运维等多维度数据一体化的高仿真虚拟电厂。

（1）创建了国内精度最高、数据最全的1∶1数字化火电厂模型。

1）模型精度高，达到零部件级；

2）覆盖范围广，涵盖设计院总图、土建、机务、化学、水工、热控、电气等十几个专业；

3）模型体量大，创建约上百万个基本对象，包含设备10 140个，管线9211根，管线总长度约900 000m，支吊架22 147个，涉及45栋建筑物、7处构筑物及地下设施，642卷册11 818张图纸。

（2）国内首次实现了全过程、全专业三维信息综合碰撞检查。给全过程、全专业三维模型进行碰撞检查，优化管道设计，提前发现问题并提供解决方案，提交设计人员进行修改。在基建期预先进行碰撞检查，发现并处理碰撞400余项。

（3）实现了全过程、全专业的三维设计优化。基于三维数字电厂模型，对丹河电厂进行了全过程、全专业的三维设计优化，优化内容包括检修空间距离优化、通道设计安全距离优化等各个方面。项目实施以来，已实现检修通道设计优化7项，检修平台优化9项，阀门操作空间设计优化13项。

（4）实现全专业的火电厂大宗材料统计。基于三维数字电厂模型，自动完成保温材料、阀门、电缆等全专业大宗材料数量及材料性能等相关信息的数据统计，为企业招标和施工提供可靠依据。

（5）建立了完善的设备级和部件级的KKS编码标识系统。针对沁阳公司编码体系进行了详细和系统的梳理，建立了完善的设备级和部件级的KKS编码标识系统，新增KKS编码16万条，其中设备级编码7万条，部件级编码9万条。

（6）实现三维精细化、可视化、自动化的电缆敷设设计及材料统计。基于三维精细化数字电厂模型，实现了沁阳分公司三维精细化、可视化、自动化全厂电缆敷设设计，并自动精确统计需采购电缆数量，降低统计数据与实际工程量偏差，指导采购，节约成本。

（7）建立隐蔽工程的三维数字化精细化模型，指导隐蔽工程施工。建立了隐蔽工程三维数字化精细化模型，包括地下管网、建构筑物桩基、承台、阀门井和雨水井等工程，并通过平台地下管网及负挖功能三维可视化展示隐蔽工程施工模型、管线和图纸、属性、厂家样本等关联信息，并自动计算和统计隐蔽工程的检修时土方量，指导隐蔽工程施工。

（8）实现了三维数字施工交底和基建施工过程虚拟模拟仿真。实现了三维数字化施工交底、辅助图纸会审、三维施工辅助等工作，完成了基建期所有资料的数字转换和设计院、施工单位、业主对接工作。同时，实现了对施工过程的虚拟模拟仿真，为工程施工提供了准确高效的技术支撑。

（9）首次建立了三维精细化锅炉模型。克服锅炉水冷壁管道螺旋布置、斜接管道、方向偏差要求为零、模型复杂且数据量大等建模难题，在国内首次建立了三维精细化、可视化的锅炉数字模型，涵盖本体管道1474根，长度约为708 400m，涉及479卷册16 508份图纸建模，提高了锅炉设计精度，并显著提高了锅炉数据查询效率。

（10）实现了国内火电厂的全专业、全寿期数字化移交。数字化移交严格按照GB/T

32575《发电工程数据移交》标准实施，并且数字化移交与工程施工同步进行。数字化移交涵盖电厂全专业，全寿期，包括合同资料、设计资料、厂家资料、施工资料、调试资料等，所有资料均与三维电厂模型数据自动关联。通过三维模型即可参看该设备的所有属性数据、文档数据。

3. 燃料智能管控系统

采用现代信息技术和物联网技术，将燃料管理环节通过信息流有机联结起来，实现设备自动运行、无人值守，管理数据自动生成、网络传输，工作全程无缝对接、实时监控，实现燃料管理全过程自动化、信息化、数字化，提升燃料管理水平和管理效能。

（1）入厂计量。可在线无人值守过磅，系统自动 LED 屏、语音、控制车辆自动称重过磅，全程无人干预。

（2）采制一体化。采制样一体化实现采样、制样过程联动。按指令一体化运行，完全实现采制样过程自动化、透明化、智能化。煤车到达采样装置时，车辆通过自动识别控制装置，火电厂采用的 RFID 无线射频技术对车辆进行识别。系统控制采样机启停、自动制样、自动选择储样罐并打印编码自动封装样品、气动传输至样品柜、自动取送样品、自动拆包、自动弃样。

（3）采样点监控。系统能够随机对车辆进行全断面采样，使用超声波、红外技术确定采样区域，确保是否停车到位。机械采样装置随机选择采样点采样，并记录采样时间、采样点数。采样头回位后，系统发出语音提示和显示屏文字指示，挡车器抬起放行煤车。

（4）车辆厂内流程监控。系统能够对进出厂车辆厂内状态，进行实时监控，并记录每个出入厂具体流程记录和时间。

（5）监控视频。系统能够对查看每个流程节点的车辆实时视频信息，实现燃料管理过程数据与视频、图形、图片同步。

（6）监卸管理。建立在局域网络上的无线传输；对卸煤进行实时的状态跟踪和操作处理；现场异常处理，实时反馈；现场采样、扣吨反馈管理。

（7）化验室网络。建立化验网络管理，化验设备状态在线获取，数据自动上传。实时查看每个化验设备检测化验项目的过程数据，提高原始化验数据的可靠性，安全性。

（8）平行样预警。实现化验过程、平行样在线监控，化验报告自动生成，实现网上审批。

（9）集中管控中心。根据电厂实际现场布置图，将现场分为若干区域，设置多个信息热点，如进厂、采样、制样、化验、存储、煤场、原煤仓。

（10）移动应用。手机端可以查看当前计划、市场、调运等相关信息。具体业务可以针对不同需求进行开发定制。

4. 智能配煤掺烧系统

建立科学、闭环的燃煤耗用管理体系，以掺烧反向指导燃煤采购、发电运行，提高燃煤数据对生产经营决策的支持能力。针对在不同负荷及运行参数条件下，生成合理的配煤方案。系统按照煤场存煤情况及斗轮机所在位置自动精确计算煤场取煤方案，并在煤场图示上标记待取煤分区，有效指导取煤上仓过程。根据下达的掺配方案跟踪每个煤仓的上煤情况，结合机组运行参数对方案实际情况进行反馈评价。

（1）自动掺配计算。以热值与硫分为主要掺配指标，根据发电负荷计划或运行上煤指令，自动形成基于一定原则（成本或能耗排序高低）排序的配煤方案，方案待相关人员确定后执行。

（2）配煤方案预览。对配煤方案（计划）进行预览（动画），包括配仓方案（量、质、取煤位置、执行时段），取煤方案（取量、质量、空间位置、执行时间、顺序），执行状态模拟，预知配煤方案执行状况。

（3）掺烧方案评价。通过采集燃烧混煤的各项指标数据，对掺配的方案进行对比、分析，通过统计到热值、硫分、灰分等数据和发电量进行对比，对掺烧方案进行评价。

根据上煤要求、煤场存煤数据、来煤数据形成生成各类配煤方案，自动形成配煤方案（基于成本或能耗排序）和上煤指令，包括在煤场的哪个区域多少米到多少米取多少煤，经审核（调整）确认后使用，审核流程可根据实际情况设置。

5. 安全生产支持系统

安全生产支持系统建设的目标是开发一套电厂安全生产管理支持软件系统（以下简称系统），实现与门禁、视频和 ERP "两票"等相关接口的对接，将已有的门禁系统、监控系统等接入平台，并与 ERP 系统中的"两票"管理模块关联，整体实现门禁授权、车辆管控、视频监控、两票联动、危险源上报、违章查处、统计报表分析等主要功能。

（1）车辆管理。

1）车辆登记。录入车牌号码时系统会对数据库中现有车辆进行模糊查询，如果车辆之前登记过，系统会自动关联出发动机号和行驶证号等信息；已有访客是通过访客录入界面中录入的随车访客，如果存在多个随车访客需要全部右移，保存后即可实现访客和车辆的关联。

2）车辆查询。根据车牌号码、行驶证号、发动机号、驾驶员名称等查询条件对访客车辆进行查询。

（2）门禁卡管理。提供制卡中心功能，门禁卡管理范围包括主要门禁卡的录入、人员绑定、授权、挂失等，以及与门禁卡管理相关的查询和授权群组管理。

安全生产管理支持系统通过与 ERP 两票模块进行接口，实现对工作票、操作票、动火票出票后执行过程中的全过程监控，包括两票信息查看、两票执行过程步骤管控、两票执行时间、工作场所管控以及办结反馈等功能。

1）作业区域智能管控。

a）系统规范各种工作票中工作负责人和工作组成员的行为，杜绝工作人员在没有授权的情况进入工作场所工作。工作票由具有授权权限的运行在值人员根据工作票的需要，对进入相关区域的工作票负责人、工作组成员予以授权。

b）系统采用主副卡授权制度，只有工作票负责人拿"主卡"授权，其他工作人员获得"副卡"授权，当执行工作时，只有"主卡"刷卡进入生产区域时，"副卡"才可以刷卡进入，"主卡"离开，那么"副卡"权限自动回收。

c）按照工作的大小，被授权人员仅具有工作票时限的门禁进入权限，超过时限权限自动回收，但是刷卡可以离开工作场所，并被系统记录。总之，只有授权的人，并且在设定时段内才可以通过具有权限的门禁，其他人员则无法通过。

d）当操作票负责人等执行人员具有相应权限时，自动屏蔽"巡检"等长期工作权限，当工作完成后，自动恢复长期工作权限。

e）集控室可以进行门禁的集中操作，授权人可以根据需要远程控制任何一个门禁的开关状态。

2）门禁联动授权。

按人员授权：门禁授权方式为针对每个员工，可以选择多个区域进行授权，并且可以分别查询出已授权门禁和未授权区域信息。

按区域授权：门禁授权方式为选择某个区域，针对某个区域，给多个员工授权，并且可以分别查询出已授权门禁和未授权区域信息。

3）外协单位管理。系统用户可以添加外协单位信息，并进行增删改查的操作处理，使用上先登记外协单位，再登记该外协单位下面的外协人员。

登记和查询：系统管理人员可以按照模版批量导入外协人员，系统需要对导入模版格式进行校验，对已存在数据信息进行过滤，也可以对外协人员进行单个录入，实现外协人员管理。根据姓名、身份证号、性别、工号、职位等查询条件对外协人员进行索引查询。点击查询按钮显示出索引结果。

人员违章管理：系统用户可以登记外协人员的违章情况，上传违章照片作为违章信息留存，便于相关部门负责人查询。

4）监控系统。提供一整套涵盖门禁、视频、定位在内的管理软件，实现人脸识别、人员定位，用于全厂安全生产的监控和管理。

6. SIS 系统

SIS 系统采用 OSI-PI 生产实时数据库和 Oracle 关系数据库，采用 B/S 结构构建发电机组生产监视及管控一体化信息系统，OSI-PI 能够保证数据的实时性和稳定性。SIS 应用模块可根据需要度身定制，具有良好的经济性和可扩展性。数据发布采用 Web 方式，通过灵活、多变的方式按照角色定制所需信息。

（1）建设分为四步：

1）硬件安装调试，综合布线。

2）接口通信，流程图组态，平台发布。

3）性能计算，专业报表等模块开发实施。

4）系统完善、技术培训、提交文档、验收。

沁阳发电分公司力求将 SIS 的实时作用发挥到极致，不做普通记录性的报表和展示类的报表，生成统计类、分析类报表以及有问题的报表。流程图方面，锅炉画面 33 幅、汽轮机画面 43 幅、电气画面 13 幅、除灰除渣 13 幅、辅网画面 30 幅、脱硫画面 41 幅、性能计算画面 22 幅，全厂合计流程图数量为 320 余幅。

对外数据接口方面，对燃料系统开放只读权限视图，SIS 系统通过定时任务将数据写入 PI 数据库。对汽轮机系统直接通过 API 方式调用 PI 的实时和历史数据，用于分析和展示。

（2）系统特点：

1）实时数据秒级采样与存储，实际实施中额外多部署了两台 OPC 才使得所有的设备都达到秒级。

2）全新的工艺流程展示方式。

3）趋势图辅助验证测点报警明细。

4）能耗寻踪-能量损耗指标分解。

（3）项目价值分析：

1）实现的数据共享和生产过程实时信息监控，为发电生产的经济运行、节能降耗提供了分析与指导。

2）生产把报表、性能计算、耗差分析等模块在生产管理中为发电部、生产技术部发挥了重要作用。

3）为集团公司运营监管、远程诊断、环保数据等平台上传生产实时数据，为企业决策提供了可靠依据。

4）为发电企业生产运营的数据资源向数据资产转化提供有力支撑。

7. 智能仓储

智能仓储管理系统将二维码打印技术、无线智能终端识别技术、移动应用技术、物联网及大数据分析应用到电厂仓储作业各环节中，快速完成物资的货位存放指引、到货入库上架、库存盘点记录、领料出库登记等业务操作。系统将仓库、货架、库位、批次等信息进行统一编码并建立二维码档案，通过无线智能终端实现对物品的精准定位与识别。通过扫描二维码，支持库存快速盘点、物品移库跟踪、物品领用登记等业务的高效办理。集成需求计划、询比价、到货验收等采购模块，支持对物品的追根溯源，实现对备品供应商、质保期等信息的全生命周期管理和追溯。

二、电厂智能化建设经验与下一步工作计划

1. 电厂智能化建设经验

（1）电厂智能化建设方案总体设计。电厂智能化建设应以实际需求为出发点，利用智能化手段解决"安全主体""成本中心"这两个企业经营管理定位的主要问题。采用最新的信息技术，设计出高度现代化、自动化、智能化、集约化的数字化电厂总体方案，规划建设内容与实施步骤，指导电厂智能化建设。

（2）智能燃料。数字化煤场初步实现了料场可视化、料场作业管理调度、料场信息管理、煤场堆取料方案管理等功能，整体功能需要进一步优化。后续将实现斗轮机无人值守、智能掺配等功能。

（3）已完成三维平台与SIS的通信接口，但没有找到数据接入后的价值，运行人员反馈在三维图上查看各个参数不如直接在SIS中看方便。

（4）电厂计划开展设备拆解图三维建模工作，但厂商不提供图纸，建议计划做三维建设的电厂前期在技术规范书中明确后期建模所需的数据。

（5）全部B/S结构实际使用时受到限制，不使用插件从而导致一些功能无法实现，现已接受使用插件。

2. 下一步工作计划

（1）一体化平台建设。基于一体化平台实现运行、检修、安防、经营等多应用场景单点登录、多系统数据有机融合、多层级作业统一提醒。以一体化平台为枢纽，充分利用现有系统的数据与资源，建立数据交互平台，实现电厂信息系统的互联互通。包括ERP数据分析与集成、燃料数据分析与集成、SIS数据分析与集成、可视化安防数据集成、点巡检数据集成等。

（2）智能燃料。以建设无人值守斗轮机为核心，依托"采制化"自动化系统，进一步完善数字化煤场建设方案，包含配煤掺烧功能等。通过燃料采购指导、数字化煤场、智能掺配、智能采制化实现燃料智能管控。

（3）可视化安防。可视化安防系统在已实现的人员识别、车辆自动识别基础上，通过人员识别、行为识别等深度图像识别技术与门禁、两票、外委管理等安全管理内容相融合，实现人员识别与可视化定位、可视化违章管理、智能门禁、外委管理、智能两票、电子围栏、车辆自动识别、安全培训等功能应用，从而实现施工人员全覆盖、作业区域全覆盖、安全流程全覆盖的全厂安全管理全覆盖。

（4）智能运行。在沁阳公司现有的厂及监控系统（SIS）基础上，进一步实施运行优化指导、仿人智能 AGC、智能喷氨、控制回路性能监测、无断点 APS、凝结水节流、阀门流量特性优化等项目。

（5）智能点巡检。通过设计高频巡检点处的摄像头方案以及视觉识别算法，实现巡检点内部无死角全覆盖，降低巡检点检查频次，达到降低巡检人员工作量的目的。

第十六节　浙江浙能台州第二发电有限责任公司

浙能集团投资建设 2 台 1050MW 超超临界燃煤发电机组，2015 年底投产，2019 年开始智能化电厂建设，被列为浙江省数字化车间智能工厂称号，2021 年下半年完成智能化建设项目验收工作。

一、电厂智能化总体情况

浙能集团智能化电厂建设是浙能集团在"四个革命、一个合作"能源安全新战略指引下，以深入落实"数字浙江"战略为抓手，全力打造"数字浙能"体系的重要节点。以台州第二发电有限责任公司两台 1050MW 机组为示范试点，利用先进的工业互联网、大数据挖掘、5G 通信技术、深度学习等技术，将电厂中的设备、物资、知识等各类资源进行有机整合，基于赋能服务平台，建设智能生产应用系统、智能决策、智能监盘、智能燃料，旨在打造"人机协同、清洁高效、本质安全、智能决策"型的新型智能化电厂，同时也为浙能集团的发电生产构建一种特有的新型服务生态系统。浙能集团智能电厂总体框架如图 2-229 所示。

二、特色介绍

1. 赋能服务平台

数据价值的挖掘是数字化转型的关键，快速完成大数据分析建模、海量数据快速清洗、数字化成果转化和业务知识提炼等工作，一个集团级资源共享业务中台定位的可视化建模服务平台——赋能平台，是智能化电厂生态建设的重要环节。

浙能集团智能化电厂以工业互联网为基础，以智能化电厂"智慧大脑"建设为抓手，创新性地提出了"赋能共享服务和云边闭环协同"的总体思路，打造智能化电厂赋能服务及智能生产应用，通过发电生产知识库构建、状态性能监测、故障预警诊断、云边协同管控等技术研究，将生产业务逻辑、数据分析、建模测试和业务应用进行分层解耦，实现知

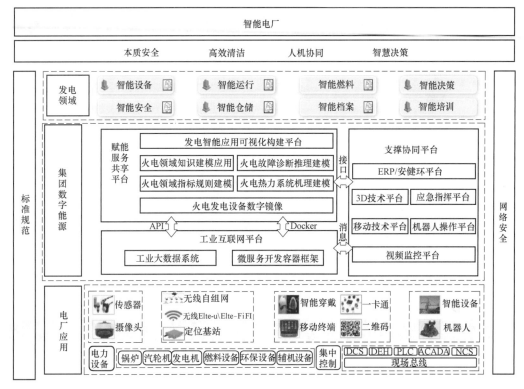

图 2-229　浙能集团智能电厂总体框架

识经验、数据信息、算法算力、模型实例的创新融合，采用微服务、微应用开发容器框架，增强了业务模型的快捷开发、在线部署和移植复用，并拥有全部知识产权。

同时该系统作为边缘物联中枢，综合"智能决策、智能设备、智能运行、智能燃料、智能安全、智能仓储、智能档案、智能培训"八大生产业务，联通电厂各类智能设备、移动应用互联互通，映射浙能集团统一门户和 ERP、安健环支撑平台信息，引领全面标准化、信息化、网络化建设，推进人工智能在发电厂生产、经营和管理等全方位应用。

（1）设备数字镜像。设备数字镜像是构建规范化、标准化数字镜像的支撑系统，包括数字镜像模型的定义与构建、实体与虚拟模型的接口映射和数据交互等，为智能生产应用提供多维度设备资产信息支撑，设备数字镜像管理界面如图 2-230 所示。通过数字镜像实现对发电设备信息资产的全息描述，为发电设备数据资产提供统一门户或信息画像，形成可供业务人员、软件人员使用的开发环境，包括设备台账、知识库、规则库、案例库、静态数据、动态数据、应用、算法、模型、图档等信息资产。智能化电厂各个业务系统建设时需要从该模块提供的统一共享服务中获取设备信息数据。

（2）指标计算建模服务。指标计算建模服务为业务人员提供火电厂指标计算模型、数据特征可视化定制开发功能，实现设备各类指标的标准定义管理和实例化操作。智能化电厂各个业务系统构建指标计算模型时需要使用该模块提供的功能完成可视化建模，指标新增界面如图 2-231 所示。

（3）系统特性机理建模服务。系统特性机理建模服务是通用热力学建模组态，主要用于热力系统循环热平衡在线特性推演运行。基于多个设备元件的可视化组合构建开发，实

231

图 2-230 设备数字镜像管理

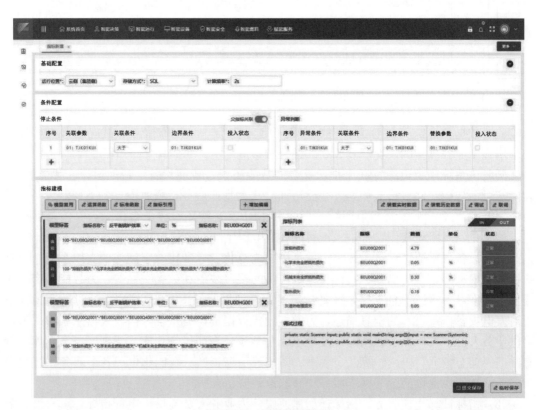

图 2-231 指标新增界面

现发电设备机理组件管理、各系统各设备机理模型的构建和在线模拟变工况运行仿真和变工况特性计算可视化调试和评估场景的构建；可用于现场设备的变工况运行仿真、生产状态评估、系统故障模拟评估、系统优化评估等业务场景，提供科学计算、动态特性建模和仿真一体化的、全过程的开发、调试和运行支撑功能，内置汽轮机本体、冷端系统、回热系统、给水系统变工况特性计算基础模型和数理修正模型，汽轮机系统特性分析模型如图2-232所示。

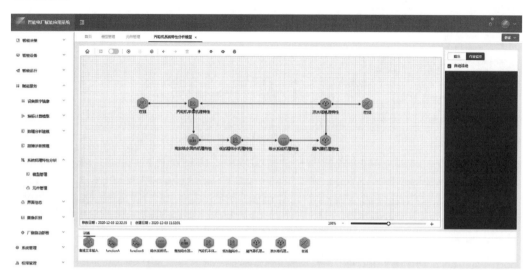

图 2-232　汽轮机系统特性分析模型

（4）数理分析建模服务。能够为业务人员提供火电厂设备故障诊断推理可视化定制开发功能。实现设备故障诊断推理模型的创建、在线运行，通过灵活可配的可视化建模服务和多种故障诊断模型，对设备运行状态进行分析，对发生故障的设备进行诊断和定位，并提出控制故障再次发生的措施和建议，减少设备故障率，用于电厂的设备故障诊断的管理需要。智能化电厂各个业务系统构建故障诊断分析模型时需要使用该模块提供的功能完成模块化自助建模，引风机性能模型建模过程如图 2-233 所示。

（5）故障推理诊断建模服务。故障推理诊断建模服务能够为业务人员提供火电厂设备故障诊断推理可视化定制开发功能。如图 2-234 所示，实现设备故障诊断推理模型的创建、在线运行，通过灵活可配的可视化建模服务和多种故障诊断模型，对设备运行状态进行分析，对发生故障的设备进行诊断和定位，并提出控制故障再次发生的措施和建议，减少设备故障率，用于电厂的设备故障诊断的管理需要。智能化电厂各个业务系统构建故障诊断分析模型时需要使用该模块提供的功能完成模块化自助建模。

（6）业务应用界面可视化组态服务。能够为业务人员提供火电厂智能应用业务展示界面可视化定制开发功能。如图 2-235 所示，业务人员基于内置的主题风格、展示组件和业务展示模型采用拖拽方式快速开发自定义的应用展示界面的功能。

2. 智能生产应用系统

（1）设备预警诊断。设备智能预警诊断基于智能化电厂业务赋能服务系统构建，如图2-236 所示，预警应用主动及时发现设备潜在异常；诊断应用快速剖析异常、准确定位故障，给出处理措施和纠正预案。通过对生产历史数据进行建模，构建针对正常数据集合的状态智能预警模型；构建针对已知异常、缺陷、故障数据集合的智能识别模型和分类判据模型。通过领域知识移植、相关系统抽取、业务专家知识转化三种方式集成构建设备故障

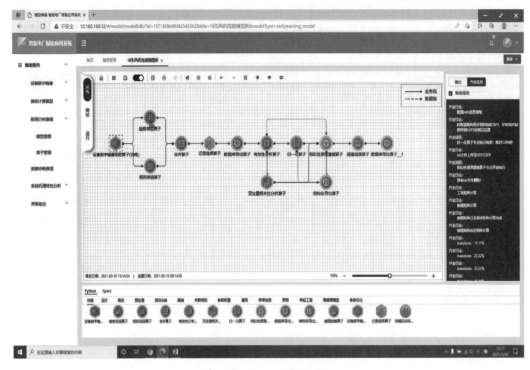

图 2-233　引风机性能模型

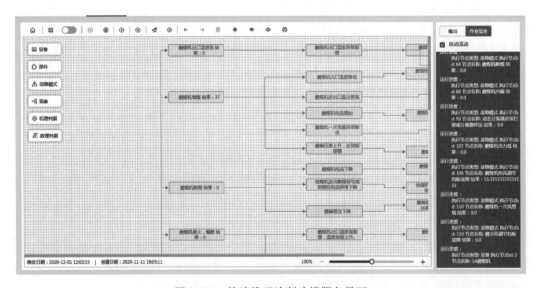

图 2-234　故障推理诊断建模服务界面

机理知识库。通过数理非正常模式识别和设备故障推理模型对设备异常现象进行故障风险推理，定位高风险故障，经过专家确诊后，完成相关信息推送和管理流程发起。

（2）能效监测优化及诊断。能效监测、诊断及优化是通过对机组能效指标进行实时监测以及对历史工况进行在线分析，利用机理分析和大数据分析手段，对机组运行状态进行能耗诊断，剖析并发现导致能耗异常的症结。利用大数据及数理方法实现实时在线寻优，

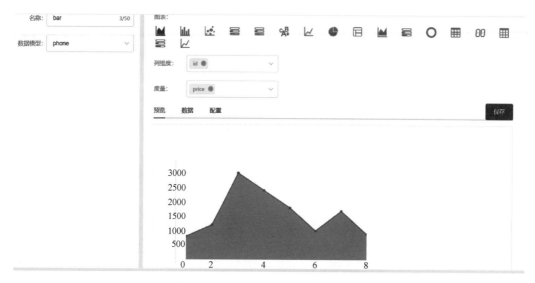

图 2-235　应用界面可视化组态服务界面

图 2-236　设备预警诊断界面

计算并对比当前工况与历史最优工况的能耗差距，并为运行人员提供能耗优化的运行参考依据，辅助提升机组的节能水平。能耗在线监测画面如图 2-237 所示。

（3）冷端优化闭环。冷端优化闭环运行系统是运行优化闭环运行的重要组成部分，充分考虑机组运行特性及环境因素，利用冷端系统各设备性能，根据符合预测及天气预报数据，得到最佳运行真空，计算得到设备最佳运行方式，进而使机组达到最佳经济运行状态，提升电厂节能效果，实现对机组运行过程中的 DCS 冷端闭环优化。冷端优化闭环运行系统如图 2-238 所示。

（4）吹灰优化闭环。吹灰优化模块是以能量守恒定律、传热学和工程热力学原理为基础，建立软测量模型、统计回归、模糊逻辑数学及人工神经网络等分析运算体系，构建不

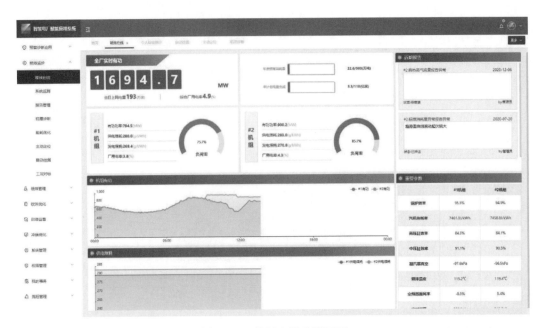

图 2-237　能耗在线监测画面

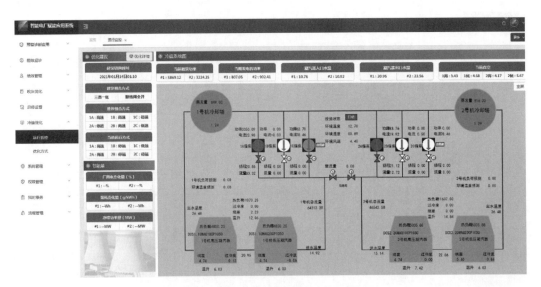

图 2-238　冷端优化闭环运行系统

同受热面的污染增长模型和经济性分析模型计算,权衡吹灰带来的收益和支出,判断当前状况下,锅炉是否需要进行吹灰操作,确定较优的吹灰模式,并提示吹灰顺序。如图 2-239 所示,将污染程度进行量化处理,显示实时参考画面和污染数据,使各受热面的污染率"可视化",并根据临界污染因子及机组运行状况提出优化策略,同时进行必要的 DCS 闭环反馈逻辑组态连接,从而实现智能优化、"按需吹灰"和节能降耗、提高锅炉效率并举。

(5)智能启停监督。在机组启停过程中,从安全性和经济性两个方面进行监督,以机

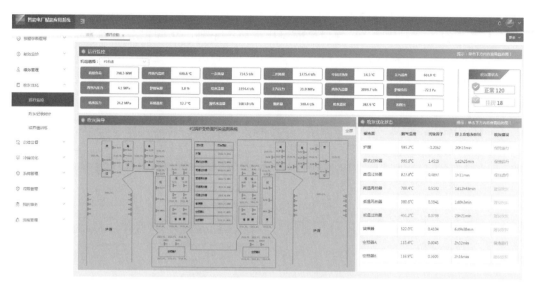

图 2-239　吹灰优化运行监控画面

组运行规程和操作票为标准，通过异常报警和在线指导，辅助现场人员改进操作，防止异常；机组启停完成后，自动生成分析记录，协助专工形成启停报告；建立启停过程监督标准，对启停过程关键点实时诊断，实现目标偏差、变化率计算、异常提醒、操作建议、启停记录等功能。

智能启停监督画面如图 2-240 所示，能够展示启机过程的主要监控参数，包括汽轮机参数、发电机参数和锅炉参数。监控参数可按实际需求进行配置，可通过曲线选择时间查看相应参数的实际值，可以查看各辅机设备与最优记录启动时间节点对比。

图 2-240　智能启停监督画面

（6）运行绩效。运行绩效管理能够根据电厂考核规则对全厂生产数据、运行工作数据进行实时考核指标得分计算和绩效竞赛排名，以方便运行操作人员根据实时得分情况及时调整运行参数，指标累计得分采用时段均分形式或累加形式，并在同幅页面中列出个人、本值和其他值的月度实时得分，通过横向对比分析得出班组之间得分差异最大的指标，如图 2-241 所示。各指标具备参赛、退赛功能，可以进行人员、班组、岗位之间的对比，并具备查询一段时间内的数据进行下载导出功能。通过运行绩效管理系统达到运行绩效监管与指标考核在企业内部的闭环管理、将业绩以指标量化的目标。

图 2-241　运行绩效管理界面

3. 智能决策

智能决策系统主要是对于发电企业的成本构成和影响成本变动的因素进行分析之后以图形化的形式将数据直观地展示出来。主要包含以下几项内容：

（1）通过计算度电边际成本（如图 2-242 所示），生成发电煤耗散点趋势图以及度电边际趋势图；

（2）成本指标报表展示总度电成本日报表月报表以及年报表；

（3）供电利润展示月度日利润以及年度月利润；

（4）对于录入指标的维护可进行历史查询；

（5）度电成本的指标查询、趋势查询，以及对度电成本进行分析，以树状图的形式展示实时成本。

4. 智能监盘

智能监盘能够通过智能化手段，将运行规程和电力安全规程结构化，主动对运行中的各类参数（温度、压力、液位、振动、电流、流量、流速、氧量、电导等）和设备状态（启停、备用、检修、开启、关闭、异常）进行监测，并根据重要程度依次将运行波动呈现给监盘人员，并给出相应调节手段、调节量以及所产生的影响和效果，定制巡点检任务，指导现场监盘人员更好、更优地调整机组运行，降低运行人员工作强度，提高工作效率。智能监盘监控画面如图 2-243 所示。

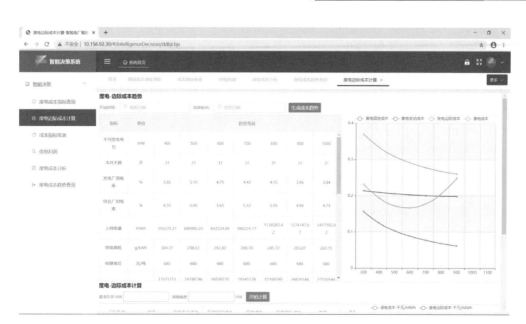

图 2-242　度电边际成本计算

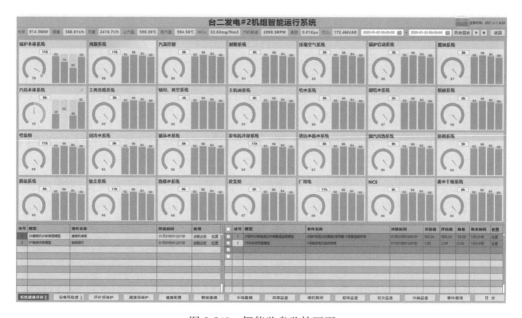

图 2-243　智能监盘监控画面

5. 智能燃料

在智能化电厂的框架下，围绕智能配煤掺烧的研究和功能开发为核心，实现整个燃煤运行生命周期的闭环管理。围绕燃料高效使用和优化管理这个中心点，建立燃料特征码全程追踪模型，实时掌握燃煤动态信息。对每个批次的不同煤种，根据电厂、船名、年度、航次、煤种生成一个唯一的特征码；通过特征码紧密关联了燃煤的众多属性，包括煤种、煤质、船名、船次、日期、发货煤量、水尺煤量、煤堆位置、煤堆煤量、煤堆、煤质、入炉煤仓编号、煤仓煤量、煤仓煤质、时间等。通过特征码实现燃料从离港、到港、入厂、入炉及燃烧整个生命周期的智能化管理；根据锅炉燃烧的经济、安全、环保预测及实际分析，反馈到电厂的燃料采购需求，建立一个有反馈的闭环系统，使得发电煤耗、锅炉排放、燃料运行成本之间实现最佳耦合。

系统的建设从燃料管理的顶层目标和要求出发，从整个燃煤运行生命周期的全面信息感知入手，利用自动化和信息化手段，提高装备设施的自动化和智能化水平，实现设备、燃料、人员和系统间相互连通，设计建立自动、实时、完整和丰富的数据仓库，研究开发分层次、多模块、交互性、可拓展的应用软件平台，规划建立图形化、数字化、实时性、高可靠、智能型的满足电厂安全、经济、环保运行需要的智能燃料系统。

系统主要由智能燃料管理系统、智能燃料盘煤系统、智能燃料指挥调度系统、堆损智能检测系统组成。系统建设达到如下目标：

（1）具有良好的扩展性的软件系统，便于今后功能扩展。将用户端管理平台与服务器端数据 API（应用编程接口）分别进行开发。用户端管理平台采用 B/S 架构，采用当下流行的网页开发技术，确保系统所有功能均能够通过浏览器进行使用，同时允许对页面菜单进行扩展。

服务器端数据 API 将所有数据封装成 RESTful 风格 API，以 API 接口形式发布，并确保其调用安全，允许二次扩展时能够在权限验证后对现有所有数据进行访问。

针对现场设备状态查询以及煤场调度等功能开发相应的移动端网页，满足远程处理事务的需求。

（2）建立接口丰富的数据平台。为了有效实施各个系统功能，开发建设智能燃料数据平台，为智能掺烧提供作业平台及和其他系统的数据接口，预留数据接口供第三方采集，同时为未来集团层智能燃料平台提供基础。平台主要包括燃料设备运行数据采集接口、来煤预报、船舶 AIS、煤价指数、ERP 和 PI 数据接口等基础数据及数据接口，封闭煤场控制系统数据接入。

（3）部署支持一键启动的智能盘煤系统。智能盘煤系统利用激光实时盘煤能快速准确获取数字化三维堆场信息，为智能燃料系统提供准确客观的煤垛煤量和三维模型等信息。同时，盘煤数据参与斗轮机自动全自动控制，实现一键启动自动堆、取煤及防撞煤堆功能。

（4）研究煤堆温度实时检测技术在堆损预测中的应用。通过在 3、4 号煤场干煤棚内部署红外测温系统，通过建立煤堆外表面温度-煤堆内部温度模型、煤种-温度热量损失模型，预测堆损变化趋势，并根据其确定煤场堆取优化方案，降低燃煤运行成本。

（5）优化燃料管理流程。通过对燃料管理业务的梳理，在智能燃料管理系统建立覆盖燃料全生命周期的燃料管理流程，让燃料管理人员能够方便地获取燃料各阶段的相关数据。

（6）建立配烧选优模型并开发相应智能配煤模块。通过建立煤质-负荷-效率模型，结合储备煤种、典型配煤方式、机组配煤参数等电厂燃料管理方式，提供优化后的配煤方案队列供选择。

利用堆煤策略制定堆场分区、分块规则和堆煤计划，根据卸船机全自动控制系统接口数据、现有存煤分布、未来配煤需求、来煤煤质、堆损预测及调度特殊需求（如进口煤指定煤场），形成智能堆煤策略，以降低输煤单耗及煤场堆损。

堆煤、配煤方案选定后通过斗轮机全自动控制系统及皮带机程控系统实施。

（7）开发灵活查询的统计报表。包含形式多样的、能够有效提升燃料管理水平的统计报表模块。

（8）可视化分析模块。通过对大量燃料数据的关联性分析，发现数据相关性，并通过可视化图表的形式进行展示。

第十七节　国家能源集团江苏公司太仓发电厂

国能太仓电厂于 2017 年开始策划智慧电厂的建设工作，2018 年 5 月成立了智能智慧中心，具体负责智慧电厂建设规划、项目组织实施等工作。近三年来，太仓电厂因地制宜、持续探索智慧电厂建设道路，不断提高自动化、信息化水平，并逐步向智能化发展，初步形成了具有自身特色的智慧电厂雏形。在此基础上，2020 年太仓电厂提出"全面创建新时代智慧发电企业"，力争建成具有示范引领作用的智慧电厂。

一、电厂智能化总体情况

国能太仓电厂智慧电厂建设以价值创造为宗旨，以数据赋能、创新驱动为手段实现生产经营方式变革，按照"技术先进、规模适度，整体规划、分步推进"的建设方针，目标将太仓电厂建设成为"安全、绿色、高效、精益"的国内一流智能智慧火电企业，太仓电厂智慧电厂建设理念如图 2-244 所示。

智慧电厂：通过数据对生产和经营过程充分赋能，优化资源配置，持续实现价值创造。

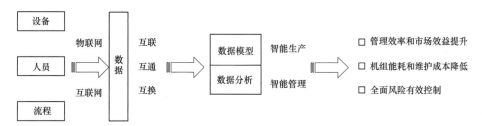

图 2-244　智慧电厂建设理念

国能太仓电厂智慧电厂总体架构设计为三层架构，即基础设施层、平台层和应用层，具体架构图如图 2-245 所示。

（1）基础设施层"一网两中心"——工业互联网＋计算与存储中心。提供网络、计算、存储等基础资源，连接控制系统、智能设备和外部系统等边缘点。

（2）平台层"一掌三平台"——钉钉移动办公平台＋业务管控平台＋数据平台＋三维虚拟电厂平台。对数据集中和共享，并在移动端和 PC 端实现用户统一管理和业务协同。

（3）应用层"三大能力中心、六大应用中心"——流程中心、报表中心、绩效中心＋运行监控中心、设备诊断中心、燃料监管中心、风险应急中心、成本利润中心、安防监视中心。向用户提供通用能力和专业应用，能力中心具备敏捷开发功能，专业应用大量采用大数据、人工智能技术进行预测分析。

二、特色介绍

1. 智慧电厂基础设施
（1）通信网络。

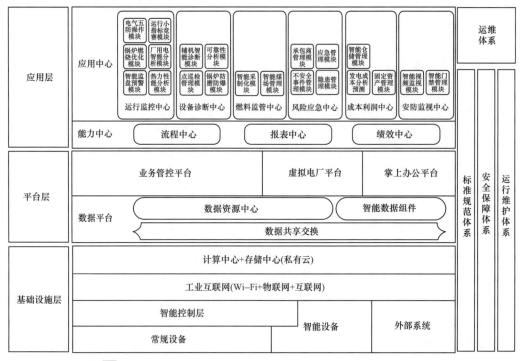

注：□为待建或拟建。

图 2-245　三层架构示意图

安全稳定的网络架构则是智慧电厂的基础，坚持以安全、稳定为原则对智慧网络进行顶层设计，持续加强通信网络建设，积极落实网络安全要求。经过三年时间的改造和不断优化，建设完成了内外网安全隔离、终端准入认证、工业 Wi-Fi 全覆盖的工业互联网系统，为各类智慧应用，如无线点巡检系统、设备智能诊断系统、智能门禁系统的建设奠定了坚实基础。

国能太仓电厂网络系统规划为数据中心级别，干路万兆，接入千兆。厂内全区域实现无线覆盖，用户可随时快速稳定地接入企业网络。网络采用双核心虚拟化设计，汇聚层、接入层均为双链路冗余设计，并通过实名认证、安全准入确保数据中心网络系统安全运行。

数据中心网络已初步形成"一个方向、三个区域、四层防护"的安全防护架构，通过使用防火墙、入侵防御系统、日志审计系统、流量控制系统、网络隔离装置、防毒墙、WAF 应用防火墙、堡垒机等安全设备实现网络防护从被动防御到主动防御的飞跃。与热工专业、二次专业负责的生产大区防护区域联合形成全方位的企业网络安全防护体系，为智慧电厂应用系统互联互通，数据高速传输提供安全稳定的高速公路。

（2）计算中心。

为提高资源利用效率，增强系统可靠性，降低信息化运营成本，采用 VmWare 技术实现中心机房服务器资源虚拟化，VmWare 研究报告数据如图 2-246 所示，形成弹性资源池。虚拟化计算中心是数据共享计算模式与服务共享计算模式的结合体，是计算模式的发展方向。虚拟化设计一方面有效提升硬件资的可用性，避免因硬件故障导致的应用中断，另一方面减少对服务器运维，帮助信息人员把更多的时间和成本转移到对业务的投入。

虚拟化计算中心采用 4 台高性能服务器构建分布式计算系统资源库，将系统的计算分布在系统资源池，统筹考虑整体系统的利用情况，具备节约计算资源、快速部署系统的能力。计算中心能够及时将资源切换到需要的应用上，提高整个系统的设备利用率，降低软硬件的单位费用。随着智慧电厂建设的推进，信息化业务量快速增长，依托虚拟化计算中心可使智慧应

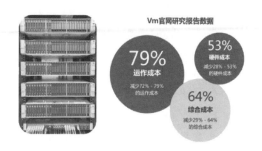

图 2-246　VmWare 研究报告数据

用快速部署。目前计算中心在役虚拟机 28 台，备用虚拟机 9 台，CPU 占用率约 25%，内存占用率约 52%，具备较好的扩展能力。

（3）存储中心。

采用去中心化分布式集群管理技术和数据多副本存储技术实现超融合架构的数据存储中心，为计算中心提供高可扩展和高可靠的分布式存储功能物性，具备水平线性扩展、自动化数据快速重建、高性能快照与回滚、在线升级扩容、多路径存储服务、故障自动检测修复等能力，保证数据高可用。存储中心空间记录如图 2-247 所示，存储中心双复本设计，总容量 40T，已使用 18T。使用备份一体机进行灾备，对常规文本数据、虚拟机整机、数据库等重要数据进行灾难级备份。

名称 ↑	状态	类型	容量	可用空间
datastore(1)	✓ 正常	VMFS 6	271.5 GB	265.96 GB
datastore(4)	✓ 正常	VMFS 6	271.5 GB	265.96 GB
datastore1 (2)	✓ 正常	VMFS 6	271.5 GB	265.96 GB
datastore1 (3)	✓ 正常	VMFS 6	271.5 GB	257.6 GB
NAS157	✓ 正常	NFS 3	14.42 TB	8.84 TB
vsanDatastore	✓ 正常	vSAN	39.2 TB	22.2 TB

（数据存储　数据存储群集　数据存储文件夹）

图 2-247　存储中心空间记录

2. 智能化电厂平台

（1）业务管控平台。

业务管控平台作为电厂唯一的工作门户，实现了用户及权限的统一管理，制定了消息接口标准便于各应用系统的集成，并可通过个性化定义提高用户体验。平台基于实时分析、科学决策、精准执行的闭环赋能体系，打通电厂各类应用的数字鸿沟，实现生产资源高效配置、软件敏捷开发，支撑企业持续改进和创新，最终实现电厂运营的智慧化管理，主要功能有主数据管理和业务集成。

1）主数据管理。业务管控平台提供标准接口服务，各业务模块通过消息总线的方式实现主数据统一管理。设备主数据采用定期同步的方式与集团 SPA 系统保持一致，测点主数据通过生产实时系统获取，人员主数据定期同步钉钉平台组织架构，报表主数据与报表中心保持一致，指标主数据在数据中台完成汇总计算后推送至业务平台，保证各智慧模块基础数据统一。

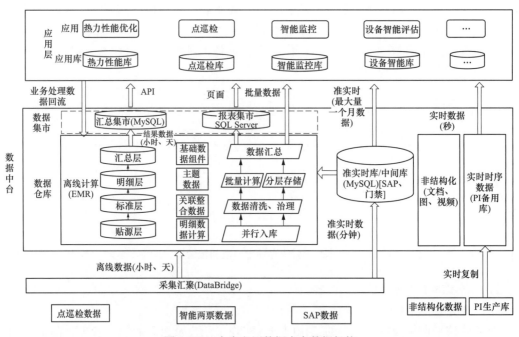

2）业务集成。业务管控平台提供集成容器，电厂各类应用系统、数据资源和信息资源调用容器进行展示，基于消息总线实现业务系统消息的汇集和分发。平台已完成生产实时系统、智能监视预警系统、热力性能优化分析系统、锅炉燃烧优化分析系统、电气五防监控系统、点巡检管理系统、锅炉防磨防爆管理系统、设备智能评估系统、安防视频系统、门禁管理系统等业务系统的集成。

（2）数据平台。

采用大数据处理解决方案，统一管理厂内各类数据，基于数据平台采用分布式架构，存储能力和计算能力可横向扩展。支持与常见数据源如 Database、Hadoop、HDFS 和文件进行数据交换，以及流式数据导入，实现数据的清洗转换功能。

在基础数据处理平台基础上，构建太仓电厂的设备主题库，实现设备数据的统一汇聚、清洗治理，并构建设备主题数据模型，以方便系统建成后围绕设备相关的数据进行分析、挖掘。设备主题库将支撑太仓电厂设备资产分析、诊断及运维管理工作。

数据平台具备高兼容性便于融合其他业务系统，保证业务的信息共享、流程整合，整体框架如图 2-248 所示。

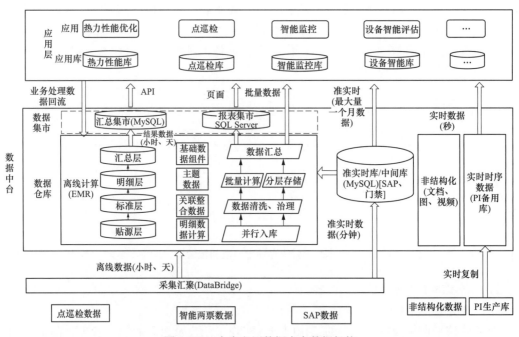

图 2-248　太仓电厂数据中台数据架构

数据中台是数据存储和计算的中心，采用国内主流的大型数据库技术，具备采集和存储 SAP 系统、设备点巡检系统、PI 系统等第三方企业数据库能力（有科学合理的同步机制），大型数据库技术基于大数据和云计算技术的架构，并提供相应的数据库软件和计算软件。

数据中台系统底层应采用 X86 分布式计算框架，提供可线性扩展的海量数据处理能力；在此基础上，通过数据治理和数据开发，建立相关数仓主题库；数据中台系统需要具备强大的安全防护能力，保障在数据开发、运维和平台使用过程中的数据安全。

太仓国华电厂数据中台总体内容见表2-12。通过数据工具集成至数据平台，实时性数据直接推送至各个应用方前置库，后期再通过数据工具集成至数据平台，以形成整体数据中台把控。在业务系统数据可采集、数据集成平台数据源类型支持的前提下，采集上述数据源系统中设备相关的数据信息，针对按周期更新的数据，通过配置周期数据采集任务，实现设备数据的周期性增量同步。

表 2-12　　　　　　　　　　　　　　　　数据中台功能

序号	名称	具体内容
1	建设保障类	安全组织、安全策略、安全技术和运维保障体系
2	基础资源平台	设备基础库建设
		指标基础库建设
3	大数据处理平台	离线计算服务
		实时计算服务
		数据开发服务
		数据算法服务
		数据治理服务
4	应用支撑服务	应用支撑服务

3. 报表中心

报表中心与数据平台进行双向数据交互，可以"专业、简洁、灵活"地设计出各业务所需的报表和驾驶舱等，轻松搭建数据决策分析系统。如图 2-249 所示，报表中心可以进行表格、图形、参数、控件、填报、打印、导出等报表中各种功能的设计，是集报表应用开发、调试、部署的一体化平台。

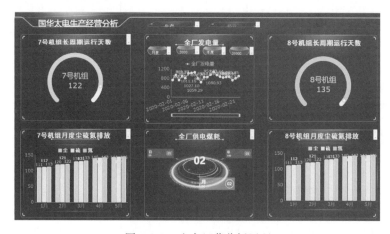

图 2-249　生产经营分析画面

（1）报表设计。采用零编码的设计理念，绝大多数操作通过拖拽即可完成。设计器采用的是类 Excel 的风格，同时支持多 Sheet 和跨 Sheet 计算，兼容 Excel 公式，支持公式、数字和字符串的拖拽复制，支持行列变化时单元格引用的内容自动变化等，用户可以所见即所得地设计出任意复杂的表样，主要指标数据表如图 2-250 所示。

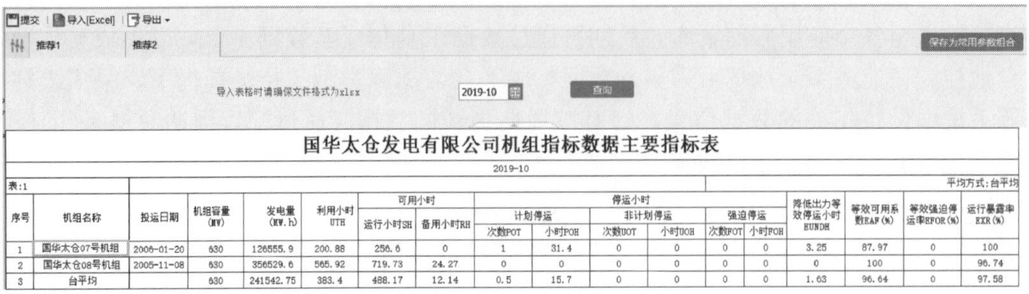

国华太仓发电有限公司机组指标数据主要指标表

2019-10

表:1　　平均方式:台平均

序号	机组名称	投运日期	机组容量(MW)	发电量(MW.h)	利用小时UTH	可用小时		停运小时						降低出力等效停运小时EUNDH	等效可用系数EAF(%)	等效强迫停运率EFOR(%)	运行暴露率EXR(%)
								计划停运		非计划停运		强迫停运					
						运行小时SH	备用小时RH	次数POT	小时POH	次数UOT	小时UOH	次数FOT	小时FOH				
1	国华太仓07号机组	2006-01-20	630	126555.9	200.88	256.6	0	1	31.4	0	0	0	0	3.25	87.97	0	100
2	国华太仓08号机组	2005-11-08	630	356529.6	565.92	719.73	24.27	0	0	0	0	0	0	0	100	0	96.74
3	台平均		630	241542.75	383.4	488.17	12.14	0.5	15.7	0	0	0	0	1.63	96.64	0	97.58

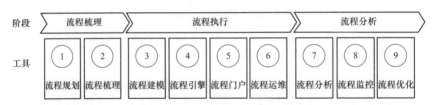

图 2-250　主要指标数据表

（2）数据整合。实现多数据源关联，跨数据库跨数据表取数，简单应用多业务系统数据，集中相关业务数据于一张报表，让更多数据应用于经营分析和业务管控。通过报表设计器，简单灵活设计所需报表。通过数据决策系统，进行报表统一访问和管理，实现各种业务主题分析、数据填报等。

4. 流程中心

流程是数据的发动机，是未来数字化企业、平台化组织的神经网络，流程中心采用业务流程执行平台某厂商的 BPM 平台，九种 BPM 技术如图 2-251 所示。通过共享一个集约化、开放性的 BPM PaaS 平台帮助企业低代码实现对流程管理、流程执行、流程分析的全生命周期管理，实现运营管理与 IT 技术的超融合。

图 2-251　九种 BPM 技术

BPM 平台实现运营管控与 IT 技术的超融合，示意如图 2-252 所示。业务梳理的流程可以直接在 BPMS 执行，从不同视图双向调整流程，低代码、轻量级、集约化的 PaaS 平台，建立卓越的流程管理体系，进而提升企业整体管控能力，持续获取竞争优势，提升体验的同时打通企业流程 IT 能力。

5. 运行监控中心

（1）运行参数智能监视预警系统。

预警系统通过实时跟踪电厂设备全寿命周期内的运行情况，通过电厂数据的有效分析，识别设备的潜在异常情况，并予以提醒，针对不同测点，系统能够提供差异化的三级预警服务如图 2-253 所示，让运行人员能够有的放矢地进行设备的巡查，三级预警系统在严重程度上是递进关系。

1）三级预警：通过传统的设备设计安全线进行预警，严重程度最高，部分测点三级预警越线后会触发相应的自动控制，第三级预警预示着将有严重事故发生。

2）二级预警：第三级预警的安全裕度较大，在实际运行过程中运行人员会根据设备

图 2-252　BPM 平台示意图

的运行情况设置新的预警线，此过程缺乏科学依据与方法。第二级预警通过测点的历史运行数据，智能识别测点历史值的概率密度函数，通过置信度的设定自动地设置测点的预警线，相对于第三级报警线，二级报警线更为敏感，更为贴近设备实际运行情况。

3）一级预警：第一级预警即利用人工智能算法，通过设备参数之间的关系表征设备异常，在统一的算法框架下，每一个预警模型都具有很强的针对性，都融合了设备专家与数据分析专家的丰富经验。根据实际使用场景的不同，第一级预警分为测点级以及系统级。

4）预警管理：系统能通过短信、邮件的方式实时地将设备预警信息推送给对应的专工、专家。远程监控人员能在线对设备预警情况进行复位，或添加相关备注信息，同时能对设备历史预警信息进行统计分析，从而进行更进一步的设备诊断工作。三级预警系统能有效识别发电设备的潜在故障，节省故障排查时间，保障设备的连续安全运行。

（2）热力性能优化分析系统。

1）汽轮机阀门特性优化。汽轮机阀门特性优化系统采用了先进的智能控制算法，分析电厂运行实时监测的汽轮机阀门工况参数以及控制性能参数，优化汽轮机阀门控制特性，实现流量升程的线性矫正，给出切合机组实际情况的阀门流量特性曲线，使机组在阀门切换过程更平稳，负荷扰动更小，增强机组变负荷和一次调频的能力，对提升阀门控制性能，保证机组安全、高效地运行具有重要意义。

阀门流量-升程特性曲线智能优化系统包含以下内容：

a）多工况下汽轮机阀门控制特性分析。通过电厂提供实时监测的电厂汽轮机机组运行的工况数据以及 DEH 系统的阀门控制特性参数，采用基于流形学习的数据降维分析方法，双方共同分析多工况下的汽轮机阀门控制特性，并制定优化曲线函数。

b）多工况下阀门流量/升程曲线优化。优化阀门流量/升程控制曲线的线性度，包括单阀、顺序阀的流量/升程曲线矫正、优化。阀门流量升程曲线修正如图 2-254 所示。

c）阀门流量特性偏差趋势实时监测。基于深度学习技术，根据历史运行数据及实时汽轮机参数，实时监测汽轮机阀门流量、升程特性变化，并在阀门流量特性发生一定程度的

机组	报警点	点描述	报警信息	级别	报警时间	结束时间	持续时间	处理标志	反馈信息
7号机组	TC.7_7ATC_IOVB2X	#7机组轴振动2#X向	瞬时值:53.34,超过上限值53.12	2	2020-01-15 16:37:15	2020-01-15 16:42:08	5	已处理	模块优化中
8号机组	TC.8_8DAS0DTE1E1706	#8机组汽动给水泵B自由端轴承温度	瞬时值:67.86,超过上限值67.83	2	2020-01-15 16:16:19	2020-01-15 16:21:12	5	已处理	模块优化中
8号机组	TC.8_8DAS0DTE1E1706	#8机组汽动给水泵B自由端轴承温度	瞬时值:67.5,超过上限值67.28	2	2020-01-08 06:36:10	2020-01-08 07:12	40	已处理	模块优化中
8号机组	TC.8_8DAS0DAI2F2304	#8机组小汽轮机B驱动端轴承振动Y向	瞬时值:49.19,超过上限值46.57	2	2020-01-08 06:21:02	2020-01-08 06:51:03	30	已处理	模块优化中
8号机组	TC.8_8DAS0DAI2F2204	#8机组小汽轮机B驱动端轴承振动X向	瞬时值:54.33,超过上限值53.11	2	2020-01-08 06:21:02	2020-01-08 06:46:07	25	已处理	模块优化中
8号机组	TC.8_8DAS0DAI2F2305	#8机组汽动给水泵B驱动端轴承振动Y向	瞬时值:52.11,超过上限值50.87	2	2020-01-08 06:16:03	2020-01-08 06:41:08	25	已处理	模块优化中
8号机组	TC.8_8DAS0DAI2F2205	#8机组汽动给水泵B驱动端轴承振动X向	瞬时值:52.74,超过上限值50.13	2	2020-01-08 06:16:03	2020-01-08 06:41:08	25	已处理	模块优化中
7号机组	TC.7_7DAS0DTE1D2306	给泵汽机A正推力轴承温度1	瞬时值:61.44,超过上限值60.96	2	2020-01-08 06:06:49	2020-01-08 06:26:49	20	已处理	模块优化中
7号机组	TC.7_7DAS0CAI2F2303	A小机#1轴承(自由端)振动Y向	瞬时值:39.28,超过上限值35.38	2	2020-01-08 06:06:47	2020-01-08 06:31:46	25	已处理	模块优化中
7号机组	TC.7_7DAS07PT280805	引风机A EH油压力	瞬时值:0.0,超过下限值8.464	2	2020-01-08 00:32:06	2020-01-08 00:36:57	5	已处理	模块优化中
8号机组	TC.8_8DAS0DTE1E2503	#8油泵汽机A后轴承温度2	瞬时值:67.29,超过上限值67.28	2	2020-01-07 22:26:16	2020-01-07 22:31:11	5	已处理	模块优化中
8号机组	TC.8_8DAS07AI280703	#8送风机A自由端轴承振动	瞬时值:1.253,超过上限值1.226	2	2020-01-07 21:15:19	2020-01-07 21:20:18	5	已处理	模块优化中
7号机组	TC.7_7DAS0CTE1D2403	给泵汽机A负推力轴承温度1	瞬时值:54.6,超过上限值54.46	2	2020-01-07 08:32:12	2020-01-07 08:57:14	25	已处理	模块优化中
8号机组	TC.8_8DAS07PT280403_M	#8送风机A电机调省油压	瞬时值:2.825,超过上限值2.827	2	2020-01-07 02:15:33	2020-01-07 02:35:34	20	已处理	模块优化中
7号机组	TC.7_7DAS07TE1E3801	引风机A推力轴承温度3	瞬时值:62.81,超过上限值62.78	2	2020-01-06 14:31:58	2020-01-06 14:36:57	5	已处理	模块优化中

图 2-253　三级预警显示

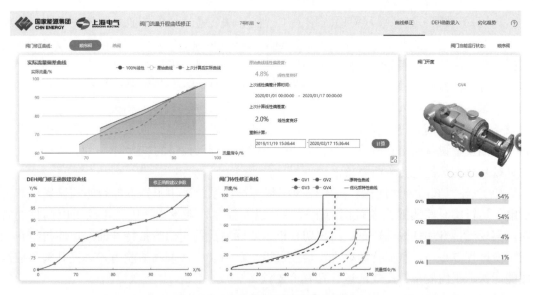

图 2-254　阀门流量升程曲线修正图

改变时发出报警。阀门流量特性偏差趋势如图 2-255 所示。

从机组运行数据出发，对阀门流量特性线性度进行在线监测、对比，给出修正方案，将有效改善特定工况下阀门指令晃动的问题，提升负荷控制响应速度，提高控制精度及调节品质。

2）热力性能智能分析。汽轮机组智能运维系统性能管理包含了性能镜像仿真、运行智能优化、性能异常预警等方面。性能镜像仿真，充分利用物理模型、传感器更新、运行

图 2-255 阀门流量特性偏差趋势

历史等数据，集成多物理量、多尺度、多概率的仿真过程，在虚拟空间中完成映射，从而反映相对应的实体装备的全生命周期过程。性能镜像仿真是运行智能优化、异常预警与诊断的基础。运行智能优化基于优化条件和优化逻辑，使用优化算法寻找最优运行状态，为运行优化提供指导。性能管理充分实现了对机组状态的全面监测与掌控，运行潜力的深度挖掘和管理，降低运维过程中的不确定性，保障机组的高效可靠运行。

a）性能镜像仿真。性能镜像仿真是机组性能管理的核心基础，是基于物理模型和数据挖掘分析技术建立的与实际电厂热力系统相匹配的数字孪生模型，可以实现与现场运行数据的实时通信、在线和离线性能状态的监测分析、设备性能长期跟踪与评估等功能。性能镜像仿真模型与电厂的运行数据直接对接，可以对机组实时运行数据计算评估，即在线计算。性能镜像仿真可以获得机组全面详细的运行参数和特性参数，不仅能对机组整体性能指标进行计算，而且可以实时地对各个设备性能状态进行评估。通过数据的积累，对全年机组变工况的性能变化情况以及各个设备的贡献情况进行全面分析，从而为设备性能异常诊断、运行优化和技改决策等提供基础的性能评估数据。性能镜像仿真作为一个主要功能模块集成到智慧运行系统平台上，与平台上的其他模块可实现无障碍通信。太仓电厂已完成"全厂性能""汽轮机性能""锅炉性能""凝汽器性能""高压加热器性能""低压加热器性能"六个性能镜像仿真，热力性能智能分析平台如图 2-256 所示。

b）运行智能优化。运行智能优化系统是在性能镜像仿真的基础上建立起来的，基于目标电厂精确的热力仿真模型和运行数据挖掘技术，通过配置丰富的优化算法库、优化分析工具、优化结果评估功能块等，对比分析当前机组状态、环境边界下的机组运行期望值，并实时计算以各参数期望值运行下的热力系统性能收益，给出相关的性能指标和优化调整参考方案。电厂运行人员可在模块内根据在线反馈结果及解决方案建议进行参考实施，实现在不同机组状态、不同环境因素下的优化运行。

对电厂数据的挖掘过程，是通过电厂分布式控制系统（DCS）、厂级监控信息系统（SIS）、厂级管理信息系统（MIS）等数据库对机组特征参数进行提取，经过预处理、

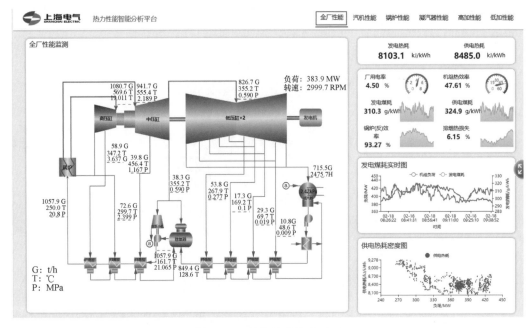

图 2-256 性能镜像仿真画面

检验后利用数据挖掘与机理指导相结合的方式进行综合研究，并依据离线学习得到的知识积累对在线数据进行分析，实时提出安全经济运行决策，指导机组调整方向，离线数据挖掘与深度学习过程如图 2-257 所示。

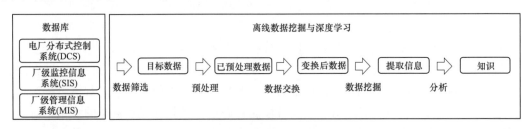

图 2-257 离线数据挖掘与深度学习过程

（3）锅炉燃烧优化分析系统。

1）智能燃烧系统。智能燃烧模块采用在尾部烟道布置在线巡测分析系统，此系统能够实时准确地完成烟气成分的分析及测量。测量的数据远传至服务器后，由数据分析系统对实测数据和 DCS 运行数据进行汇总分析及判断，并在管控一体化平台上呈现燃烧状态、焓增状态、温度状态、煤耗影响、沾污系数、O_2/NO_x 等，实时了解锅炉的运行状态，并为电厂提出运行调整建议及处理预警，提高机组运行整体参数。实现锅炉的智能化、精细化燃烧调整的要求。

a）燃烧状态。根据尾部巡测数据传至服务器后，对数据进行汇总分析及判断，并结合 DCS 显示的实时数据，对燃烧状态是否正常进行评估，当出现诸如切圆偏斜、反切不足、正切不足、超限报警（O_2/NO_x 和主再热汽温及偏差等参数），界面状态条会变为红色，向当值运行人员发出预警。同时显示当前状态下各高温受热面的左右两侧偏差情况，其中包括各级受热面的焓值及出口汽温对比，以便运行人员实时直观地了解燃烧及运行状态。

b）温度状态。通过显示高温再热器和高温过热器的左右两侧出口蒸汽温度及偏差情况，运行人员可以实时判断左右两侧汽温的变化趋势及是否处于合理范围内。

c）煤耗影响。通过显示一段时间内再热器减温水、再热蒸汽温度、过热蒸汽温度等分别对煤耗的影响程度。同时可显示一段时间内再热器减温水、再热蒸汽温度、过热蒸汽温度对煤耗的影响程度叠加后的曲线。

d）沾污系数。通过显示分隔屏过热器、后屏过热器、末级过热器、低温再热器、高温再热器等各级受热面的沾污系数随时间的变化趋势，如图 2-258 所示，当数值在绿色区域范围内时，则表示受热面沾污在正常范围内。当超出正常范围后系统将会给出吹灰调整建议，以供运行人员参考执行。

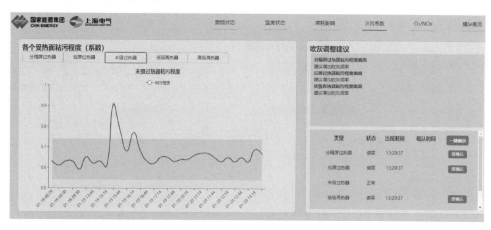

图 2-258　沾污系数变化趋势显示

e）O_2/NO_x 界面。概览界面如图 2-259 所示，显示当前状态下就地巡测远传的不同测点位置的 O_2/NO_x 数据分布图，同时实时显示当前班值的 O_2/NO_x 平均值。出现异常状态情况（切圆偏斜、反切不足、正切不足、O_2/NO_x 和主再热蒸汽温及偏差超限等）时提出报警及相应的燃烧调整建议。

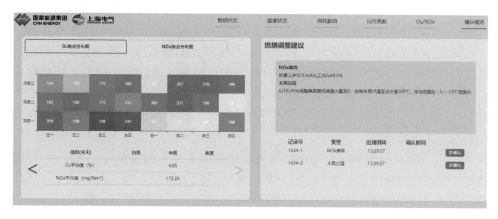

图 2-259　模块概览界面

2）高温腐蚀监测及预警系统。高温腐蚀监测及预警系统采用在水冷壁区域布置 H_2S

在线巡测分析系统，此系统能够实时准确地完成烟气成分的分析及测量。当在线巡测分析系统测量的 H_2S 数据远传至服务器后，由数据分析系统进行汇总分析及判断，并在管控一体化平台上呈现风量配比及硫化氢监测值及前 4 超限历史趋势，实时监测炉膛水冷壁贴壁 H_2S 浓度，并为电厂提出运行调整建议及检修处理预警，提高机组运行的安全性。

风量配比及硫化氢监测系统如图 2-260 所示，统计实际运行工况下的燃烧器各区域配风占比与基准最优工况之间的区别，硫化氢监测值区域将就地巡测的各个测点的 H_2S 数值进行显示见图 2-260，当 H_2S 浓度大于 $300\mu L/L$ 时，模块将发出预警；将根据 H_2S 浓度超标的具体情况，给出不同的运行建议，并通过统计水冷壁的总燃烧时间、总腐蚀时间、高温腐蚀风险率、水冷壁寿命，在高温腐蚀风险率及水冷壁寿命，前 4 超限历史趋势，当超过允许值时将发出预警，提醒电厂进行检查更换。

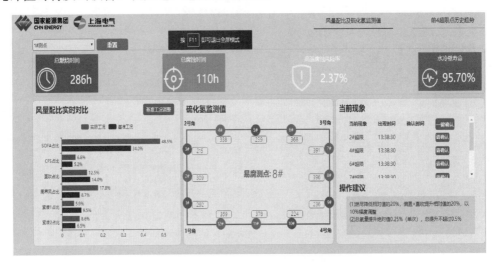

图 2-260　风量配比及硫化氢监测显示

（4）锅厂用电优化分析系统。

厂用电优化分析系统基于全厂发电厂用电率这个总的研究目标，通过多个功能模块实现厂用电指标计算、厂用电指标查询、全厂在线电能平衡监测、厂用电标杆建立及管理、厂用电对标、厂用电分析和优化指导等。系统的总体结构设计、开发、部署和实施，都依据生产现场实际情况进行。系统数据来源于电厂的 PI 实时数据库，实现全厂厂用电指标统计与计算、厂用电标杆建立、厂用电对标分析及建议指导。系统的设计是模块化的、可配置的，可以充分结合电厂的实际情况和特殊需求进行配置，保证良好的应用。系统服务器使用电厂提供的专用虚拟化服务器。系统与电厂管控平台一体化集成，接受用户方管控一体化平台对本系统的管控。

1）厂用电指标计算及查询。指标计算为厂用电全部指标配置层级、关系和计算公式，分层级建立厂用电指标体系，包括厂级、机组级、系统级和设备级。在系统中以树状图形式呈现，系统同时配置统计功能指标，包括月度、周度、日度等范围的统计，这些指标可以实现实时计算生成结果并进行存储，提供系统其他功能模块随时调用。指标计算是其他功能模块的基础。厂用电指标查询是对厂用电指标的调用、展示如图 2-261 所示，如指标历史趋势查看、厂用电指标报表等。

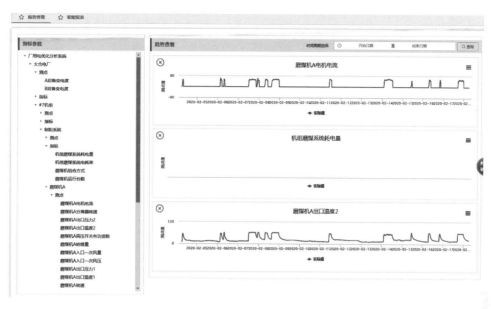

图 2-261 指标趋势查看界面

2）全厂在线电能平衡监测。对全厂电能平衡进行在线监测，可以实时展示发电机组有功电能的输送、转供、分布及厂用变压器损耗等全面情况，显示厂用电范围内输入电能和有效电能等之间的平衡关系，反映电厂和机组的厂用电分布状况、厂用电消耗水平、厂用变压器损耗及外供用电量情况，帮助电厂人员客观量化地整体评估厂内电能消耗现状，为分析厂用电节电潜力提供重要参考。

3）厂用电标杆建立及管理。系统通过对自身和同类对象的历史数据的挖掘寻优可以建立不同边界条件（负荷、环境温度、煤质、运行工况等）下不同层级（厂级、机组级、系统级等）的厂用电标杆。厂用电对标界面如图 2-262 所示，标杆包括范围、目标、因素三个方面，范围反映和决定可比性，目标即要对比的某一个指标，因素即影响目标的要素。基于此，用户通过标杆建立界面可进行灵活选择和配置。

4）厂用电对标及分析和优化指导。厂用电对标即当前的工况或指定的工况，与选择的标杆进行对比。由于标杆的多层级和丰富性，系统实现电厂层、机组层、系统层、设备层用电指标的历史纵向对标，也可实现机组层、系统层、设备层的横向对标。对标形式灵活多样，可以根据不同人员需求进行灵活选择。每个人都可以根据自己的需要进行对标。对标评估单可以支持协同办公，例如发送专工审阅等，实现闭环流转。在机组运行过程中，负荷变化、燃烧工况、运行调整及操作等多方面因素对机组运行会产生不同的输出。系统配置逻辑库和知识库，根据底层因素（主要为现场运行参数）的偏差给出原因分析或建议措施。

6. 设备诊断中心

（1）设备智能状态评估系统。

设备智能状态评估系统如图 2-263 所示，通过就地数据采集器构建基于 Wi-Fi 的分布式设备状态监测网络，对设备振动状态进行实时监测和故障分析；其次连接 SIS 系统获取设备的温度、开度、电流等常规运行状态数据，采用大数据挖掘与人工智能技术对

图 2-262　厂用电对标界面

设备的运行状态进行分析与劣化趋势预测，实现基于振动与运行状态数据的多源信息融合的设备状态智能评估，为设备的运行管理、维护和预测检修提供决策依据。本系统还具备便捷的扩展功能，为后续其他主机或辅机纳入系统提供接入扩展服务，并可为远程分析提供接口。

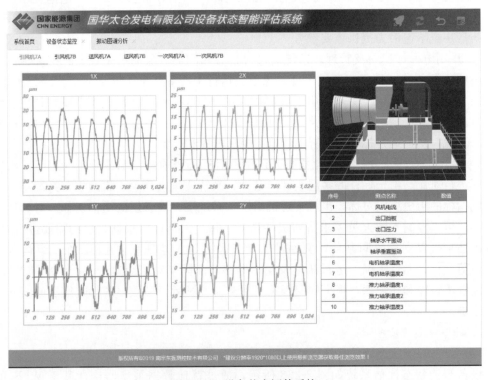

图 2-263　设备状态评估系统

系统构建分布式设备状态智能评估系统监测网络，融合振动与运行参数建立设备状态数据库，采用大数据挖掘与人工智能技术实现设备的实时状态评估、故障分析与劣化趋势预测。系统由分布式监测硬件系统、振动分析系统、基于大数据挖掘与机器学习的智能评估模型等三部分组成。

1）分布式监测硬件系统。采用就地式数据采集器实现振动信号采集，通过无线通信方式（Wi-Fi覆盖区域）将振动数据发送至集控中心的状态数据库服务器。现场振动数据采集器向状态数据库服务器发送数据时需实施有效的单向物理隔离，保证它们之间的数据是完全单向地由现场振动数据采集器流向状态数据库服务器。

2）振动分析系统。设备振动监测分析功能，包括：振动状态监测、振动信号分析、趋势分析、参数配置、数据存储与管理、报表生成、打印、通信等，能对异常振动进行报警，报警阈值可以设置。

3）智能评估模型。利用电厂SIS系统的生产运行数据，融合辅机振动、温度、开度、电量等状态参数，实现基于多源信息融合与人工智能技术相结合的辅机状态智能评估，并对辅机的运行趋势进行预测，为辅机的运行管理、维护和检修提供依据。同时，构建单机-全厂-集团等多层次数据通信网络架构，为形成基于现场＋远程的机组智慧运维体系预留空间。设备状态参数监测画面如图2-264所示。

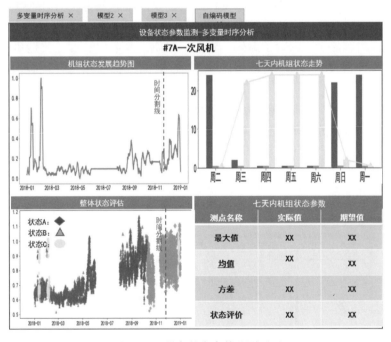

图2-264　设备状态参数监测画面

（2）锅炉防磨防爆管理及预警系统。

三维可视化智能检修平台通过搭建统一的检修信息管理平台，将原有的碎片化、零散化的检修信息统一管理，首先通过管子编码技术，对管子部件进行统一编码，每一个1200mm长度的单位管段对应一个单独的编码，做到精确到零部件级别，三维模型与实际设备精确对应，然后通过Java开发环境，与电厂的管控平台相融合，实现设计信息、改造信息、检修信息，分析预警服务信息实时展示，让数据不再沉睡，并实时发挥作用。锅炉三维智能检修信息查询画面如图 2-265 所示。

图 2-265　锅炉三维智能检修信息查询画面

1）设计信息。设计信息包括：①基本设计信息：主要包含零部件的管子编码、管段、材料、长度、外径、壁厚、最小壁厚、设计温度、设计压力及备注信息（涉及长度信息的单位为 mm，温度信息的单位为℃）。②部件改造信息：主要包含改造后的零部件（未改造过的零部件则无内容显示）的管子编码、管段、材质、改造后长度、改造后外径、改造后壁厚、改造后设计温度、改造后设计压力、改造时间、备注信息，同样具备排序功能。③设计图纸。

2）检修信息。锅炉三维智能检修系统检修信息画面如图 2-266 所示，对于不同材料的部分以不同颜色加以区分，单一材质的管段颜色相同。每一个受热面管屏都有一一对应的材质状态图，直观无障碍显示管屏的材质分布情况。按照定位的管段，可根据导入管段的检修信息，自动呈现管段的检修状态，不同的检修状态通过颜色进行区分，把未更换、已更换、最近更换和准备更换的管段以不同颜色区分开来。

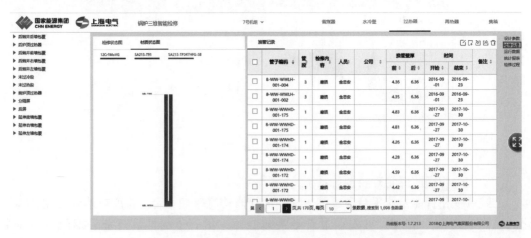

图 2-266　锅炉三维智能检修系统检修信息画面

3）运行数据统计。在运行数据页面中，可统计各个受热面零部件的管段的超温时长及吹灰时长。超温时长与管子氧化皮量等检修信息相结合，吹灰时长与管子壁厚等检修信息相结合，对管段进行壁厚和氧化皮预警分析，使从前沉睡的数据得到了有效利用。

4）统计报表。将每次壁厚的检修数据批量导入系统，系统可自动统计并分析每次检修壁厚的情况，并生成图表，如图 2-267 所示。对每次检修时，单一管段的壁厚变化进行展示，根据煤种、负荷等条件对未来的壁厚走势进行预测。同时结合设计参数，实现壁厚的安全预警。系统自动统计每次检修后氧化皮的测量情况，可对检修期间，管段的氧化皮量的变化通过图表的方式进行展示，测量数据可实现批量导入，也可进行手动修改，保证数据的准确性。根据检查情况，负荷率等参数对氧化皮的剥落情况实施预警，有效保护机组的运行安全与稳定。

图 2-267　锅炉三维智能检修系统统计报表画面

5）检修过程。检修过程功能包括检修情况概览和检修过程控制。检修情况概览，包括检修内容、检修时间、检修人员、检修公司、检修区段、检修情况、磨损情况、壁厚情况等信息，可实现实时查阅，方便调取信息一目了然。检修过程控制主要目标是实现检修项目的可控可追溯，将检修项目精确到人，除展示各项检修信息外，还可通过上传检修文件包，对历次检修的文件和报告统一化管理，方便检修人员查阅，杜绝从前的报告分享不及时，检修信息不匹配的问题的发生，大大提高了检修人员的工作效率。

三、电厂智能化建设经验与建议

1. 电厂智能化建设经验

（1）电厂私有平台与区域分公司平台的关系。目前国家能源集团江苏分公司正在建设分公司级别的智慧电厂平台，需要整体考虑分公司级的智慧电厂平台和厂级智慧电厂平台的功能及接口配置。

（2）人才流失严重。建设智慧电厂平台及平时的运维需要培养专业的人才，当前发电量领域平台技术人员严重匮乏，行业内人员流动很大，电厂在人才竞争方面处于劣势，面临人才短缺、人才流失严重的情况。

2. 电厂智能化建设建议

（1）以现场人员需求为出发点研发上层应用。智慧电厂建设要实现减人增效，就要能够为现场人员提供便捷的工作条件，智慧电厂平台的上层应用应以现场人员的实际需求为出发点开展定制化开发，将日常人工简单重复性的操作变为自动化完成。

（2）重视人才培养。建设智慧电厂平台，需要具备互联网知识并熟悉电厂业务的人才开展研发工作，电厂需要培养此类人才，并建立完善的人才上升通道留住人才。

第十八节　中电投五彩湾发电有限公司

中电投五彩湾发电有限公司成立于 2013 年 11 月 29 日，两台 660MW 超超临界燃煤发电机组，是国家"疆电外送"第二条特高压直流输电工程配套电源项目。1、2 号机组工程两台机组分别于 2020 年 1 月 19 日、7 月 11 日完成 168h 试运。五彩湾智慧电厂建设于 2018 年 11 月开始，在"一中心两平台三网络"基础框架之上广泛应用人工智能、大数据、物联网、移动互联等沿技术，实施建设大数据中心、智能控制平台和智能管理平台以及构建工业控制网、智慧管理网、全厂无线网，部署"智慧运行""智慧检修""智慧安全""智慧管理""移动应用"以及"三维数字化"六大应用板块。

一、电厂智能化建设总体情况

五彩湾智慧电厂项目建设，将广泛应用人工智能、大数据、物联网、移动互联等现代化高新前沿技术，围绕电厂"安全、运行、检修、管理"四个环节，涵盖"炉、机、煤、电"等设备，构建"一中心、两平台、三网络、多应用"为框架的先进智慧电厂，实施建设大数据中心、智能控制平台和智慧管理平台、三维展示、移动应用、安全防护、AGC 协调及气温优化控制、SCR 脱硝优化控制、APS 一键自启停、智能燃料管理、声波测温及燃烧优化、设备故障预警与状态预判、设备状态检修决策支持等多个子系统，具备自学习、自诊断、自决策、自寻优、自执行、自恢复的能力。

（1）设计思路：以问题为导向。剖析发电企业自身存在问题，找到适应当前市场变革和所处生态环境存在的瓶颈、短板，如准东煤质易结焦结渣、安全管控风险高维稳压力大、地处偏远专业技术力量薄弱、周边同类型机组竞争激烈等。通过智慧电厂建设应用，破解瓶颈、补齐短板。

以前沿科技应用为基础。随着科技的高速进步，人工智能、大数据、物联网、新一代网络技术等多门类现代化高新前沿技术在各行业开展广泛实践应用，行业传统的规则和上限在发生天翻地覆的变化。

以创新为驱动。以五彩湾智慧电厂项目为纽带，成立科创攻关工作小组，联合多家实施方技术力量，主要有江苏未来智慧信息科技有限公司、上海发电设备成套设计研究院有限责任公司、西安热工研究院有限公司等公司，凝聚创新智慧，加强合作创新，为智慧电厂建设发展提供支持保障。

（2）体系架构特征。

一中心：大数据中心。

两平台：智能控制平台、智慧管理平台。

三网络：工业控制网、智慧管理网、全厂无线网。

多应用：部署智慧安全、智慧运行、智慧检修、智慧管理、移动应用、三维数字化 6

大板块，包含 AGC 协调及气温优化控制、SCR 脱硝优化控制、APS 一键自启停、智能燃料管理、三维展示、移动应用、安全防护、智能两票、声波测温及燃烧优化、设备故障预警与状态预判、输煤系统智能巡检机器人等多项应用。

二、特色介绍

（1）智慧运行，智慧运行模块主要由协调优化、燃烧优化、火焰中心控制优化、智能巡检机器人四个子系统组成。协调优化系统通过历史数据驱动、自适应与智能控制、基于过程机理的优化控制技术等综合应用，智能解决机组机、炉在动态响应过程中的主要参数稳定性和调节响应指标水平，并可深度优化机组宽负荷协调控制品质，快速高效灵活地升降机组负荷，提高机组的厂网、机炉协调性，提升区域内同类型机组电力辅助服务市场竞争力。智慧燃烧系统针对准东燃煤易结焦的特点，结合三维应用开发了炉膛换热面结焦预警子系统，根据烟气侧和蒸汽侧换热焓值变化来还原炉内各换热面结焦状况，使得受热面结焦情况数字化、可视化；在此基础上，利用人工智能技术学习燃烧控制经验，使机组在保证锅炉不结焦恶化的前提下，尽量提升准东煤掺烧的比例，节约燃料成本。火焰中心控制优化结合声波测温技术，应用 BPNN＋MPC 的前沿智能控制理论对锅炉燃烧主要参数进行提前预测，控制炉膛出口烟温，保持炉内低温燃烧状态，进而降低结焦风险，提升燃烧效率，预防空气预热器发生堵塞事故。

（2）智慧检修，主要包括故障早期预警系统（DPP）、基于可靠性的状态检修系统（RCM）、智能传感器网络三个子系统。故障早期预警系统（DPP）结合过程大数据分析，对监测对象的实时状态进行模型建模、监控预警，比常规故障预警系统更早发现设备异常，为检修人员提供更长的故障应对时间。基于可靠性的状态检修系统（RCM）构建专属风险防范矩阵，基于机器学习理论和威布尔分布对设备检修策略建模，为机组一百多个设备建立最优检修模型，量身定制检修策略，解决设备过修和欠修问题。智能传感器及无线传输网络，为重要辅机、开关柜收集设备加速度、振动以及温度等分析数据，结合设备精密诊断，定向诊断，完成故障实际判断工作。

（3）智慧安全，深度应用物联网技术，发挥统一数据平台优势，形成厂区监控、厂区门禁、人脸识别、人员定位、三维可视化等多个系统互通互联，对现场人员位置及安全信息进行全盘监测，实现电子围栏、危险源管理、智能两票等系统的数据交互，防护手段从"人防"升级到"技防""物防"，安全生产形成"管""控"闭环。同时，创新引入巡检机器人在输煤廊道等恶劣巡检环境下，应用红外热成像、高速图像抓拍与识别、气体监测等技术，提升巡检效率，提高巡检质量，降低巡检人员安全风险，第一时间掌握输煤皮带跑偏、撕裂、打滑等现场情况，及时发现火灾隐患及有毒有害气体，实现输煤廊道全天候无间断巡检。

（4）智慧管理，整合实时数据、关系数据、结构化数据等，以大数据为中心构建统一数据平台，消灭数据孤岛，大幅提升数据的丰富度和可靠性，实现多系统间的数据汇聚、管理及综合应用。

（5）移动应用，分为手机端和 pad 端。功能模块包含：信息展示模块、巡检模块、消息报警提醒、移动操作票、移动缺陷等。其中 pad 端包含模块有移动巡检、移动缺陷、移动操作票、移动定期工作。手机端包含模块有信息展示、三维可视化、预警消息提醒、通讯录等功能，从而辅助发电企业管理层与工程人员随时随地了解电厂运行情况。

（6）三维数字化电厂，实现在三维场景中漫游、人员定位展示、摄像头的实时展示、围栏绘制以及设备的培训拆解等工作。利用高精定位技术、三维可视化技术、智能信息处理技术等手段，实现三维全厂漫游，并与厂区安全系统相结合，实现物联、联动，实时监测全厂安全生产状态。同时实现主要设备的解体、复装、模拟拆解，主要工艺流程动画仿真回放，提升三维检修培训质量。

1. 基于 AI 的燃煤机组防结焦燃烧优化系统研发及应用

（1）系统功能。指导运行人员在防止锅炉受热面不结焦、少结焦的基础上，提高准东煤掺烧比例，提升燃烧效率，对企业生产经营具有重要的意义。主要解决的问题难点如下：

1）锅炉燃烧时牵扯变量多，工况复杂，原始数据杂且多，如何对原始数据进行处理。

2）电站锅炉燃烧过程极其复杂，许多因素既影响锅炉的结焦，选取哪些与结焦强关联的变量进行分析。

3）如何对锅炉防结焦燃烧过程进行监测、预警及控制。

4）如何对锅炉燃烧进行控制的参数偏置优化，并在图形界面展示、控制。

（2）技术创新性。

1）统火电企业数字化转型。研究应用人工智能、大数据、三维可视化、声波测温等关键技术，提高准东煤掺烧比例，推进传统火电企业数字化转型。

2）锅炉结焦精准监测预警。基于烟温、壁温及折焰角下部温场的大数据监测，通过热力学模型对烟气放热、蒸汽吸热比例进行计算，得到管道级受热面污染率，最终实现结焦区域的精准监测和预警。

3）锅炉结焦数字化可视化。基于三维可视化技术，通过设置不同的阈值颜色变化来直观地反映受热面结焦沾污情况，使得受热面结焦沾污情况数字化、直观可视化。

4）闭环控制智能化。基于结焦数字化可视化、精准监测预警，提供二次风门、氧量等参数优化指导操作，逐步实现全自动闭环控制，全面助力大比例掺烧准东煤。

（3）界面展示。1 号机组组态图画面如图 2-268 所示，炉膛结焦可视化画面如图 2-269 所示。

2. 基于声波测温的火焰中心控制系统

（1）二次风门控制优化系统。智慧电厂稳定、长期的燃烧控制优化需要综合考虑电厂运行的各种指标参数，比如总负荷、各个磨煤机给煤量、NO_x 以及 CO 排放、炉膛燃烧温度及其均匀性以及烟道烟温等。该控制优化方案概述旨在简略描述提出的控制优化方案如何在综合考虑以上提及的各种指标参数的情况下，对锅炉的二次风门开度进行控制，从而实现稳定、长期并且不依赖人工干预的燃烧，并实现在给定负荷的情况下降低炉膛燃烧温度、均匀燃烧以及降低烟温的目标，尽量减少煤耗，NO_x、CO 排放。以下将概述基于声波测温的火焰中心控制系统的各个部分。

为了获取燃烧控制优化所必需的数据，除了电厂 DCS 中本来已有的实时数据，需要加装德国 BONNENBERG＋DRESCHER 公司的声波测温系统。该系统用于测量折焰角下方一个平面的二维温度场分布，从而获得炉膛内燃烧温度以及燃烧是否均匀（燃烧火球是否处于炉膛中心）的信息。关于该硬件系统的详细描述请参考德国 BONNENBERG＋DRE-SCHER 公司声波测温系统描述小节。

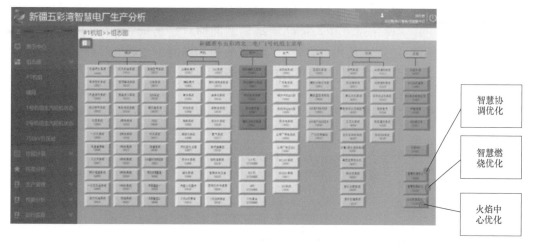

图 2-268　1 号机组组态图画面

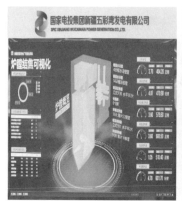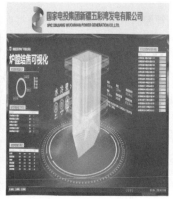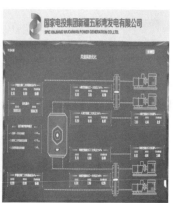

图 2-269　炉膛结焦可视化画面

为了实现控制优化，将在 DCS 的基础上外挂一个实时控制算法。该算法有三个特点：首先，该外挂算法将从 DCS 获取所需实时数据进行二次风门控制指令的计算，实现实时控制；其次，该外挂算法仅在电厂稳定燃烧的情况下（总负荷波动正负 3％以内）对二次风门进行实时微调，实现均匀燃烧；最后，该外挂算法不与 DCS 本身的运行逻辑冲突，确保电厂整体的安全性。该算法主要构成有两部分，第一部分是电厂的输入/输出神经网络模型，第二部分是在线模型预测控制。其中，电厂的输入/输出模型的获取依赖于电厂运行的历史数据，模型原则上需要随月份或者季度更新；在线模型预测控制需从 DCS 获取实时运行数据，从而计算下一时刻所有二次风门的控制指令。关于实时控制算法的详细描述请参考基于神经网络的在线模型预测控制小节。

综上所述，实现整个优化控制方案需要 DCS 提供相关实时数据或历史数据。关于控制优化方案所必须获取的数据汇总请参考控制优化方案与 DCS 间的数据交互小节。

（2）基于神经网络的在线模型预测控制。基于神经网络的在线模型预测控制主要有两部分构成：第一是刻画电厂输入/输出的神经网络模型；第二是在线的模型预测控制。

1）电厂输入/输出的神经网络模型，从历史数据中提取稳定燃烧工况下的二次风门开度、给煤机给煤量作为模型输入，炉膛内温度场分布、NO_x排放量以及烟温作为输出建立神经网络模型。在真实使用过程中，神经网络模型能够对输出量如炉膛内温度场分布，NO_x排放等进行预测。在投入使用一段时间后，需要根据新的历史数据对神经网络模型进行更新。该建模-投入使用-模型更新全过程的示意如图 2-270 所示。

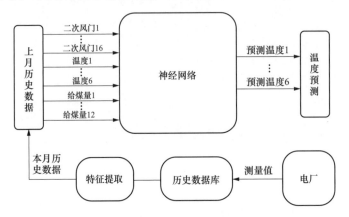

图 2-270　神经网络建模-投入使用-模型更新全过程

2）在线模型预测控制，基于一个有预测能力的模型对对象进行控制，如图 2-271 所示，在智慧电厂燃烧控制优化的应用当中，神经网络模型被用作有预测能力的模型，控制对象是炉膛燃烧的温度、NO_x排放以及烟温。

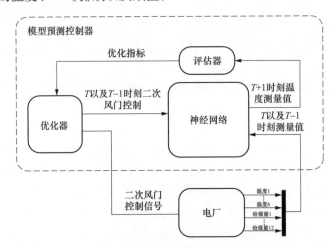

图 2-271　在线模型预测控制流程

3. 输煤廊道智能巡检机器人

（1）系统构成。输煤廊道智能巡检机器人如图 2-272 所示，由动力系统、轨道传动系统、检测系统、通信系统、控制系统、监控平台等子系统构成。智能巡检系统沿输煤廊道巡检，可跨越多个转运站，巡检机器人根据输煤廊道环境和地势可实现直线、拐弯、爬坡、垂直上下等多种运动轨迹。

（2）主要功能特点。智能巡检机器人系统在燃煤电厂输煤栈桥和配电室适用且确保人员安全、减员增效为原则的要求下实现环境监测，与已有生产运行系统信息交互，完成图

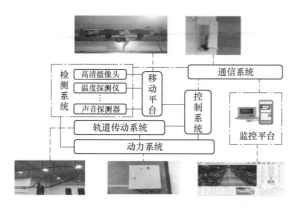

图 2-272 输煤廊道智能巡检机器人

像/数据展示、预警、辅助决策、信息统计分析。主要功能有设备状态智能巡检、有害气体和粉尘检测、红外热成像、皮带机运行状态全方位监控、智能自主充电功能等。

（3）项目应用效益预测：采用该系统预计可减少输煤运行巡检人员 10 名，按每人 10 万元/年计算，两年可收回成本，以后每年节约费用约 95 万元。

4. 设备故障早期预警系统（DPP）

（1）技术概述。通过对汽轮机、发电机、给水泵、凝结泵、循环泵、引风机、送风机、一次风机、空气预热器等主要设备，以及真空系统、风烟系统等对象进行建模（模型数量参考商务合同），实现对该系统和设备的全时监控，提前对影响机组、系统、设备安全运行的异常征兆进行预警和故障诊断；提供异常参数范围和异常参数偏差趋势及发生时刻，为运行、生产专业人员提供安全早期报警，尽量防止机组及系统非停发生。另外，在故障发生后，可以查看模型分析结果，帮助准确定位故障源头和发现故障发生过程，如图 2-273 所示。挖掘出大量过程参数数据里隐含的对提高机组安全稳定运行有价值的信息，提高电厂安全运行水平。

（2）功能概述。电厂设备智能预警系统在神经网络的基础上融合深度学习等高级人工智能算法，实现对电厂设备与系统的智能监测，达到早期预警的目的。主要实现模型建模、训练、集中预警监测、预警处理流程、预警统计功能。

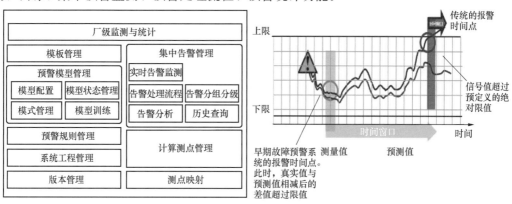

图 2-273 设备故障早期预警

5. 基于可靠性的状态检修系统（RCM）

（1）功能概述。设备故障早期预警系统是比预防性检修更高层次的检修体制，是一种以设备可靠性状态为基础、以可靠性为中心、以评估可靠性状态发展趋势为依据的设备优化管理方式。智慧检修设备优化管理系统能够综合利用设备日常检查、定期重点检查、在线状态监测和智能早期预警所提供的信息，在设备故障发生前，及性能降低到不允许的极限前有计划地提示相关人员安排检修。

智慧检修设备优化管理系统使用韦伯分布及其他分布曲线以预测设备的可靠性和可维护性。分布曲线的参数可通过回归历史数据或用户自定义获得。该软件中的操作便于工程师建立可靠性数据的数据库。

（2）资产数据库模块。智慧检修设备优化管理系统的工程实施过程中，尤其是进行智慧检修分析的时候，由于我们起步较晚，数据基础薄弱，很有可能出现数据不足的情况。这个时候就需要国际的、有公信力的资产数据库作为辅助。智慧检修设备优化管理系统应当提供完善的资产数据库模块。

（3）标准故障模式库。标准故障模式库如图 2-274 所示，使用人员可以根据需要查询的大类/设备，通过搜索栏关键字筛选相应的设备大类和设备列表，并通过进一步地点选想查看的设备。可以查看和选取目标设备的故障模式和故障原因，以及查看和选取相应的维修策略。用户通过 RCM 其他模块的调用，对选取的在设备故障策略库中的设备，其故障模式和故障原因以及选取的相应的维修策略进行导出。

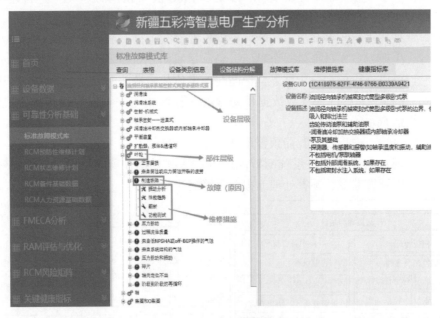

图 2-274　标准故障模式库

（4）维修策略分析。基于设备对电厂运营目标的影响来确定哪些设备应该首先解决，优先考虑工作基于风险实现最大的投资回报。风险的计算必须基于故障后果和失效概率，以及维修时间。通过在 RCM 设备优化管理系统支持下对设备业务管理数据的 RCM 可靠性为中心的设备状态评估建模，实现以 RCM 可靠性为中心和目标指导下的，综合利用设备日常检查、定期重点检查、在线状态监测和智能早期预警所提供的信息，建立在设备故障发生前及性能降低到不允许的极限前有计划地进行设备维修活动指导、日常点检项目制定和执行等设备综合优化管理体系。本次项目实施的技术路线如图 2-275 所示。

图 2-275　维修策划分析技术路线

6. 基于物联网应用的智慧安全系统

五彩湾广泛应用物联网技术来提升电厂的整体安全水平，应用人员定位、电子围栏、视频联动、智能两票等多方面技术，实现从人防到技防物防的转变，形成"管""控"闭环。

（1）主要应用技术：人员定位系统：实时在三维虚拟电厂中显示工作区域内人员的数量、位置、分布情况及活动轨迹。

电子围栏管理系统：根据工作任务对工作权限及活动区域划分，生成电子围栏，实时进行位置监控，人员越权后系统自动报警。

视频联动系统：将全厂视频信号接入智慧安全系统，与智能两票和电子围栏形成联动，可在系统中调取现场实时、历史监控画面，视频联动画面如图 2-276 所示。

图 2-276　视频联动画面

（2）智能两票应用。在两票管理业务中融合人员定位、移动应用、二维码、声像监控等以及三维等技术，可实现两票管理三维升级。利用移动端替代传统纸票，实现无纸化操作，节省了打印和回填环节，运行人员在现场即可完成操作票的执行过程记录，提高工作完成的效率。智能两票工作流程如图 2-277 所示，工作票在开出后，由工作票的许可时间和结束时间作为时间要素，工作票的设备信息即设备的工艺位置作为空间要素，在新建工作票时点击电子围栏绘制，生成临时工作票工作区域电子围栏。

电子围栏将形成自动报警区，借助人员定位技术，对工作票的工作负责人和工作班成员长时间离开电子围栏区域进行手机的振动或短信等报警提醒，对非工作成员的闯入，不但对闯入人员，同时对工作负责人和值班成员等进行手机的报警提醒，防止非工作人员误入设备间造成误操作。

同时可与智能巡点检管理配合，应用二维码技术，实现"操作票执行监控""设备操作智能防误""危险区域自动预警""巡视、人员到位情况自动统计"等功能，提高运行工作的信息化、规范化、智能化，有效地将安全生产由"人防"变为"技防"，实现生产运行标准化管理要求，即事前计划、事中监控、事后审核，分析评价，促进管理水平不断提升。

图 2-277 智能两票工作流程

7. 统一门户智慧管理系统

五彩湾智慧电厂系统统一门户以实时数据集成多系统数据基于图形工具实现厂级、机组指标可视化展示，通过建立各种监控模型实现对企业经营、生产、设备、安全、环保等主题指标的监控、预测和预警，为企业各层领导提供决策参考信息。

门户基于 Webservice、XML、Iframe 等信息集成技术，对企业经营、生产、销售等信息集成起来，实现企业信息资源的高度共享，为企业各层领导提供决策参考信息，信息系统单点登录画面如图 2-278 所示。

智慧管理系统采用主数据管理（MDM）和企业服务总线（ESB）平台同时建设的模式，即双中心的建设模式，对于 MDM 重点是解决数据不一致，提供数据总线和完整数据视图的能力，而对于 ESB 则重点解决业务实时服务集成和协同。同时，两者之间又密切关联和协同，形成一个完整的整体。为了能给电厂提供全面高效的数据资产管控环境，对各类业务执行产生数据的准确、及时、全面感知，实现三"统一"：统一的数据采集和整合；统一的数据安全、标准、生命周期和质量管理；统一的计算及应用服务，以及多维度数据共享。

常规功能：数据化的值班运行管理、设备管理、缺陷管理、物资管理、技术监督、巡检管理等。

智慧化应用：生产数据三维可视化、自动生成生产报表、性能分析、数字化运行监盘、小指标考核以及厂用电管理等功能。

8. 移动应用

（1）系统简介。辅助发电企业管理层与工程人员随时随地了解电厂运行情况的移动App，需支持 Android 和 IOS 移动操作系统。针对管理层与工程人员的需求，将智慧电厂多个独立的系统进行梳理、整合汇聚，并实时推送至手机端。具有携带方便、及时提醒、远程查看、唾手可得、即时行动等优势。管理人员可在任意时间任意地点实时掌控全厂状

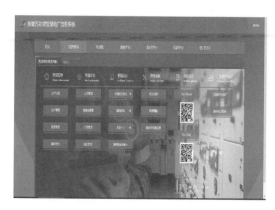
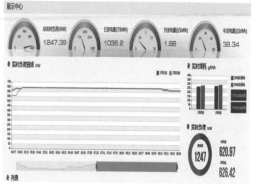

图 2-278 信息系统单点登录画面

况，并随时可以下达任务或指令，及时处理各自事务。巡检或维修人员及时上传生产或设备状况，及时获得任务、指令，并可获得远程协助，快速处理问题。

（2）信息展示。移动应用画面如图 2-279 所示，将厂里生产运营数据分门别类展示在对应的页面，包括生产日报、关键指标、能耗指标、供热指标、环保指标、水耗指标、燃

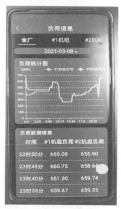

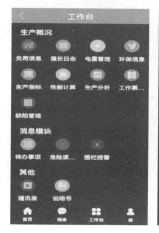
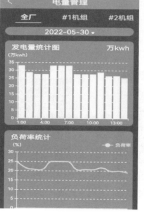
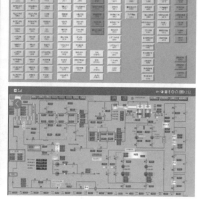

图 2-279 移动应用画面

料指标、机组指标、设备运行状态、重要参数、日志管理、视频监控、人员定位等信息，除了展示实时数据之外，还可以查看各参数的历史数据和趋势。

9. 三维数字化应用

三维数字化电厂是基于三维建模、可视化技术、全景信息技术的虚拟电厂系统。智慧安全模块能够实时地在三维系统中精确展示人员位置，并且能够查询人员轨迹路线。智慧管理模块能够在三维展示设备信息，便于运行人员了解设备情况，检修人员能够直观了解设备检修记录、备品备件信息等。智慧检修模块能够在三维系统中将设备检修拆解过程动态化地展示出来，实现人员培训可视化，在培训过程中能够快速了解厂内设备布置、工艺管道走向、地下管网走向，增强培训效果。三维应用可视化界面如图 2-280 所示。

设备档案可视化

运行状态可视化

安全状态可视化

厂区管网可视化

智慧安全视频联动

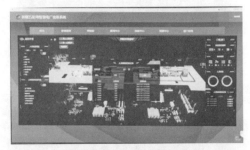

智慧安全人员定位、电子围栏

锅炉三维结焦可视化

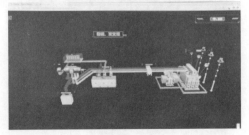

三维展示及培训

图 2-280　三维应用可视化界面

三、电厂智能化建设经验与下一步工作计划

1. 电厂智能化建设经验

（1）全厂三维数字化建设可提前与设计院确定数字化移交事宜。

（2）SIS、MIS一体化，建立统一数据中心。

（3）全厂综合布线设计可将IP电话、全厂视频系统、全厂门禁系统、生产内网系统、全厂Wi-Fi系统统一考虑。

（4）如需智慧运行优化外挂系统，在DCS合同中加入通信接口卡。

（5）提前与设备厂家沟通，由设备厂家提供设备拆解模型，便于三维模型开发。

（6）输煤廊道建设提前设计巡检机器人安装路线，预留位置。

2. 下一步工作计划

邀请集团公司、业内同行及科研院所等组成的专家团队开展第三方成果鉴定，总结经验、交流心得，宣传推广成果。

邀请咨询机构完成电厂智能化建设技术咨询服务，持续完善智能化标准体系建设。

第三章

电厂智能化建设技术论文及文件

从 2016 年 2 月国家三部委发布《关于推进"互联网＋"智慧能源发展的指导意见》以来，2016 年 12 月，国家能源局又发布《电力发展"十三五"规划》，提出大力发展"智能发电技术"。2017 年 7 月国务院印发的《新一代人工智能发展规划》为人工智能在各行业的发展明确了战略目标与重点任务，也为智能化电厂树立了明确的发展方向。2016 年中国自动化学会发电自动化专业委员会组织编写出版了《电厂智能化发展纲要》（中国电力出版社出版）。2018 年 1 月发布的中国电力企业联合会团体标准《火力发电厂智能化技术导则》（T/CEC 164—2018），进一步明确智能化电厂建设的概念、体系架构、技术要求和实施策略。

《中国电力》紧密关注该领域的前沿问题和国家重大项目的最新动向，联合中国自动化学会发电自动化专业委员会组织科研及从业人员，邀请侯子良作为特约主编，于 2018 年第五期刊出"智能化电厂关键技术及应用"专栏。本章收集了"智能化电厂关键技术及应用"专栏有代表性的部分论文和相关论文 9 篇，论文分为两类：

一类是现状分析与观点性论文，结合我国智能发电领域的研究、应用进展进行分析讨论；其中，西安热工院杨新民等人、电力规划设计总院张晋宾等人通过对比分析国内外智能实体定义，给出了智能化电厂体系架构参考模型；国家能源投资集团有限责任公司崔青汝等人以电力企业智能发电建设规划为出发点，从功能实现的角度构建由智能发电运行控制系统和智能发电公共服务系统组成的智能火电技术总体架构，提出了企业层面的工作建议。

另一类是技术性论文，针对智能化电厂建设的具体技术进行理论和方法研究。其中，润电能源科学技术有限公司郭为民等人在阐述了火电厂智能化的定义和技术特征、智能火电厂的体系架构，并从运行优化和检修维护 2 个主要方面阐述了火电厂智能化建设的关键技术路线，可能面临问题及对策；国家电力投资集团有限公司火电与售电部华志刚等人建立了智能发电技术的体系构架，提出了智能发电领域的 6 项关键技术，为燃煤智能发电的技术发展方向提供了参考；国网浙江省电力有限公司电力科学研究院尹峰等人提出了面对对象的全厂自启停控制系统 2.0，对系统组成、组态设计原则、应用实施方法、故障安全处置做了细节与场景描述，展示了构建智能化电厂的一种技术思路；华润电力技术研究院有限公司陈世和提出以系统协同方法改进集团级的集中监控与分析诊断系统，在发电集团内纵向、横向和时间轴上融合贯通分析系统与管理功能，对分析诊断系统中的功能进行融合，形成分析有效、管控统一的整体解决方案。上海明华电力技术工程有限公司胡静介绍了分布式冷热电三联供和智能化建设示范项目的智能集控平台的研究和集成应用，阐述了集控平台总体设计原则和功能规划，总结了集控平台架构和各层级中智能化技术应用情况，以及集控平台的关键控制技术。国网湖南省电力有限公司电力科学研究院朱晓星等人提出了基于智能算法的火电机组启动优化控制技术，对机组启动路径、汽轮机启动过程风险预估和蒸汽管道自动暖管过程进行了研究。

本章通过集成相关领域专家学者对电厂智能化技术的最新研究成果与实践经验，为进一步推动电厂智能化发展提供理论、方法、技术、机制、政策方面的支持与参考。希望本专栏能为读者认知电厂智能化建设带来帮助，对电厂智能化的深入研究带来思考和启发。

第一节　电厂智能化建设技术论文

火电站智能化现状与展望

杨新民，曾卫东，肖勇

（西安热工研究院有限公司，陕西省 西安 邮编：710054）

[摘　要]　采用"人工智能"技术来提高火电站的安全性、经济性和环保性已成为行业研究和应用热点。本文在总结"人工智能"技术在火电站设备层、控制层及管理层研究应用及"智能电站"建设现状基础上，对应用过程中遇到的主要问题进行了讨论。提出了火电站在向智能化发展过程中应遵循的原则，以及未来重点发展方向和技术路线。

[关键词]　智能发电；智能控制；智能算法；自动控制；火电机组；发展展望

随着我国能源结构的变化，火电站面临的运行环境日趋复杂。它不但要满足日益严格的环保和安全要求，同时也面对燃烧煤种的不确定、电网快速调峰的要求及经营竞争的压力。采用传统的运行控制技术解决当前所遇到的问题已显得力不从心，迫切需要更加先进的技术手段和方法。而 20 世纪 60 年代提出的"人工智能"技术，进入 21 世纪后，以智能手机为代表的信息化与智能化技术走进人们的生活，充分展示了新技术带动社会变革的强大力量。得益于云架构、大数据、物联网、移动应用等计算环境和计算资源的快速发展，一些学者在发电领域也开始尝试应用"人工智能"的相关技术和成果。

在美欧等西方发达国家和地区的发电行业，近些年来重点在风力发电和光伏发电等新能源领域，常规火电投资较少，甚至逐步关停。其相关的新技术研究也较少。在发电领域的智能化研究主要围绕多种形式发电互补、设备故障诊断及检修维护工作的人工替代等方面。国内火电装机容量的快速扩张，为"人工智能"技术应用提供了广阔的市场。因而在火电领域智能化研究工作的开展相对深入，一些智能技术或产品在电站得到了应用，也率先提出了智能发电的概念并尝试工程示范。2016 年国家三部委联合发布的《关于推进"互联网＋"智慧能源发展的指导意见》及国家能源局发布《电力发展"十三五"规划》，提出大力发展"智能发电技术"。2017 年国务院印发的《新一代人工智能发展规划》为"人工智能"在各行业的发展明确了战略目标与重点任务。这些文件的颁布，为电站智能化树立了明确的发展方向，推动了电站智能化发展步伐。

1 火电站智能化现状

"人工智能"是一个高度交叉的新兴学科，尽管它经历了 60 多年的发展，但到目前为止还没有一个统一的定义和完整的理论体系。在其应用过程中，不同的学科背景从不同角度对其给出了不同的解析[1-2]。在流程工业领域目前研究和应用的"人工智能"技术主要集中在神经网络、模糊计算、专家系统、机器学习（深度学习）、智能搜索计算（遗传算法、粒子群优化算法、蚁群优化算法、状态空间启发式搜索等）以及它们与大数据处理、语言、文字、视频图像识别处理、虚拟现实、现代控制等技术的融合应用上。火电站智能化是在电厂数字化和信息化基础上，采用"人工智能"技术以提高电站运行安全性、经济性、环保性以及竞争能力的发展过程。

国内早在 2004 年开始的电站数字化、信息化建设已基本完成，为电站向智能化方向发展提供了基础。在各种发电形式中，火力发电工艺相对复杂，非线性、耦合性强，运行安全性和调控能力要求高。在智能化发展过程中，"人工智能"技术除生产管理及决策支持外，在参数检测和现场设备、机组控制系统中也开展了广泛的研究和应用。

1.1 参数检测与现场设备

自 2009 年先后投产的华能九台电厂 660MW 机组和金陵电厂 1000WM 机组，在全厂范围采用现场总线技术开始，新建火电机组已普遍采用了现场总线技术。单台机组的变送器、调节门（阀）、电动机及分析仪表等现场总线设备已达 1300 多台（套）[3]，为设备故障预警提供了数据基础。部分设备也具备了初步的智能诊断和报警功能，极大地方便了检修维护工作；对于现场难以准确在线检测的工艺参数，采用智能算法的软测量技术也得到快速发展，并在控制系统中开始使用。如采用主元分析法对 NO_x 浓度进行预测[4]，采用神经网络技术对锅炉出口烟温、过热器壁温等进行预测[5-6]，将神经网络与蚁群优化算法相结合对飞灰含碳量进行预测[7]，将遗传算法和神经网络技术结合对入炉煤质进行预测[8]，将模糊计算与神经网络技术相结合对锅炉结渣进行预测等[9]。

1.2 机组控制系统

"人工智能"技术在火电站机组控制系统中的研究和应用，主要集中在：

（1）采用智能算法对传统 PID 控制器的三个参数进行寻优。如在主蒸汽温度控制系统中，利用遗传算法、粒子群优化算法对控制器参数进行滚动优化[10-11]；利神经网络的自学习功能对 PID 参数进行整定[12-13]；根据设定值和测量值的偏差及其变化率按照模糊规则实时调整控制器的参数[14]等。

（2）采用模糊控制与传统 PID 控制相结合的方式，在被控参数与设定值偏差较大时采用模糊控制方式进行初调，偏差在一定范围内采用 PID 控制方式进行细调[15]。

（3）采用神经网络、支持向量机等技术对复杂的多变量、大迟延、非线性对象进行建模，并与智能寻优算法及基于模型的预测控制技术相结合实施闭环控制。如以神经网络、支持向量机技术建立的锅炉燃烧模型为基础，采用粒子群算法、遗传算法、蚁群算法等智能优化算法，寻找锅炉燃烧系统各输入参数的最佳组合，并以此作为各层风量配置的依据，并对锅炉燃烧进行优化指导和实时控制[16-19]，采用神经网络技术建立 NO_x 排放、凝汽器背压模型，利用预测控制技术实现对喷氨量、空冷风机的精准控制[20-22]等。

（4）将智能算法、模糊计算与预测控制相结合，实现复杂工艺系统的多变量解耦控制。如将神经网络和模糊控制相结合，对钢球磨煤机出口温度、入口负压进行解耦控制[23]；将神经网络和预测控制技术相结合实现中速磨煤机的冷、热风解耦控制[24]；采用神经元及模糊规则，实现 CFB 锅炉主蒸汽压力、床温和炉膛出口氧量的解耦控制[25]等。

（5）机组自启停控制中，基于机组启动前的设备状况等约束条件，通过智能算法实现启动路径的规划；借助专家推理及知识库，对制粉系统进行最佳启停时间和顺序的控制[26]。

1.3　生产监督和管理系统

"人工智能"技术在火电站厂级生产监督和管理系统中的研究主要包括：

（1）利用机组运行数据为样本，将数据挖掘技术与专家经验相结合，提取设备故障特征参数，采用神经网络技术建立设备故障预警模型。如采用小波分析法对旋转设备振动测量信号进行去噪处理并提取故障特征向量，利神经网络技术分别建立汽轮机和风机故障预测模型[27-28]；通过归纳锅炉风机停转、凝汽器积灰、凝汽器结冰等典型故障基础上，选取机组相关的运行参数作为故障征兆输入参数，利神经网络技术建立了直接空冷凝汽器故障预测模型[29]；用机组正常运行工况的历史数据为训练样本，建立燃气-蒸汽联合循环发电机组各主要设备的神经网络预测模型[30]等。

（2）在机组负荷优化分配中，智能优化算法的寻优能力也得到尝试。如采用粒子群优化算法、改进的遗传粒子群混合算法，在众多边界约束条件中寻找最佳的负荷分配方式[31-32]。

（3）在燃料管理系统中，根据炉型、煤场现状、燃烧状态和煤质、环保、安全等各种约束条件，采用智能优化算法寻找锅炉最佳配煤掺烧方案，并对燃料采购提供决策支持[33-34]。

（4）在机组巡检管理中，采用集成可见光摄像仪、热成像仪、激光测振仪、激光雷达导航传感器、声呐传感器等设备及后台管理专家系统的智能巡检机器人，已在电厂的化水车间、主变压器、供热系统和锅炉水泵区域巡检工作中开始应用[35]。

尽管对"人工智能"技术在火电站参数检测、机组控制及管理系统中开展了大量的研究工作，但目前仍以仿真和试验研究为主，在具体工程应用中还相对较少。

2　智能电站建设现状

随着"人工智能"技术在火电站应用研究的深入，尤其是国家电网公司 2009 年 5 月公布了包括发电、输电、变电、配电、用电、调度六大环节的智能电网发展计划以来[36]，在发电领域开始提出智能电站的概念。不同学者从不同角度对智能电站的概念、结构及主要实现功能进行了阐述[37-40]，2016 年中国自动化学会发电自动化专业委员会组织编写了《智能电厂技术发展纲要》，中国电力企业联合会标准《火力发电厂智能化技术导则》（T/CEC 164）也于 2018 年颁布[41]，它们都对电站向智能化发展起到了推进作用。正如学术界对"人工智能"没有普遍认可的定义一样，国内对智能电站的概念也处于探讨和深化阶段。智能电站体系结构有学者提出划分为智能设备、智能控制、智能生产监管和智能管理四个层次[37]，也有将智能生产监管和智能管理层统一为智能管理层[38-39]。而智能电站的本质是信息技术与"人工智能"技术在发电领域的高度发展与深度融合，体现在大数据、物联网、可视化、先进测量与智能控制等技术的系统化应用。其应初步具备的如泛在感知、自趋优全程控制、自学习分析诊断、自恢复故障处理、自适应多目标优化、自组织管理和自决策支持等基本特征已形成普遍共识。

在对智能电站概念、结构和具体功能的探索中，国内一些发电集团也在积极开展智能电厂规划、建设及树立样板工程。其主要集中在大数据平台、移动互联网、三维展示、人员定位、安全识别管理及智能控制技术的应用上。如北京某燃气热电有限公司建成了具有一体化云平台、无断点一键启停、全业务移动应用、三维消防安保及全寿命周期设备数据管理的多维度融合燃气智能电站；江苏某燃气电厂建成了包含基于"互联网＋"的安全生产管理系统、基于大数据分析的运行优化系统、基于专家系统的三维可视化故障诊断系统、三维数字化档案和可视化培训系统的智慧电厂；南京某 2×660MW 燃煤电厂规划了三维数字档案和可视化设备立体模型、智能掺配与燃烧、汽轮机冷端优化、故障诊断与事故预报、安全生产管理、管控一体化的智慧电厂建设方案；江苏某集团公司正在建设的燃气轮机智慧电厂以现有的数字化电厂为基础，从设备管理、运行管理、安全感知和管理、可视化仿真培训等四方面展开，以三维可视化、大数据分析、工业机器人等技术为突破口，实现"电力流、信息流、业务流"一体化融合；山东某 2×1000MW 燃煤电厂规划建设包括锅炉燃烧优化控制、基于深度滑压的凝结水变负荷控制、脱硝优化控制、现场总线设备故障预测及管理、重要设备故障预警、机组寿命管理及状态检修、远程诊断与分析等功能的智能电站等。

当前国内智能电厂的建设和投运进一步提升了发电企业的管理水平，促进了生产与经营的一体化融合。但其应用更多地侧重于信息集成展示以及生产管理的数字化、信息化等层面，仅在某一个方向或某一层面上具备一定的智能化特征，距离"智能电厂"应具有的初步特征尚有较大距离。在电站智能化探索中，仅从局部系统进行智能化升级，各系统之间缺乏紧密联系，缺乏从整体上对"智能发电"进行设计和规划。智能电站的建设有待于进一步深入探索和提升。

3 存在的主要问题

3.1 系统架构缺陷

电站智能化的基础是海量数据的准确、共享及供机器自学习训练的样本。以前国内火电站按照不同时期的需求建立了 MIS、ERP、SIS、数字化煤场、移动巡检等各种信息系统，其建设是以应用功能为核心进行规划。从而带来了数据未有效贯通、跨专业流通不畅、功能交叉重复、体系架构不统一等问题，难以形成智能化技术应用的统一数据平台。如在机组控制层级，传统的 DCS 难以提供智能算法所需的计算资源，常采用外挂方式来解决，增加了安全性隐患和维护工作量，且难以做到机器自学习功能的在线运行。在 SIS 系统中的机组负荷分配、设备故障处理及运行参数优化等功能因安全功能区域划分，难以在机组控制系统在线实施等。

3.2　感知设备缺失

电站智能化离不开检测和执行设备的数字化和智能化，而影响机组安全、经济和环保运行的一些工艺参数在线检测技术和设备还不完善。如煤质在线检测、炉膛温度场在线检测、低负荷工况的工质流量的准确测量，视频图像的自动识别和处理等。

3.3　数据共享困难

电站主要设备和系统性能诊断和故障预警是电站智能化的主要功能，它需要大量的样本数据。单个电厂的运行模式和数据，难以提供足够的供机器学习的训练样本，从同类机组获取相关信息尤为重要；在机组负荷预测、上网竞争报价中，也需要掌握电网公司和用电大户的相关信息；重要设备检修和维护工作也需要与设备制造厂进行信息共享等。当前管理方式和体制下，难以做到不同企业主体之间的数据高效交流和共享。

3.4　认知差异

"人工智能"当前还处在一个发展时期，相对完整的理论体系建立和应用技术完善还有一个漫长的过程。因此火电厂智能化也必将是一个长期的发展过程。而现在将仅部分系统或功能中采用了"人工智能"技术的电站称为智能或智慧电站，压缩了日新月异的新技术应用空间，难以避免限定特定技术可能导致的负面影响。更应该关注的是电站向智能化方向发展，而智能电站是电站智能化的最终目标。同时"人工智能"技术的应用要与电站实际需求相结合，新技术应用目的是保障电站在效率、安全和环保方面的提升，避免仅为智能化的概念进行创新。

3.5　标准和规范的缺失

电站智能化涉及的系统庞大及设备众多，由于缺少相关标准和规范的支持，在建设中电站各自为政，独立探索。资源和经验难以高效利用和共享，新技术和产品很难做到无缝连接，不利于可持续的发展。

4　发展展望

随着"人工智能"技术的发展与完善，其在火电站的应用也会更加广泛和普及。在电站向智能化发展过程中，也会受其实际需求驱动，将"人工智能"技术与其他先进的技术相结合，以提高其竞争力。依据当前相关技术成熟度及电站运行面临的实际问题，参考同行学者的观点[42-47]，近期火电站智能化将会在以下几个方面开展相关研究和应用。

4.1　平台的开发与完善

基于工控系统信息安全，以及大数据处理、智能算法对信息平台的要求，采用两级信息平台的结构方式更为合理。即机组智能控制系统和全厂智能管理决策系统两层结构信息平台，如图 1 所示。机组智能控制系统布置在生产控制大区，以机组控制系统为核心，以智能检测和执行设备为基础，配置智能算法、现代控制技术及数据挖掘处理技术所需的数据存储和计算资源，以实现发电机组的智能检测、控制和运行监管功能。机组负荷分配、设备故障预警等原来在 SIS 系统中完成的功能也在此平台实现；全厂智能管理决策系统可布置于管理信息大区，它是以数据信息共享为基础的云架构一体化平台，整合全厂内、外部各种数据资，将大数据处理、智能计算、图像处理、移动互联、定位、三维可视化、机器人巡检等技术与管理流程高度融合。主要完成智能化的安全管理、燃料管理、生产管理、生产服务和决策支持等功能，具备高度的灵活性、开放性和可扩展性。

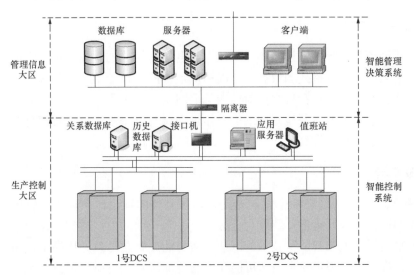

图 1　智能电站系统架构图

4.2　燃料管理

　　燃料成本在火电站经营中占比最大，由于各种原因，锅炉难以按设计煤种进行燃烧，而普遍采用配煤掺烧运行方式。不同的煤种按照不同方式和比例掺烧将影响锅炉燃烧的稳定性、燃烧效率和排放指标，同时对磨煤机、送引风机、灰渣处理等辅助设备电耗，及燃料采购、运输、煤场堆放管理等成本也有影响。燃料管理系统智能化将应根据对未来时段发电计划和调峰需求进行预测，结合当前库存结构，采用智能寻优算法，在保证机组安全环保运行前提下，对满足各种经济指标约束条件的最经济掺烧方案进行寻优，并以此指导燃料采购、运输和堆放管理。

　　按照短期负荷预测，结合各原煤仓存煤状况、煤种堆放位置、辅机运行状况、不同掺烧方案所产生的影响及历史掺烧评价等因素，寻找当前时段最经济掺烧方案，并进行上煤自动控制及制定磨煤机自动启停方案。结合煤场三维数字管理、视频监控、斗轮机自动定位控制及采制样自动化等技术实现燃料管理系统的智能化。

4.3　主动安全

　　随着移动通信技术应用的普及，相关视频、图像处理技术也会得到快速发展。采用卷积神经网络、机器深度学习等技术，通过对现场固定和移动的视频图像进行处理，及时识别安全隐患。结合移动定位技术，制定相关的巡检线路，实时掌握生产区域人员位置并提供安全警示。通过智能穿戴等设备，了解人员健康状况，结合员工安全操作历史数据和培训考核情况，合理进行任务分配。集成支持人脸识别技术的门禁系统、电子围栏、人员定位等技术，实现从开票、签发到现场作业的整个过程中人员、设备及环境安全的智能管理。

4.4 设备故障预警

火电机组参与调峰频率的提高，及煤种的经常变化，使得电站设备发生故障的概率增大，影响发电设备运行安全性。基于设备管理基础数据和历史运行数据，采用关联规则、主元分析、相关性分析等不同技术手段和方法，结合专家知识与经验，确定故障的主要征兆参数和阈值。基于典型的故障样本，采用机器学习与智能建模技术，建立设备故障预警模型和时间预测模型，从而实现对设备的故障准确预警和诊断，降低设备异常扩大导致故障的风险。

4.5 锅炉燃烧控制

节能减排是火电站永恒的目标，而锅炉燃烧的控制对能量转换效率、污染物产生及运行安全性影响最大。锅炉燃烧和传热过程的复杂性，使得难以按传统方法对其进行建模从而进行有效控制。在该领域智能化方面，可采用如图2所示的多目标优化控制技术路线。以机组性能试验、燃烧调整数据及历史运行数据为样本，借助先进的检测技术及煤质在线软测量方法，采用支持向量机、神经网络等技术结合工艺对象特性，建立锅炉效率、污染物排放、高温受热面金属壁温等预测模型。利用模糊计算方法对锅炉效率、NO_x排放和金属壁温进行多目标协调优化，以粒子群寻优、遗传算法等优化算法和预测控制、模糊控制相结合实现锅炉燃烧系统的风压、风量、氧量及减温水、喷氨等参数的最优控制。

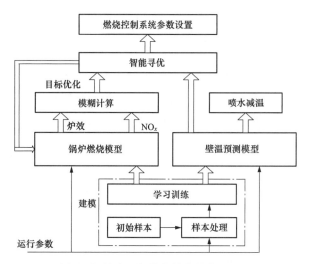

图2 锅炉多目标燃烧优化控制原理图

4.6 网源互动灵活性控制

清洁能源装机容量的不断增大,使火电机组面临的调峰任务越来越重。锅炉燃烧和传热系统工艺特点,决定了从给煤量变化到机组负荷相对应变化需要 3~5 分钟滞后。而在这段迟延期,机组负荷的变化主要来源于自蓄能的改变。因此研究机组各系统蓄能能力、蓄能量变化时间特性、安全特性,合理设计控制策略,在保障机组安全运行条件下,合理充分利用机组蓄能变化来提高机组调峰能力。如可采用历史数据挖掘分析、机器学习等方法,对理论计算的蓄热模型进行完善和修正,结合预测控制、鲁棒控制等现代控制技术以实现锅炉、汽轮机以及辅助系统的蓄能高效利用,提高机安全组调峰能力。

火电机组的调峰能力与发电效率存在一定的矛盾。在相同负荷下,主蒸汽压力越高机组蓄热能力越高,调峰能力也越强,同时汽轮机调节阀节流损失越大。通过对机组负荷变化的历史数据进行挖掘分析,寻找节流损失与调峰补偿的平衡点,实时优化滑压运行曲线,使其在满足机组调峰要求下,最大限度减少能量损失。

4.7 机器人巡检

在机组日常运行中,掌握设备运行状态的方法,除对从控制系统已获取的各种信息进行分析判别外,现场巡检也是一种有效的补充手段。而采用人工巡检不仅工作量大,电缆沟槽、粉尘和化学气体、高温高压等区域及恶劣天气环境也对人工巡检造成安全风险。采用集成视觉识别、声音识别、振动检测、红外测温等设备的机器人结合导航定位、无线传输等技术,对现场各种设备状态和位置、设备温度及振动、环境噪声及气味等进行感知,通过目标搜索、识别、定位及图像处理、历史数据对比分别、设备相关工艺相关参数校验等方法,实现对现场设备的智能巡检。

4.8 检测设备

电站智能化的基础是对系统、设备和环境的准确感知,因此检测设备向智能化、网络化、接口标准化方向发展是必然的结果。智能化使检测设备能对自身健康状况进行诊断和预测,网络化使其能将大量的信息向控制系统和设备健康管理系统进行传输,为设备状态检修工作的开展提供基础。因此采用多元信息融合技术开发适应电厂特殊运行环境的检测仪表及煤质、炉膛温度、低负荷液体流量、炉膛结焦等智能化检测设备,同时实现与被测对象的控制系统相关信息共享,利用控制系统中采集的与被测对象有因果关联的其他信息,采用智能算法和数据处理技术对测量结果进行实时验证,并对其计算依据进行修改,将能提高参数检测的准确性。

4.9 竞价决策支持

电力市场竞争机制的引入,作为市场主体之一的发电企业,可采用智能算法、数据处理和博弈技术相结合建立电力市场竞价上网决策支持系统。如用大数据分析方法建立发电成本计算模型,采用深度学习、灰色关联度分析、模糊计算等技术对各级市场电价进行预测,利用博弈论方法并结合风险规避等技术建立上网电力报价模型。

4.10 信息和功能安全

"互联、互通、互动"是现代工业智能化应用的主要特点，"云大物移"等新技术的应用增加了工业处理流程的开发性和不确定性，安全风险进一步集中和放大。火电站智能化也面临多元系统融合及海量信息的传输、共享，给生产、管理与信息安全带来极大的挑战，因此有必要开展基于"可管、可控、可知、可信"理念的电站信息安全相关机制研究，保障多来源数据的有效性和可靠性，防止外部的侵害。在解决信息安全的基础上，开展智能决策的可信度评价技术，保障智能控制与决策实施的可靠性。

4.11 集团级数据平台

单个电厂运行数据和各种案例毕竟有限，而集团公司所管理电厂中，机组、主辅设备类型很多是相同或相近的，构建集团级发电系统大数据综合平台，将集团各电厂运行数据集中管理，采样大数据处理、智能算法与专家经验相结合，将能建立更加准确的故障预警模型，更快捷地故障诊断与分析。同时也为电站负荷预测、配煤参数与燃料管理、多种形式发电互补利用决策提供数据支持。

5 结语

电站向智能化方向发展是必然趋势，当前也基本具备相应的条件，相关研发和试点工作已经展开，并取得一定的成效。但电站智能化仍是一个长期的过程，它会受电站实际需求所驱动，将不断成熟和完善的"人工智能"技术与其他先进技术高度融合，最终目标是建成智能电站。

参 考 文 献

［1］王万森．人工智能原理及其应用［M］．4 版．北京：电子工业出版社，2018：1-21.
  WANG Wansen. Artificial Intelligence Principles and Applications［M］. 4th ed. Beijing：Publishing House of Electronics Industry，2018：1-21.
［2］蔡自兴，刘丽珏，蔡竟峰，等．人工智能及其应用［M］．5 版．北京：清华大学出版社，2016：1-31.
  CAI Zixing, LIU Lijue, CAI Jingfeng, et al. Artificial Intelligence：Principles & Applications［M］. 5th ed. Beijing：Tsinghua University Press，2016：1-31.
［3］中国电机工程学会．中国电机工程学会专业发展报告 2016-2017［M］．北京：中国电力出版社，2017：61-64.
  CHINESE SOCIETY FOR ELECTRICAL ENGINEERING. Progress Reports on Specialty Technology of CSEE 2016-2017［M］. 1th ed. Beijing：China Electric Power Press，2017：61-64.
［4］王林，王小成，郭亦文，等．基于深度主元分析的电站锅炉 NO_x 质量浓度预测模型研究［J］．热力发电，2016，46（12）：68-74.
  WANG Lin，WANG Xiaocheng，GUO Yiwen，et al. Research and application of prediction model for NO_x concentration in utility boilers based on deep component analysis［J］. Thermal Power Generation，2016，46（12）：68-74.
［5］CHANDOK J S, KAR I N, TULI S. Estimation of furnace exit gas temperature（FEGT）using opti-

mized radial basis and back-propagation neural network [J]. Energy Conversion and Management, 2008, 49 (8): 1989-1998.

[6] 邓博, 徐鸿, 郭鹏, 等. 变负荷下超 (超) 临界机组过热器壁温预测 [J]. 中国电力, 2018, 51 (3): 13-20.

DENG Bo, XU Hong, GUO Peng, et al. Prediction of Superheater Tube Wall Temperature in Super-critical/Ultra-Supercritical Boilers for Different Loading [J]. Electric Power, 2018, 51 (3): 13-20.

[7] 张正友, 钱家俊, 冯旭刚. 基于蚁群神经网络的飞灰含碳量测量方法 [J]. 计测技术, 2017, 37 (1): 18-20.

ZHANG Zhengyou, QIAN Jiajun, FENG Xugang, et al. Prediction method of unburned carbon content in fly ash based on ant colony algorithm [J]. Metrology and Mea-surement Technology, 2017, 37 (1): 18-20.

[8] 巨林仓, 李磊, 赵强. 基于遗传神经网络的锅炉入炉煤质软测量研究 [J]. 热力发电, 2011, 40 (3): 24-27.

JU Lincang, LI Lei, ZHAO Qiang. Study on soft measurement of quality for furnace entering coal based on genetic neural network [J]. Thermal Power Generation, 2011, 40 (3): 24-27.

[9] 王洪亮, 王东风, 韩璞. 基于模糊神经网络的电站燃煤锅炉结渣预测 [J]. 电力科学与工程, 2010, 26 (6): 28-32.

WANG Hongliang, WANG Dongfeng, HAN Pu. Forecasting slagging properties of coal fired boiler in power station based on fuzzy neural network [J]. Electric Power Science and Engineering, 2010, 26 (6): 28-32.

[10] 方彦军, 易凤飞, 胡文凯. 基于遗传算法的广义预测 PID 控制及其在锅炉主汽温系统中的应用 [J]. 武汉大学学报 (工学版), 2013, 46 (3): 386-392.

FANG Yanjun, YI Fengfei, HU Wenka. Genetic algorithm-based generalized predictive PID control and its application tomain steam temperature control system [J]. Engineering Journal of Wuhan University, 2013, 46 (3): 386-392.

[11] 苗春艳, 杨耀权, 韩升晖. 基于粒子群算法的 PID 控制器参数优化 [J]. 仪器仪表与分析监测, 2013 (4): 1-3.

MIAO Chuiyan, YANG Yaoquan, HAN Shenhui. PID controller parameters optimization based on PSO [J]. Instrumentation Analysis Monitoring, 2013 (4): 1-3.

[12] 薛阳, 汪莎, 陈磊. 过热蒸汽温度控制中 RBF 神经网络整定 PID 控制的应用 [J]. 上海电力学院学报, 2012, 28 (5): 467-468.

XUE Yang, WANG Sha, CHEN Lei. Application of RBF neural network-tuning PID controlin super-heated steam temperature control [J]. Journal of Shanghai University of Electric Power, 2012, 28 (5): 467-468.

[13] 高昆仑, 梁宵, 王杰, 等. 改进的神经网络 PID 火电厂主汽温控制研究 [J]. 热能动力工程, 2012, 27 (6): 709-714.

GAO Kunlun, LIANG Xiao, WANG Jie, et al. Study of the control over the main steam temperature in athermal power plant based on an improved neural network PID [J]. Journal of Engineering for Thermal Energy and Power, 2012, 27 (6): 709-714.

[14] 吴勇, 张超, 董学育. 模糊自整定 PID 在过热汽温控制中的应用研究 [J]. 自动化与仪器仪表, 2016 (4): 107-109.

WU Yong, ZHANG Chao, DONG Xueyu. Application of fuzzy self-tuning PID in superheated steam temperature control [J]. Automation andInstrumentation, 2016 (4): 107-109.

[15] 庄伟，肖伯乐，高升，等．模糊 PID 在单元机组主汽温控制系统中的应用 [J]．发电设备，2015，29（5）：331-335.

ZHUANG Wei, XIAO Bole, GAO Sheng, et al. Appli-cation of fuzzy PID in main steam temperature control of the power unit [J]. Power Equipment, 2015, 29 (5): 331-335.

[16] 赵雷．基于智能控制算法的燃烧系统优化模型研究 [J]．锅炉制造，2016（4）：30-33.

ZHAO Lei. Research of combustion system optimization model based on intelligent control algorithm [J]. Boiler Manufacturing, 2016 (4): 30-33.

[17] ZHANG Y, DING Y, WU Z, et al. Modeling and coordinative optimization of NO_x emission and efficiency of utility boilers with neural network [J]. Korean Journal of Chemical Engineering, 2007, 24 (6): 1118-1123.

[18] 王禹朋，阎维平，祝云飞，等．支持向量机理论与遗传算法相结合的 300MW 机组锅炉多目标燃烧优化 [J]．热力发电，2015，44（10）：91-96.

WANG Yupeng, YAN Weiping, ZHU Yunfei, et al. Multi-objective combustion optimization for a 300MW unit using support vector machine theory combining with genetic algorithm [J]. Thermal Power Generation, 2015, 44 (10): 91-96.

[19] 龙文，梁昔明，龙祖强，等．基于蚁群算法和 LSSVM 的锅炉燃烧优化预测控制 [J]．电力自动化设备，2011，31（11）：89-93.

LONG Wen, LIANG Ximing, LONG Zuqiang, et al. Predictive control based on LSSVM and ACO for boiler combustion optimization [J]. Electric Power Automation Equipment, 2011, 31 (11): 89-93.

[20] 孟范伟，徐博，吕晓永，等．神经网络预测控制在 SCR 烟气脱硝系统中应用 [J]．东北大学学报（自然科学版），2017，38（6）：778-782.

MENG Fanwei, XU Bo, LYU Xiaoyong, et al. Application of neural network predictive control in SCR flue gas denitration system [J]. Journal of Northeastern University (Natural Science Edition), 2017, 38 (6): 778-782.

[21] 周洪煜，赵乾，张振华，等．烟气脱硝喷氨量 SA-RBF 神经网络最优控制 [J]．控制工程，2012，19（6）：947-951.

ZHOU Hongyu, ZHAO Qian, ZHANG Zhenhua, et al. Sensitivity analysis radial basis function neural network control on spraying ammonia flow denitrification [J]. Control Engineering of China, 2012, 19 (6): 947-951.

[22] 任国华．基于神经网络预测控制的直接空冷背压控制优化 [D]．太原：山西大学，2012：18-34.

REN Guohua. The optimization of back pressure control system direct air cooled consenser based on NNPC [D]. Taiyuan: Shanxi University, 2012: 18-34.

[23] 刘鑫屏，刘吉臻，楼冠男，等．球磨煤机隶属函数型模糊神经网络解耦控制方法 [J]．中国电力，2010，43（4）：72-75.

LIU Xinping, LIU Jizhen, LOU Guannan, et al. Research on fuzzy neural network decoupling control method based on membershipfunction for ball mill [J]. Electric Power, 2010, 43 (4): 72-75.

[24] 张柯，韦光辉，卢佳乐，等．基于动态 RBF 网络的预测控制在中速磨煤机优化控制的应用 [J]．化工自动化及仪表，2016，43（1）：58-61.

ZHANG Ke, WEI Guanghui, LU Jiale, et al. Application of dynamicRBF neural network-based predictive controlin optimizing control over medium speed mill [J]. Control and Instruments in Chemical Industry, 2016, 43 (1): 58-61.

[25] 王万召，赵兴涛，谭文．流化床燃烧系统模糊-神经元 PID 解耦补偿控制 [J]．中国电机工程学报，2008，28（8）：94-98.

WANG Wanzhao, ZHAO Xingtao, TAN Wen. Fuzzy-neural PID decoupling compensation control circulating fluidized bed boiler combustion system [J]. Proceedings of the CSEE, 2008, 28 (8): 94-98.

[26] 朱晓星, 寻新, 陈厚涛, 等. 基于智能算法的火电机组启动优化控制技术 [J]. 中国电力, 2018, 51 (10): 43-47.

ZHU Xiaoxing, XUN Xin, CHEN Houtao, et al. Optimized Control Technology for Start-up Process of Thermal Power Units Based on Intelligent Algorithm [J]. Electric Power, 2018, 51 (10): 43-47.

[27] 高建强, 马亚, 钟锡镇, 等. 基于神经网络的直接空冷凝汽器故障诊断研究 [J]. 华北电力大学学报, 2013, 40 (3): 69-73.

GAO Jianqiang, MA Ya, ZHONG Xizhen, et al. Research on fault diagnosis of direct air-cooled condenser based on genetic-BP neural network [J]. Journal of North China Electric Power University, 2013, 40 (3): 69-73.

[28] 余熳烨, 林颖. 基于小波-神经网络的某电厂汽轮机振动故障诊断系统的研究 [J]. 机床与液压, 2013, 41 (15): 194-196.

YU Manye, LIN Ying. Research on asteam turbine vibration fault diagnosis system for a power plant based on wavelet-neural network [J]. Machine ToolandHydraulics, 2013, 41 (15): 194-196.

[29] 王松岭, 刘锦廉, 许小刚. 基于小波包变换和奇异值分解的风机故障诊断研究 [J]. 热力发电, 2013, 42 (11): 101-106.

WANG Songling, LIU Jinlian, XU Xiaogang. Wavelet packet transform and singular value decomposition based fault diagnosis of fans [J]. Thermal Power Generation, 2013, 42 (11): 101-106.

[30] FAST M, PALMÉ T. Application of artificial neural network to the condition monitoring and diagnosis of a combined heat and power plant [J]. Energy, 2010, 35 (2): 1114-1120.

[31] 李铁苍, 周黎辉, 张光伟, 等. 基于粒子群算法的火电厂机组负荷优化分配 [J]. 华北电力大学学报, 2008, 35 (1): 44-47.

LI Tiecang, ZHOU Lihui, ZHANG Guangwei, et al. Reserach on load optimal dispatch among thermal power units based on particle swarm optimization algorithm [J]. Journal of North China Electric Power University, 2008, 35 (1): 44-47.

[32] 余廷芳, 彭春华. 遗传粒子群混合算法在电厂机组负荷组合优化中的应用 [J]. 电力自动化设备, 2010, 30 (10): 22-26.

YU Tingfang, PENG Chunhua. Application of hybrid algorithm in unit commitment optimization [J]. Electric Power Automation Equipment, 2010, 30 (10): 22-26.

[33] 赵越, 蒙毅, 李仁义. 基于粒子群优化算法分析约束条件对配煤最优价格的影响 [J]. 热力发电, 2017, 46 (12): 99-104.

ZHAO Yue, MENG Yi, LI Renyi. Influence of constraints on optimal price of blending coal: by particle swarm optimization algorithm [J]. Thermal Power Generation, 2017, 46 (12): 99-104.

[34] 李号彩. 大数据技术在智能配煤掺烧中的应用 [J]. 电力大数据, 2017, 20 (8): 41-44.

Li Haocai, Application of large data technology in intelligent coal blending combustion [J]. Power System And Big Data, 2017, 20 (8): 41-44.

[35] 张燕东, 田磊, 李茂清, 等. 智能巡检机器人系统在火力发电行业的应用研发及示范 [J]. 中国电力, 2017, 50 (10): 1-7.

ZHANG Yandong, TIAN Lei, LI Maoqing, et al. Application and Development of Intelligent Inspection Robot System in Thermal Power Plant [J]. Electric Power, 2017, 50 (10): 1-7.

[36] 杨新民, 陈丰, 曾卫东, 等. 智能电站的概念及结构 [J]. 热力发电, 2015, 44 (10): 10-13.

YANG Xinmin, CHEN Feng, ZENG Weidong, et al. Concept and structure of intelligent power stations [J]. Thermal Power Generation, 2015, 44 (10): 10-13.

[37] 刘吉臻，胡勇，曾德良，等．智能发电厂的架构及特征 [J]．中国电机工程学报，2017，31 (22)：6463-6470.

　　　LIU Jizhen, HU Yong, ZENG Deliang, et al. Architecture and Feature of Smart Power Generation [J]. Proceedings of the CSEE, 2017, 31 (22): 6463-6470.

[38] 刘振亚．智能电网技术 [M]．北京：中国电力出版社，2010：10-16.

　　　LIU Zhenya. Smart power grid technology [M]. Bei Gjing: Electric Power Press, 2010: 10-16 (in Chinese).

[39] 陈世和，张曦．基于工业 4.0 的智能电站控制技术 [J]．自动化博览，2015 (9)：42-50.

　　　CHEN Shihe, ZHANG Xi. Control technology of smart power plant based on industry 4.0 [J]. Automation Panorama, 2015 (9): 42-50.

[40] 张晋宾，周四维．智能电厂概念及体系架构模型研究 [J]．中国电力，2018，51 (10)：2-7，42.

　　　ZHANG Jinbin, ZHOU Siwei. Study on the Concept of the Smart Power Plant and Its Architecture Model [J]. Electric Power, 2018, 51 (10): 2-7, 42.

[41] 郭为民，张广涛，李炳楠，等．火电厂智能化建设规划与技术路线 [J]．中国电力，2018，51 (10)：17-25.

　　　GUO Weimin, ZHANG Guangtao, LI Bingnan, Construction Planning and Technical Route for Thermal Power Plant Intelligentization [J]. Electric Power, 2018, 51 (10): 17-25.

[42] 潘卫东，武霞，潘瑞．智能电厂新技术应用现状及发展前景 [J]．内蒙古电力技术，2018，36 (3)：83-88.

　　　PAN Weidong, WU Xia, PAN Rui. Application Status and Development Prospect of New Technology in Smart Power Plant [J]. Inner Monngolia Electric Power, 2018, 36 (3): 83-88.

[43] 许继刚，郑慧莉．电厂自动化的现状与未来 [J]．自动化博览，2016，33 (9)：38-42.

　　　XU Jigang, ZHENG Huili. The Present Situation and Future of Power Plant Automation [J]. Automation Panorama, 2016, 33 (9): 38-42.

[44] 尹峰，陈波，苏烨，等．智慧电厂与智能发电典型研究方向及关键技术综述 [J]．浙江电力，2017，36 (10)：1-6，26.

　　　YIN Feng, CHEN Bo, SU Ye, et al. Discussion on Typical Research Directions and Key Technologies for Smart Power Plants and Smart Power Generation [J]. Zhejiang Electric Power, 2017, 36 (10): 1-6, 26.

[45] 杨新民．智能控制技术在火电厂应用研究现状与展望 [J]．热力发电，2018，47 (7)：1-9.

　　　Yang Xinmin. Application status and prospect of intelligent control technology in thermal power plants [J]. Thermal Power Generation, 2018, 47 (7): 1-9.

[46] 华志刚，郭荣，汪勇．燃煤智能发电的关键技术 [J]．中国电力，2018，51 (10)：8-16.

　　　HUA Zhigang, GUO Tong, WANG Yong. Key Technologies for Intelligent Coal-Fired Power Generation [J]. Electric Power, 2018, 51 (3): 13-20.

火电厂智能化建设规划与技术路线

郭为民，张广涛，李炳楠，梁正玉，朱峰，唐耀华

（润电能源科学技术有限公司，河南郑州 450052）

[摘　要]　为适应电力市场竞争形势的变化，以及人工智能等相关技术的迅猛发展，火电厂智能化建设作为相对独立的研究和创新领域已成为行业内外的研究热点。其概念、技术路线及实施策略等方面仍存在诸多问题和挑战。在回顾国内外火电厂自动化和智能化发展历程的基础上，结合火电厂控制技术、信息技术发展现状和趋势，阐述了火电厂智能化的定义和技术特征、智能火电厂的体系架构，并从运行优化和检修维护 2 个主要方面阐述了火电厂智能化建设的关键技术路线，指出了火电厂智能化建设过程中可能面临的问题及对策。

[关键词]　火电厂智能化；智能化；自动化；数字化；信息化

0　引言

电能在中国能源结构中占据重要地位。中国电能占终端能源消费的比重持续升高，2017 该比重约为 24.9%[1]；其中火力发电量约占电力生产总量的 71.0%，煤电发电量占比 64.7%[2]。随着中国不断加大电力市场改革力度，持续推动化解煤电过剩产能，大力提升终端能源消费清洁化水平[3]，为实现更加安全、经济、环保的电力生产，迫切需要提升火力发电厂智能化水平，通过人工智能等新技术应用从企业运营效能、环境友好程度等方面不断提升火电企业在能源市场的竞争力。此外，火力发电厂的智能化建设对落实国务院提出的"互联网＋"智慧能源重点行动具有重要意义[4]。

中国火力发电厂智能化建设构想始于 2004 年左右开始的数字化电厂建设。有学者提出发电厂信息化建设应向智能化电厂方向发展，但由于技术条件的局限性，火电厂智能化建设处于初期探讨阶段[5-6]。2015 年国务院发布的《中国制造 2025》行动纲领将通过创新建设制造强国作为国家战略，2017 年 7 月国务院印发的《新一代人工智能发展规划》为人工智能在各行业的发展明确了战略目标与重点任务[7-8]。与之对应，德国于 2011 年提出"工业 4.0"，美国政府则力推先进制造或智能制造[8]。欧美等发达国家受电力需求增长缓慢影响，其能源行业的发展重点布局在风电和光伏发电等新能源领域。常规火电领域的投资较少，相关的新技术研究也较少。虽然国外缺少针对火力发电这一特殊流程工业的智能化建设的针对性研究，但其技术发展方向仍可从智能（智慧）工厂领域研究[10]中得以展现。

国外对智能工厂的研究可大致分为 2 个类别：一类是理论或技术导向型研究，如信息物理系统（cyberic-physical system，CPS）[11-13]、物联网（internet of things，IoT）[14-16]、服务互联网 IOS（internet of services）、泛在计算（ubiquitous computing）[17]、数字化双胞胎（digital twin）[18-19]等；另一类是问题导向型的研究，在智能工厂方面重点研究和实施以生产执行系统（manufacture executive system，MES）为核心的柔性制造，在发电厂则

开展了故障检测与隔离、运行指导、建模与仿真等研究。

中国作为制造业大国和能源消费大国，近年来对智能工厂的研究成为热点，智能电网和智能电厂作为相对独立的研究和创新领域也非常活跃[20-24]。这主要得益于中国经济长期高速增长所带来的电力需求持续强劲增长，使得电力建设长期保持快速发展态势；同时，国家倡导通过科研创新和技术进步提升能源利用效率、减少污染物排放。上述因素增强了发电厂智能化研究与建设的必要性。虽然智能火电厂概念的兴起是近年来的事，但其源头可追溯到 20 世纪 80 年代的分散控制系统（distributed control system，DCS）、厂级监控信息系统（supervisory information system，SIS）和管理信息系统（management information system，MIS）。DCS 在发电厂得到普及后，1997 年 SIS 概念提出后迅速得到业界认可，成为电厂生产管理系统的重要组成部分[25]。DCS、SIS 与 MIS 相融合，使中国火电厂的数字化和信息化建设进入了快车道。20 年的数字化建设，为火电厂智能化建设提供了丰富的数据资源；伴随近年来云计算、大数据、人工智能等信息技术的迅猛发展，分析应用数据资源的工具与手段也日益丰富。自动化水平的提升、丰富的数据资源和数学工具为火电厂智能化建设奠定了坚实基础。

中国电厂智能化建设成为发电自动化领域的主要发展方向。一方面，部分发电企业依托新机组的建设，在机组自启停（automatic plant startup/stop，APS）、现场总线、智能控制等智能电厂相关技术的应用方面进行了积极有益的探索，尤其是三维可视化和智能安防的应用渐趋成熟；另一方面，2018 年 1 月发布的中国电力企业联合会团体标准《火力发电厂智能化技术导则》（T/CEC 164—2018）[25]，进一步明确火电厂智能化建设的概念、体系架构、技术要求和实施策略。

1 火电厂智能化的定义与技术特征

1.1 火电厂智能化的定义

智能电厂或智慧电厂等术语与本文所提火电厂智能化存在一定的差异，前者对应的是智能或智慧电厂的终极目标或形式，后者强调电厂的智能化建设是一个发展过程。目前各种智能电厂的概念在一定程度上借鉴了智能工厂的定义，国内外多位专家根据各自的实践和研究分别给出了不同的定义，这些定义有的侧重于云计算、大数据、现场总线等先进信息与通信技术在发电厂的应用，有的把智能电厂的范围扩展至由多个电厂组成的发电集团，有的强调电厂从设计、建设、运行到退役全生命周期的智能化[23-24,27-29]。

本文提出的火力发电厂智能化是指火力发电厂在广泛采用现代数字信息处理和通信技术基础上，集成智能的传感与执行、控制和管理等技术，达到更安全、高效、环保运行，与智能电网及需求侧相互协调，与社会资源和环境相互融合的发展过程。

该定义具有 3 个重要特点：一是把火电厂智能化定义为一个发展过程，给智能火电厂的建设留下了广阔空间；二是适度宽松的技术要求，以适应日新月异的技术进步，避免限定特定技术可能导致的负面影响；三是在技术和成效两个方面的要求较为均衡，既鼓励新技术应用，更关注智能火电厂在效率、安全和环境友好性方面的提升。

1.2 火电厂智能化的技术特征

电厂达到较高的智能化水平应具备如下 3 项主要技术特征：

（1）可观测与可控制。可观测是指对电厂生产全过程和经营管理各环节进行监测和多种模式的信息感知，实现发电厂全寿命周期的信息采集与存储。从空间和时间 2 个维度，为发电厂的生产控制与经营决策提供全面丰富的信息资源，这些信息应以数字化的方式存储和使用。这些信息不仅包括通过各种传感器和监测仪器直接采集获取的数据，还包括那些无法直接测量，需要通过软测量等方法获取的指标或数据，如锅炉和汽轮机的性能、热力系统中设备的耗差等。存在于检修和维护记录等非结构化或半结构化数据中的关键信息也应能够被提取出来，从而用于对设备的可靠性分析。

可控制是指能够实现对全部工艺过程的控制。控制系统的计算资源不仅可以满足常规 PID 和逻辑控制的需求，也应支持基于状态空间的现代控制算法的需求，在"无人干预，少人值守"条件下，保证发电机组在生产全过程的各个工况下均处于受控状态，满足安全生产和经济环保运行要求。同时，执行机构应具有足够的可靠性和准确度。在设计阶段即应充分考虑无人干预条件下的可控性，最大限度减少就地手动操作。上述 2 个特征是实现智能化电厂的基本技术要求。

这 2 项特征在现有控制系统中有所体现，例如：采用软测量的方法辨识入炉煤的发热量、采用扩展控制器为 DCS 增加模型预测控制（MPC）等先进控制功能。但是这些局部的功能远未达到一座智能化的火电厂对可观测与可控制的要求，设备可靠性和健康状况的在线监测体系至今仍在研究阶段；即便机组正常运行时经常用到的磨煤机投/切过程，也需要由运行人员手动完成，不能满足"无人干预"的可控性要求。

（2）自适应与自寻优。自适应是指智能化的火力发电厂应能够根据环境条件、设备条件、燃料状况、市场条件等影响因素的变化，自动调整控制策略、方法、参数和管理方式，适应机组运行的各种工况，以及电厂生产运营的各种条件，使电厂生产过程长期处于安全、经济、环保运行状态。

就机组运行控制层面而言，控制系统应具备 3 方面能力：①在设备无损伤，机组发生工况恶化等功能性故障时，具有自愈能力，通过自动调整将机组恢复到故障前的稳定状态；②对设备故障具有自约束能力，在将故障设备隔离的同时，根据受约束的最大稳定边界，通过自动调整将机组过渡到一个新的稳定工况；③在机组运行工况变化时，控制系统能够自动选用最佳控制参数，使得各自动调节回路的动态特性与稳态特性达到最优或次优。

自寻优是指智能化的火力发电厂可以充分挖掘生产控制系统和管理信息系统中的数据资源，识别出发电厂生产和经营中关键指标的关联性和内在逻辑，获取运营火力发电厂的有效知识，根据获取的知识，通过适当的寻优算法，在对机组运行效能、电厂经营管理、外部监管与市场等信息进行自动分析处理的基础上，对机组运行方式、电力交易行为等持续自动优化，提高发电厂安全、经济、环保运行水平。自寻优的关键在于自动对以数学模型为主要形态的知识的准确获取，并利用它们作用于生产和经营过程，以达到资源的高效利用和对需求与环境的快速反应。美国提出的智能制造所关注的就是这项技术特征。

在这 2 项技术特征中，前者是一种被动响应机制，以保证机组安全稳定为主要目标；后者则是一种主动干预机制，以追求节能提效为主要目标。现有火电厂的控制系统局部实现了"自适应"的要求，例如机组 RB（runback）功能和 FCB（fast cut back）功能就是自适应中所要求的在设备故障时自约束能力的体现，但是目前的控制系统很少设计功能性故障时的自愈控制逻辑。现有控制系统对于变工况一般采用 PID 参数随负荷等信号自动调整的简易自适应功能，但是火电机组中有许多被控对象在长周期上属于时变系统，而这些预置的参数组不能根据被控对象特性的变化而自主调整，往往需要定期进行人工优化整定，并未达到智能化所要求的无人干预情况下的自适应能力。关于"自寻优"能力，目前的火电机组控制系统都不具备这项技术特征。

（3）互动性与安全性。互动性包括以下两 2 方面内容：①设备与设备互动（machine to machine，M2M）[30-31]。在智能化火力发电厂内部，装置与装置、装置与系统、系统与系统之间能够进行高效的信息交互与协作。在发电厂与外部的智能电网、电力市场、电力大客户等之间也能够实现信息交互和共享，通过分析和预测电能需求状况，合理规划生产和管理过程，促进安全、经济、环保的电能生产。②人与设备互动（human to machine，H2M）：智能化的火力发电厂应具备高效的人机互动能力，应支持丰富的信息展示与发布功能，使运行和管理人员能够准确、及时地获取与理解需关注的信息。同时，火力发电厂的控制与管理系统应准确、及时地理解与执行运行和管理人员以多种方式发出的指令。

在信息安全方面，按照国家有关监管办法，发电厂通信网络应该满足"安全分区、网络专用、横向隔离、纵向认证"的要求。通信网络是火力发电厂的神经系统，在当前严峻的工控信息安全形势下，智能化的控制与信息系统还应具备在线监测与主动防御网络攻击的能力[32]，这方面的研究是目前工控安防领域的热点，并未达到成熟阶段。

互动性与安全性存在一定程度的矛盾，为了保证网络安全所采取的措施，会在不同程度上约束信息交互的开发和效率，这两者之间需要达到某种平衡状态，可以根据实际情况，为其中一项要求设置底线（安全性），在此基础上最大程度追求另一项的性能（互动性）。

2　火电厂智能化建设的体系架构

按照信息物理系统（CPS）架构，一座智能化的火力发电厂由 2 部分构成：①锅炉、汽轮机、发电机所构成的物理系统，它们相互协作完成能量的流动，实现从储存在燃料中的化学能到热能到动能，再到电能的 3 次能量转换及能量传递；②由控制和信息系统作为载体，反映能量转换和传递过程的虚拟化的信息流。二者相互影响和融合，共同构成 CPS。

在图 1 所示的功能架构中，黑色粗线所示的矩形边框之内代表发电厂的物理边界，但是信息与通信技术的发展，使发电厂的虚拟边界，也就是信息域的边界可以超出其物理边界，所以有了边框以外的内容。

目前，一种常见的智能电厂体系设计采用智能设备层、控制层、生产或综合管理层、区域公司或集团管理 4 层架构[29-30]。这种设计形式重点关注机组的运行管理，对于检修维护在发电厂生产运营中的作用有所弱化。同时，没有体现出运行管理和检修维护在发电厂内具有同等重要性，但工作内容却相对独立、任务目标差异很大的两套体系。前者的核心任务是通过运行方式优化、合理的发电计划等手段使机组以最高效率发电，在某种程度上可以理解为使机组供电煤耗最低；后者则是通过预防性检修、日常检测与维护等手段使机组及各部件保持在最佳健康水平，在一定程度上可以理解为用最少的维护成本使机组达到最佳的效能和可靠性。另外，任何一座发电厂都需要具备与外部的接口，它们是电厂与电网、所属发电集团、政府监管机构的联系界面。综上所述，一座火力发电厂的智能化系统

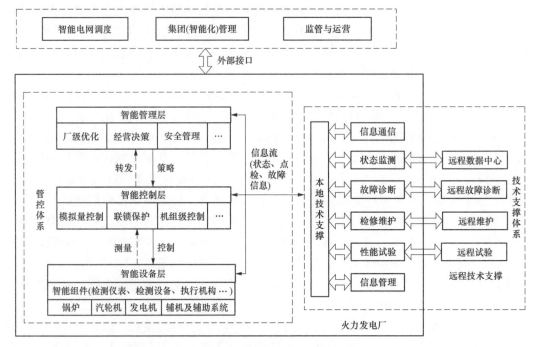

图 1 智能化火力发电厂功能架构

应由生产运营管控（主要对应于生产运行）、技术支撑（主要对应于检修维护）和外部接口 3 大部分构成。

目前，一种常见的智能电厂体系设计采用智能设备层、控制层、生产或综合管理层、区域公司或集团管理 4 层架构[29-30]。这种设计重点关注机组的运行管理，弱化了检修维护在发电厂生产运营中的重要性，忽略了发电厂的运行管控和检修维护为具有同等重要性、但工作内容相对独立且目标差异很大的 2 套体系。前者的核心任务是通过运行方式优化、合理的发电计划等手段使机组以最高效率发电，在某种程度上可以理解为使机组供电煤耗最低；后者则是通过预防性检修、日常检测与维护等手段使机组及各部件保持在最佳健康水平，在一定程度上可以理解为用最少的维护成本使机组达到最佳的效能和可靠性。另外，任何一座发电厂都需要具备与外部的接口，它们是电厂与电网、所属发电集团、政府监管机构的联系界面。综上所述，一座火力发电厂的智能化系统应由生产运营管控（主要对应于生产运行）、技术支撑（主要对应于检修维护）和外部接口 3 大部分构成。

2.1 生产运营管控体系

管控体系作为火力发电厂智能化的核心，主要包括 3 个层级：智能设备层、智能控制层和智能管理层。

（1）智能设备层。以前，智能设备主要包括智能化的监测设备、执行机构及现场总线设备等。该层构成了火力发电厂智能化管控体系的底层，实现对生产过程状态的测量、数据上传，以及从控制信号到控制操作的转换，并具备信息自举、状态自评估、故障诊断等功能。但是对于智能化的电厂，智能设备层不仅指智能变送器和智能执行机构，更应关注配备有控制装置的独立设备或系统，这些控制装置和其宿主设备共同构成一个智能设备。

例如：一个带有控制器的空气压缩机、给煤机或润滑油站，甚至一个配备独立 MEH 控制器的汽动给水泵也可看作智能设备。

如果把软件工程中常用的面向对象概念引入控制系统中，每个能够完成特定功能的独立设备或系统都宜配备一个智能控制器，与该宿主设备紧密相关的顺序控制、保护和自动控制逻辑都可以在这个控制器中实现。整个系统对外部来说如同一个黑盒子，通过简单的网络接口和标准的通信协议，与其他设备或系统交换少量必要的信息就可以相互协作，而不必把全部控制需求都上交给 DCS 完成。这种功能实现方式更符合物联网 IoT 的概念。

（2）智能控制层。智能控制层对火力发电厂的生产及辅助装置实施控制、优化和诊断。该层实现对生产及辅助装置的数据集中处理、控制信号计算和产生，具备机组级的自适应和自寻优功能。在当前发电厂的控制系统架构中，DCS 与智能控制层的功能高度重叠。目前，DCS 不仅在功能架构上处于智能设备之上，在网络拓扑结构中也处于现场设备之上，但是 IoT 更类似于互联网。以互联网为例，Google 公司由众多服务器构成的巨大计算资源相对于人们手中的一部手机，在互联网的拓扑结构上都只是由一个（或多个）IP 地址所代表的节点。从 IoS 的角度来看，这一问题更为突出，智能装置（如变送器或执行机构）主要提供监控现场设备的功能，而 DCS 控制器提供的是完成特定逻辑计算的功能。一台支持基金会现场总线协议（foundation field bus）的变送器或执行机构也可以独立提供逻辑计算功能，它们可以共同构成 IoS。通过信息交互协作完成对生产过程的监控，有些协作功能的实现甚至不需要 DCS 的参与。

因此，随着现场总线、泛在计算、IoT 和 IoS 技术的发展，以 DCS 为核心的智能控制层是否需要进行重大变革，是一个值得关注的问题。

智能控制层要实现章节 1.2 中关于"自适应与自寻优"的技术要求，它也是实现"无人干预 少人值守"目标的核心所在。其中，自寻优功能不仅包括过程控制层面的自主性能优化，还包括生产流程的自主优化。生产流程优化在智能工厂中属于 MES 的功能，MES 通常接收 ERP（企业资源管理系统）发出的生产计划，通过寻优给出最佳运行方式，从而指挥 DCS 按其要求工作。在火电厂信息系统架构中与 MES 相应的是 SIS，但是 SIS 并未实现 MES 的核心功能——流程优化。根据发电厂生产工艺的特殊性和功能架构扁平化的发展趋势，过程控制与流程优化将会深度融合，SIS 的功能将被新的管控一体化平台所取代，而该平台会覆盖部分 DCS 的功能，甚至在一定程度上取代 DCS，成为后 DCS 时代的控制核心。这种发展趋势已在 SIEMENS 的智能工厂实践中得到了充分体现。

（3）智能管理层。智能管理层协调管控各生产与管理子系统，实现生产运行优化、经营决策支撑和安全防护管理。目前的管理层由 MIS、ERP、SIS 等组成。之所以形成这种功能系统的划分，是因为以往信息化建设是以应用功能为核心，从而形成了信息孤岛、功能交叉重复、体系架构不统一、功能严重依赖于特定的计算/存储资源等诸多问题。

未来的智能管理层是一个一体化的平台，它是以包括数据信息、存储空间、计算能力等资源的充分和高效共享为关键技术特征。功能应用由一系列颗粒度划分合理的服务或微服务通过"搭积木"的方式实现，具备高度的灵活性、开放性和可扩展能力。

智能管理层将以实现商业智能（business intelligence，BI）为核心要求。根据燃料成本走势预测、发电成本与利润实时测算等产生的信息，通过科学的规划算法形成燃料采购计划、中长期发电计划、电量实时交易竞争策略等运营决策。除厂级负荷优化调度等部分生产管控功能外，智能管理层很难有统一的功能清单。主要由于各发电集团或发电公司的管理模式有较大区别，不同发电集团下属的发电厂承担的运营职责也不尽相同，因此，智能管理层的功能设计应根据各厂的具体需求而定。由于管理是最易发生变化的领域，所以智能管理层在体系架构的设计方面应采取较为灵活的功能可配置方案，例如面向服务的架构。

2.2 技术支撑体系

生产管控体系的主要任务是提升发电机组的运行效率，服务于生产发电；技术支撑体系的重点是提升设备的健康状况，服务于设备维护。因此，技术支撑体系包括由发电企业自身完成本地技术支撑（日常维护、点检等）和外部组织完成的远程技术服务（远程试验和诊断）。随着云计算和网络通信技术的快速发展，采用远程云端集中运维服务在技术支撑体系所占比重和重要性将迅速提升，驱动这种变化的主要原因有：

（1）成本因素。对格式化的日常运行数据和非格式化的大量检修维护记录进行数据的存储、清洗、挖掘和分析应用，以实现性能分析和故障诊断等功能，需要庞大的计算资源和存储资源；同时，维护这一复杂信息系统也需要具有较高技能的 IT 专业人才。对于单个发电企业而言，独立承担上述计算资源及人力资源的成本过于昂贵。更好的选择是用较为低廉的价格从外部购买这些计算服务，或者由集团公司统一建设集中运维中心，利用云计算、大数据分析技术实现数据、技术、人力资源的共享。

（2）技术因素。准确的性能计算和故障诊断技术难度高，近年来的发展趋势是采用大数据、人工智能等新技术与传统的机理模型、故障树等技术相结合，以期大幅提升性能计算和故障诊断的准确度与效率。要利用深度学习等方法建立有效的状态评估和故障预警模型，需要足够数量的训练样本。各发电企业运行维护水平的提升，使得单一发电厂甚至单一发电集团很难拥有数量满足要求的失效模型，用以训练神经元网络。只有集团层面或者跨集团的数据中心，或者拥有大量运行数据并具备数据分析能力的设备供应商才能提供上述服务。

2.3 外部接口

完整的智能化电力系统是由智能化的发电厂、智能化的电网和智能化的电力用户共同组成，在更加宏观的层面，发电厂是社会与环境的有机组成部分。发电厂要做到与电网和需求侧相互协调，与环境融合共生，需要安全和开放的信息接口，使其友好地融入未来的绿色智慧城市系统。火力发电厂在智能化建设中至少应提供以下三类外部接口。

（1）集团化管理。虽然不同发电集团对其下属发电厂的运营管理模式不同，但是智能化火力发电厂与集团之间的信息交互主要包括经营管理信息和生产运行信息。目前，前者是双向的，后者则多为单向，即发电厂向集团实时报送机组运行数据。随着虚拟电厂技术的发展，在保证电网安全的前提下，由发电集团适度调度其下属各发电厂的负荷分配存在一定的可能性；另外，发电集团向电厂提供同类型机组的运行和故障信息，建立标杆指标，也可以帮助发电厂优化运行方式，提升机组效能和安全性。

（2）智能电网调度。能源结构的变化促使火力发电厂在电网中作用逐步发生变化。风电、光伏等间歇性能源和电力需求峰谷差的增大，促使火电厂承担更多电网支撑服务功能，例如满足调峰需求、维持网频稳定等。为适应上述变化，智能化的电网和电厂需要更深层次的相互协作。虽然目前电网可以通过监测考核等手段要求发电厂提升 AGC、AVC、一次调频等性能，但这些方法多为管理措施，而且把每台火电机组当作性能等同的电源点来对待，这与实际情况是不符的。所以，智能电网需要掌握更多发电机组的性能状况，例如：机组负荷快速响应能力、短期负荷调节能力等，把每台机组的这些动态性能指标引入 AGC 算法中，能够更有效地挖掘火力发电机组的灵活性潜力，提升电网调控水平。

（3）监管与运营。发电厂向政府公开的监管接口提供主要污染物实时排放信息。如果"两个替代"能够达到预期目标，能源生产会进一步向发电厂集中，政府对火力发电厂的污染物排放监控力度将进一步加大，监管接口承担的重要性也将日益加强。为利用市场规则实现电力资源的高效合理配置，中国在逐步放开售电市场，加大电力交易的改革力度，计划电量和交易电量的此消彼长是必然趋势。一个发电企业如何增强竞争力，在市场博弈中获取更多利益，不仅要依靠智能化建设提升机组运行效率，还需要从电力交易市场和燃料交易市场获取更多供求信息，利用商业智能提高经营决策的正确性和效率，控制运营风险。所以，智能化的火力发电厂需要提供接口与上、下游两个市场，以及大客户与主要燃料供应商实时交互商业信息。

3 火电厂智能化建设技术路线

3.1 规划与设计

火电厂智能化建设的规划与设计是电站建设的基础，应做到最大范围与程度的适应性与安全性，在基础设计、网络架构和设备选型等方面尽可能采用数字化、网络化、智能化的理念。在基础设计方面，应整体考虑层级功能与层间信息交互，实现全厂设备的全寿命周期（设计、制造、建设、运行、检修维护、退役）智能管理，消除信息孤岛，设计资料统一采用数字化移交。在网络架构方面，应能够按照实时性要求控制流量，满足生产管理需要。在设备选型方面，应优先选择具有状态自评估、故障自诊断、自愈性、自适应、信息可视化等功能的设备，优先选择具备标准化接口，易于升级扩展的设备等。

3.2 安装与调试

开展智能化建设工作的火电厂，其安装与调试质量的好坏直接影响投产后的运行效率与检修维护成本。在设备安装方面，设备与安装过程的图纸、说明书、文档、记录等资料，应采用数字化方式管理，利用智能化管理系统，实现各施工单位之间的统筹协调管理。在设备调试方面，应实施智能设备的互操作特性测试，实施不同系统间和不同工况下的协同特性测试。在投产验收方面，应全面验收网络系统、通信系统、智能设备、智能装置及一体化平台，检查设备配置和技术文件，确认设计、安装、操作、维护和试验文档的完整性，检查验收过程中的缺陷和问题，满足问题处理和系统完善的要求等。

3.3 运行与检修

机组的投产运行是对安装调试的整体检验，也需要根据机组情况制定和开展相应的检修计划。除采用现场检验外，对难以进行现场检验的设备或系统，可采用实验室检验，对无需进入现场的检验测试项目，可通过远程操作进行检验，检验测试应涵盖全部主设备和部分关键辅助设备系统。

系统或设备的自诊断与自愈功能在运行与检修中占有重要地位。实现上述功能首先对设备、系统、机组进行科学的层级划分和颗粒度规划，然后分别设计科学的接口与内部逻辑，实现模块功能的高度封装。例如：一台磨煤机的保护、联锁、顺控和自动等功能应封装在一个智能模块内，对外展现的接口简洁清晰，同时通过信息融合等技术使内部功能具有高容错性。尽可能采用根据多路信息进行综合辨识的状态智能识别等自诊断技术，最大限度减少采用单一信号来源的保护或联锁功能，从而防止故障跨层级穿越导致故障扩大。在准确判断设备状态的基础上，通过完善联锁逻辑即可实现功能性故障的自愈功能。

控制优化是当前火电厂智能化建设中的另一个关键问题。虽然大部分以单回路为主持自动控制系统采用 PID 控制已经可以满足性能要求，但是例如协调控制、汽温控制、给水控制等复杂系统的优化控制仍是研究热点。近年来，以 MPC 为主的多种先进控制算法在实际应用中取得了良好效果，但由于被控对象的时变特性导致这些算法的控制性能会逐渐劣化，采用深度神经网络的学习能力和自寻优能力解决上述问题将是今后一段时期的重点发展方向。

3.4 评估与评价

在电站经过一段时间的运行后，可以对智能火电厂进行评估与评价，以检验电站从规划设计到运行的智能化水平。可采用功能验证、性能测试、专家评审等多种方式，重点针对信息化、智能化相关技术在火力发电厂设备层、控制层、管理层的应用范围、应用深度，以及上述技术的应用对发电厂安全、经济、环保运营水平提升的成效进行评估。

生产管控体系中的智能设备层，因其控制装置的封闭性，宜采用黑盒测试或灰盒测试的方式验证其智能化功能；生产管控体系的其他层级与技术支撑体系宜采用灰盒测试或白盒测试。测评人员应设计专用的测试程序或逻辑实现功能的自动测试与评估，减少人工检测。评价火电厂智能化水平应重点考察以下 2 项指标：①电厂的运营效能，主要包括中短期盈利能力、长期投资收益、环境友好水平等；②人工干预程度，主要指人员在运行、维护与经营决策过程中的作用范围与影响深度。

3.5 发电厂智能化建设注意事项

在发电厂智能化建设的过程中，需要关注以下几方面因素之间的关系。

（1）在技术与成效方面，火力发电厂的智能化建设应以成效为导向，简单地把大数据和人工智能等先进技术堆砌在一起并不是智能化。技术是实现目标的手段，火力发电厂智能化建设的长远目标是建成"无人干预 少人值守"的全自动化发电厂，并且其经济、安全和环保指标都优于传统的发电厂。在技术的选择上应持开放态度，新兴的深度学习和大数据分析技术与经典的机理模型仿真分析，现代控制理论与经典的 PID 控制都有各自的最佳应用场景。在火力发电厂智能化建设的技术路线选择上，通过实验对比分析各种技术的特点，针对特定问题提出最合适的解决方案。

（2）在资源与应用方面，对于智能化电厂的建设，投资建设先进的硬件设施，获取丰富的数据资源固然是非常重要的，但更重要的是对这些系统和数据的充分应用。现在多数发电企业已拥有丰富的工业大数据资源，充分挖掘利用现有数据资源，逐步建立完善机组性能评估模型和故障预警模型。

4 结语

火力发电厂智能化建设的内生需求和外部条件均已成熟。根据发电厂更加安全、经济和环保的发展需求，应充分利用快速发展的先进信息技术、通信技术和控制技术，稳步递进地提升电厂自动化、数字化和信息化水平，实现更加安全、高效、清洁的智能化火力发电。

<h1 style="text-align:center">参 考 文 献</h1>

[1] 电力规划设计总院．中国能源发展报告 2017［M］．北京：中国电力出版社，2018.

[2] 中国电力企业联合会．中国电力行业年度发展报告 2018［M］．中国市场出版社，2018.

[3] 国家能源局．2018 年能源工作指导意见［EB/OL］．［2018-03-09］．http：//www.gov.cn/xinwen/2018-03/09/content_5272569.htm

[4] 刘惠萍，杨天海，周小玲．关于上海"互联网＋"智慧能源技术产业发展的思考［J］．可再生能源，2018，36（1）：126-132.

[5] 侯子良．推广应用现场总线系统 全面实现火电厂数字化［J］．中国电力，2004，37（3）：72-75.

[6] 陈卫．"智能化电厂"浅析——发电厂信息化建设思考［C］// 2004 全国电力行业信息化年会．2004.

[7] 中华人民共和国国务院．中国制造 2025［EB/OL］．［2015-05-19］．http：//www.gov.cn/zhengce/content/2015-05/19/content_9784.htm.

[8] 中华人民共和国国务院．新一代人工智能发展规划的通知［EB/OL］．［2017-07-20］．http：//www.gov.cn/zhengce/content/2017-07/20/content_5211996.htm.

[9] TAYLOR A, EKWUE A O. Intelligent power plant control, for enhanced life management［C］// International Conference on Life Management of Power Plants. IET, 1994：61-65.

[10] 吕佑龙，张洁．基于大数据的智慧工厂技术框架［J］．计算机集成制造系统，2016，22（11）：2691-2697.

[11] 刘东，盛万兴，王云，等．电网信息物理系统的关键技术及其进展［J］．中国电机工程学报，2015，35（14）：3522-3531.

[12] 董朝阳，赵俊华，文福拴，等．从智能电网到能源互联网：基本概念与研究框架［J］．电力系统自动化，2014，38（15）：1-11.

[13] 王冰玉，孙秋野，马大中，等．能源互联网多时间尺度的信息物理融合模型［J］．电力系统自动化，2016，40（17）：13-21.

[14] 陈海明，崔莉，谢开斌．物联网体系结构与实现方法的比较研究［J］．计算机学报，2013，36（1）：168-188.

[15] 胡永利，孙艳丰，尹宝才．物联网信息感知与交互技术［J］．计算机学报，2012，35（6）：1147-1163.

[16] 沈苏彬，杨震．物联网体系结构及其标准化［J］．南京邮电大学学报：自然科学版，2015，35（1）：1-18

[17] ZUE. HLKE D. Smart factory—Towards a factory-of-things［J］. Annual Reviews in Control, 2010,

34（1）：129-138.

[18] GRIEVES M, VICKERS J. Digital twin：Mitigating unpredictable, undesirable emergent behavior in complex systems［M］//Transdisciplinary perspectives on complex systems. Springer, Cham, 2017：85-113.

[19] BOSCHERT S, ROSEN R. Digital twin—the simulation aspect［M］//Mechatronic Futures. Springer, Cham, 2016：59-74.

[20] 宋璇坤，韩柳，鞠黄培，等. 中国智能电网技术发展实践综述［J］. 电力建设，2016，37（7）：1-11.

[21] 余贻鑫，刘艳丽. 智能电网的挑战性问题［J］. 电力系统自动化，2015，39（2）：1-5.

[22] 凌海，罗颖坚. 智能电厂规划建设内容探讨［J］. 南方能源建设，2017，4（1）：9-12.

[23] 张晋宾，周四维，陆星羽. 智能电厂概念、架构、功能及实施［J］. 中国仪器仪表，2017（4）：33-39.

[24] 刘吉臻，胡勇，曾德良，等. 智能发电厂的架构及特征［J］. 中国电机工程学报，2017，37（22）：6463-6471.

[25] 侯子良. 再论火电厂厂级监控信息系统［J］. 电力系统自动化，2002，26（15）：1-3.

[26] 郭为民，尹峰，陈世和，等. 火力发电厂智能化技术导则：T/CEC 164-2018［S］. 北京：中国电力出版社，2018.

[27] 杨新民，陈丰，曾卫东，等. 智能电站的概念及结构［J］. 热力发电，2015，44（11）：10-13.

[28] 陈世和，张曦. 基于工业4.0的智能电站控制技术［J］. 自动化博览，2015（9）：42-50.

[29] 陈进发，高伟，刘军辉. 智能化火电站建设现状、发展方向与展望［C］. 智能化电站技术发展研讨暨电站自动化2013年会论文集. 2013.

[30] 祝恩国，窦健. 用电信息采集系统双向互动功能设计及关键技术［J］. 电力系统自动化，2015，39（17）：62-67.

[31] 林宏宇，张晶，徐鲲鹏，等. 智能用电互动服务平台的设计［J］. 电网技术，2012，36，（7）：255-259.

[32] 王栋，陈传鹏，颜佳，等. 新一代电力信息网络安全架构的思考［J］. 电力系统自动化，2016，40（2）：6-11.

电力企业智能发电技术规范体系架构

崔青汝[1]，李庚达[2]，牛玉广[3]

（1. 国家能源投资集团有限责任公司，北京 100011；

2. 国电新能源技术研究院有限公司，北京 102209；

3. 华北电力大学，北京 102206）

[摘　要]　第四次工业革命的兴起促使能源领域发生变革。在发电技术转型革命之中，智能发电是发电企业转型发展的重要方向。本文以电力企业智能发电建设规划为出发点，阐释了企业编制智能发电系列技术规范的思路和内容。重点介绍了智能火电技术规范的主要内容，从功能实现的角度构建由智能发电运行控制系统和智能发电公共服务系统组成的智能火电总体架构，提出可用于指导实践的功能要求与应用原则。同时结合其他发电形式具体特点，简单介绍了智能风电、光伏发电和水电技术规范内容。最后，针对电力企业开展智能发电建设工作提出了深入思考和建议。

[关键词]　智能发电；技术规范；智能发电运行控制系统；智能发电公共服务系统

0　引言

2015 年，我国提出"中国制造 2025"[1]，旨在信息化与工业化深度融合的背景下，推进重点行业的智能转型升级，并于 2016 年相继发布《关于推进互联网＋智慧能源发展的指导意见》[2]和《电力发展"十三五"规划》[3]，明确提出要促进能源和信息深度融合，并推进电力工业供给侧改革。在此时代背景下，"智能发电"概念应运而生[4]。

智能发电涉及自动化控制、热能动力、人工智能、大数据分析和信息化管理等诸多学科，相关研究涉及智能发电概念的探讨、典型特征的归纳和体系架构的建立[5-7]，以及整体结构的构建[8-11]、智能化建设关键技术的研发与工程应用[12-19]。2016 年 1 月，国家能源局发布《智能水电厂技术导则》，规定了智能水电厂的基本要求、体系结构、功能要求及调试与验收要求。2016 年 11 月，由中国自动化学会发电自动化专委会及电力行业热工自动化技术委员会共同编写的《技术发展纲要》发布，提出了智能电厂的概念、体系架构和建设思路。由中国电力企业联合会组织编写的《火力发电厂智能化技术导则》（T/CEC 164—2018）于 2018 年 1 月 24 日发布，2018 年 4 月 1 日实施，该导则规定了智能化（火力）发电厂的基本原则、体系架构、功能与性能等方面的技术要求。总体来看，目前行业内缺少企业层级的更为细致、可操作性更强的技术规范，这也是本文要介绍的内容。

为加快实施创新驱动发展战略，国家能源集团提出智慧企业建设重大部署。2017 年 9月，集团发布《智慧企业建设指导意见》，明确智慧企业建设的指导思想、总体目标、建设规划和重点任务，对集团智慧企业建设进行总体谋划和安排。作为我国最大的发电企业，国家能源集团总装机达到 2.26 亿 kW，占全国装机的 15％。因此，开展智能发电建设是集团公司智慧企业建设的重要组成部分，是智慧企业的技术基础和保障。

2017 年 11 月，为了规范和引导智能发电建设，国家能源集团在《集团公司智慧企业建设指导意见》框架下，编写并下发《集团公司智能发电建设指导意见》。明确提出智能发电建设的基本原则、总体目标、主要内容和重点任务，为集团智能发电建设工作描绘蓝图，指明方向。

国家能源集团在《集团公司智能发电建设指导意见》中明确提出"建立标准化体系，规范智能发电建设"的重点任务。强调全面推进集团公司智能发电标准化体系建设，依托集团信息化规划，设备检修和安全文明生产标准，加快建立系统、完善、开放的智能发电技术标准体系，推进集团智能发电建设标准化、规范化。加快制定集团公司智能发电标准，积极参与行业组织的标准化制定工作，参与推动国家智能发电标准建设。

1 发电企业智能发电技术规范整体设计和主要内容

国家能源集团自 2017 年 11 月启动智能发电系列技术规范的编制工作，包涵智能火电、风电、光伏和水电四部分，为引导智能发电核心技术的工程实践与示范应用，智能发电系列技术规范从功能实现的角度提出规范要求与应用原则，适用于智能火电厂规划、建设与改造。

1.1 智能火电

1.1.1 参考基础

智能火电以《集团公司智慧企业建设指导意见》和《集团公司智能发电建设指导意见》为理论与框架基础，组织智能火电的体系架构与功能模块，阐述技术特点和规范要求，并进一步根据技术的成熟程度和功能的应用场景提出应用原则。

1.1.2 体系架构

智能火电根据智能发电建设的总体目标，在保障电力监控系统信息安全前提下，综合引入云计算、大数据、物联网、移动互联和人工智能等先进技术，在火电厂工业控制系统结构基础上，整合拓展发电过程的实时数据处理和管理决策业务，构建智能火电运行控制系统（Intelligent Control System，ICS）和智能火电公共服务系统（Intelligent Service System，ISS）；落实国家信息安全等级保护制度，按照国家信息安全等级保护的有关要求，坚持"安全分区、网络专用、横向隔离、纵向认证"的原则保障电力监控系统的信息安全，建立信息安全管理体系，共同构成智能火电体系架构，如图 1 所示。

智能火电运行控制系统是以智能分散控制系统（Distributed Control System，DCS）为核心，扩展智能变送器和智能执行机构、智能优化算法库、高级值班员工作站、开放应用服务器等资源，实现发电过程的智能检测、智能控制与智能运行监控，为火电厂控制与运行优化、状态监测及诊断预警提供可靠的软硬件平台。

智能火电公共服务系统是以大型数据库系统、大数据云平台为基础，整合运行控制系统实时数据资源，机组设计、施工、维修数据资源，全厂人力、财务、设备数据资源，以及电网、集团、市场信息，实现发电企业的智能安全、智能管理与智能服务，为火电厂人员与设备安全、精细化管理及优化决策提供一体化信息平台。

信息安全管理体系指导发电企业在已有安全管理体系的框架或环境下，建立、实施、运行、监视、评审、保持和改进系统信息安全，从而达到组织机构对信息安全的要求，实现智能发电运行控制系统和智能发电公共系统逻辑隔离和物理隔离，保障电力监控系统的

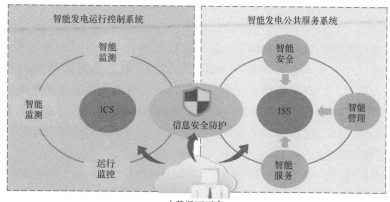

图 1　智能火电体系架构

信息安全。信息安全管理体系一般应包括安全方针、组织与合作团队、资产管理、人力资源安全、物理与环境安全管理、通信与操作管理、访问控制、信息获取与开发维护、信息安全事件管理、业务连续性管理与符合性等。

1.1.3　主要功能

（1）智能火电运行控制系统（ICS）。智能火电运行控制系统（ICS）在传统分散控制系统（DCS）的基础上构建，主要包括智能检测、智能控制和智能运行监控功能。系统应满足机组安全、经济、环保、灵活运行和自动启停的要求；实现机组级和全厂级实时信息全集成，支撑机、炉、电、辅、现场总线控制等各项功能的一体化控制运行，同时提供高度开放的第三方应用开发环境和接口规范，支持对第三方专用控制运行软件包的集成；并应根据相关技术成熟情况，将控制优化功能、运行优化功能、设备监测与预警功能等进行融合，实现相关工艺过程和设备的控制性能、经济环保性能、设备寿命损耗等的多目标综合优化。

智能检测对发电过程中的状态、环境、位置等信息进行全方位监测、辨识与自适应处理，为控制优化、运行监控、分析诊断和管理决策提供多源数据。

智能控制运用智能控制技术，发展具有模型自学习、工况自适应、故障容错能力的控制策略，满足环境条件、设备条件、燃料状况变化下的控制需求，实现机组全范围、全过程的高性能控制。

智能运行监控采用多目标寻优等智能算法，对机组及全厂安全、经济、环保指标进行在线计算与偏差分析，实现机组及厂级性能指标的闭环控制；采用大数据分析、机器学习等方法，实现设备及系统的状态监测、故障预警、在线诊断和运行指导。

（2）智能火电公共服务系统（ISS）。智能火电公共服务系统（ISS）是以实现火电厂的智能安全、智能管理与智能服务为目标构建。系统充分利用数字化移交、智能设备数据等丰富的电厂数据信息，通过云计算、大数据、专家系统等多种技术手段，提高电厂信息系统的智能化水平，通过优化管理软件对设备的运行状态进行监测和预警，对设备进行故障诊断和预测性维护，有效地控制发电生产成本；在各管理系统的基础上，建设企业的决策支持系统，提高效率和降低能耗。

智能安全通过人员定位、门禁、人脸识别、电子围栏等技术，实现职工、外来人员的全方位安全管控；通过与智能巡检、智能两票等功能联动，实现人员安全与设备操作的主动安全管控。

智能管理通过生产信息与管理信息之间的数据共享与业务联动，追踪所有系统和设备的更新、维护活动及运行状态，构建设备特征模型库和设备健康知识库，形成人、设备、资产之间的协作机制，提高精细化管理水平，实现企业资产优化配置和整体效益的最大化。

智能服务通过大数据云平台、移动互联网、三维可视化等技术，提供移动监视、沉浸式培训、虚拟检修、远程诊断等技术手段，并为发电厂的运行、检修、经营提供决策支持。

1.1.4 系统特点

技术规范针对传统火电厂工业控制系统，构建由智能火电运行控制系统（ICS）和智能火电公共服务系统（ISS）组成的智能火电厂工业控制系统，形成具有不同安全等级与功能的两大网络信息系统平台，简化系统网络结构见图2，形成安全性与可靠性相统一的二级网络结构，并通过开发智能DPU与高级应用服务器功能，支持高性能控制及优化、智能化运行监控、精细化管理与决策服务，具有更高的安全可靠性。

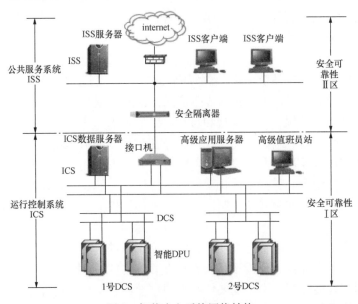

图2 智能火电系统网络结构

1.2 其他发电形式

在保证智能发电技术规范体系结构基本一致的前提下，规范充分考虑风电、光伏和水电的系统特点与智能化现状，建立各具特色的体系架构，提高规范的可实施性。

1.2.1 智能风电

智能风电主要针对陆上与海上风电，根据风力发电运行与控制的特点构建智能风电运行控制系统（ICS）和智能风电公共服务系统（ISS）。智能风电运行控制系统（ICS）主要包括与风电运行过程密切相关的功能模块，风机层包涵叶片智能设计、机组对环境自适应能力、机组运行参数监测等功能；风场层包涵微观选址、功率预测、协调优化控制等功能；集群层阐述集团级大数据中心、专家系统等内容，以实现主动预警、智能故障诊断、大部件监测及远程专家支持等功能，以及"现场少人、无人值守"的科学管控模式。智能风电公共服务系统主要包括为风力发电过程提供支撑服务的功能模块，侧重于服务保障功能，具有较强的延展性和开放性，主要包涵智能检测、智能安防、物资管理、健康评估、经营决策和移动应用等功能。

1.2.2　智能光伏发电

智能光伏发电主要针对集中式光伏电站，在体系架构与功能模块方面与智能风电具有一定的相似性，其根据光伏发电运行与控制的特点构建智能光伏运行控制系统（ICS）和智能光伏公共服务系统（ISS）。智能光伏运行控制系统主要包括与光伏发电运行过程密切相关的功能模块，包涵光伏发电单元的环境自适应、运行自寻优、故障自感知，光伏电站的智能监控、协调控制、功率预测、故障诊断、有功调频和无功调压，以及集群控制的远程诊断和远程监控等功能。智能光伏公共服务系统主要包括为光伏发电过程提供支撑服务的功能模块，侧重于服务保障功能，兼顾延展性和开放性，主要包涵智能检测、智能安防、物资管理、健康评估、经营决策和移动应用等功能。

1.2.3　智能水电

智能水电根据水力发电在运行与调度等方面的特点，以全厂信息数字化、通信接口网络化、信息集成标准化为基本要求，自动完成信息采集、监测、控制、保护等基本功能，满足水电厂"无人值班"（少人值守）运行模式的要求；以一体化管控平台为核心，实现水电厂各自动化或信息化系统的整合，支持经济运行、状态检修决策等智能应用；以云计算、大数据、物联网、移动互联、人工智能等智能化技术体系为手段，通过智能设备、智能基础功能，为智能高级应用和公共服务提供支撑，并保证水电厂信息安全，实现高效智能化运行。智能水电体系架构见图3。

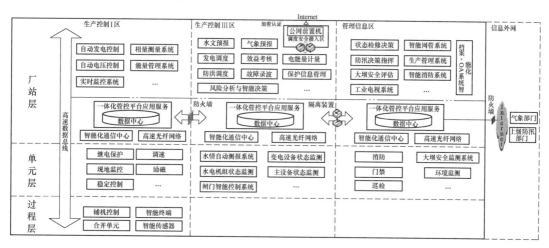

图3　智能水电体系架构

2　企业智能发电技术规范实施的思考和建议

发电过程智能化建设是一个系统工程，一方面这是新时代背景下发电企业提质增效实现产业升级的巨大契机，另一方面也是传统行业升级观念脚踏实地促进技术革新的新挑战。企业集团智能发电技术规范的编写和发布只是一个开端，后续能否不断完善规范内容并依照规范做好实施工作尤为重要，具体应该在以下四个方面做好工作部署。

一是做好智能发电核心技术的研发和应用。智能化建设涉及诸多交叉学科，一方面要始终坚持以节能减排、安全优化运行作为精细化管理的目标，充分挖掘传统电力行业自动化技术的升级发展潜力，提升自控水平和能力；另一方面要广泛吸收其他智能化领域的新方法、新技术、新产品，充分发挥云大物移、人工智能等新兴技术在发电智能化过程中的深入应用。通过自主创新、合作开发、技术集成等多种方式尽快实现各项技术手段的示范应用及后续推广。

二是企业集团要形成产业升级的高度共识，坚定实现新形势下产业运行模式深度变革的信心和决心。各企业集团要做好全公司范围内的顶层设计工作，将智能化建设理念提升到足够的高度，做好全集团的智能化体系建设工作，形成智能发电建设的合力。

三是坚持以提质增效降成本为核心的发电厂精细化管理为建设目标，塑造电力市场改革新形势下具有核心竞争力的发电企业市场主体。在新一轮电力改革中，聚焦成本精细化的企业市场化运行机制正在形成，为了尽早适应这一趋势，发电企业有必要依托智能化建设，从运行管理精细化角度实现提质增效的根本性转变。

四是要始终做好智能化建设过程中的信息安全防护工作。智能发电的信息安全按照国家信息安全等级保护的有关要求，坚持"安全分区、网络专用、横向隔离、纵向认证、综合防护"的原则，具体分别制定智能发电运行控制系统和智能发电公共服务系统的防护原则，建立基于主动防御的信息安全策略，实现智能发电支撑系统的信息安全。

3 结论

企业技术规范既要考虑到所涉及技术细节的先进性，又要充分考量每一项技术在实际电厂实施的可操作性。规范的内容编写是一个循序渐进、不断完善的过程。随着智能技术的不断发展，规范也要每年更新，对相应内容进行针对性修补完善。

未来企业应重点针对智能领域云计算、大数据、物联网、移动互联等新型技术，尤其是这些技术在智能发电过程中的具体应用进行深入研究和实践，不断完善技术规范内容，为实现发电过程自动化、数字化、智能化提供详细指导。

参 考 文 献

[1] 国家能源局．关于推进"互联网＋"智慧能源发展的指导意见［EB/OL］．［2016-02-29］．http：//www. nea. gov. cn/2016-02/29/c135141026. htm. National.

[2] 国务院办公厅．中国制造2025［EB/OL］．［2015-05-19］．http：//www. gov. cn/zhengce/content/2015-05/19/content_9784. htm.

[3] 国家发展和改革委员会．电力十三五规划［EB/OL］．［2017-06-05］．http：//www. ndrc. gov. cn/fzggz/fzgh/ghwb/gjjgh/201706/t20170605_849994. html

[4] 刘吉臻．智能发电：第四次工业革命的大趋势［N］．中国能源报，2016-07-25.

[5] 刘吉臻，胡勇，曾德良，夏明，崔青汝．智能发电厂的架构及特征［J］．中国电机工程学报，2017，37（22）：6463-6470＋6758.

[6] 杨新民，陈丰，曾卫东，肖勇，魏湘．智能电站的概念及结构［J］．热力发电，2015，44（11）：

10-13.

［7］高海东，王春利，颜渝坪．绿色智能发电概念探讨［J］．热力发电，2016，45（02）：7-9.

［8］凌海，罗颖坚．智能电厂规划建设内容探讨［J］．南方能源建设，2017，4（S1）：9-12.

［9］尹峰，陈波，苏烨，李泉，张鹏．智慧电厂与智能发电典型研究方向及关键技术综述［J］．浙江电力，2017，36（10）：1-6＋26.

［10］吴国潮，滕卫明，范海东，尹峰，胡伯勇．智能化电厂建设中的问题与功能探讨［J］．自动化博览，2016（08）：82-85.

［11］赵宇，芮钧．智能水电厂经济运行系统及其关键技术［J］．水电与抽水蓄能，2018，4（02）：77-81＋67.

［12］席磊，李玉丹，黄悦华，杨苹，许志荣．基于虚拟狼群控制策略的智能发电控制［J］．中国电机工程学报，2018，38（10）：2966-2979＋3147.

［13］高海东，高林，樊皓亮，王林，侯玉婷．火电机组实用智能优化控制技术［J］．热力发电，2017，46（12）：1-5.

［14］邢洪亮，谢冬梅．风电场智能控制与电网协同调度技术研究［J］．山东工业技术，2017（22）：170.

［15］彭敏，刘冬林，谢国鸿，陈坚强，刘复平，陈思铭．国产超（超）临界火电机组智能控制系统的工程应用［J］．中国电力，2016，49（10）：7-11＋27.

［16］朱晓星，陈厚涛，昌学年，蒋森年，陈思铭．火电机组风烟系统智能控制模块设计与应用［J］．中国电力，2016，49（06）：1-5.

［17］辛斌，陈杰，彭志红．智能优化控制：概述与展望［J］．自动化学报，2013，39（11）：1831-1848.

［18］成一博，徐文尚，周潇，孔震．智能太阳能光伏发电控制系统的设计［J］．科技信息，2013（11）：202-203.

［19］王阳，李晓虎，许士光，赵杰，胡仁芝，肖柱．大型集群风电有功智能控制系统监控软件设计［J］．电力系统自动化，2010，34（24）：69-73.

智能电厂概念及体系架构模型研究

张晋宾，周四维

（电力规划设计总院，北京　100120）

[摘　要]　通过对国内外常见智能实体定义的分析比对，综合考虑人工智能等技术的发展和电厂特点，界定了的定义；通过分析德国"工业4.0"和中国"智能制造"系统架构，并参考ISO国际标准中流程工厂生命周期模型、普渡模型和信息-物理系统等技术，给出了体系架构参考模型。

[关键词]　人工智能；定义；体系架构；生命周期；系统层级；智能功能

0　引言

在全球已迈入数字时代、智能时代的今天，中国发电行业中少数行动敏捷的企业已开始进行电厂智能化的尝试和探索。但在当前工程技术界中，存在一些对基础概念理解含混、模糊，甚至错误的现象，同时也缺乏完整清晰的体系架构模型。

当前，国内外对于的研究，大多是侧重于智能算法、智能控制等局部功能，或仅关注如智能煤场等局部车间或系统，少见对整体概念及其体系架构模型的研究。加强对智能电厂整体概念的理解与其体系架构模型的把握，对于中国智能电厂的建设及其相关智能电厂整体解决方案、产品的研发具有重要意义。

为此，本文厘清有关智能的基本概念，界定"智能电厂"定义，提出智能电厂参考体系架构模型，旨在推动中国智能电厂建设的科学化和规范化。

1　智能电厂定义

在厘清基本概念的基础上，结合人工智能等技术的发展，分析国内外常见智能实体的定义，界定"智能电厂"的内涵和外延。

1.1　人工智能

AI（artificial intelligence，人工智能）概念是1956年夏季在美国达特茅斯学院（Dartmouth College）举行的全球首次人工智能研讨会上提出的[1]。AI，又称为机器智能或计算机智能，其所包含的"智能（智慧）"都是人为制造的或由计算机所表现出来的一种智能，以区别于自然智慧（智能），特别是人类智慧（智能）。AI是一门与计算机学、机器人学、神经学、哲学、心理学、语言学等学科有着紧密联系的新兴学科。在工程上，AI体现在智能机器或系统所执行的与人类智慧有关的功能，如感知、识别、理解、推理、判定、规划、学习、执行等活动。用机器实现必须借助人类智慧才能实现的任务，是AI的目标和归宿[2]。

AI经过60多年发展，形成了3家主流学派：基于物理符号系统假设和有限合理性原理的符号主义（也称逻辑主义、心理学派、计算机学派）；基于神经网络及神经网络间的连接机制与学习算法的连接主义（也称仿生学派、生理学派）；基于控制论及感知-动作型控制系统的行为主义（也称进化主义、控制论学派）[3]。随着大数据分析、类脑等 AI 研究和应用的推进，近期又衍生出了统计主义和仿真主义 2 个流派。这几家 AI 学派最终将会走向融合与集成，为 AI 的发展做出贡献。从应用视角，AI 又可细分为机器学习、智能控制、自然语言处理、视觉、语音、专家系统、规划、机器人等类别，如图 1 所示。

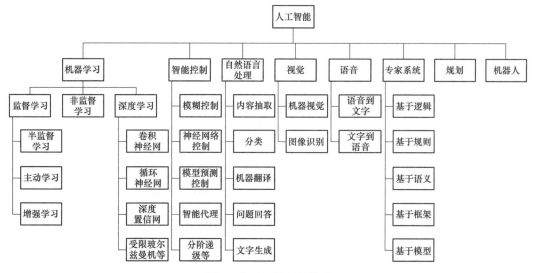

图 1　人工智能应用类别

近年来，在移动互联网、大数据、超级计算、传感网、脑科学等新理论新技术，以及经济社会发展强烈需求的共同驱动下，人工智能加速发展，呈现出深度学习、跨界融合、人机协同、群智开放、自主操控等新特征[4]。人工智能的迅速发展将会深刻改变现有电厂的建设、运营和维修的模式和方式。

1.2　"智能电厂"的界定

"智慧"是指对事物能认识、辨析、判断处理和发明创造的能力，"智能"是指智慧和才能[5]。从其语义和日常应用层面理解，智慧主要是针对生物体而言，智能则有将才智、能力发挥出来之意；从学术角度看，对于嵌入人工智能、仿人智能等技术或具有其相应属性的具体对象，应称为"智能"更为合适。因此，工程中宜采用"智能电厂"而不宜采用"智慧电厂"的称谓。

在 2016 年初由中国自动化学会发电自动化专业委员会与中国电力企业联合会电力行业热工自动化技术委员会联合发布的《智能电厂技术发展纲要》中，定义"智能电厂"为："智能电厂是指在广泛采用现代数字信息处理和通信技术基础上，集成智能的传感与执行、控制和管理等技术，达到更安全、高效、环保运行，与智能电网及需求侧相互协调，与社会资源和环境相互融合的发电厂"[6]。中国电力企业联合会团体标准"火力发电厂智能化技术导则"（T/CEC 164—2018）定义"火力发电厂智能化"为："火力发电厂在广泛采用现代数字信息处理和通信技术基础上，集成智能的传感与执行、控制和管理等技术，达到更安全、高效、环保运行,与智能电网及需求侧相互协调,与社会资源和环境相互融合的发展过程"[7]。IEC(国际电工委员会)定义"智能电网"为:利用信息交换和控制技术、分布式计算和相关的传感器和执行器的电力系统,用以实现以下目的:整合电网用户和其他利益相关者的行为和行动;有效地提供可持续、经济和安全的电力供应[8]。VDI(德国工程师学会)定义"智能工厂"为:集成度已达到可使生产及与生产相关的全部业务流程实现自组织功能成为可能的工厂[9]。中国工业和信息化部、财政部于2016年联合发布的《智能制造发展规划(2016—2020年)》中,定义"智能制造"为:"智能制造是基于新一代信息通信技术与先进制造技术深度融合,贯穿于设计、生产、管理、服务等制造活动的各个环节,具有自感知、自学习、自决策、自执行、自适应等功能的新型生产方式"[10]。

以上与智能实体相关的定义,有的较为宽泛,有的混淆了数字化、自动化、信息化和智能化的异同,有的没有考虑智能功能,没有明确优化目标,没有考虑生命周期,有的目标定得过高,近期实现难度较大等。

综合以上各类定义及分析,可将"智能电厂"定义为:面向电厂全生命周期,利用新一代ICT(信息通信技术)、AI技术、检测/控制/工程/运行/维护/管理技术,以发电系统为载体,在其关键环节或过程,形成具有一定自主性的感知、学习、分析、决策、通信与协调控制能力,能动态地适应发电环境的变化,并与智能电网高度协调,从而实现全局(包括发电产出、效率、可利用率、可靠性、安全性、灵活性、预知维修、设备磨损/损耗等)或局部优化目标,实现安全、可靠、绿色、经济、灵活的电力可持续供给的电厂。简而言之,智能电厂是AI、ICT、OT(运行技术)、ET(工程技术)、MT(管理技术)等多种技术融合应用的系统有机体,智能电厂建设的最终目标是构建具有自感知、自决策、自执行、自适应、自学习、自组织等高级智能功能,具有高度韧性、鲁棒性和安全性(包括功能安全和信息安全)的新型发电运营和管理模式。

2 智能电厂参考体系构架

为了加强顶层设计,全面推动智能电厂技术研发和项目建设,推动智能电厂全部价值链的健康可持续发展,在分析德国工业4.0参考架构模型和中国智能制造系统架构的基础上,提出智能电厂参考体系架构模型,以期建立智能电厂研发、设计、制造、建造、运营等一系列技术活动的基础框架,促进中国智能电厂事业的科学有序发展。

2.1 工业4.0参考架构模型

"工业4.0"起源于德国政府,最初是旨在推动其制造业计算机化的高技术战略项目,其概念于2011年由德国联邦工业-科学研究联盟旗下的通信促进者小组首次提出,在2013年4月汉诺威工业博览会其工作组正式发布了"工业4.0"报告。称之为"第四次工业革命"。

工业4.0参考架构模型RAMI4.0(见图2)参照"批控制"(IEC 61512)、"企业控制系统集成"(IEC 62264)、"工业过程测量、控制和自动化系统和产品的生命周期管理"(IEC 62890)等系列国际标准,分为3个轴系:层级结构轴系表示与资产角色相对应的功能特性和系统结构,纵向自下而上分为资产、集成、通信、信息、功能、业务等6层。生命周期&价值流轴系用于描述从资产生产和增值直至被废弃全生命周期中的某一特定时间点的资产，由类型（包括开发、维护/应用）和实例（包括生产、维护/应用）两大类组成；等级分层轴系基于工厂参考结构模型，横向从左到右分为产品、现场设备、控制设备、站、工作中心、企业、互联世界等 7 个等级[11]。

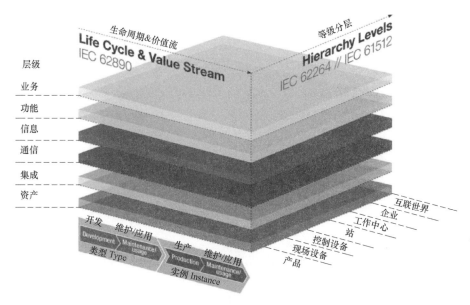

图 2　工业 4.0 参考架构模型 RAMI4.0

2.2　中国智能制造系统架构

国务院于 2015 年 5 月启动了"中国制造 2025"总体部署。为贯彻落实"中国制造 2025"，中国工业和信息化部、财政部共同于 2016 年制定了《智能制造发展规划（2016—2020 年）》，启航了中国智能制造的新征程。

工业和信息化部、国家标准化管理委员会联合发布的中国智能制造系统架构见图 3，包括生命周期、系统层级和智能特征 3 个维度。

智能制造的生命周期维度是由设计、生产、物流、销售、服务等一系列相互联系的价值创造活动组成的链式集合；智能制造的系统层级维度自上而下共分为 5 层，分别为协同层、企业层、车间层、单元层和设备层，其中协同层是企业实现其内部和外部信息互联和共享过程的层级；智能特征维度是基于新一代信息通信技术使制造活动具有自感知、自决策、自执行、自学习或自适应等功能的层级划分，包括资源要素、互联互通、融合共享、系统集成和新兴业态等 5 层[12]。

智能制造的关键是纵向、横向、端到端等 3 个方面的集成，即贯穿企业设备层、单元层、车间层、工厂层、协同层等不同系统层面的纵向集成，横跨资源要素、互联互通、融合共享、系统集成和新兴业态等不同级别的横向集成，覆盖设计、生产、物流、销售、服务等不同生命周期阶段的端到端集成。

2.3　智能电厂系统体系架构

电厂属于典型的流程工业，不同于离散制造工业。借鉴 RAMI4.0 和中国智能制造系

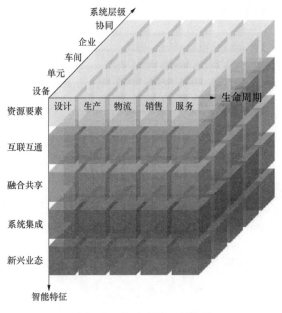

图 3　中国智能制造系统架构

统架构，结合电厂的自身特点，本文提出了智能电厂参考系统架构模型，如图 4 所示。智能电厂参考系统架构分为生命周期、系统层级和智能功能 3 个维度或轴系。

2.3.1　生命周期

　　生命周期维度表示的是电厂资产从诞生到消亡的全生命周期阶段，包括设计、制造、安装、运维、退役等一系列相互联系的价值创造活动[13]。其中，设计包括产品设计、流程设计、工程设计等活动过程；安装除包括传统意义上的设备、管道等工程安装外，还包括调试、试运行等活动过程；运维是指电厂正式投入商业运行后的全部运行、维护、检修等活动过程；退役是指电厂永久退出运行、拆除和场地复原等活动过程。

2.3.2　系统层级

　　系统层级维度表示的是与电厂发电过程相关的结构层级划分。参考国际标准层次模型[14]、RAMI4.0、普渡模型[15]，结合国内电厂组织结构划分，将系统层级分为发电系统及设备层、监控装置层、车间（分场）层、电厂层、互联世界层等 5 层。①发电系统及设备层：包括：电厂发电机组、主系统、辅助系统、附属系统、管道、设备等与发电相关的生产系统、设备、材料等；实现测量/感知的传感器、图像/视频采集设备、仪器仪表等，以及实现执行和操作的驱动/执行元件（如执行器、断路器）等。②监控装置层：指电厂中用于实现发电过程、系统及设备等的监视、控制和监督的计算机控制装置层级。③车间（分场）层：指实现车间或分场的生产管理的层级。④电厂层：指实现电厂厂级或企业级，面向电厂经营管理的层级。⑤互联世界层：是指电厂某一资产或资产组合体与另一个资产或资产组合体之间的关系，如电厂内设备之间、车间（分场）之间组成的电厂内部协同互联网络，电厂产业链上不同企业（如设计院、电科院、煤矿、天然气公司、供热公司、区域公司、发电集团等）与电厂组成的外部协同互联网络等。

　　系统层级是将电厂结构模型分配至不同的层级结构，其目的在于相对精确地描述电厂资产和资产组合体。其层级是纯逻辑层级，并不一一对应实际的物理电厂层级。例如，当

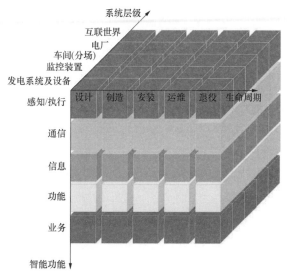

图4　智能电厂系统体系架构

采用智能机器时，其第一层（发电系统及设备层）和第二层（监控装置层）即合为一层。在将系统层级映射至特定种类的电厂时，水电、核电、煤电、气电、光热发电等系统相对复杂，每一系统层级均会有较多的映射对象；而风电、光伏发电等系统结构虽然相对简单，但常采用多场站、跨地域的远程区域集中监控，故具有所映射的设备种类较少，覆盖地域较广，且车间（分场）和电厂层级结构较为简单的特点。

2.3.3　智能功能

智能功能是指基于新一代 ICT、AI、OT、ET、MT 等技术，使电厂的运营和管理具有自感知、自决策、自执行、自学习、自适应、自组织等任一或多个组合功能，具有高度韧性、灵活性、鲁棒性和安全性（包括功能安全和信息安全）的层级划分。参考CPS（Cyber-Physical System，信息-物理系统）体系架构[16]和 RAMI4.0 层级划分，综合控制论典型特征[17]和电厂特点，智能功能层级分为感知/执行、通信、信息、功能、业务等 5 层智能化要求。现今，国内大型电厂基本上都实现了初步的计算机化和信息化，但智能功能建设的进程较慢，特别是需着力强化通信、信息和功能等 3 个层级的研发和应用，用以进一步提升电厂的互联性（机器-人员-过程-物料的互联互通）、可视性（建立电厂数字映像，并保持实时动态更新）、透明性（解释数字映像中所发生事态的原因）、预测性（预知将来会发生何种事态）和适应性（实现高度自治响应和自我优化）。在层级应用中需注意 2 点，一是系统架构模型中的智能功能层级是一种纯逻辑上的划分，不一定单一对应电厂实体对象。例如：对于协作机器人群来说，一个机器人实体就涵盖了感知/执行、通信、信息、功能层级，而机器人间的协作交互则涉及通信、信息、功能层级。二是智能功能层级不是智能水平分层，即从智能水平视角来讲，每一层均可有高智能水平或低智能水平。各层介绍如下。

（1）感知/执行层：是指对物理世界进行测量、感知并输入至信息世界，将信息世界中的决策指令输出到物理世界以执行的层级。感知（测量）/执行的智能化是智能电厂的基石，精准实时的感知/执行对智能电厂构建来说至关重要。此外，对于智能电厂建设而言，还需特别注意其感知/执行与常规电厂惯例的不同：①感知对象的增加：智能电厂的感知对象不仅包括设备、系统、过程等常规感知对象，还包括人员、环境、材料、物料、状态等拓展对象；②感知量指数级的膨胀：对传统电厂而言测量点约为 10^4，而智能电厂测量点会达到 10^5 以上；③感知手段的扩充：智能电厂除采用常规的测量/感知手段外，还可能采用 RFID（射频识别）、机器视觉（包括 VR 虚拟现实、AR 增强现实、MR 混合现实等）、GIS（地理信息系统）、二维码、条形码、虚拟测量、无线定位跟踪等；④智能仪表的大规模采用：因智能仪表除实现参数测量/执行控制外，还能提供设备状态、诊断、管理数据，具有自校准、自诊断、自适应，甚至自推演、自学习等智能功能，因而在智能电厂中会被广泛采用。

（2）通信层：指通过无线或有线通信媒介，实现电厂内机器—人员—过程—物料等资源之间全方位交互与集成，电厂产业链上不同企业之间通信互联的通信层级。依据麦特卡尔夫定律（Metcalfe's Law）：网络的价值同网络用户数量的平方成正比，即 N 个联结创造出 $N \times N$ 的效益[18]。因而，实现贯穿电厂发电系统及设备层、监控装置层、车间（分场）层、电厂厂级层、互联世界层等不同层面的纵向集成，横跨感知/执行、通信、信息、功能和业务等不同级别的横向集成，以及覆盖设计、制造、安装、运维、退役等的端到端集成，是实现智能电厂的关键。另外，通信设备的功能兼容性等级从低至高分为共存性、可互联性、互通性、可互操作性、可互换性[19]，智能电厂厂内通信的功能兼容性等级宜不低于可互操作性等级。

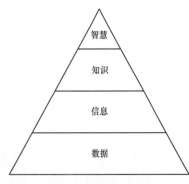

图 5　DIKW 金字塔信息层级结构

（3）信息层：指用于表示其功能所需的资产信息的层级。DIKW（Data Information Knowledge Wisdom）金字塔信息层级结构（见图 5）将数据、信息、知识、智慧纳入一种金字塔形的信息层级体系中[20]，每一层都对下一层的信息进行了精炼、增值和升华，提升了信息的智能层级，从而可实现从信息管理到知识管理的跨越。此处智能功能中的信息层大体对应 DIKW 中的信息层和知识层。从功能视角而言，信息层可利用工业大数据分析、数据挖掘、模式识别、专家系统等手段，采用描述性分析、规则性分析、预测性分析等方法，利用深度学习和增强学习等人工智能算法，为电厂设备和性能异常、性能衰退的早期预测、状态分析和故障诊断等功能奠定基础。此外，数字孪生和数字主线也可归入信息层管理的范畴。

（4）功能层：电厂资产的全部（逻辑）功能和服务均被分配至功能层。这些功能从信息层的数据中获取信息，并将功能层处理后所形成的决策执行信息返回至信息层，直至通过感知/执行层得以执行。通过各层的高度协同，从而使发电运营实现自感知、自决策、自执行、自学习、自适应、自组织等多个高级智能功能的组合成为可能。例如，欧洲知名发电商 E. ON 和美国 GE 公司联合开发了变负荷通道功能模块 OpFlex VLP（Variable Load Path），实现燃气轮机负荷和排气工况与周期性电网深度调峰的高度匹配，和控制参数自调整模块 OpFlexAutoTune MX，实现燃气轮机全负荷行程和 VLP 整个运行空间内燃气轮机燃烧室控制参数调整整定的全自动。联合循环机组启动时间缩短了 40%、机组启动成本降低了 50％、电网调机次数及机组运行小时数增加了 60％[21]。

（5）业务层：指相关的电厂业务流程及其框架要求的层级。可包括法律法规要求，与资产特性相关的业务（如供应链、合同管理等），也可通过企业间价值链的整合，形成新型产业形态。应利用新一代 ICT、AI 等技术，进一步提升业务管理决策的敏捷性和智能化水平，将电厂打造成为敏捷型、知识型的组织。

3　结语

智能电厂是集成了技术创新、模式创新和组织方式创新的先进系统，也是新一代 ICT、AI 与 OT 等多技术深度融合，贯穿于电厂全生命周期中设计、制造、建设、运营、管理、服务等各个环节，具有自感知、自决策、自执行、自学习、自适应、自组织等智能功能的新型生产方式。

智能电厂的建设是一项复杂的系统工程，包含与智能电厂相关的标准和参考体系架构模型的构建、规划、设计（包括建模、产品设计、系统设计和工程设计等）和建设、基础设施（如网络或信息系统的横向、纵向、端到端集成等）搭建、信息安全和功能安全、运营规章建立、运营培训等多个方面。智能电厂的建设，对于推动中国发电企业的转型升级，打造发电行业竞争新优势，构建中国安全、绿色、低碳、经济和可持续的现代能源产业体系均具有重要的战略意义和现实意义。因此中国应借鉴德国政府的"工业 4.0"、美国政府的"Manufacturing USA"（制造美国）和工业互联网战略项目，做好中国智能电厂的战略规划和布局，扶持或建立相应的智能电厂研究组织或联盟，并确定相应的智能电厂示范工程项目，通过智能电厂产学研用等组织的多方推进，来促进中国工厂（包括发电装备制造厂、发电厂、仪器仪表厂等）智能化水平的提升或升级，从而大幅提升新一轮全球工业技术革命浪潮中中国工业的整体竞争力。

参 考 文 献

[1] STUART J. Russel，PETER Norvig. Artificial intelligence：a modern approach（3rd edition）[M]. [S. 1.]：Person ESL，2009：17-18.

[2] 张晋宾，周四维，陆星羽. 智能电厂概念、架构、功能及实施 [J]. 中国仪器仪表，2017，（4）：33-39.

[3] 蔡自兴，刘丽珏，蔡竞峰，等. 人工智能及其应用（第 5 版）[M]. 北京：清华大学出版社，2016.

[4] 国务院. 国务院关于印发新一代人工智能发展规划的通知 [R]. 北京：国务院，2017.

[5] 辞海编辑委员会. 辞海（第六版 彩图本）[M]. 上海：上海辞书出版社，2010：2955-2956.

[6] 中国自动化学会发电自动化专业委员会，电力行业热工自动化技术委员会. 智能电厂技术发展纲要 [M]. 北京：中国电力出版社，2016：4.

[7] 中国电力企业联合会. 火力发电厂智能化技术导则 [S]. 北京：中国电力出版社，2018：2.

[8] IEC. Industrial-process measurement，control and automation system interface between industrial facilities and the smart grid：IEC TS 62872：2015 [S]. Geneva：IEC，2015：11.

[9] VDI，VDE. Industrie 4.0-Begriffe/Terms，VDI StatusreportIndustrie 4.0（April 2017）[R]. [S. 1.]：VDI/VDE，2017.

［10］工业和信息化部，财政部．智能制造发展规划（2016-2020 年）［R］．北京：工业和信息化部，财政部，2016.

［11］VDI/VDE/ZVEI．GMA status report：Reference architecture model Industry 4.0（RAMI 4.0）［R］．［S. 1.］：VDI/VDE/ZVEI，2015.

［12］工业和信息化部，国家标准化管理委员会．国家智能制造标准体系建设指南（2018 年版）［R］．北京：工业和信息化部，国家标准化管理委员会，2018.

［13］ISO. Industrial automation systems and integration - Integration of life-cycle data for process plants including oil and gas production facilities -Part 1：Overview and fundamental principles：ISO 15926-1：2004［S］. Switzerland：ISO，2004.

［14］IEC. Enterprise-control system integration-Part 1：Models and terminology：IEC 62264-1：2013［S］. Switzerland：IEC，2013

［15］Purdue Enterprise Reference Architecture［EB/OL］.（2018-06-03）［2018-07-18］. https：//en. wikipedia. org/wiki/Purdue _ Enterprise _ Reference _ Architecture.

［16］李杰，邱伯华，刘宗长，等．CPS-新一代工业智能［M］．上海：上海交通大学出版社，2017.

［17］Cybernetics［EB/OL］.（2018-06-22）［2018-07-18］. https：//en. wikipedia. org/wiki/Cybernetics.

［18］Metcalfe's law［EB/OL］.（2018-06-15）［2018-07-18］. https：//en. wikipedia. org/wiki/Metcalfe's _ law.

［19］IEC. Common automation device-Profile guideline：IEC TR 62390：2005［S］. Geneva：IEC，2005：21.

［20］DIKW pyramid［EB/OL］.（2018-07-08）［2018-07 -18］. https：//en. wikipedia. org/wiki/DIKW _ pyramid.

［21］GE. Discover the power of digital-Customer stories［R］.［S. 1.］：GE，2016：12.

火电智慧电厂技术路线探讨与研究

华志刚[1]，郭荣[2]，汪勇[2]

(1. 国家电力投资集团有限公司 火电与售电部，北京 100034；
2. 上海发电设备成套设计研究院有限责任公司 发电
设备技术研发与服务事业部，上海 200240)

[摘 要] 分析了燃煤智能发电的政策和行业背景，从信息获取集成与交互、大数据智能化分析、设备全寿命周期智能化管理、智能化运行和智能化经营等多个角度分析了燃煤智能发电的技术路线。对燃煤智能发电的关键技术进行了分析，涵盖了测量与控制、运行与节能、全寿期设备管理、智能燃料、智能机器人技术、智能化市场营销、智能安防和智能交互等，对这些新技术的国内外发展情况进行了总结，对一些新技术与燃煤发电的融合进行了探讨，为燃煤智能发电未来的技术发展方向提供了参考。

[关键词] 燃煤智能发电、智能运行优化、全寿命周期管理、智能机器人、智能交互

1 燃煤智能发电的行业背景

燃煤智能发电技术是物联网、云计算、大数据、人工智能等先进技术在发电领域深度融合的产物。在《国家能源发展"十三五"规划》中，将"积极推动'互联网＋'智慧能源发展"列为重点工作，在《中国制造2025——能源装备实施方案》中将燃煤电厂智能控制系统列为清洁高效煤电领域的主要任务。在工信部发布的《大数据产业发展规划(2016—2020)》中，明确指出要将电力领域作为大数据平台建设及应用重点领域示范。在国务院2017年7月印发的《新一代人工智能发展规划》提到，要利用大数据方法实现能源供需信息的实时匹配和智能化响应。推进燃煤智能发电技术研发与应用，有助于提高发电领域的竞争力，建立新一代燃煤智能电站的创新体系。

自2016年以来，国内煤炭价格持续走高，大大提高了燃煤发电厂的发电成本，给发电企业带来了巨大的经营压力。同时，中国社科院发布《中国能源前景（2018—2050）》研究报告中指出，随着高耗能商品需求下降，电力需求也将呈现下降态势。煤价的攀升和全社会能源需求的减少，从成本和销售两个方向不断压缩燃煤发电企业的利润，向燃煤发电企业的生产经营提出了重大的挑战。推进燃煤智能发电技的发展与应用，是进一步降低度电成本，从而提升燃煤机组经济性的重要手段。

2 燃煤智能发电的技术路线

燃煤智能发电技术，是利用先进测量与控制技术获取并感知设备和系统的运行状态，控制和优化燃煤电厂的生产与经营，根据燃煤电厂的实时和历史运行情况，实现燃煤电厂的运行节能、全寿期设备管理、燃料智能化管理、智能化市场营销、运维人员的智能交互与智能安防。燃煤智能发电的技术路线可以从信息收集与获取、大数据分析与智能化处理、智能化设备全寿命周期管理、智能运行优化和智能化经营与管理五个层面解读。

2.1 信息获取、集成与交互

智能燃煤发电融合在线和离线的实时和历史数据，实现数据集成与互联互通，采用先进的软、硬测量和数据交换技术[1],[2]，以及多终端的数据交互，为燃煤电厂的运行和维护提供综合、全方位的数据基础，提供燃煤电厂多信息化系统之间的通信与流程及任务触发。利用互联网技术，实现数据端到端的标准化通信，实现数据获取与集成的即插即用式交互，将物联网技术融入智能燃煤发电。

2.2 大数据分析与智能化处理

燃煤智能发电技术在充分利用机组运行和检修实时及历史数据的基础上，建立基于机理和数据的混合模型，建立各个发电设备的仿真数学模型，并在此基础上建立智能控制、全寿期设备管理和运行优化等技术的应用。采用大数据服务框架，对电厂的海量历史数据和大并发实时数据进行高速 I/O 处理，结合日趋完善的人工智能算法和领域知识，在大数据服务框架的离线计算和在线计算模块集成人工智能分析引擎，为上层应用提供动力。

2.3 智能化设备全寿命周期管理

采用数字化、智能化方法对设备进行全生命周期的动态管理，利用大数据分析引擎，通过领域知识与人工智能模型的结合，开发适用于电厂设备健康度指标监控体系，将设备的智能化评价分析与故障预警等技术相融合，实现基于数据的全生命周期智能化管理。

2.4 智能运行优化

采用智能方法根据实时和历史数据情况，建立机组的运行仿真模型，作为智能运行优化的基础，再利用多目标优化仿真等方法，对机组的运行优化提供在线修正和离线指导，实现机组变工况下的最优运行性能目标。

2.5 智能化经营与管理

利用实时和历史数据动态支撑燃煤机组的经营决策，包括发电成本分析、电力负荷预测和电力市场报价决策等。智能安防系统利用智能定位、电子围栏、人脸识别、智能两票等也将为燃煤智能发电的安全管理带来本质提升。

3 燃煤智能发电的关键技术

以信息的监测、分析、预测和洞察四个层次的加工深度为主线，从设备、生产、经营三个维度来梳理智能燃煤发电，燃煤智能发电的关键技术矩阵如图 1 所示。

3.1 测量与控制

泛在感知是智能电厂的重要特点，通过先进技术手段，实现对过去难以测量、难以感知的设备和系统状态的识别判断，为智能分析、设备管理和运行优化等提供依据。

3.1.1 先进新型测量与软测量技术

准确的煤质参数是燃煤智能发电的重要基础。由于煤炭资源天生就有不均匀性，不同

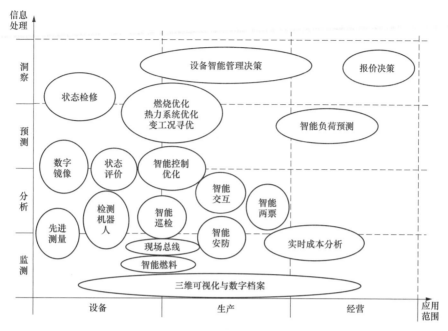

图 1　燃煤智能发电的关键技术矩阵

矿源的煤质不同，同一矿源点的不同煤层煤质也不同。目前燃煤智能发电主要是对入厂和入炉两个环节的煤质进行检验。近年来利用激光技术、射线技术、红外光谱技术、图像识别技术、机器人技术和火焰原子吸收技术[3],[4]等方面发展了许多新型的煤质在线检验技术，可以实现进厂煤和入炉煤的快速实时在线检验。目前这些方法主要还处于新技术的试用阶段，没有全面推广。

炉膛的燃烧过程是影响燃煤智能发电的最重要的过程，炉膛内温度场的合理分布将直接影响燃烧的效率、稳定性、安全性等因素。由于炉膛火焰中心温度可达 $900\sim1100$℃，因此普遍采用非接触方法测量炉膛温度场，声学法、激光光谱法、红外测温法和 CCD 图像法是广泛发展的方法[5]~[9]。

除了直接测量技术，智能软测量技术在燃煤智能发电领域应用也有长期的发展，包括燃煤发热量、入炉煤元素分析、磨煤机一次风量、风粉浓度、磨煤机负荷、磨煤机料位、烟气含氧量、SCR 反应器入口 NO_x 浓度、飞灰含碳量、汽轮机各抽排汽焓等[10]，都普遍采用软测量方式进行测量。

3.1.2　控制系统智能优化

通过利用先进的人工智能算法与先进控制算法相结合，建立仿人智能的先进控制优化算法，达到有效弥补对象大滞后的技术效果，实现在扰动工况下的优良动态指标。与传统控制模型相比，仿人智能算法采用更为先进的人工智能算法[11],[12]来代替传统的积分环节。仿人智能的控制算法为大惯性的复杂系统的快速准确控制响应提供了重要的手段，仿人智能技术在智能 AGC 等领域得到广泛应用。

3.1.3　先进现场总线技术

数字化是燃煤智能发电的基础，现场总线技术采用数字信号代替模拟量信号以及开关信号的通信，实现了电厂设备和系统间的数字化、智能化、网络化通信[14]。与传统的 DCS

控制系统相比，采用现场总线控制系统技术，具有更加开放、更快部署和更易开发的特点。与此同时，现场总线技术同时也对管理、施工和调试提出了更高的要求[15]。

3.2 智能化运行节能

3.2.1 燃烧智能优化

随着锅炉容量的增大、热力参数的提高以及机组集控化程度和控制品质的提升，锅炉对各种内部扰动和外部扰动，如燃料发热量、给水温度、负荷变化、吹灰频次、季节变化等更加敏感，对锅炉的燃烧控制系统提出了更高的要求。传统燃烧调整方法时效性差、响应慢、煤种及负荷适应性差，不能满足新时代燃煤机组安全、稳定、经济、环保、智能化的运行需求。目前国内外燃烧优化技术研究主要方向包括通过性能试验的燃烧参数优化、基于检测技术的燃烧优化研究、基于燃烧设备层面的优化改进、以电厂DCS为基础的人工智能先进控制优化等[17]~[19]。

3.2.2 热力系统智能优化与全工况指导

目前电厂热力系统分析中主要建模手段是基于机理及数据建模与大数据分析相融合的先进技术。

机理模型主要结合领域知识，采用物理知识和数学建模技术对电厂热力元件进行基于设计参数的模型开发。利用热力学知识对电厂元件的热力边界进行参数化建模，提取热力特性，并融合几何结构，实现特性、参数、几何的整体化物理模型开发。因此机理模型属于基于理论知识的通用模型，为热力系统的变工况仿真奠定物理基础。

数据模型主要结合机器学习，利用人工智能算法，对电厂热力元件的特性参数进行基于历史数据的学习和标定，使得通用的机理模型能够结合不同电厂的运行特性进行更精细化的融合，从而进一步提高计算精度。因此数据模型属于基于机器学习的特性模型，这一点在机组变工况性能优化显得尤为重要。

在两种建模方式融合的过程中，通过机理分析或专家经验确定出模型类型和模型结构，进行机理模型的定义和开发，利用大量电厂历史运行数据、性能试验数据和设计数据，开发数据模型，对机理模型进行修正，提高建模精度和建模效率。从而使得进行更加准确的在线性能分析与能耗优化成为可能。

通过准确的机理模型建立，结合大数据、人工智能的方法对海量运行数据进行深度挖掘，从而可以分析出多边界、多设备耦合条件下的性能指标，找出系统中设备运行的热力性能薄弱环节，并给出合理的优化操作方案，使得机组在全工况负荷范围内保持最佳的运行状态。

3.2.3 多目标优化耦合

除了以经济性为目标的智能优化与变工况指导之外，随着近年来对于安全性、环保指标以及机组负荷跟踪特性等要求的逐步提高，多目标耦合优化也是智能燃煤发电的重要发展方向，采用多目标先进智能优化算法对于提高机组的控制品质具有重要的意义[20]。

燃煤电厂的热力系统中，变量参数众多、优化目标也存在相互制约的情况。传统的优化方法很难对热力元件参数进行正确的优化，并取得较为优良的整体优化效果。而作为热力系统智能优化的核心内容，如何取得高效的变工况运行基准值和快速的反应能力成为研究热点之一。此外在实际使用过程中，负荷、热力元件承载能力等参数的变化也会导致优化约束出现一定的改变，因此有必要研究优化引擎的动态适应。

热力系统智能优化采用仿真引擎和多目标优化引擎相互融合的方式实现，主要配合高精度电厂热力系统仿真环境，采用稳定成熟的优化算法，实现给定边界条件下，在基于机理及数据建模与大数据分析技术的高精度仿真环境中寻找电厂最优的运行参数匹配，以满足性能目标最大化的目的，最终实现运行优化的指导。

3.2.4　智能巡检与智能两票

结合先进的测量和监视系统，实现巡检路线的智能化覆盖，是燃煤智能电厂减少人员工作量的重要途径。目前主要采用的方法包括采用可见光视觉识别、红外识别、无线测温以及超声、感油电缆、智能传感器等先进测量装置[22]和机器人等技术[22]，实现通过智能巡检来减少人员巡检工作量、减少人员巡检失误的方法。

基于图像识别、语义识别、全厂定位、智能安措、违章报警以及全厂设备的三维状态展示等智能化先进技术，可以根据现场人员、事件及安全状态，快速排除错票、废票，实现燃煤发电运维过程的工作票、操作票等的智能开票[22]，实现两票智能化，可以减少两票开具工作量，降低人因错误导致劳动效率低和安全问题。

3.3　全寿期设备管理

3.3.1　全厂设备数字档案

建立全厂多层级的三维数字档案，是智能电厂实现设备管理和运行优化的基础工作。多层级的全厂设备数字档案将汇集施工设计图纸、厂家设备参数、检修报告等离线数据和智能采集前端采集的设备运行参数、两票、SIS、ERP、生产信息系统等在线数据，采用全厂统一的设备或关键零部件、焊缝等的编码规则，实现图纸资料、运行界面、三维模型和实景摄像的联动检索和安全访问。

3.3.2　设备状态模型

设备的基准状态评估是对于设备运行健康状态精确分析的基础，是设备运行优化、性能劣化分析的基准，要建立在设备状态精确仿真和状态修正的基础上。传统方法通过基于领域知识的机理模型可以解决部分设备的建模问题，但随着设备的逐渐劣化，需要采用数据和机理混合模型。基于贝叶斯原理的状态更新方法，是状态检修中设备状态模型建立和修正的重要手段，是机理模型与运维数据的结合点。人工神经网络、深度学习等方法，对于建立复杂设备状态模型有重要意义[25]。设备状态基准模型也称为数字双胞胎、数字孪生体、数字镜像等[26]。

3.3.3　设备状态评价

对于能够进行状态评价、预警与诊断分析的设备可以采用设备状态检修方式进行检修。状态检修的关键步骤是状态评价，图2给出了典型旋转设备健康状况的演化曲线。采用不同的预防性检验、检修方法，可以在不同阶段发现设备故障。对于关键设备，及早发现故障，对故障设备进行合理的监视、改善行动，就能避免故障演化至失效造成的严重损失。

智能燃煤电厂中，有效利用设备的振动、声音、油液、热成像、图像、视频等手段进行诊断分析[26]，可以用于设备健康状态的分析和设备状态检修。图3给出了设备状态评价的典型过程。与传统的基于阈值、变化率及专家分析的方法相比，基于大数据分析和人工智能方法可以实现基于设备历史运行数据的趋势分析。目前典型的趋势分析中可以使用到大量的数据降维和异常诊断等模式识别和机器学习算法。考虑时间效应的长短时记忆神经网络（LSTM）、循环神经网络（RNN）、深度学习和增强学习等算法也被广泛地应用于设备状态评价。

LSTM 网络模型是一种特殊的 RNN 模型，图 4 给出了典型含四交互层的 LSTM 重复模型[27]，式（1）至式（4）包含了 4 个用于筛选忘记和更新时序状态的门以及对应的神经网络点，他们分别决定模型应丢弃哪些量、模型应更新哪些量、被更新的量的值以及模型的输出。

$$f_t = \sigma(W_f \cdot [h_{t-1}, x_t] + b_f) \tag{1}$$

$$i_t = \sigma(W_i \cdot [h_{t-1}, x_t] + b_i) \tag{2}$$

$$\tilde{C}_t = \tanh(W_C \cdot [h_{t-1}, x_t] + b_C) \tag{3}$$

$$h_t = \sigma(W_o \cdot [h_{t-1}, x_t] + b_o)\tanh(C_t) \tag{4}$$

式中：f 表示丢弃的量，i 表示需要更新的量，σ 为 Sigmoid 函数，C 表示模型，$\tilde{C}$ 表示模型的待更新的量值，W_t 为网络权值，h 为模型输出，x_t 为模型的输入，b 为偏置值，下标 t 表示当前时刻，$t-1$ 表示上一时刻。

LSTM 模型有许多的变种，可用于表征设备状态模型，根据实时数据和历史信息，考虑一定时间范围内的输入信号对于设备的状态的复杂影响，对于考虑模型的时间效应具有重要意义。

采用这些人工智能算法可以得到以前依靠机理推导难以获得的设备规律，但目前还缺少趋势分析状态评价的标准。

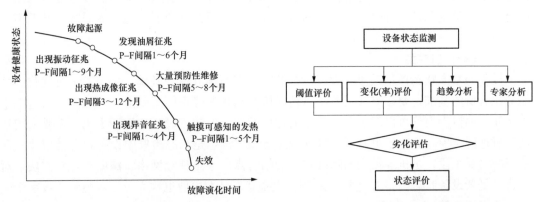

图 2 典型旋转设备故障的演化曲线　　　　图 3 设备状态评价的典型过程

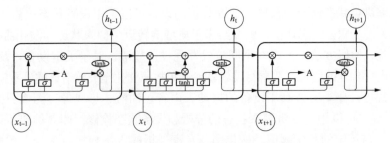

图 4 包含四个交互层的 LSTM 重复模型

3.3.4　设备管理智能决策与状态检修

设备管理智能决策方法主要基于可靠性对设备进行精细化维护，利用功能对象建模方式，对功能失效模式进行基于后验概率的经验式总结。根据设备的健康状况对设备的检修、改造等管理内容进行智能决策，为设备的状态检修策略，设备的改造投资策略等提供指导建议。

对于多部件依赖系统的状态检修策略是目前国际上发展比较迅速的一门分支。对于同一子系统、同一设备的不同检修项目之间存在着结构依赖、随机依赖、经济依赖和资源依赖关系[28]。利用 FMECA 技术对失效模式进行影响分析、风险评估，通过设备可靠性的分析，建立设备健康状态模型，对可测量的设备故障模式进行状态检修，对不可测量的设备故障模式进行计划性检修，最终利用逻辑决断图对设备维护维修提供策略支撑。

3.4　智能燃料管控系统

智能燃料管控系统是综合应用物联网、自动化控制、信息及系统集成技术，集燃料生产流程监控、智能设备监管和燃料业务管理于一体的管理与控制综合型工业应用系统。具体包括了燃料入厂验收管理系统、煤质实验室信息管理系统、数字化煤场管理系统、智能燃煤掺配管理系统、燃料智能管控系统、燃料信息管理系统。将燃料管理环节相对分散的生产设备、业务过程统一起来，实现设备远程智能管控、燃料信息实时共享、智能燃煤掺配、分析预警及决策辅助等功能。通过智能燃料管控系统，实时掌控入厂、入炉、库存煤的量、质、价信息，实现价值管理智能化（见图5）。关键技术包括 RFID 或二维码等其他物联网入口技术，以及对于入场煤的智能称重和采样、制样、化验系统等[29]。同时，随着装备工业的不断发展，机器人采制样技术[30]和在线煤质检验技术正在逐步成为煤质检验的重要方向，目前在线煤质检验主要包括瞬发 γ 射线中子活化分析、双能 γ 射线透射等方法，同时，激光诱导等离子体光谱分析目前正在积极地研发过程中[31]。

图 5　智能燃料的系统组成

3.5　智能机器人技术

智能燃煤发电用机器人可以分为两大类，一类是用于检查和测量的，如巡检机器人、无人机等；另外一类是参与维修的，如金属容器爬壁机器人、核岛换热器检测机器人等。目前国内外正在积极发展多机器人协作技术研究与应用。

3.5.1　机器人检测技术

机器人检测的主要用途是对于电站锅炉炉管和重要辅机的检测，包括振动、声音、红外、泄漏等检测技术已经可以集成到单个巡检机器人上进行作业。目前国内应用的用于检查、测量的机器人主要是智能巡检机器人，可以携带视频识别、红外测温、激光测振、声音测量、气体和液体泄漏监测等功能，可以应用于机器化水车间、高温蒸汽供热区、0 m层水泵房和升压站等区域[32]。

3.5.2　机器人维修技术

机器人维修目前主要用于清洗、堆焊和小范围的现场修复。随着金属 3D 打印及相关增材制造技术的发展，用于更复杂作业环境的现场检修机器人也将逐渐参与到智能燃煤发电的运维中[33]。

3.5.3　多机器人联合作业

多机器人联合作业技术，可以解决单个机器人力量不足、单类型机器人功能和灵活性不足的问题。目前已知的是多机器人协作被用于救灾环境的探索，包括无人机与地面救灾机器人的协作配合，通过无人机携带救灾机器人可以迅速定位和到达灾害现场。今后，多机器人联合作业技术必将应用在燃煤电厂的生产过程中。

3.6　市场营销

3.6.1　智能负荷预测技术

根据需求的不同，电力负荷预测主要包括长期、中期、短期和超短期预测，其中超短期负荷预测用于监控和优化设备的运行，短期负荷预测用于机组启停、消纳等的调度协调，中期负荷预测用于安排检修计划和燃料的进、运、销、存等，长期负荷预测主要用于国家和区域的能源及电力规划[34]。电力负荷预测经历了经验、传统和人工智能三个阶段的发展，已经可以考虑包括季节、温度、湿度、节假日、用户等诸多因素。当前电力负荷预测正在向着云计算大数据平台方向发展[35]。

3.6.2　智能报价决策技术

由于电力市场"厂网分开、竞价上网"改革逐步推行，电力现货市场报价技术正在逐渐成为参与竞价企业需要着重研究的内容。如何利用电厂已有的大量信息内容，使得报价决策过程智能化，将为电厂带来较大的经济效益。

目前主要存在四类竞价策略，包括：基于成本分析的竞价策略、基于预测出清价格的竞价策略、基于竞争对手行为的竞价策略和基于博弈论的竞价策略[36]。无论哪一种竞价策略，其本质都是对市场行为的分析和预测。由于市场本身将不断淘汰有效交易策略，因此竞价策略本身会随着市场的运行不断演化。

3.6.3　智能成本核算技术

随着电力现货市场的推进，发电成本的分析成了报价决策分析中的重要因素。对于电厂来讲，厘清自身的发电成本将对于提高市场竞争力有重要的意义。如何准确计算发电成本，成为决策报价的重要决定因素。煤炭价格、供电煤耗，同时考虑设备运维成本、财务成本和管理成本，成为目前火电企业成本分析技术的重要研究方向[36]。

3.6.4 智能燃煤发电与能源区块链

能源互联网技术作为近年来能源行业的发展趋势，正在逐步开始相关的示范及运行，能源互联网本身主要是用于大规模高效利用和消纳可再生能源电力和高效利用其他一次能源包括天然气、煤炭等[36]。燃煤电厂发电负荷变动是消纳风能、太阳能、生物质能等新能源发电的重要途径，同时，燃煤电厂的用煤、供热等都属于能源互联网的重要部分。智能燃煤电厂将逐渐成为能源互联网的一部分。区块链技术由于其去中心化、不可篡改、高安全性、交易透明等特点[38]，将成为未来分布式和集中式能源交易的重要载体，成为智能燃煤电厂煤炭交易、流转、电能交易、供热交易经营中的基础交易平台。

3.7 智能安防

3.7.1 智能定位

定位技术可以广泛地被应用于智能燃煤发电的人员和设备定位，为智能巡检、智能安措、违章自动报警等提供技术基础。目前常见的室内定位技术包括红外线定位、超声波定位、蓝牙定位、RFID 定位、A-GPS 定位、机器视觉定位、超宽频通信定位、可见光通信定位等[40]。

3.7.2 身份与行为识别

身份识别是智能燃煤发电技术中智能门禁、电子围栏、路径规划、违章报警等先进安全生产系统的重要支撑。人脸识别、体态识别、虹膜识别等各种生物特征识别技术被广泛应用于身份识别。目前人脸识别主要包括了基于特征的人脸识别技术[41]和基于卷积神经网络[42]的人脸识别技术两大类别。近年来已经应用于 iPhone 的三维多姿态人脸识别技术[43]，因其具有比较强的安全等级，可以作为未来电厂身份识别的一种重要发展方向。

通过对视频的处理并采用机器学习等算法，目前已经不仅能够实现人的静态特征分析，还能够对于人的体态、动作等进行识别。目前在公安和安防领域正在开展体态和骨架分析和动作识别[44]。

3.7.3 智能行为管理

在智能定位、身份和行为识别的基础上，可以开展人员行为的智能化管理。主要是在智能门禁、电子围栏、路径规划等方面。智能门禁能根据人员权限、作业和现场安全状态限定和开放人员的行动范围，避免人员走错隔间、进入危险区域或者触发不适当的操作。电子围栏将识别指定区域的人员情况，禁止或只允许特定作业人员进入特定区域，向违规或误入区域的人员发出报警，并触发监控平台报警。此外，还可以实现对于作业人员路径的动态规划，对于提高人员效率、提高人员和设备安全性有重要的意义。

3.7.4 违章作业智能监控

采用智能化的图像识别技术，可以对吸烟监控、非法进入作业区域监控、劳动纪律监控、劳动保护监控、高处作业监控、动火作业监控等进行实时监控。对于作业人员违章未佩戴安全帽、未佩戴安全绳、违章脱岗、违章动火等行为都能进行智能识别，从而实现智能安防。

此类监控技术也存在两类方法，一种是完全基于视频分析[45]的做法，另外一种则是基于可穿戴设备的智能监控，包括智能安全帽、智能手环等[46]。

3.8 三维数字化与智能交互

3.8.1 三维数字化

随着计算机图像技术的逐渐发展，三维数字化档案已经开始逐渐出现在燃煤智能电厂中。许多新设计机组的交付已经开始使用三维数字化档案，为机组的设计、施工、交付都提供了便利。

三维数字化档案是三维数字化诊断、三维数字化协作、三维数字化培训以及增强现实（AR）、虚拟现实（VR）和混合显示（MR）技术应用的基础。

3.8.2 智能交互

在三维数字化的基础上，可以实现跨平台、跨区域的多维现场多方协作模式，这类模式目前在国外处于创业起步阶段。移动终端、AR、VR、MR 等技术，使得基于多维交互的现场多方协作模式成为可能（见图6）。在三维模型和实景图像的混合指导下，参考三维数字化档案信息和状态信息，远程专家、供应商等人员，可以为现场人员的作业提供远距离的多方协作和建议指导。

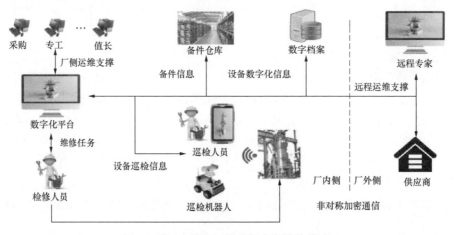

图6　基于多维交互的现场多方协作模式

4　总结

燃煤智能发电技术是智能化、信息化技术在燃煤发电领域的应用，本文从多个方面阐述了燃煤智能发电的技术路线，并介绍了燃煤智能发电的关键技术。部分具体技术的实施还需要从集团公司、电力行业甚至是国家层面统一规划实施，与相关产业的发展情况密切相关。

目前能源区块链、多机器人协作、可见光通信定位技术、三维多姿态人脸识别、体态识别、基于多维交互的现场多方协作等技术，目前还没有完全进入到燃煤智能发电领域，本文探讨了这些技术未来在燃煤智能发电领域的应用前景。

燃煤智能电厂的建设要从数据、算法、设备、运行、经营、管理等多个角度统筹规划，并根据新建或在役电厂的已有情况进行方案适配与调整，最终达到降低企业生产经营成本、提高企业竞争力的技术效果。

参 考 文 献

[1] 刘吉臻，胡勇，曾德良，等．智能发电厂的架构及特征［J］．中国电机工程学报，2017，37（22）：6463-6470，6758．

[2] 张晋宾，周四维，陆星羽．智能电厂概念、架构、功能及实施［J］．中国仪器仪表，2017，（4）：33-39．

[3] 李立志．提高激光诱导击穿光谱测量的可重复性及煤质应用［D］．清华大学，2012．

[4] 李金瑞，王永辉，张志美．浅谈煤质快速检测系统在煤质检验中的应用［J］．煤质技术，2017，（6）：50-53．

[5] 梁亚园．炉膛温度声波测量技术及应用研究［D］．华北电力大学，2016．

[6] 张胜，杨勤．数字化炉膛火焰监测系统研究与应用［J］．浙江电力，2017，36（4）：31-34，39．

[7] 赵盼龙．电站锅炉炉膛温度监测技术研究与屏底温度场构建［D］．华北电力大学，2015．

[8] 胡主宽．锅炉炉膛温度场测量技术研究现状与发展趋势探讨［J］．中国测试，2015，41（4）：5-9．

[9] 王瑞丹．基于数字图像和炉膛参数结合的灭火诊断分析［D］．华北电力大学（北京），2017．

[10] 罗嘉，吴乐．电站锅炉主要热工过程参数软测量技术研究进展［J］．热力发电，2015，44（11）：1-9，13．

[11] 华志刚，胡光宇，吴志功，等．基于先进控制技术的机组优化控制系统［J］．中国电力，2013，46（6）：10-15，21．

[12] 华志刚．先进控制方法在电厂热工过程控制中的研究与应用［D］．东南大学，2006．

[13] 华志刚，吕剑虹，张铁军．状态变量-预测控制技术在600MW机组再热汽温控制中的研究与应用［J］．中国电机工程学报，2005，（12）：103-107．

[14] 赵新成，伏军军，芦明珠．现场总线系统在火电厂的应用探讨［J］．中国电力，2017，50（2）：113-116，127．

[15] 崔超超，张莹，沈东生，等．火力发电厂现场总线技术调试难点分析与研究［J］．中国电力，2017，50（12）：101-105．

[16] 张洪源．火电机组锅炉燃烧优化研究［D］．东南大学，2016．

[17] 王政，刘继伟．电站锅炉燃烧优化技术的应用与发展［J］．华北电力技术，2015，（11）：63-70．

[18] 余廷芳，耿平，霍二光，等．基于智能算法的燃煤电站锅炉燃烧优化［J］．动力工程学报，2016，36（8）：594-599，607．

[19] 郭颖，吕剑虹，张铁军．热力过程控制系统多目标优化及其在机炉协调控制中的应用研究［J］．热力发电，2008，（2）：35-42．

[20] 宋人杰，武际富，程景奕．电厂电机设备智能巡检系统的研究［J］．信息通信，2015，（2）：110-111．

[21] 王小博，付豪．燃机电厂智能机器人巡检系统应用方案研究［J］．机电信息，2017，（30）：143-144．

[22] 马曙光，杨艳芬．发电厂两票智能生成一体化系统的开发与应用［C］．全国火电200MW级机组技术协作会第二十三届年会论文集，2005．

[23] 王刚，冯秀芳，田建勇．新建火电项目智能化电厂关键信息系统建设规划［J］．自动化技术与应用，2018，37（1）：116-118，121．

［24］ Jardine AK，Lin D，Banjevic D. A review on machinery diagnostics and prognostics implementing con-dition-based maintenance ［J］. Mechanical systems and signal processing. 2006 Oct 1；20（7）：1483-510.

［25］ 安连锁，沈国清，郭金鹏，等. 声学技术在电厂设备状态监测中的应用研究 ［J］. 中国电力，2007，（1）：60-65.

［26］ Olah C. Understanding lstm networks，2015. ［R/OL］//colah. github. io/posts/2015-08- Understand-ing-LSTMs. 2015.

［27］ Minou C，SimmeDouwe，Ruud H. Condition-based maintenance policies for systems with multiple de-pendent components：A review. European Journal of Operational Research. 2017 Sep 1；261（2）：405-20.

［28］ 刘照. 火电厂燃料智能检测平台的设计与开发 ［D］. 华北电力大学，2015.

［29］ 王晓强，袁晓鹰. 机器人集成技术在煤炭制样中的应用 ［J］. 煤质技术，2016，（4）：20-22.

［30］ 赵忠辉，方全国. 煤质在线检测技术现状及发展趋势分析 ［J］. 煤质技术，2017，（4）：18-21.

［31］ 张燕东，田磊，李茂清，等. 智能巡检机器人系统在火力发电行业的应用研发及示范 ［J］. 中国电力，2017，50（10）：1-7.

［32］ 公鑫. 基于导波的电厂热管管外自动检测机器人 ［J］. 电子世界，2014，（14）：468-469.

［33］ 刘文博. 基于神经网络的短期负荷预测方法研究 ［D］. 浙江大学，2017.

［34］ 张素香，赵丙镇，王风雨，等. 海量数据下的电力负荷短期预测 ［J］. 中国电机工程学报，2015，35（1）：37-42.

［35］ 李林，周大为. 面向电力市场竞价的燃煤电厂实时发电成本计算模型 ［J］. 湖北电力，2017，（12）：37-40，44.

［36］ 刘晓明，牛新生，王佰淮，等. 能源互联网综述研究 ［J］. 中国电力，2016，49（3）：24-33.

［37］ 杨德昌，赵肖余，徐梓潇，等. 区块链在能源互联网中应用现状分析和前景展望 ［J］. 中国电机工程学报，2017，37（13）：3664-3671.

［38］ 申景军，张瑞祥. 火力发电厂智能安防系统设计 ［J］. 电力勘测设计，2017，（1）：36-39.

［39］ 阮陵，张翎，许越，等. 室内定位：分类、方法与应用综述 ［J］. 地理信息世界，2015，22（2）：8-14，30.

［40］ 苏楠，吴冰，徐伟，等. 人脸识别综合技术的发展 ［J］. 信息安全研究，2015，22（2)：8-14，30.

［41］ 叶浪. 基于卷积神经网络的人脸识别研究 ［D］. 东南大学，2015.

［42］ 邹国锋，傅桂霞，李海涛，等. 多姿态人脸识别综述 ［J］. 模式识别与人工智能，2015，28（7）：613-625.

［43］ 杨智翔. 基于机器视觉的肢体动作识别的研究 ［D］. 哈尔滨：哈尔滨工业大学，2017.

［44］ 徐波，魏利军. 基于视频分析技术的违章作业智能监控系统应用研究 ［J］. 中国安全生产科学技术，2014，10（S1）：79-83.

［45］ 郭雨松，于振，赵炜妹. 基于可穿戴技术的电力作业安全监护平台研究 ［J］. 电力信息与通信技术，2015，13（1）：72-77.

面向自治对象的 APS2.0 系统结构与设计方法

尹峰[1] 陈波[1] 丁宁[1] 王剑平[2] 丁永君[3]

(1. 国网浙江省电力有限公司电力科学研究院，杭州 310014；
2. 浙江省能源集团有限公司，杭州 310007；
3. 浙江浙能镇海发电有限公司，宁波 315208)

[摘　要]　作为电厂智能化重要方向的 APS 技术面临运行使用率不高的问题，通过改变传统面向过程设计理念，提出面向对象的 APS2.0 系统结构与设计方法。从构建自治对象系统、加强人机协作入手，引导运行人员改变操作习惯，建立系统操作理念，从而提高系统使用率与机组自动化水平。设计智能寻优与智能辅助系统外部接口与应用结构，收集积累运行数据，为智能化技术深化应用创造条件。对对象系统组成、组态设计原则、应用实施方法、故障安全处置做了细节与场景描述，系统展示了一种新的技术思路。

[关键词]　面向对象；APS2.0；设计原则；人机协作；智能系统接口

0　引言

随着国家智能制造领域的战略推进以及电力行业智能发电技术的快速发展，各大发电企业纷纷开展智能化技术的体系研究与应用尝试[1]，各学术委员会也积极组织相关的学术研讨与技术引领[2]，逐步达成了行业共识并形成了加速应用的趋势。作为火力发电厂智能化技术的重要方向，全厂自启停控制系统（automatic power plant start-up&shut-down system，APS）经过多年的发展与实践，其理念与价值已逐渐被发电生产企业所接受，并在实用化方面取得了很大的进展。但由于电厂工艺系统过于复杂，设备状况及运行的操作习惯差异很大，在实际生产运行中的可用性并不理想。

1　技术背景与发展趋势

APS 技术最早在国内出现是在 2000 年左右，珠海电厂一期 700MW 引进机组上得到系统性应用[3]，2008 年前后，先后在湛江奥里油电厂[4]和华能海门电厂实现了国产化开发[5]，在随后近 10 年的应用发展中，又分别完成了燃气轮机组[6]与二次再热机组 [7] 上的开发应用，并逐步形成了相对完整的系统结构与设计方法[8][9]。然而，在实际的生产运行中，除了燃气轮机机组应用较多，逐步得到运行人员认可外，对于设备系统庞大复杂的燃煤机组，运行人员对顺控操作的接受度并不是很高，相对单一固化的顺控设计，在灵活性与实用性方面还有较大的完善和提升空间。

传统 APS 技术主要是基于设备启停顺序，固定路线设计的，设计理念有些过于理想化，在过程容错与操作自由度方面考虑较少，是一种面向过程的设计方法，一旦针对机组特点固化下来，可以起到指导运行、减轻操作负担的作用，但由于运行后的使用机会较少，在工况条件复杂时又可能不适用，导致运行人员没有足够的时间充分熟悉与磨合，也就造成了使用率低的现实困境。近年来，为提高 APS 系统的适应性，也开展了许多新的研究与实践，文献[10]提出了"复合变量协同系统"的概念，针对开关量与模拟量穿插、交织在工艺流程中的特点，将其作为一种并行协同的对象系统进行控制；文献[11]提出利用等效分析结果作为设备状态或实际工况的辅助判据，提高系统容错性；文献[12]则提出了基于APS 技术的智能控制系统，可灵活增减断点、智能剔除故障，提高系统可用率。可见，APS 控制需要理念创新，改变传统固化思维，以提高系统灵活性与可用性来突破应用上的瓶颈。

面对复杂控制系统，最有效的设计方法是化整为零[13]，采用面向对象的设计理念，以分布式自治的对象系统为基础，串接出全局的任务规划与调用结构。突出底层对象系统的独立可用性，强调任务执行中的人机协作，弱化所谓的断点配置，任何时间任何位置都可中断，而任何中断处都能续操，随时进入后续进程，与运行习惯紧密衔接，提高操作灵活性与工况适应性。同时，要实现 APS 系统省时高效的初衷，还必须发挥计算机系统快速运算与并行处理的优势，通过统筹优化同时完成诸多检测和控制任务。此外，随着智能化技术的发展，利用智能寻优算法与智能检测辅助，进一步提高优化与容错能力，这将是 APS技术发展的必然趋势。因此，本文提出了基于分布式自治对象、人机协作与智能接口的APS2.0 系统。

2 基于底层自治的分布式系统结构

在上汽-西门子超超临界汽轮机引进的过程中，DEH 形成了一个相对独立封闭的控制系统，并逐步取消了主辅设备的单操功能，围绕汽轮机本体形成了若干个相对独立的自治对象系统。在大的 DEH 系统范畴内，运行关心的是功能，操作的是系统，在功能完成的过程中设备的操作由系统进程自动完成。这就是 APS2.0 面向对象结构所要呈现的自治对象系统的场景，将运行从马达、阀门等一次设备的操作中解脱出来，更关注系统层面的参数、指标与目标设定，过程节点预置好后，设备层面的相关操作就由对象系统内的联锁逻辑来自动完成，设备定期切换等特定操作也由系统内的子组程控自动完成，人机接口简洁清晰。

2.1 面向对象的分布式系统结构

APS2.0 系统采用两层结构的设计方法（如图 1 所示）：上层为规划运行层，负责布局全局自动控制流程，适时调用对象任务，在状态预置与运行确认下自动完成启停机操作；下层为对象任务层，围绕设备系统组成自治对象，自动执行启停程序、联锁保护、调节切换与特定操作功能；此外还设计有智能寻优与智能辅助系统的外部接口，在技术条件成熟时，逐步替代运行人员的人工设置。

规划运行层对并行进程提供时间可调的进度设置，顺序进程则采用令牌套接传递的方式使全流程分段解构，提高进程断续的灵活性。对象系统原则上以动力设备为中心设计启停与调节操作功能，动力设备较多的对象系统则采用复合对象的设计方式，各子对象间采用有缺省记忆的预置模块确定调用顺序与运行偏好，并作为运行的干预节点。令牌传递与复合对象的原理结构如图 2 所示。

智能寻优与智能辅助系统的外部接口，用于实现 APS 与外部智能优化系统间的信息交

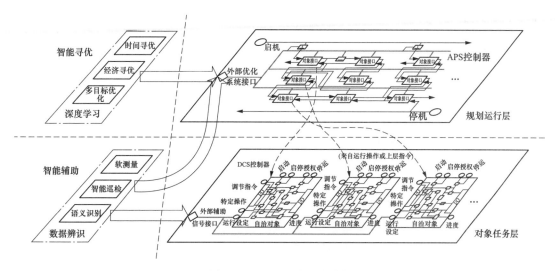

图 1　APS2.0 系统原理结构

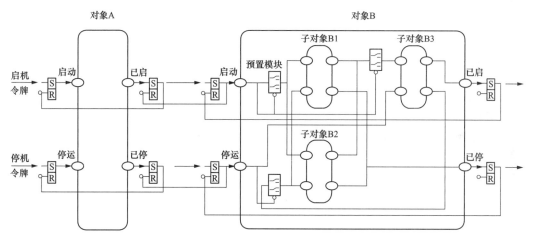

图 2　令牌传递与复合对象原理结构

互。由于受软件与算力限制，DCS 无法完成深度学习及数据辨识相关的智能运算功能，借助外部智能寻优系统，读取流程结构与运行习惯数据，依据效率优先、效益优先、多目标协同优化等目标对路径规划与时间进度进行全局寻优，并将寻优结果适时置入 APS 系统的可调模块。在对象任务执行中的设备状态确认、故障容错选择、历史经验辅助方面的信息则借助外部智能辅助系统提供监测识别与分析判断，为任务进程提供自动判据。在外部智能系统具备应用条件之前，APS 系统内的设置工作由运行人工完成，并将设置信息收集积累供学习建模。

2.2　自治对象系统的基本组成

对于底层自治对象系统，原则上以动力设备为核心，是根据工艺特点自然形成自治关系的设备组合，管道阀门系统在动力设备启动时联锁到位，调节系统可调待用，在系统运行不同阶段接受调节操作指令适时投入运行。对于大型设备的辅助系统，如油站、风机等应作为子对象纳入大的对象系统中。对分布很广且功能单一的管道阀门系统，虽无动力设备，也可作为独立对象加以设计，如点火系统、减温水系统、加热器系统、防进水系统等，但在对象系统界面划分时必须唯一包含且穷尽设备。

根据控制需求确定对象外部结构的接口设计，一般包括启停指令、启停授权、设备状态与进度反馈、故障状态；对一些特定的切换操作，需提供切换操作的启动接口；对进程中需巡检确认或状态设定的应提供运行设定的接口，并预留外部智能辅助系统的信号接入。启停指令和启停授权可运行手操或自动接受上层指令，启停授权除预置许可状态外还可作为中断进程的操作接口。在对象内部结构中，设备启停的状态、参数许可，指令输出、反馈则通过 I/O 或内部通信进行交互，与 DCS 传统组态融合设计。

对象自治还需考虑系统自举与本质安全[10]。对于运行人员来说，对象系统就类似于一个独立设备，启停指令发出后，从流程窗口或工艺画面上确认工作进程，在需要就地操作或巡检确认处进行操作认可，在需要预置参数时置入参数，在设备故障时直接消缺或选择容错，其余可以自动完成的设备联锁、自动投入、状态切换则全部交由系统自动完成。在对象内部逻辑设计中，除考虑设备启停流程外，还需考虑系统状态的本质安全，在任何操作无法完成时，必须回归到安全状态进行等待，调节系统投入自动或定值切换应保证无扰缓切，出现异常时的操作与报警应比传统 DCS 设计更全面严谨。

2.3　全局操作的路径组织与进程优化

人机协作是 APS2.0 系统所强调的设计理念，控制领域的实际应用中机器自动仍无法取代人的作用，在系统运行中，需要充分发挥人的认知交互能力，通过结构化模型和概率统计等方法解决运行优化问题[14]。在全局操作的路径组织上，除了线性布置的主流程节点外，并行路径的规划可结合运行习惯进行优化统筹，合理分配人力与时间，优化空间还是比较大的。在不改变传统操作习惯的基础上，自动收集并统计分析各次启停操作的时间分布数据，获取后续操作的优化建议，并对自动启停机流程中时间布局进行调整，经过反复迭代，逐步趋向优化目标。

3　组态设计与操作行为导入

3.1　面向自治对象的系统操作界面

APS2.0 系统的操作画面在保留主流程集中操作界面的同时，还应在工艺画面中增加对象操作界面，并对执行进度提供状态显示，在运行确认与状态设置点可弹出操作窗口。运行人员正常启停、切换、设置、确认等操作均通过对象操作界面进行，工艺画面上的单体设备操作界面仅作为状态显示与后备操作使用，只有在紧急干预的情况下，才需要进行必要的单体操作。

3.2　自治对象系统的组态设计原则

APS2.0 系统的规划运行层组态可在独立控制器中完成，也可直接采用外部优化控制平台实施，对象系统组态则与常规 DCS 组态融合设计，DCS 工艺系统组态也配合采用以工艺对象为中心的系统划分形式，根据工艺系统特点构建相对完整自治的对象系统，规划好内部关联结构与上层指令及外部其他对象系统间的信号接口。

系统自治控制的设计原则应包括：控制方式自动切换、自动调节无扰过渡、联锁信号的容错设计、局部设备故障后备处置（避免故障跨级穿越）、运行巡检确认接口、系统底线安全状态及回归设计、系统可用状态进度显示（许可条件、设备状态、进程完成度的节点指示），等。

在与传统 DCS 组态的融合设计方面，将对象系统内的不同设备子对象通过联锁指令串接起来的同时，在连接处应加入可预置状态的运行操作模块（如图 2 所示），运行许可就可以一贯到底，但对于有些前后时间间隔很长的操作，可在运行需要时再触发执行。在不同子对象的连接处还应设计可调的时间模块，用于自动进程的整体优化。

3.3　运行操作行为的模式导入

在工程设计与生产准备阶段，就整体策划设计系统运行方式，并结合运规编制与运行培训提前导入符合运行习惯的系统启停与运行操作方式，在调试过程中引导运行人员按照功能需求的操作方式建立场景概念，从分系统调试开始就养成系统操作的习惯和意识。

提前完成系统仿真调试，时间许可的话可结合仿真机建设，尽早开展仿真培训。启动调试阶段，单体联调完成后，在分系统调试时就采用基于对象系统的启停操作模式，逐步熟悉操作特点，整套启动阶段可先将流程节点预置为运行手动许可，按启机流程半自动地完成机组启动，最终在将可预置为自动的节点都置为自动后执行全自动流程。

运行人员还需适应新运行操作模式下的故障异常处置，需提前做好操作场景预设。变送器故障或调节系统失稳之类的故障，只需按常规操作单操消缺即可；在设备跳闸或单操停运单体设备时，由于未发系统停运指令，对其他辅助系统子对象将不会发出后续操作指令，消缺完成后，可直接单操启动设备，也可整组启动对象系统。

4　智能新技术应用展望

4.1　基于深度学习的智能寻优

随着人工智能领域深度学习技术的快速发展，对于 APS 流程这类结构与规则确定的逻辑系统，寻优运算所需的资源并不大，通过运行数据驱动或自建样本，可方便实现路径规划与进程时间的全局寻优，期待在不远的将来，人工智能专家们可以很快开发出实用化的智能寻优系统，代替人工做出更优选择。

4.2　与智能巡检系统的对接融合

在智能辅助方面，数据辨识技术同样发展迅速，图像识别、视频识别、语义识别、参数软测量等，辅之以空间定位、无线通信、先进检测、数据融合、信息可视化技术[15]，不仅直接测量判据可逐步替换运行人工确认，智能巡检系统还可实现系统性地代入，通过定制信息的批量交互，逐步降低人力判断的工作量与难度，使智能技术投入得到最大的价值提升。

5　结语

智能化浪潮已席卷而来，传统火电行业核心领域的应用创新是我们关注的焦点，在人机协作的基础上不断推进智能化技术的融合应用，是一项循序渐进的工作，APS 系统关系到全厂设备的操作习惯与运行模式，深刻影响机组的自动化程度，通过构建一种灵活实用、简洁清晰的系统结构，研究工程设计与应用方法，预留智能化扩展的接口空间，引导一种新的技术理念与研究思路，相信对推动火电行业智能化进程具有至关重要的意义。

参 考 文 献

[1] 吴国潮，滕卫明，范海东，尹峰，胡伯勇．智能化电厂建设中的问题与功能探讨 [J].自动化博览，2016（08）：82-85.

[2] 陈世和，尹峰，郭为民，等．智能电厂技术发展纲要 [M].北京：中国电力出版社，2016.

[3] 王立地．700MW 机组全程给水自动控制系统设计特点 [J].中国电力，2002（08）：47-50.

[4] 潘凤萍，陈世和．自启停控制系统在 600MW 国产机组上的应用 [J].广东电力，2008，21（12）：55-58.

[5] 潘凤萍，陈世和，张红福，孙叶柱，孙伟鹏．1000MW 超超临界机组自启停控制系统总体方案设计与应用 [J].中国电力，2009，42（10）：15-18.

[6] 冯偶根，张建江，曹阳．西门子 9F 联合循环机组自启停功能的应用 [J].浙江电力，2010，29（02）：40-42＋45.

[7] 牛海明，吴东黎，杨爽，安凤栓，张薇，陈卫，郑玲红．超超临界 1000MW 二次再热机组自启停控制系统设计方案与实现 [J].热力发电，2017，46（02）：25-129＋135.

[8] 潘凤萍，陈世和，陈锐民，朱亚清，等．火力发电机组自启停控制技术及应用 [M].北京：科学出版社，2011.

[9] 陈卫，尹峰，刘兰平，罗培全，等．超（超）临界机组自启停控制技术 [M].北京：中国电力出版社，2016.

[10] 欧卫海，王立地．火力发电厂机组 APS 监控关键技术研究 [J].南方能源建设，2015，2（S1）：19-25.

[11] 陈卫，陈波，尹峰，罗志浩．基于制粉系统柔性顺控启停的火电机组 AGC 大范围无缝运行控制 [J].浙江电力，2012，31（12）：42-45.

[12] 张建玲，朱晓星，寻新，王伯春，陈厚涛．超（超）临界机组智能控制系统设计 [J].热力发电，2015，44（05）：59-63.

[13] 许锋，袁未未，罗雄麟．大系统的常规控制系统结构设计 [J].计算机与应用化学，2017，34（09）：661-668.

[14] 许阳，赵宗贵．一种人机协作的目标综合识别模型设计 [J].计算机测量与控制，2015，23（11）：3739-3743.

[15] 尹峰，陈波，苏烨，李泉，张鹏．智慧电厂与智能发电典型研究方向及关键技术综述 [J].浙江电力，2017，36（10）：1-6＋26.

基于系统协同的火电机组集团级大数据分析与诊断技术

陈世和

（华润电力技术研究院有限公司，深圳市 罗湖区 518001）

[摘 要] 本文针对目前发电集团集中监控系统与大数据技术应用中存在的数据孤岛、分析和诊断不够准确有效、分析和诊断的结果与发电生产管理脱节、不能快速适应电力市场的变化等问题，提出以系统协同方法改进集团级的集中监控与分析诊断系统，在发电集团内纵向、横向和时间轴上融合贯通分析系统与管理功能，遵循迭代开发原则，改进分布于各系统中的数据完备性，确保数据的传输及时，对分析诊断系统中的功能进行融合，形成分析有效、管控统一的整体解决方案。本文将先进的大数据技术与传统发电产业相结合，改善发电产业生产管理模式，减少设备故障，提高运行效率，输出设备与系统的在线健康度报告，实现机组全生命周期管理，贯通燃料从采购到燃烧的全过程，快速响应电网与售电需求，降低生产成本，提高发电企业运营管理水平。

[关键词] 系统协同；火电机组；大数据分析；诊断

0 引言

我国"富煤、贫油、少气"的能源禀赋致使一次能源消费和生产以煤为主的格局在较长时间内不会改变。按照国家发展规划，到 2020 年使电煤占煤炭消费比重提高到 60％以上，同时提出对燃煤机组全面实施超低排放和节能改造，在 2020 年之前使所有现役燃煤机组平均煤耗低于 310g/(kW·h)[1]。截至 2019 年 7 月底，全国 6000kW 及以上电厂装机容量 18.5 亿 kW，其中火电 11.6 亿 kW，占比为 62.8％，全国供电煤耗率为 307.3g/(kW·h)[2]。

我国能源发展目标是要推进能源生产和消费革命，构建清洁低碳、安全高效的能源体系。我国清洁能源发展迅速，火电机组除负荷调峰外，长期处于中低负荷下运行，2019 年 1～7 月全国火电设备平均利用小时为 2442h（其中，燃煤发电和燃气发电设备平均利用小时分别为 2512 和 1485h），比上年同期降低 87h。如何保证机组在中低负荷下安全、环保运行，供电煤耗达到最低，对能源工作者及现场运行人员提出挑战。

除了进行能源设备改造，应用先进的大数据与人工智能技术改造、升级传统的能源系统是重要的发展方向。工业大数据应用已经提升为国家重要发展战略。要发展数字经济，加快推动数字产业化，依靠信息技术创新驱动，不断催生新产业新业态新模式，用新动能推动新发展。要推动互联网、大数据、人工智能和实体经济深度融合，加快制造业、农业、服务业数字化、网络化、智能化。利用互联网新技术新应用对传统产业进行全方位、全角度、全链条的改造，提高全要素生产率，释放数字对经济发展的放大、叠加、倍增作用。

随着厂级信息监控系统（SIS，supervisory information system）和分散控制系统（DCS，Distributed Conutrol System）在电厂中广泛应用，电厂海量运行数据得以保存，数据挖掘技术在电力行业迅速崛起，很多学者开始运用数据挖掘技术开展了对燃煤电站机组优化运行的研究[3-5]。文献[6]研究大数据挖掘技术在燃煤电站机组能耗分析中的应用，以某600MW燃煤电站机组为研究对象，采用新算法挖掘典型负荷工况下影响供电煤耗的可控运行参数的基准值，最后，以支持向量机技术为基础，分析不同负荷工况下各运行参数对供电煤耗的敏感性系数。文献[7]研究大数据环境下的电力数据质量评价模型与治理体系，分析了影响电力数据质量的主要因素，按数据质量的一致性、准确性、完整性和及时性等四个关键特性建立数据质量评价指标，并建立了大数据下的数据质量评价模型。文献[8]探讨大数据技术在火力发电企业生产经营中的应用，提出操作管理、电力营销、燃料价值管理、指标管理、设备管理等云平台。文献[9]研究基于信息物理融合的火电机组节能环保负荷优化分配，提出基于模糊粗糙集（fuzzy rough set，FRS）大数据处理方法，得到机组煤耗和污染物排放量物理模型与信息模型的对应关系；综合考虑经济和排放因素，建立基于物理信息融合（CP）的负荷分配模型。这些文献都在大数据技术应用于发电过程进行了局部的探索。文献[10]提出了较完整的基于大数据分析的电站运行优化与三维可视化故障诊断系统，提出了智能预警系统、设备与运行优化系统。但该系统只是在个别电厂应用，未推广到发电集团。

目前各发电集团的相关信息化系统或集中监控系统均有不同方面的应用与创新，但仍存在以下一些主要问题[11]：①数据孤岛问题，各数据分布于不同的信息系统中，按照竖井的方式管理，形成数据孤岛；②分析诊断方面，还存在分析、诊断不够准确、有效的问题；③运营管理方面：分析、诊断的结果，还存在与发电生产与运营管理脱节的情况，大量结果没有有效应用到运营管理中；④电力市场方面，目前的信息系统，还不能够有效地适应电力市场的变化，如厂级负荷调度、竞价上网，缺少从燃料采购、生产管理到竞价上网的整体性分析与解决方案等。

因此，要以系统协同方法改进集团级的集中监控与分析诊断系统，如图1所示。首先保证分布于各系统中的数据更完备，同时确保数据的传输及时，在此基础上，对原有分散于各孤立的信息系统中的功能进行融合，形成分析更有效、管控更统一的整体解决方案。

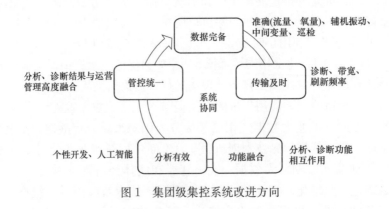

图1 集团级集控系统改进方向

1 火电机组工业大数据分析

1.1 工业 4.0 技术

火电机组工业大数据分析首先要应用工业 4.0 技术。工业 4.0 是由德国政府《德国 2020 高技术战略》中所提出的十大未来项目之一。该项目由德国联邦教育局及研究部和联邦经济技术部联合资助，旨在提升制造业的智能化水平，建立具有适应性、资源效率及基因工程学的智慧工厂，在商业流程及价值流程中整合客户及商业伙伴。其技术基础是网络实体系统及物联网。

工业 4.0 技术以信息物理系统（CPS，Cyber-Physical System）为核心，整合互联网、工业云计算、工业大数据、工业机器人、知识工作自动化、工业网络安全、虚拟现实及人工智能等先进技术，应用"云（计算）、大（数据）、物（联网）、联（互联网）"技术，支撑智能化控制，实现提供定制化掺配和服务、实现无忧生产环境、发现用户价值缺口、发现和管理部可见问题，实现制造本身价值化、系统"自省"功能，力求实现生产过程的"零故障、零隐患、零意外及零污染"，最终能够灵活、高效地满足用户需求，如图 2 所示。

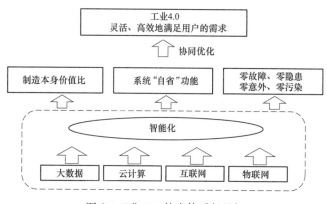

图 2 工业 4.0 技术体系与目标

1.2 工业互联网技术

火电机组工业大数据分析其次要应用工业互联网技术。工业互联网技术是由美国 GE 公司发起的，是指通过智能设备、人机交换接口与先进数据分析工具间的连接并最终将人机连接，结合大数据分析技术、互联网技术、智能传感器技术及高级分析、计算工具，重构全球工业系统，实现智能制造体系与智能服务体系的深度溶液，工业系统产业链与价值链的整合与外延，如图 3 所示。

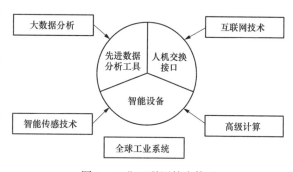

图 3 工业互联网技术体系

1.3 中国制造 2025 规划

中国制造 2025 规划是中国综合工业 4.0 技术与工业互联网技术优点，结合中国制造领域实际，提出的实施制造强国战略的第一个完整的行动纲领。

《中国制造 2025》提出，坚持"创新驱动、质量为先、绿色发展、结构优化、人才为本"的基本方针，坚持"市场主导、政府引导，立足当前、着眼长远，整体推进、重点突破，自主发展、开放合作"的基本原则，其主线是信息技术与制造业深度融合，主攻方向是建立智能制造体系，通过"三步走"实现制造强国的战略目标：第一步，到 2025 年迈入制造强国行列；第二步，到 2035 年中国制造业整体达到世界制造强国阵营中等水平；第三步，到新中国成立一百年时，综合实力进入世界制造强国前列。

火电机组工业大数据分析就是火电行业实施《中国制造 2025》规划的具体体现。

1.4 工业大数据定义与特征

工业大数据是指在工业领域中，围绕典型智能制造模式，从客户需求到销售、订单、计划、研发、设计、工艺、制造、采购、供应、库存、发货和交付、售后服务、运维、报废或回收再制造等整个产品全生命周期各个环节所产生的各类数据及相关技术和应用的总称。工业大数据是以工业系统的数据收集、特征分析为基础，对设备、装备的质量和生产效率以及产业链进行更有效的优化管理，并为未来的制造系统搭建无忧的环境[12]。

工业大数据涵盖了设备物联数据、运营生产数据和外部数据。

工业大数据区别于其他商业大数据，反映出工业系统"多模态、高通量、强关联"的特点。其中多模态体现为数据类型多以及系统、设备、部件多，如汽轮机包含了 35 万条各零部件数据。高通量体现为数据的规模大、频率高，按照每台机组 2 万个数据点考虑，每台机组每秒的数据规模就达到 20MB。强关联体现在结合工业生产过程的协作专业多，如电力生产直接与生产相关的专业就有 10 余个，如果算上与管理相关的专业，则达到 20 个以上。

工业大数据还具有以下特征：①跨尺度，主要体现在需要将毫秒级、分钟级小时级乃至更长的时间尺度信息按照不同的需求进行集成。②系统性，工业大数据存在"牵一发而动全身"的特点。某个业务目标的需求，需要通过正规企业乃至供应链上多个相关方的协同才能完成，如竞价上网的策略，既包含了机组运行状态、效能，也包含了上游的燃料市场和下游的售电市场的变化。③多因素、强机理、因果性，由于工业系统是通过一系列的工艺设计相互关联而形成，因此存在多个因素对一个或多个结果产生印象的情况，也造成了需要通过较高水平的分析手段来保障结果符合工业系统的确定性和准确性的追求。④时间序列，由于系统数据具有严格的时间标签，数据先后间存在因果性影响，因此对数据的实时性要求也比较高。

针对上述特征与特点，对比互联网大数据与工业大数据，可以看出它们之间存在如下区别，见表 1，两者对分析结果准确性要求不同，互联网大数据对分析结果的精确度可以稍低，而工业大数据要求的结果进度较高。

表1 互联网大数据与工业大数据对比

项目	互联网大数据	工业大数据
数据量需求	大量样本数	尽可能全面地使用样本
数据质量要求	较低	较高，需要对数据质量进行预判和修复
对数据属性意义的解读	不考虑属性的意义，只分析统计显著性	强调特征之间的物理关联
分析手段	以统计分析为主，通过挖掘样本中各个属性之间的相关性进行预测	具有一定的逻辑的流水线式数据流分析手段。强调跨学科技术的融合，包括数学、物理、机器学习、控制、人工智能等
分析结果准确性要求	较低	较高

1.5 工业大数据分析方法与思路

工业大数据分析主要包括描述性（Descriptive）、规定性（Prescriptive）和预测性（Predictive）等三种方法。

描述性分析方法是指，基于对数据的统计分析，描述数据表现的现象与客观规律，如火电机组大数据分析与诊断中的技术监控、以可靠性为中心的检修（RCM，Reliability Centered Maintenance）等功能。

规定性分析方法是指，利用历史数据建立分析模型和规范化的分析流程，建立数据到信息的输入输出关系，实现对连续数据流的实时分析，如火电机组大数据分析与诊断中的性能分析、燃料分析与自动调节回路评估等功能。

预测性分析方法是指，通过对数据的深层挖掘建立预测模型，实现对不可见因素当前和未来状态的预测，如火电机组大数据分析与诊断中的性能优化、故障预警与诊断、负荷优化调度等功能。

工业大数据分析思路是基于工业4.0与工业互联网技术体系，采用统计分析、关联挖掘、模式识别、特征提取、深度学习等技术，开展数据分析与预测，进而实现故障诊断与健康管理（PHM，Prognostic and Health Management），包括监测与预测管理、系统性工程、衰退管理、预测性维护等，将传统维护方式从依靠经验的"艺术"转变为一门精密的"科学"。

工业大数据分析可以划分为表2所示的三个阶段。

表2 工业大数据分析的三个阶段

阶段	第一阶段	第二阶段	第三阶段
核心技术	远程监控、数据采集和管理	大数据中心和数据分析软件	数据分析平台与高级数据分析工具
问题对象/价值	以产品为核心的状态监控、问题发生后的及时处理，帮助用户避免故障造成的损失	以使用为核心的信息服务，通过及时维修和预测性维护避免故障发生的风险	以用户为中心的平台式服务，实现了以社区为基础的用户主导的服务生态体系
商业模式	产品为主的附加服务	产品租赁体系和长期服务合同	按需的个性化自服务械，分享经济

2 火电机组大数据分析与诊断中的系统协同技术

2.1 系统协同定义

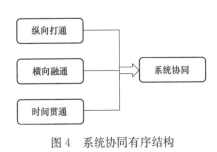

图 4 系统协同有序结构

系统协同是指远离平衡态的开放系统在与外界有物质、能量和信息交换的情况下，通过自己内部协同作用，自发地形成时间、空间和功能上的有序结构见图 4。

系统协同在应用层包括了五大应用平台：外部信息、内部信息、协同应用平台、办公管理和移动办公等。

按照系统协同理论，解决火电机组集团级集中监测与分析专家系统存在问题的关键在于实现：①纵向打通；②横向融通；③时间贯通。

2.2 纵向打通

纵向打通主要体现在三个维度：工业互联网、设备层级和管理层级。图 5 展示了工业互联网实施框架总体视图，纵向打通就是要在边缘层（现场、电厂）、企业层（发电集团）、产业层（电网、电科院）之间形成深度互动，以边缘层为先导，其他层级响应需求。图 6 展示了发电集团的设备层级与管理层级，设备层级纵向打通从上至下包含电网（大用户）、售电公司（云）、电厂（项目公司）、机组、系统、设备和部件等七个层级，设备与系统要及时、准确地响应电网与售电的需求，电网与售电需要深度了解系统与设备的状态。管理层级纵向打通从上到下包含了集团（控股）、分公司（大区）、电厂（项目公司）、部门、分部、班组和专工等七个层级，指令与信息要能及时、准确传递和执行，形成有机的整体，发挥集团整体最大效益，体现工业互联网泛在感知、动态优化、敏捷响应、全局协同、智能决策的理念与优势。

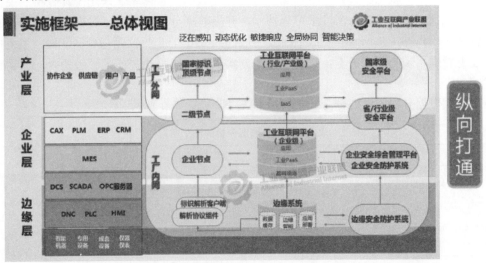

图 5 工业互联网实施框架总体视图［摘自《工业互联网体系架构 2.0（2019）》］

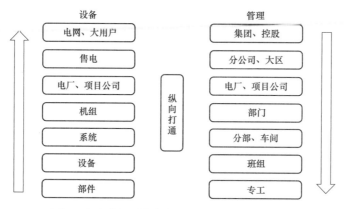

图 6 发电集团设备与管理两个维度的纵向层级

2.3 横向融通

横向融通主要体现在专业、部门、管理系统与地域四个维度，如图 7 所示。专业横向融通是指火力发电厂涉及的汽轮机、锅炉、电气、热控、化学、环保和金属等专业之间的数据与功能要互联互通，能够解决一些跨专业、综合的疑难问题，如锅炉爆管、低负荷稳燃、滑压优化运行等。部门横向融通是指发电企业里与生产过程密切相关的管理部门［如燃料、运行（发电）］、检修、策划（技术）、人力资源部、财务部、经营部（售电）部等）要相互配合，提高管理流程的响应速度，围绕生产过程最大程度地降低成本。管理系统横向融通是指直接为生产过程服务的管理系统［如燃料优化系统（FOS, Fuel optimization system）、操作寻优系统（OOS, Operateing optimization system）、企业资源计划（ERP, Enterprise Resource Planning）、企业设备资产管理系统（EAM, Enterprise Asset Management）、燃料管理系统、售电管理系统（云）等］要数据互通、功能融合，降低燃料库存与成本。地域横向融通是指要打通集团内部不同地域的管理界限，实现人员、物资、备件、信息和燃料等共享，实现集团整体效益的最大化。

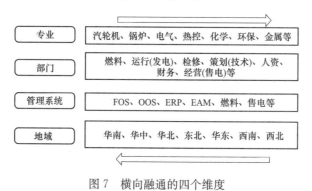

图 7 横向融通的四个维度

2.4 时间贯通

时间贯通是指在时间轴上贯通过去、现在和将来的联系，如图 8 所示。通过实时数据，计算火电机组当前状态下的运行指标，通过历史数据，采用大数据与人工智能技术，建立火电机组分析与诊断模型，预测将来时刻机组运行的主要参数与指标，提前发现性能劣化与安全隐患。在此基础上，实现机组全寿命周期管理。

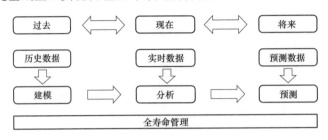

图 8　时间贯通的三个维度

解决发电集团在大数据分析与诊断系统上存在的数据孤岛、分析不准确有效、分析诊断结果与生产运营融合不够、与售电系统没有有效联动的问题，要推动发电集团在纵向打通、横向融通、时间贯通上深度融合，实现系统协同，最大程度发挥整体效益。

3　火电机组大数据分析与诊断系统

3.1　大数据分析与诊断系统

火电机组大数据分析与诊断系统按照性能分析、安全可靠性评估两条主线，依照系统协同思路，可以设计性能计算、性能分析、性能优化（可以包括燃料分析、自动调节回路评估、负荷优化调度等功能模块）、设备预警、故障诊断、检修维护与技术监控等功能模块，从层次上划分又可以分为发现问题、分析问题和解决问题三个阶段，如图 9 所示。

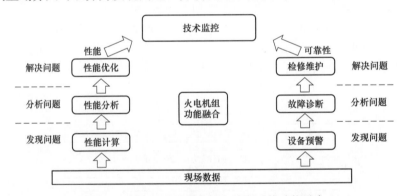

图 9　火电机组大数据分析与诊断系统功能融合

性能计算、分析和优化模块是先以实时数据计算出实时的机组性能指标，以历史寻优和仿真模型建立多维度标杆库，在此基础上实现多维度、横向、纵向对标，能耗异常时给出预警及诊断建议，优化主机、辅机运行方式，规范运行操作等功能，在电科院现场试验基础上实现在线性能计算功能。主要采用的技术包括（核）主元分析、BP 神经网络（误差反向传播算法，BP，Error Back Proragation）、鲁棒输入训练神经网络（RITNN，Robust input training neural network）、变工况分析等。

燃料分析模块归集平台已有的入厂、入炉煤量、标煤单价等指标，形成电厂（项目公司）、分公司（大区）、集团（控股）每日原煤供、耗、存日报，建立对各电厂存煤结构及存煤量的预警系统。横向实现采购价格对标，并甄别锅炉不适烧煤种。通过历史寻优，寻找燃料成本最低掺配方式。主要采用的技术包括聚类数据挖掘技术等。

自动调节回路评估模块统计各电厂的测点完好率与自动投入率，按照行业标准和参数控制特征来评价自动控制品质，结合现场的控制策略优化参数设置，实现机组的自动控制策略寻优，并评估调节阀门流量特性。主要采用的技术包括粒子群、递归最小二乘法、预报误差法、支持向量回归（SVR，Support vector regression）等。

负荷优化调度模块是以实时性能计算、微增出力曲线、环保指标、燃料特性等为基础，在总负荷一定的情况下给出机组负荷调度、原煤掺配的建议，实现成本、环保指标、安全性最优。既可以实现全厂的负荷优化调度，又可以实现发电集团省内（区域）的机组负荷优化调度。主要采用的技术包括粒子群、微增出力法、神经元网络等。

预警模块是利用标记为正常的历史数据训练模型，产生设定数据之间的相关性，通过相关性对实时数据进行监控，当实时数据偏离预测数据达到所设定的阈值后，触发预警，并形成相关的工作业务流。主要采用的技术包括支持向量机、高斯混合模型和自回归高斯混合模型等。

高级诊断模块通过建立设备及系统的故障模式，录入以往的历史故障及处理案例，通过自然语言处理（NLP，Nature Language Processing）模型进行训练，当新的故障通过预警、能耗或输入产生时，系统能够寻找以往的故障案例，给出最相似的对应故障案例及处理方案，当无法获得满意的结果时，可以通过专家诊断来完善相关案例。主要采用的技术包括 NLP 模型及传感器数据分析（SDA，Sensor data analysis）模型等。

RCM 模块收集、分析预警、缺陷、能耗分析、同类型设备检修情况等信息，对设备健康度进行评价，给出点检、检修建议，为电厂、电科院、集团各专业委员会讨论、制定检修计划提供支撑。主要采用的技术包括故障类型与理象分析（FMEA，Failure Mode and Effects Analysis）模型等。

技术监控模块汇集实时数据和离线数据（含现场测试数据）自动生成技术监督月报、年报，结合系统中技术监督标准以及固化的专业经验形成技术监督预警系统，并在系统中实现技术监督任务管理。技术监控为火电机组大数据分析与诊断系统各模块的功能汇聚焦点和枢纽，涵盖问题的发现、分析到解决的全过程，以经济性（性能）和安全性两条主线为机组的全寿命健康管理进行支撑。主要采用的技术包括数据挖掘技术、BI 技术等。

3.2 大数据分析与云计算平台

火电机组大数据分析与诊断系统还要配置大数据分析模块，建立灵活、高效的云计算平台。

大数据分析模块通过收集各项目公司已有系统［SIS、ERP（含月度、年度计划数据）、OOS、FOS］及发电集团的 ERP、EAM 等中的结构性与非结构性数据（包含文本型数据），形成大数据平台，并为高级应用提供数据分析工具与商业智能（BI，Business Intelligence）工具。主要采用的技术包括大数据储存与分析技术。

云计算平台比传统的基于面向服务（SOA，Service-Oriented Architecture）架构的集中监控系统具有很多优点，云计算平台可以改进模块性能，降低软硬件成本；兼容性更好，方便整合不同软件与功能；具有海量存储容量，提高数据可靠性；可以实现微服务，进而实现更轻松的团队合作。

MindSphere 云平台是西门子公司推出的基于云的开放式物联网操作系统，是云计算技术在工业领域的应用，如图 10 所示。MindSphere 云平台包含 MindApps、MindSphere、MindConnect 三层，属于平台即服务 PaaS，它向下提供数据采集应用编程接口（API，Application Programming Interface），即插即用的数据接入网关 MindConnect，支持开放式通信标准 OPC UA，支持西门子和第三方设备的数据连接，向上提供开发 API，方便合作伙伴和用户开发应用程序。

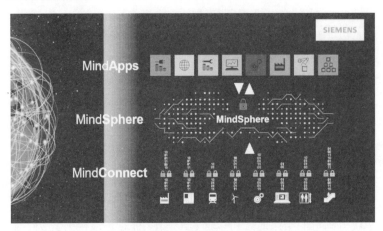

图 10　MindSphere 云平台架构

4　集团级大数据分析与诊断系统应用实践

4.1　集团级大数据分析与诊断系统建设原则

从建设组织方面，体现生产（运营）管理部门、技术研究院（电科院）、信息管理部门（公司）、电厂（项目公司）、合作方（厂家）等共同参与的系统协同。运营管理部门负责，能更好地体现生产的需求，推进项目的实施，负责决策与调配资源；技术研究院具有技术与人才的优势，负责功能设计与技术支持；信息管理部门具有实施 IT 系统的优势，负责信息平台建设与人机界面设计，电厂负责现场数据的提供与系统功能的应用，合作方负责系统的开发与实施。既分工明确，充分发挥各自优势，又密切配合。

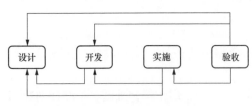

图 11　集团级大数据分析与诊断
系统建设的迭代开发过程

从建设过程方面，遵循迭代开发原则，体现设计、开发、实施、验收四个过程的系统协同，如图 11 所示。设计要充分考虑使用（实施）的需求，开发过程既要从设计出发，又要响应功能试用后的反馈，实施过程不断总结、改善，暴露的问题要作为设计、开发完善的输入，验收检查过程发现的问题要及时反馈给设计、开发和实施过程。在实施过程中要遵循由小到大、由简单到复杂、由试点到全面铺开的原则，全过程不断优化、完善，梯级推进，实现最终目标。

4.2　工业大数据分析与诊断系统与常规 IT 系统的区别

工业大数据分析与诊断系统与常规 IT 系统有较大区别，如图 12 所示。工业大数据分析与诊断系统侧重实时数据，有些过程动作较快，数据分辨率更高，要求在实施过程要更加注重数据源的质量，这是分析与诊断结果有效、准确的重要基础。

	分析诊断系统	常规IT系统
定位	侧重生产过程，专家支持	管理功能，人机交互
数据类型	侧重实时数据，分辨率更高	侧重管理数据
分析手段	仿真与深度学习	统计和决策
硬件支持	计算资源要求	存储资源要求
软件平台	实时数据库，专业仿真平台	传统数据库，信息系统
运行方式	实时连续的运行	定周期型、业务驱动型
总结	采用CPS，与生产密切相关，为管理信息提供支撑	

图 12　工业大数据分析与诊断系统与常规 IT 系统的区别

4.3　发电机组集团级大数据分析与诊断系统应用实例

发电机组集团级工业大数据分析与诊断系统符合信息时代发展方向：把信息变成知识，把知识变成决策，把决策变成利润。对于我国现代大型燃煤电厂，积极采用先进的优化控制和管理软件，将产生巨大的直接与间接效益。

本系统应用大数据技术理念，将先进的信息技术、人工智能技术与传统发电产业相结合，改变传统产业经营管理模式，减少经营管理成本，提高企业管理水平；缩短维修时间，延长检修周期，提高电厂能效，降低生产成本；提高系统可靠性，减少设备与系统的故障次数；提高设备与系统响应的快速性，更有效满足电网两个细则考核。成为能源行业、发电集团的一个创新亮点。

截至 2019 年 8 月，系统已经接入了 23 家电厂、49 台机组、近 30 万测点的实时数据，实现了实时监测、对标画面、报表定制、度电成本与环保预警功能。分析专家系统已基本完成功能开发与实施，现正在开展功能验收、测试。设备预警模块已搭建趋势模型超过2200 个，某电厂预警系统提前 12h 发现高压加热器泄漏事件，提前 7h 发现一次风机轴承故障等。技术监控模块收录现行常用技术监督标准约 850 项，经验约 770 条，为电厂提供快速高效资料支撑，帮助电厂完成线上问题闭环管理超过 630 项，依据技术监督标准工作库，建立技术监督计划任务近 2500 项；自动优化模块提供了不同机组自动投入情况和质量的对标平台，还可在线分析机组调节性能响应电网要求的情况，两个细则考核功能每年可带来可观的经济效益，模块还提供在线模型辨识和参数优化的功能，辅助电厂优化回路调节品质，提高机组自动化水平；能耗分析模块实现循泵、减温水、供热优化功能；负荷优化模块具备实时、离线及中长期负荷优化调度的功能，为厂级和大区（区域公司）级提供电热负荷优化决策分析支持。

5 结论

本文针对目前发电集团集中监控系统与大数据技术应用中存在的数据孤岛、分析和诊断不够准确有效、分析和诊断的结果与发电生产管理脱节、不能快速适应电力市场的变化等问题，提出以系统协同方法改进集团级的集中监控与分析诊断系统。

在发电集团内纵向、横向和时间轴上融合贯通分析系统与管理功能，遵循迭代开发原则，改进分布于各系统中的数据完备性，确保数据的传输及时，对分析诊断系统中的功能进行融合，形成分析有效、管控统一的整体解决方案。

本文将先进的大数据技术与传统发电产业相结合，改善发电产业生产管理模式，减少设备故障，提高运行效率，输出设备与系统的在线健康度报告，实现机组全生命周期管理，贯通燃料从采购到燃烧的全过程，快速响应电网与售电需求，降低生产成本，提高发电企业运营管理水平。

发电机组集团级工业大数据分析与诊断系统以基于物联网技术的云平台为基础，应用"纵向打通、横向融通、时间贯通"系统化协同的方法，实现性能优化与可靠性提高目标，可以提高效率、提高效益，最大限度地创造了数据的价值。

参 考 文 献

[1] 国家发展改革委. 煤电节能减排升级与改造行动计划（2014-2020 年）[R]. 北京：国家能源局，2014.

[2] 中电联行业发展与环境资源部. 2019 年 1-7 月份电力工业运行简况 [R]. 北京：中国电力企业联合会，2019 年 8 月.

[3] 李建强，赵凯，陈星旭，等. 600MW 燃煤机组最优氧量与配风方式的联合优化 [J]. 中国电机工程学报，2017，37 (15)：4422-4429.

[4] 万祥，胡念苏，韩鹏飞，等. 大数据挖掘技术应用于汽轮机组运行性能优化的研究 [J]. 中国电机工程学报，2016，36 (2)：459-467.

[5] 杨瀚钦，申晓留，王默玉，乔鑫，刘瑞雪，孙杨博. 基于大数据的火电厂能耗评估模型的研究 [J]. 电力科学与工程，2016，32 (12)：1-4.

[6] 刘炳含，付忠广，王鹏凯，王永智，高学伟. 大数据挖掘技术在燃煤电站机组能耗分析中的应用研究 [J]. 中国电机工程学报，2018，38 (12)：3578-3587.

[7] 尹蕊，余仰淇，王满意，黄文思，许元斌. 大数据环境下的电力数据质量评价模型与治理体系研究 [J]. 自动化技术与应用，2017，36 (4)：137-141.

[8] 郭建华. 大数据技术在火力发电企业生产经营中的应用 [J]. 贵州电力技术，2017，20 (3)：26-28.

[9] 付鹏，王宁玲，李晓恩，徐汉，张雨檬，杨勇平. 基于信息物理融合的火电机组节能环保负荷优化分配 [J]. 中国电机工程学报，2015，35 (14)：3685-3691.

[10] 陈亚明. 基于大数据分析的电站运行优化与三维可视化故障诊断系统 [J]. 自动化博览，2018，3：28-30.

[11] 陈世和. 基于大数据分析的性能评估与状态诊断技术 [J]. 中国自动化学会会刊通讯，2017，38 (3)：33-41.

[12] 李杰. 工业大数据-工业 4.0 时代的工业转型与价值创造 [M]. 机械工业出版社，2016.

分布式冷热电三联供智能集控平台研究及示范应用

胡静[1]，姚峻[1]，艾春美[1]，李勇[2]，张军[2]，邱亚鸣[1]

（1. 上海明华电力技术工程有限公司，上海　200090；
2. 上海电力绿色能源有限公司，上海　200126）

[摘　要]　介绍了分布式冷热电三联供和智能化建设的政策和行业背景，结合某国家能源局"互联网＋"智慧能源（能源互联网）示范项目的智能集控平台的研究和集成应用，分析了该类分布式能源站的工艺系统特点，阐述了集控平台总体设计原则和功能规划，总结了集控平台架构和各层级中智能化技术应用情况，以及集控平台的关键控制技术。通过对智能化技术在分布式能源站集控平台实践应用的探讨，为该领域智能化规划，建设和发展提供一定的参考。

[关键词]　分布式能源　冷热电三联供　智能集控平台　智能控制

0　引言

化石能源的逐渐枯竭以及能源消费引起的环境问题日益恶化，缓解能源危机和减少大气污染已成为能源可持续发展中迫切需要解决的问题。在优化能源结构和提高能源综合利用效率的国家能源战略背景下，近年来国内大中城市基于天然气的冷热电联产分布式能源发电快速发展。2011 年发布的《关于发展天然气分布式能源的指导意见》，2016 年发布的《关于推进"互联网＋"智慧能源发展的指导意见》等[8]，从国家层面吹响分布式能源发展的号角。如何综合运用信息、通信、控制等领域的智能技术，将分布式能源构建成多种能源互补，能源高效调度的能源互联网，是实现能源清洁替代和可持续发展的关键所在。

分布式能源建设靠近能源负荷中心，通过发电余热梯级利用，低压配电网就近供电减少线损等方式实现提高能源综合利用效率。目前在大中城市的两种发展模式，一是建设在工业园区，采用中型燃气轮机或内燃机供电，以供应工业蒸汽为主，部分配供冷热水。二是建设在商业建筑集中区域，采用小型燃机或内燃机供电，为建筑集中提供空调冷热水。前者的管控方式接近常规天然气热电厂，而后者实质上是工业发电和民用暖通相结合的新产物，在工艺系统配置和控制水平等诸多方面尚未形成统一标准，为新技术的探索和应用提供了较好机遇。本文结合国家能源局某"互联网＋"智慧能源（能源互联网）示范项目的区域分布式能源站智能集控平台的设计和集成，探讨该类型分布式能源站智能化的实现方式。

1　某分布式能源站的工艺系统特点

上海作为现代化大都市，随着经济结构调整，用电负荷呈现峰谷差大，非工业用电量占比大，空调用电量占比大等特征。而建设在商业建筑集中区的分布式能源站，则通过空调用户规模化节能和用能负荷削峰填谷来实现商业价值。上海某分布式能源站，作为市政工程和新规划的低碳商务区同步建设，向区域内 20 多栋单体共计 200 多万平方米建筑集中提供空调冷（热）水源。其工艺系统总容量和构成通过对上海历年气象数据，建筑用能经验系数，天然气和电费价格走势进行分析和测算后确定。如图 3-45 所示，分布式能源站采用内燃机/燃气轮机和溴化锂供能系统[1]、电动离心式冷水机组、热泵系统、真空热水锅炉和水蓄能结合的多元供能方式。能源站输入能源形式为天然气和电，输出能源形式为电和空调热水/冷水。内燃机作为原动机，把天然气一次能源转换成电能，内燃机燃烧天然气产生的高温烟气驱动烟气热水型溴化锂机组产生冷或热，同时内燃机的高温缸套水也是溴机的一次热源。离心式制冷机和空气源热泵作为供冷调峰设备，利用电为动力源实现逆卡诺循环来制冷。真空热水锅炉作为供热尖峰设备，直接燃烧天然气来采制热水。同时由空气源热泵和离心机串联构成的复叠式制热系统，也可提供高温热水。蓄能水槽利用水的显热来存储热量和冷量，通过布水器自动控制实现自然分层。图 1 中仅示意出各类制能设备，实际上由于民用设备容量选择时的经济性，以及考虑供能可靠性和用能负荷波动范围大，每类制能系统都是数台设备并联运行，整个能源站工艺系统设备数量庞大，工况组合种类多。

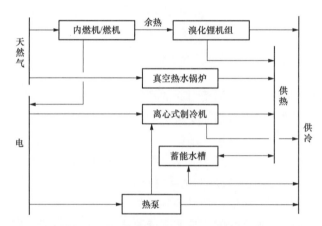

图 1 分布式能源站工艺系统构成示意图

2 智能集控平台总体设计原则

分布式能源站作为新兴的能源模式，其集控系统目前尚未形成行业标准，不受火电机组 DCS、SIS 和 MIS 系统固有架构的限制，因而可采用开放的系统框架，从满足分布式能源站安全高效的运行，维护和管理的实际需求出发，尝试多项新技术的综合集成应用。另一方面，虽然分布式能源站工艺系统设备多，但供能总体量不大投资额有限，加之能源站的运营对电价和气价较为敏感，因而构建智能化集控平台时以功能实用为导向，紧紧围绕如何提高能源站运行效率和降低人力成本，选取能显著提高能源站盈利水平的技术和途径。鉴于此确立了智能化集控平台构建的总体原则：经济适用的前提下，实现分布式能源站的数字化、自动化、智能化、高效化管控，达到能源站"无人值班、少人值守"[5]的管控水平。在总体原则基础上，进一步细化集控平台的功能需求如下：

（1）采用数字化和通信技术，通过现场总线和工业以太网方式，实现能源站生产设备数据和信息的集中收集和监视；

（2）采用先进控制技术，实现分布式能源站生产过程控制的全自动运行和启停，达到较高自动化水平；

（3）提供能源站内各制能子系统和设备的能效在线评估[3]，实现能源站动态协同优化控制。

（4）建立辐射用户的数据交互网络，利用大数据技术，实现用户用能数据的汇总和分析，具备需求侧管理功能；

（5）实现分布式能源站负荷预测和动态优化调度功能，利用储能装置充分享受峰谷电价差政策；

（6）采用互联网技术，提供面向用户的信息发布和共享平台，提高用户服务质量和效率；

（7）依托云平台，实现分布式能源站集控平台的网络化，为区域多个分布式能源站集中监控，统一生产管理提供技术路径。

3 智能集控平台架构

智能集控平台架构如图 2 所示，自下而上包括由传感器和执行机构组成的设备层，实现生产过程控制智能化的控制层，以及实现区域多家分布式能源站集中维护管理的远程集控层。

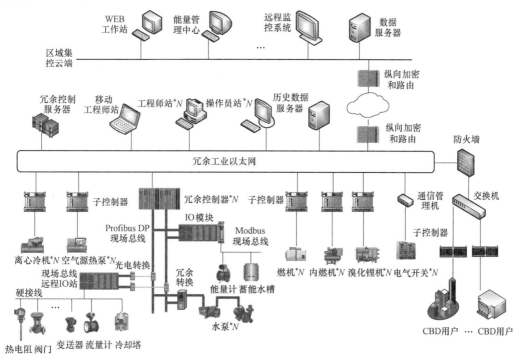

图 2 智能集控平台架构示意

3.1 传感器和执行器层

传感器和执行器是集控平台的手脚和眼睛，是实现智能化的基础。采用现场总线[2]实现信息采集数字化，设备维护和诊断智能化是现场设备层技术的发展趋势，且近十年来在发电领域已有较多的应用经验。但现场总线技术的具体解决方案应该因地制宜，根据各项目自身特点有针对性地选择，不能一味强调现场总线仪表比例来判别控制系统的先进性。现场总线设备的优势之一在于节省常规控制电缆投资，但目前现场总线仪表的造价仍然偏高，当生产工艺系统布置较集中时，成本优势较难体现。本项目设计阶段对各类设备采用现场总线进行费用估算，最终选用部分现场总线设备＋现场总线 IO 的方案。本项目的常规仪表主要是热电阻，压力变送器和流量计，均采用模拟量传输接入布置在就地的现场总线 IO 柜，而数据采集量较大的能量计，蓄能水槽温度分层测量等则采用现场总线仪表。同时本项目共有变频水泵近 50 台，全部通过现场总线接入控制系统。

除考虑数字化传输外，传感器和执行器与工艺系统相契合的功能设计同样重要，要从实现高度自动化的目标出发，分析现场数据采集的必要性和执行机构操作的频次，以此为依据增加和优化传感器和执行器的配置。

3.2 智能控制层

有别于传统 DCS 的封闭式结构，本项目控制层采用开放式架构来实现。主要原因是分布式能源站设备种类繁多，且大部分供能设备的控制系统缺省为随主机配套。因此在控制层功能划分上，让各主设备自带的控制系统专注于核心功能控制和保护，由统一的控制单元完成辅助设备控制及与主设备的匹配。

此外能源站集控系统除实现各类能源转换设备的自动控制外，实质上还承担区域供冷/供热的动态调度功能，需要根据实时的用户用能需求，调配各类供能设备的输出。本项目智能调度功能采用冗余控制服务器的实现方式，主要是基于数据流传输高效的考虑，减少系统架构的复杂程度。智能调度的实现依托动态能效评估和负荷预测，需要采用先进的控制算法且运算量大，常规 DCS/PLC 控制器的算法模块有限且开放性差，不利于高级算法的实现，同时智能调度需要与众多设备交互汇聚大量数据信息，常规控制器的通信和运算处理能力均有限。在调度功能采用专用控制服务器实现的方式下，各供能子系统和电气系统均采用工业以太网方式，与调度控制服务器进行双向通信，降低了数据传输成本。

为便于用户供能的需求侧管理和控制，能源站需要与分布在方圆两平方千米范围内的二十多家用户实现互联互通。目前业界主流的组网方式包括工业以太网（又分自建和租赁公网两种），无线 GPRS 通信等。无线通信方案在成本和可扩展性上具有较大优势，但本能源站处于高楼林立的商务区，且用户接收站大多位于地下建筑内，无线通信的可靠性较难保证。而本能源站与商务区公共设施同步建设，在敷设供能管网时同步敷设光缆，总体成本上较租用公网有优势。

3.3 远程集控层

电厂/能源站智能化研究和建设分生产过程控制和维护管理两大板块，前者由于涉及系统安全，技术发展路线相对而言在框架和体系内循序渐进，后者的研究和应用现阶段则呈现百花齐放的态势，且大部分尚处于探索和尝试期。众多技术方案难以在一个项目中集中应用，因此本项目在对分布式能源站生产管理需求进行摸底的基础上，精选有迫切需要且投入产出效益明显的功能实施，达到精简人员配置，降低运营成本的目的。

首先分布式能源站在生产过程控制高度自动化和智能化的基础上，采用"无人值班、少人值守，远程集控"的运营模式，且借助于云技术，把负责管理区域内多家能源站的集控中心部署在云端。本项目远程集控的最大特点是不仅可实现监视，还能实现与能源站现场一致的控制。其次集控平台着眼于解决系统间联系的薄弱环节，减少因系统隔阂带来的人为数据搬运和衔接的工作量，例如实现能源站主要运行技术经济指标的报表功能，筛选设备报警信息建立与缺陷提报的关联。再次分布式能源站为更好地给区域用户提供增值服务，提供主要运行与经营指标的无线移动应用，实现信息的发布和共享。当然在搭建远程集控平台的基础上，如何进行数据挖掘，充实和丰富功能模块，是需要经验积累和持续推进的工作。

4　集控平台关键控制技术

4.1　工艺流程控制难点

该分布式能源站工艺流程包括如下特点同时也是控制难点：

（1）制冷/热设备种类多，既有内燃机和溴化锂构成的三联供系统，又有各种调峰制能设备，还有蓄能水槽。

（2）运行工况转换多，由于供能管网采用四管制可同时制冷/制热，且可同步蓄/释能，因此与工况相关的管道连接阀门切换多。

（3）系统构成复杂，由于各功能子系统采用全母管制设计且所有供能水泵均配置变频器，因此工艺系统复杂程度高。

（4）供能系统惯性大时滞大，由于供能面积大，供能管网庞大，系统的热容量及热惯性比较大，同时管网输送距离长，使系统的时间惯性大。

（5）用户侧负荷需求随季节和日夜变化频繁且幅度大。

4.2　控制策略的软件模块

针对本项目工艺系统的诸多特点，集控平台软件因地制宜采用分级模块化结构来实现智能控制策略。分级模块化控制使软件系统结构清晰严谨，有利于提高设计、组态及调试的工作效率。同时同级设备或子系统之间相互独立，具有很大的灵活性，有利于投运后的运行管理和维护，运行人员可以根据具体情况选择各种控制方式。软件模块划分如图3所示，软件分三个层级：设备级控制，子系统自启停和控制，能源站总体调度决策。图中箭头方向仅表示控制指令发送的方向，并未标注控制模块之间的信息传送方向。

设备级控制功能主要是实现单个设备的驱动控制，联闭锁以及保护控制。子系统控制实现某一类供能子系统的某套设备启停和控制相关的操作，根据工艺系统的需要和特点，按照预定的顺序、时序和逻辑条件的要求进行判断和运算，发送指令，控制设备，依次进行一系列的动作。子系统控制类似于火电机组的APS，但由于同类设备采用母管制运行，某套子系统主机与辅机间并非一一对应的固定组合，甚至在执行节能调度时主机台数与辅机台数可不同，因此子系统级的控制策略具有高度的灵活性，以解决各种子系统运行组合之间的交叉和衔接。与之配套的设备故障处理功能也需根据故障对子系统的影响程度，执行不同等级的处理程序，包括设备联锁启停，故障系统自动减载停机等。

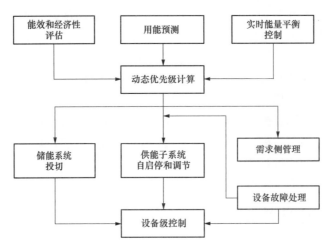

图 3   智能集控平台控制策略框图

4.3   用能负荷预测

对能源站，电能供应和冷/热负荷供应之间具有耦合性。分布式三联供能源站目前大多通过 35kV 或 10kV 电压等级并入电网，隶属于电网地区调度管辖。按分布式能源接入电网技术规范，均配备有实现调度自动化相关的信息系统。但现阶段地调对小型分布式能源站电能调度的需求较少，认可"以热定电"的运行模式，因此用能负荷的预测聚焦于供冷和供热负荷的预测。对冷热负荷预测的意义在于能源站配置有大容量的水蓄能系统，可在分时电价政策指导下对空调负荷调配，提高供能的经济性。同时供能管网是典型的大时滞系统，当用能负荷突变时（例如上下班时段），仅采用实时的反馈控制较难保证终端用户参数的稳定性。以预测的负荷大小和变化规律为依据进行控制，既可提高用能质量，又可防止盲目或频繁地启停设备。

影响建筑空调冷热负荷的因素较多，包括环境温湿度，人流密度，用能习惯，建筑个体差异（照明设备负荷、新风负荷和结构散热负荷等）[9]。本项目建立了上述因素与用能需求间的关系模型，并利用大数据分析技术不断对模型优化。为进一步提高负荷预测的精度，对每个建筑用户都建立独立的预测模型，并汇总形成能源站每日逐时负荷信息，提供反应建筑空调负荷变化规律的负荷曲线，该曲线目前预测间隔为一刻钟。

4.4   实时能量平衡

实时能量平衡是在用能负荷预测的基础上，根据用能负荷实际的变化情况，进行能源站内供能负荷的调整和控制。电负荷的平衡主要由内燃机/燃气轮机改变天然气燃料量响应 AGC 指令实现，同时预留空调负荷调峰设备运行时（冷热负荷高峰或蓄能时），降低调峰设备制能量来减少用电量，可在电网出现较大规模功率缺失时，实现辅助调频的功能。

空调负荷的平衡采用定温差变流量控制来实现。冷热负荷用能量是温差和流量的乘积，二者变其一均可实现能量调节。考虑到过程对象的大时滞特点，选取变流量来实现供能的连续调节[10]，由各供能子系统根据流量变化调整出力保持能源站供能温度的稳定，同时要求用户端随时保持回水温度不变。在变流量控制时能源站会采用供能管网中最不利压差来调节输出流量，满足所有用户的用能需求。

4.5　能效和经济性评估

能效和经济性评估是为智能调度提供决策依据的重要环节，动态能效和经济性评估的结果作用于优先级计算控制环节。当采用效率优先为单一目标函数时，智能寻优算法相对简单[4]。本项目对各子系统的各套设备均建立能效模型，能效模型的影响因子既包括外部条件，又包括设备自身负荷率等性能条件。鉴于冷热负荷调峰设备冷水机组等的制冷性能系数 COP 与负荷率并非同向变化，在高负荷区会随负荷增加而降低，因而能效评估的结果还用于子系统运行套数的加减判断，在特定用能负荷需求下，通过调节设备运行数量使其均工作在高效区来提高能源站总体能效。设备能效模型的基础是厂家提供的理论数据，实际使用过程中还根据实时采集的信息数据对模型进行修正。但在能源站实际运营中，单单考虑效率与企业的盈利目标不符。当然光考虑效益优先也与国家指导政策存在冲突。因此采用多目标协同优化，考虑电价的时变性和天然气价的季变性，兼顾环境效益和经济效益。多目标寻优与水蓄能系统的错峰调度相配合，有效地提高了能源站的经济性。

5　结语

本文阐述了智能化相关技术在分布式冷热电三联供集控平台中的示范应用。智能化建设是一项多学科交叉的系统工程[6-7]，有赖于多项先进技术的综合应用。智能化的实现一方面需以提质增效为终极目标来设计和建立切合实际的解决方案，但更重要的需要配套的管理制度和规程的支持及保证，尤其是运维和管理的智能化，更需要管理思路和理念的更新。电力能源生产领域的智能化从兴起、示范、推广到成熟应用，是循环渐进的过程。该领域从业人员无论是研发人员还是最终用户，都应有足够的信心和耐心，持续实践勇于尝试，促进智能化建设发展的有序化和科学化。

参 考 文 献

[1] 邱亚鸣，姚峻，胡静，于会群，等．PCS7 控制系统在分布式能源站中的应用 [J]．浙江电力，2018，37（5）：44-50.

[2] 吴国潮，滕卫明，范海东，尹峰，等．智能化电厂建设中的问题与功能探讨 [J]．自动化博览，2016，(8)：82-85.

[3] 邓建玲，王飞跃，陈耀斌，赵向阳．从工业 4.0 到能源 5.0：智能能源系统的概念、内涵及体系框架 [J]．自动化学报，2015，41（12）：2003-2016.

[4] 周任军，冉晓洪，毛发龙，付靖茜等．分布式冷热电三联供系统节能协调优化调度 [J]．电网技术，2012，36（6）：9-14.

[5] 吴涛，刘立红，王岱岚．某风电场智能化远程集控系统设计 [J]．中国电力，2018，51（4）：161-167.

[6] 刘吉臻，胡勇，曾德良，夏明，等．智能发电厂的架构及特征 [J]．中国电机工程学报，2017，37（22）：6463-6470，6758.

[7] 张晋宾，周四维，陆星羽．智能电厂概念、架构、功能及实施 [J]．中国仪器仪表，2017，(4)：33-39.

火电厂智能化建设研究与实践

[8] 国家能源局. 关于推进"互联网＋"智慧能源发展的指导意见［EB/OL］.［2016-02-29］. http：//www. nea. gov. cn/2016-02/29/c_135141026. htm.

[9] 邵凡，张艳，鲁燕. 中央空调冷水机组群控优化方法研究［J］. 电力需求侧管理，2016，18（4）：6-10.

[10] 张广会. 基于模糊控制的中央空调节能群控系统研发［D］. 广州：华南理工大学，2012.

基于智能算法的火电机组启动优化控制技术

朱晓星[1,3]，寻新[1,3]，陈厚涛[1,3]，王志杰[2,3]，王锡辉[2,3]，彭梁[2,3]

(1. 国网湖南省电力有限公司电力科学研究院，湖南长沙 410007

2. 湖南省湘电试验研究院有限公司，湖南长沙 410007

3. 高效清洁火力发电技术湖南省重点实验室，湖南长沙 410007)

[摘　要]　现代大型火电机组控制特性复杂，启动过程安全风险大，常规的控制方法很难取得满意的效果。基于机组启动前的设备状况等约束条件，通过混合整数线性规划算法实现了机组启动路径的智能规划；基于模糊数相似度风险分析方法，对汽轮机启动过程进行风险预估，实现了一种不依赖于热应力模型的汽轮机自启动控制方式，适用于各种主流汽轮机；采用仿人智能控制，提出了故障智能剔除方法、蒸汽管道自动暖管方法。应用表明，这些基于智能算法的控制技术，减轻了运行人员劳动强度，对火电机组启动过程起到了优化效果，整体提升了火电机组的智能化控制水平。

[关键词]　火电机组；智能算法；混合整数线性规划；模糊风险分析；汽轮机自启动；仿人智能控制

0　引言

当前，正在兴起的第四次工业革命将信息技术与工业深度融合，智能发电已成为电力企业发展转型的重要内容，越来越多的发电企业提出了建设智能化电厂[1-4]的需求。2016年12月，国家能源局发布《电力发展"十三五"规划》，提出大力发展"智能发电技术"，其关键之一正是智能控制技术。

大型火电机组控制特性复杂，启动过程安全风险大。机组自启停控制（APS）技术将火电机组的启动分为多个断点进行控制[5-7]，力求自动完成机组启动过程，但在国产大型火电机组上的实际应用效果不尽如人意。文献［8］以机组自启/停控制系统（APS）和常规智能控制技术为基础，构建了火电机组智能控制系统（thermal power unit intelligent control system，PIC System）；文献［9］建立了火电机组制粉系统的启停专家知识库，解决了制粉系统启停顺序和启停时机选择的难题；文献［10］设计了一种增量式自适应逆控制系统，改善了锅炉过热汽温的控制效果，这些都是用智能算法对火电机组进行优化控制的实际案例。本文基于混合整数线性规划算法、模糊数相似度风险分析法、仿人智能控制方法等，对火电机组的启动过程进行优化控制，以提高大型火电机组启动安全性能、减轻运行人员劳动强度。

1　机组启动路径智能规划

APS一般按照设计步序依次运行各断点及功能组，从而完成机组的启动过程。这种方式下，每一功能组均需等待上一个功能组执行完成后才能开始执行，机组启动过程耗时长。对此，采用混合整数线性规划算法，根据不同的机组初始工况、不同的设备状况自动规划合适的启动路径，从而缩短机组启动时间。

1.1 混合整数线性规划算法

线性规划是指有一个目标函数和一组约束方程，且目标函数和约束方程都是线性的数学模型。一般的线性规划问题具有以下几个特征：

(1) 可用一组决策变量（x_1，x_2，…，x_n）表示某一方案，这组决策变量的值就代表一个具体方案；

(2) 存在一定的约束条件，可以用一组线性等式或线性不等式来表示；

(3) 都有要求达到的目标，可用决策变量的线性函数来表示。

线性规划数学模型的一般形式可用式（1）、式（2）表示：

$$\max(\min)f(x) = \sum_{j=1}^{n} c_j x_j \tag{1}$$

$$s.t. \begin{cases} \sum_{j=1}^{n} a_{ij}x_j \leqslant (=, \geqslant)b_i & (i=1,\cdots,m) \\ x_j \geqslant 0 & (j=1,\cdots,n) \end{cases} \tag{2}$$

其中，式（1）为目标函数；式（2）为约束条件；c_j 为价值系数；x_j 为决策变量；a_{ij} 为技术系数；b_i 为右端项。

若变量全部取整数，则为纯整数线性规划；若其中仅部分变量取整数，则称为混合整数线性规划。

1.2 启动路径规划设计

根据火电机组启动过程中工艺系统的独立性及关联性，将典型 600MW 等级超临界机组的启动过程分为 33 个功能组。基于混合整数线性规划算法，以最少机组启动时间为目标，设定目标函数如式（3）所示：

$$\min T = \sum_{i=1}^{4} \sum_{j=1}^{33} a_i t_j x_j \tag{3}$$

式中，a_i 为启动方式；t_j 为执行第 j 个功能组所需的时间；x_j 为第 j 个功能组的决策变量（$x_j = 0$ 或 1，为 0 时不执行该功能组，为 1 时执行该功能组）。

根据以下规则设定约束条件：

(1) 启动方式：机组每一次启动前，系统通过相关参数自动判断本次启动属于冷态、温态、热态、极热态四种启动方式中的哪一种，并根据不同启动方式执行不同的功能组步序路径。如温态启动时将不执行开式冲洗、冷态循环清洗等功能组。

(2) 功能组关联性：对工艺系统关联性较小、相互不影响的多个功能组，设定为可同时执行，如空气预热器系统启动功能组和凝结水系统启动功能组，冷态循环清洗与真空轴封系统启动功能组等。此时，执行这些功能组所需的时间为单独执行各功能组所需时间中的最大值。

(3) 设备状态：若某功能组内主要设备已启动完成且相关参数正常，则不执行本功能组，将其对应的决策变量置 0。

每次机组启动前，系统都将分析机组当前状况，根据设定的以上目标函数及约束条件，自动规划出启动时间最少的机组启动路径。应用该技术，在水质合格的情况下，某630MW 超临界机组从冷态启动准备到启机完成投入协调控制只需 586min。

2 汽轮机自启动智能控制

汽轮机自启动控制是火电机组启动优化控制的重要组成部分。国内汽轮机厂家对引进的汽轮机热应力模型的研究还不够完善，提供的基于热应力计算的自动汽轮机控制（ATC）功能尚不成熟，因此除上海汽轮机厂借鉴西门子技术生产的汽轮机能较好地实现自启动功能外[11]，其他都尚未取得较好的实用效果。此外，热应力模型建模过程复杂、计算耗费时间长，难以广泛应用到其他机型。

本文将汽轮机启动过程分为多个步序，基于模糊数相似度风险分析方法，对每个步序进行风险预估和管控，从而实现了不依赖热应力计算的汽轮机自启动智能控制，并在哈尔滨汽轮机厂提供的某 630MW 超临界汽轮机上成功应用。

2.1 启动步序设计

不同类型的汽轮机启动步序略有不同，如哈尔滨汽轮机厂典型 600MW 等级汽轮机的启动过程就可分为挂闸、运行、升速到 500r/min、摩擦检查、升速到 2000r/min、中速暖机、升速到 2900r/min、阀切换、升速到 3000r/min 等 9 个步序，每个步序都设置严格的启动允许条件和完成条件。当汽轮机自启动智能控制模块被运行人员手动启动或被上级系统调用时，在启动允许条件满足的前提下，模块将自动顺序执行各步序，使汽轮机自动完成挂闸到升至额定转速的全过程。其中，每个步序的启动允许条件中都包含了"汽轮机启动安全风险低"的条件。

2.2 安全风险分析

一般而言，汽轮机的启动安全风险主要包括超速、轴向位移大、主蒸汽温度低、凝汽器真空低、润滑油压力低、抗燃油压力低、油箱油位低、轴承温度高、排汽温度高、胀差大、轴振大、瓦振大等 12 个风险子事件，将这些风险子事件分别设为 A_1、A_2、…、A_{12}，根据各自对应的参数（如"超速"风险子事件对应的参数为汽轮机转速）数值大小，将其风险发生的概率依次分为很低、低、稍低、中等、稍高、高、很高等七个等级，此时任何工况下的汽轮机启动安全风险都可用这 12 个风险子事件及其发生概率的集合来表征。采用文献 12 提供的模糊数相似度风险分析方法对该集合进行分析计算，就可以得出汽轮机在当前工况下的启动安全风险等级。当结论为"低"或以下时，"汽轮机启动安全风险低"条件满足，系统认为汽轮机处于安全状态，可执行下一步序。

应用该技术，哈尔滨汽轮机厂有限责任公司生产的某 CLN600-24.2/566/566 型汽轮机成功实现汽轮机自启动。

3 故障智能剔除

APS 一般按预设的固定顺序来动作设备，接收到正确的设备反馈信号后再执行下一步序。但由于各种原因，机组运行过程中经常出现设备动作不到位、反馈信号不正确等情况，导致 APS 不能正常运行。

对此，采用基于运行经验的仿人智能控制方法[13]，对系统运行过程中的设备故障或信号故障进行自动识别：当发出了设备动作指令，却在预期时间内未能接收到正确的设备反馈信号时，首先通过该设备相关参数的变化来判断属于设备故障还是反馈信号故障。例如，系统发出启动引风机 A 油泵指令后，预期时间内未接收到该油泵已运行的反馈信号，则分析引风机油站供油母管压力信号是否在正常运行值区段。若是，则判定 A 油泵实际已启动，属反馈信号故障。此时系统可继续自动执行下一步序，同时报警提示运行人员发生信号故障；若否，则判定 A 油泵确实未成功启动，属设备故障。此时系统将跳过该故障设备，自动启动备用设备 B 油泵，同时报警提示运行人员发生设备故障。其工作流程如图 1 所示。

通过故障智能剔除技术，系统能自动剔除大量信号故障和设备故障，在不影响工艺系统安全的前提下，继续执行下一步序或自动发出指令动作备用设备，如启动风机的另一台油泵、投入另一套油/气燃烧器等，从而大幅提高了系统的可用率。

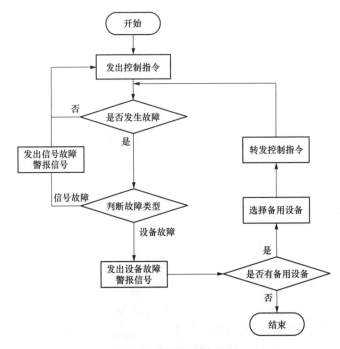

图 1　故障智能剔除流程

4　蒸汽管道自动暖管

火电机组热力系统中包括很多蒸汽管道。在机组启动过程中，一般需要先对这些蒸汽管道进行暖管，以保证管道金属在受热过程中膨胀均匀，防止产生裂纹和变形。目前蒸汽管道暖管一般采用人工控制，由运行人员手动打开蒸汽管道疏水阀门，并根据经验逐步开大蒸汽管道进汽阀门。但蒸汽管道暖管过程受管道长短、管壁厚度、管径大小、管道材质及蒸汽参数等多方面因素影响，运行人员经验很难适用于所有管道，经常导致暖管过快或者过慢。由于暖管过快可能损坏蒸汽管道，过慢又会导致系统启动时间过长，因此目前人工控制蒸汽管道暖管的方法不但使运行人员劳动强度很大，而且对热力系统的安全和经济性能有不利影响。

对此，基于仿人智能控制方法，提出了一种蒸汽管道自动暖管方法，通过对蒸汽管道的进汽阀门进行自动控制以保证合适的暖管速度，从而提高热力系统在蒸汽管道暖管期间的安全经济性能、切实降低运行人员劳动强度。其控制流程图如图2所示，主要步序包括：

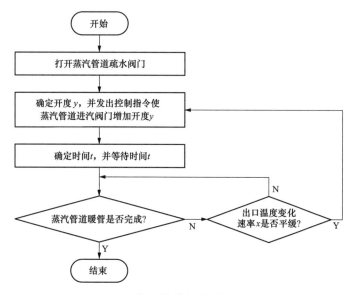

图 2 蒸汽管道自动暖管流程

（1）发出控制指令打开待暖管蒸汽管道的疏水阀门。

（2）实时计算该蒸汽管道的出口温度变化速率 x（单位为℃/min），并发出控制指令使该蒸汽管道进汽阀门增加开度 y（单位为%）。其中，开度增量 y 不是一个固定值，而是一个与蒸汽管道出口温度变化速率 x 相关的变化值。如对于要求温度变化速率不超过5℃/min 的蒸汽管道，当实际温度变化速率＞4.5℃/min 时，就不应再继续增加开度，其 y 值一般可通过式（4）来确定：

$$y = \begin{cases} 0, x > 4.5 \\ (4.5 - x)/2, x \leqslant 4.5 \end{cases} \tag{4}$$

从式（4）可以看出，当蒸汽管道出口温度变化速率 x 值较大时，进汽阀门增加的开度 y 值较小，使增加的蒸汽管道进汽流量较小，从而减小下一阶段的 x 值；而当 x 值较小时则相反，从而增大下一阶段的 x 值。

（3）根据蒸汽管道出口温度变化速率 x 值确定等待时间 t（单位为秒），其函数表达式随蒸汽管道特性不同而不同，一般可通过式（5）来确定：

$$t = \begin{cases} \infty, x > 4.5 \\ (x + 4)^3, x \leqslant 4.5 \end{cases} \tag{5}$$

从式（5）可以看出，当 x 值较大时，等待时间较长，使单位时间内增加的蒸汽管道进汽流量较小，从而减小下一阶段的 x 值；而当 x 值较小时则相反，从而增大下一阶段的 x 值。

（4）判断蒸汽管道暖管完成条件是否满足。若满足，则自动暖管过程结束；否则继续执行步序（5）。

（5）判断蒸汽管道出口温度变化速率 x 是否平缓，若较平缓，则跳转执行步序（2）继续开大进汽阀门；若不平缓，则跳转执行步序（4）继续监测暖管完成条件是否满足。其中，做出"变化速率 x 平缓"的判断一般需同时满足两个条件：一是 x 小于一定值（如 $<3℃/min$）；二是 x 的变化速率连续一段时间均小于一定值，如连续 30s 小于 $0.2℃/(min·s)$。

在某 600MW 等级超超临界机组上应用了蒸汽管道自动暖管技术，控制效果良好。如四段抽汽至小汽轮机供汽母管自动暖管过程曲线如图 3 所示。可见，该母管蒸汽温度变化速率始终自动维持在允许上限值 5℃/min 以内。

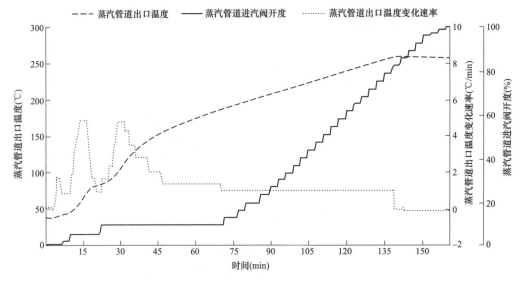

图 3　蒸汽管道自动暖管过程曲线图

5　结语

本文基于机组启动前的设备状况等约束条件，通过混合整数线性规划算法实现了机组启动路径的智能规划，提高了对机组不同启动工况的适应能力；基于模糊数相似度风险分析方法，对汽轮机启动过程进行了风险预估和管控，实现了一种不依赖于热应力模型的汽轮机自启动控制方式，可用于各种主流型号的汽轮机；采用仿人智能控制方法，提出了故障智能剔除方法、蒸汽管道自动暖管方法，减轻了运行人员劳动强度。通过这些技术和方法，对火电机组启动过程起到了优化效果，并大幅提高了控制系统的智能化程度，为建设智能电厂奠定了重要基础。

参　考　文　献

[1] 刘吉臻，胡勇，曾德良，等．智能发电厂的架构及特征［J］．中国电机工程学报，2017，37（22）：6463-6470．

[2] 吴国潮，滕卫明，范海东，等．智能化电厂建设中的问题与功能探讨［J］．自动化博览，2016（8）：

82-85.

［3］尹峰，陈波，苏烨，等．智慧电厂与智能发电典型研究方向及关键技术综述［J］．浙江电力，2017，36（10）：1-6，26.

［4］杨新民，陈丰，曾卫东，等．智能电站的概念及结构［J］．热力发电，2015，44（11）：10-13.

［5］潘凤萍，陈世和，陈锐民，等．火力发电机组自启/停控制技术及应用［M］．北京：科学出版社，2011.

［6］潘凤萍，陈世和，张红福，等．1000MW超超临界机组自启停控制系统总体方案设计与应用［J］．中国电力，2009，42（10）：61-64.

［7］陈卫，尹峰，刘兰平，罗培全，等．超（超）临界机组自启停控制技术［M］．北京：中国电力出版社，2016.

［8］张建玲，朱晓星，寻新，等．超（超）临界机组智能控制系统设计［J］．热力发电，2015，44（5）：59-63.

［9］王志杰，彭梁，朱晓星，等．基于专家知识库的双进双出制粉系统自启停技术［J］．中国电力，2018，51（1）：133-138.

［10］王志杰，寻新，刘武林，等．增量式自适应逆控制及在过热汽温中的应用［J］．控制工程，2015，22（3）：470-474.

［11］赵俊杰，田景奇，侯奇，等．上海汽轮机厂1000MW汽轮机启动时的各项准则分析［J］．热力透平，2014，43（3）：167-171.

［12］陈树伟，王延昭．一种基于模糊数相似度的风险分析方法［J］．模糊系统与数学，2013，27（5）：112-122.

［13］蔡自兴，等．智能控制原理与应用（第2版）［M］．北京：清华大学出版社，2014.

第二节 电厂智能化建设技术文件

智能电厂技术发展纲要

Technology Development Program in Smart Power Plant

中国自动化学会发电自动化专业委员会

电力行业热工自动化技术委员会

目　次

前　言

技术创新是推动世界经济发展和人类生活方式变革的源泉。当前，正在兴起的第四次工业革命将信息技术与工业深度融合，将为人类生产和生活图景描绘出无限生机。

2015 年，中国国家发展战略《中国制造 2025》出台，明确提出要"以加快新一代信息技术与制造业深度融合为主线，以推进智能制造为主攻方向"，基于信息物理系统的智能装备、智能工厂等智能制造正在引领制造方式变革，通过"三步走"实现制造强国的战略目标，火电厂建设面临着新的机遇与挑战。工信部提出了从设计信息化、生产制造信息化、物流信息化、信息化综合集成创新、服务型制造、装备信息化、产品信息化、产业服务及行业管理信息化等十二个方向实施两化深度融合，以加强系统整合与业务协同，提高大型企业集团信息化管控水平，增强企业资源共享和业务整合能力。

在节能、减排政策要求和发电集团集约化、高效管理需求驱动下，发电企业对数字化电厂的建设已经进行了多年探索。过去十多年中，国内发电企业按照"管控一体化、仿控一体化"的发展方向，在数字化电厂建设方面取得了长足进步，如 DCS 功能拓展、全厂控制一体化、现场总线应用、SIS 与管理信息系统深度融合等。

大数据、物联网、移动互联、云计算、可视化、智能控制等技术的发展，为发电企业由主要以建设数字化物理载体为主的阶段，向更加清洁、高效、可靠的智能化电厂发展奠定了基础。一些发电集团已经开始进行智能化电厂建设的前期规划、论证与实施。建设智能电厂已成为行业共识的目标。

电厂数字化是智能电厂的基础，电厂智能化是电厂数字化技术的延伸与发展。智能电厂建设，需要进行顶层设计、全面规划、统一技术、梳理理念、明确路径、建立标准。智能电厂建设是电厂智能化的一个过程，应因地制宜、顺序渐进。

智能电厂与智能电网共同组成了智能电力，支撑着国民经济发展对能源的新需求。建设智能电厂是发电企业未来较长时期的发展方向。

本纲要由中国自动化学会发电自动化专业委员会、电力行业热工自动化技术委员会联合提出。

本纲要由中国自动化学会发电自动化专业委员会归口并负责解释。

本纲要主要制定单位：广东电网有限责任公司电力科学研究院、国网浙江省电力公司电力科学研究院、国网河南省电力公司电力科学研究院、浙江浙能技术研究院有限公司、上海明华电力技术工程有限公司、中国能源建设集团浙江省电力设计院有限公司。

本纲要主要编制人员：陈世和、尹峰、郭为民、杨新民、侯子良、胡伯勇、沈丛奇、孙长生、朱北恒、陈若春。

本纲要发布试行时间：2016 年 9 月 20 日。

本纲要在试行过程中的意见或建议反馈至北京市海淀区中关村东路 95 号中国自动化学会发电自动化专业委员会；邮政编码：100190。

智能电厂技术发展纲要

1　适用范围

本纲要提出了智能电厂概念、体系架构和建设思路，供发电企业进行智能电厂建设和改造完善过程中参考。

本纲要内容主要适用火力发电领域，核电、水电、新能源发电可参照实施。

2　规范性引用文件

本纲要引用下列文件或其中的条款。凡是注日期的引用文件，仅注日期的版本适用于本文件。凡是不注日期的引用文件，其最新版本（包括所有的修改单）适用于本文件。

GB 50660　大中型火力发电厂设计规范

GB/T 30976.1　工业控制系统信息安全　第 1 部分：评估规范

DL/T 924　火力发电厂厂级监控信息系统技术条件

DL/T 1212　火力发电厂现场总线设备安装技术导则

DL/T 5175　火力发电厂热工控制系统设计技术规定

DL/T 701　火力发电厂热工自动化术语

DL/T 261　火力发电厂热工自动化系统可靠性评估技术导则

DL/T 1492.1　火力发电厂优化控制系统技术导则　第 1 部分：基本要求

国家能源局　防止电力生产事故的二十五项重点要求及编制释义

3　智能电厂概念

3.1　智能电厂定义

智能电厂（Smart Power Plant，SPP）是指在广泛采用现代数字信息处理和通信技术基础上，集成智能的传感与执行、控制和管理等技术，达到更安全、高效、环保运行，与智能电网及需求侧相互协调，与社会资源和环境相互融合的发电厂。

3.2　智能电厂特征

3.2.1　泛在感知

基于信息物理系统（Cyber Physical Systems，CPS）技术，通过先进的传感测量及网络通信技术，实现对电厂生产和经营管理的全方位监测和感知。智能电厂利用各类感知设备和智能化系统，识别、立体感知环境、状态、位置等信息的变化，对感知数据进行融合、分析和处理，并能与业务流程深度集成，为智能控制和决策提供依据。

3.2.2　自适应

采用先进控制和智能控制技术，根据环境条件、环保指标、燃料状况的变化，自动调整控制策略和管理方式，以适应机组运行的各种工况，使电厂生产过程长期处于安全、经济和环保运行状态。

3.2.3 智能融合

基于全面感知、互联网、大数据、可视化等技术，深度融合多源数据，实现对海量数据的计算、分析和深度挖掘，提升电厂与发电集团的决策能力。

3.2.4 互动化

通过网络（包括无线网络）技术的发展，为电厂中设备与设备、人与设备、人与人、电厂与用户、电厂与环境之间的实时互动提供了基础，增强智能电厂作为自适应系统信息获取、实时反馈和智能控制的能力。通过与智能电网、能源互联网、电力大用户等系统信息息交互和共享，实时分析和预测电力市场供需状况，合理规划生产和管理过程，使电能产品能更好满足用户安全性和快速性要求。

3.3 智能电厂理念

3.3.1 全生命周期管理

智能电厂的基本要求，即实现全厂设备的全生命周期（设计、制造、建设、运行、退役）智能管理。把设计过程中的三维模型、图纸和文档，建设过程中产生的制造、安装和调试文档，以及运营过程中产生的检修台账资产管理及实时数据在同一平台上集成应用，利用可视化技术和三维定位技术，实现设备安装、运行巡检过程中的三维仿真和实时互动功能。在智能电厂的各个层级实现针对全厂设备的全生命周期管理，实现全程可视化和全生命周期管理透明化。

3.3.2 管控一体化

综合考虑管理系统和控制系统在电厂智能化过程中的融合过程，根据实时的管理要求，调整生产计划和生产任务，并利用智能化控制手段将管理要求及时反映到生产控制层，根据调度要求和生产资料情况，调整生产控制策略，实现电厂生产的最佳经济性。

3.3.3 信息高度融合

在智能电厂的建设过程中，信息流包括各类数据流、控制指令流、业务流等，需要把握各类信息的流向，发掘和整合数据的价值。在信息融合的过程中，利用物联网技术，实现智能设备层的数据融合；在智能化控制层和智能化生产层，利用云计算、互联网技术进行数据存储，经过分析后整合为业务、生产和管理的信息条目，利用智能化数据提取技术完成管控一体化的要求；在智能化运营层利用大数据技术，整合与管理、决策相关的大数据内容，利用数据分析和数据挖掘工具，实现在集团层面的增值数据内容分析，适应新一轮电力体制改革形势下的电力市场建设需求。

4 智能电厂体系架构

智能电厂宜主要包括四个层级的体系架构，由低到高分别是智能设备层（Intelligent Field Equipment）、智能控制层（Intelligent Control）、智能生产监管层（Intelligent Supervisory）和智能管理层（Intelligent Management）。四层架构各有分工、高度融合，在满足安全的前提下高效、合理组织信息流和指令流。

4.1 智能设备层

智能电厂应对大量的现场测控设备实施现代化信息管理，完整、实时监测现场设备的运行数据与状态，执行机构动作及时、准确，实现自动校准，大幅度减少调校、维护工作量。

智能设备层主要包括现场总线设备、智能检测仪表与智能执行机构，以及先进检测设备（如在线分析仪表、炉内检测设备、软测量技术应用、视频监控与智能安防系统、现场总线系统、无线设备网络、智能巡检机器人、可穿戴检测系统等先进检测技术与智能测控设备）。

4.2　智能控制层

智能控制层是智能电厂控制的核心，实现生产过程的数据集中处理、在线优化，是安全等级最高的系统。

主要包括智能诊断与优化运行，分别为机组自启停控制技术、全程节能优化技术、燃烧在线优化技术、冷端优化技术、适应智能电网的网源协调控制技术及环保设施控制优化技术等，并实现控制系统安全防护。

4.3　智能生产监管层

智能生产监管层汇集、融合全厂生产过程与管理的数据与信息，实现厂级负荷优化调度与燃料的优化配置，生产过程的寻优指导，设备状态监测与故障预警，实时监控与可视化互动、定位等，并实时监控生产成本。

主要包括优化调度、状态分析与实时监控，分别为厂级负荷优化调度技术、数字化煤场技术、全负荷过程优化指导、设备状态监测与故障预警、生产全区域的实时监控、可视化互动和定位、在线仿真技术、竞价上网分析报价系统等。

4.4　智能管理层

智能管理层汇集全局生产过程与管理的信息与数据，利用互联网与大数据技术，打破地域界限，实时监控生产全过程，实现智能决策，提高整体运营的经济性。

智能管理层主要包括智能管理与辅助决策，分别为集团安全生产监控系统、辅助决策与管理、专家诊断、网络信息安全、智能物流、备品备件联合仓储、运营数据深度挖掘等。

5　智能电厂建设思路

根据智能电厂功能层次规划及相关的建设标准，各发电厂应结合企业自身的现状和特点，因地制宜、注重实效，积极稳妥地推进智能电厂的试点和建设。

智能电厂建设应包括设计、制造、基建、运营、退役等五个阶段，体现全生命周期管理特点，需要不断积累建设与运营经验，使成果应用水平不断提升。智能电厂建设首先应做好总体规划，宜贯彻信息共享、功能融合、数据平台一体化的要求。

5.1　智能电厂总体规划

智能电厂总体规划应根据电厂建设机组容量大小、新建机组还是在役机组，以及原有信息和控制系统配置水平及管理水平等不同情况，从实际出发制定各个阶段的目标和实施步骤。

智能电厂信息网络架构建设要充分考虑可扩性，以适应信息技术快速发展的特点。

智能电厂系统规划时，各子系统的整合应确保之间的信息交换安全可靠，响应速度满足技术要求。各子系统可以采用选择同一产品的一体化方案或不同产品间通过标准通信协议整合的集成方案。当采用集成方案时，不同厂家的两个子系统间的通信应事先经过充分试验、测试，验证其有效性与可靠性。

应优先建设技术成熟、收益率高的智能技术项目；对于发展前景明显，但当前还未取得较丰富的成功实践经验的项目可先安排进行试点，采取积极稳妥、逐步推广应用的技术策略。

5.2　基本技术原则

智能电厂应以可靠的智能装置、控制系统和信息系统为基础，其建设基本技术原则如下：

5.2.1　实效性

对建设智能电厂应用的技术要进行认真评估，讲求实效，经得起实践验证，确实对电厂安全、可靠、经济、环保运行发挥显著作用。

5.2.2　前瞻性

智能电厂建设，特别是数字化物理载体建设要有前瞻性，防止由于物理载体建设限制了各种智能技术的进一步开发和应用。

5.2.3　安全性

智能电厂建设要确保设备安全，严格执行有关国家标准、行业标准和行政法规。

5.2.4　控制要求

设备应具有自适应、故障自检自愈、冗错能力和高度的自学习能力，满足可观测、可控制及互操作能力要求。

5.2.5　运行水平

智能电厂可靠性、经济性、负荷调节性能和环保运行水平应优于传统电厂。应满足生产过程无人干预和少人值守要求，实现决策智能化，并提供丰富的可视化手段。

5.2.6　评判标准

以功能和性能评价为主，可采用常规技术实现，鼓励成熟新技术的应用。

5.2.7　全过程

智能化系统应覆盖电厂生产运行全过程，以及检修维护和经营管理的主要过程。

5.2.8　创新管理

智能电厂建设要把发展智能技术和管理创新紧密结合，要根据智能技术的发展适时创新管理模式，更新管理理念。只有这样，智能技术才能按新的管理模式健康发展，充分发挥作用，真正取得实效。

5.2.9　信息安全

智能电厂的核心要求是实现本质安全的智能发电技术，信息安全是最基础和需要始终保持高度关注的建设内容。信息安全应作为智能化电厂的基础设施全局实施，评估新技术引入后给智能电厂带来的安全隐患。智能电厂按照"横向隔离、纵向加密"的安全策略，建立基于主动防御的信息安全策略。

5.3 全过程各阶段任务

5.3.1 设计阶段

三维数字化系统是以三维模型为数据集成的载体，数字化的三维模型结构以及三维模型编码技术是实现三维模型数字化的核心。积极利用三维数字化设计技术，实现三维模型数字化。同时优化设计方案，合理配置先进检测设备、基于工业以太网或现场总线协议的控制系统，以及优化配置监测控制、监管和管理信息系统。统一文档资料、图纸规范，方便归档与交流。根据国家编码要求，细化设备编码。

5.3.2 制造阶段

利用三维图纸等数字化设计资料进行制造，智能电厂中的各部件、设备制造都必须依据国家编码进行分类与管理，制造厂家宜提供零件与设备的三维图形。完成现场检测及控制设备的生产、实时控制技术、厂级优化系统、集团级控制技术的软硬件开发。

5.3.3 基建阶段

应充分利用先进的管理系统，实现各基建单位之间的统筹管理。这期间数据主要为各设备厂家、施工单位、监理单位、调试单位等提交的各类纸质或电子文档，为保证基建期间数据的有效利用，需要相应的数字化处理流程，在保证数据完整、正确的同时，实现文档数据的数字化。利用三维建模技术实现设备安装、土建工程进度可视化，提高工程管理水平。完成各类现场软、硬件设备的安装及调试，实现相关控制与优化功能。根据相关技术标准，实现数字化移交。

5.3.4 运营阶段

针对电厂实时监控、资产管理等电厂运维系统供应商提供的接口数据类型，开发数据接口，将运行期不同类型、不同格式、不同来源的数据进行筛选分解，按照三维数字化系统要求的统一格式进行本地化处理，实现运行期生产运维数据的数字化及运行效益的最大化，提高火电厂运行可靠性。

5.3.5 退役阶段

智能电厂在现有管理信息系统各模块的基础上，充分依据长期历史数据分析、三维模型特有的空间概念及三维实体造型，确定合理、经济的退役时间，为企业的决策提供依据。

将各层级投运的软、硬件设备常年投运及检修的数据及资料进行分类整理，为后续系统的开发与完善、设备的再利用，积累经验及数据。

6 智能电厂技术发展建议

智能电厂建设涉及发电企业的全过程与整体架构，是一项综合性、全局性、长期性的系统工程，要明确智能电厂技术发展目标、架构和组织。

6.1 智能电厂建设目标

1）实现机组安全、可靠、经济及环保运行，并能更好地满足电网运行和电力用户需求。

2）提高对系统、设备运行状况的可靠感知水平，减轻员工现场工作强度，提高装备运行监控能力，提升管理效率和安全防范水平。

3）实现设备的全方位、全生命周期管理，有效提高设备可靠性和寿命，实现设备状态检修。

4）实现燃料的精细化管理，实时分析和优化锅炉燃烧性能，提高燃烧效率，降低燃料成本。

5）利用大数据、云计算等技术实现生产及运营数据的深度挖掘。

6）提高发电企业的生产和管理效率，提升参与电力市场的竞争能力。

7）开展技术专家系统对电厂的远程服务，包括机组的远程监测、优化指导、故障诊断等。

8）实现发电集团对各电厂的实时监控、统一管控、资源共享和统筹经营管理，提升集团竞争力和效益。

9）在电力市场化进一步推进的条件下，宜另外设置多级报价决策平台及其相应的竞价上网分析报价系统。

10）实现发电企业员工的高效和智能化培训。

6.2 各层架构具体技术建议

6.2.1 智能设备层

1）新建电厂单元机组和辅助系统（车间）宜推广现场总线系统及智能化的总线变送器、执行机构和电气开关柜，为智能化发展奠定物理基础。

2）对已经部分应用现场总线技术的电厂，应深入研究总线设备的智能化功能，深入研究总线设备提供的信息，提高电厂运行安全性和测控设备信息化管理水平。

3）煤质、飞灰含碳量、一氧化碳、风粉混合物浓度、煤粉细度、炉膛温度场等参数的测量是确保智能电厂运行和控制优化的重要基础，对于经实践证明已经初步可以成功工程应用的设备和技术，包括软测量技术，应积极安排试点，总结经验，推动完善，并积极稳妥地逐步推广应用。

4）关注物联网技术、射频技术以及可移动视频图像技术（机器人、无人机、可穿戴设备）的发展，积极开展应用试点，将人工巡检和信息手工录入提高到智能巡检的水平，使各级生产维护人员能够直观及时共享电厂各类设备的运行工况，及时发现和处理设备运行中出现的异常、缺陷和其他安全隐患。

6.2.2 智能控制层

1）实时生产过程控制层中各单元机组和全厂辅助系统应设置DCS（PLC）控制系统，相应的优化控制系统在条件许可的条件下，宜一体化地纳入各通用控制系统中；可设置专用优化控制平台，但应确保与通用控制系统无缝整合和控制安全。

2）600MW及以上容量的新建火电机组应配置和投运机组自启停功能（Automatic Unit Start-up and Shut-down System，AUS），提高机组启停和初期低负荷阶段的自动化水平和运行安全性。对于未配AUS功能的在运600MW等级机组也宜通过改造增配AUS功能，并以此促进整个机组自动化控制系统的完善。

3）根据智能电网对智能化电厂的需求，应通过机理分析和系统辨识相结合建模，采用先进控制策略与技术，实现控制参数寻优和整定，完成过程重要参数的精细控制，最大限度实现机组全负荷范围的智能控制，保证其安全性和经济性，应用包括燃烧在线优化、滑压优化控制、凝结水压力适应控制等技术。

在试点取得成功经验的基础上，先在一部分电厂配置锅炉燃烧优化控制系统，重视和着力对超低排放系统和设备的控制系统进行优化，争取尽快推广应用，以满足火电厂超低排放的需求。

6.2.3 智能生产监管层

1）智能电厂宜设置厂级负荷控制系统，完成全厂负荷（包括有功功率和无功功率）优化调度，并作为机组数据挖掘和优化控制通用平台。

2）电厂厂级实时生产过程监管层与电力集团级实时生产过程监管层间应通过电力集团专网（内网）进行信息通信，以确保电厂信息安全。

3）智能电厂体系结构规划时，电厂厂级和电力集团级报价决策系统应按安全区分级为二区的原则留有今后设置的可行性。

4）应重视厂级监控信息系统的数据挖掘和智能优化开环指导技术的开发和应用，它与闭环智能控制技术共同构成智能电厂优化功能不可分割的两翼。高端实时监管层（系统）应在实现基本物理架构和基本应用功能的基础上，发展以下智能分析和指导功能：系统（设备）故障诊断和预警功能；机组间运行方式和性能优化功能，包括冷端优化技术等；电厂级和集团级负荷调度和报价决策功能（客观条件成熟时）；设备状态检修技术。

5）宜在全厂设立一个由高级技术人员值班的机组高层监管（诊断）中心，把单元机组一线值班员无力完成的职责，以及离线生技部门低效的非值班制的管理方式，变成一个高级的值班控制和监管（诊断）中心的模式，提高电厂智能化运行水平。

6）增强智能化电厂与智能电网的互联，智能化电厂应与智能电网连接，控制层实现电厂DCS与电网调度数字化通信。这是大用户直供、电力市场、虚拟电厂实现的基础。

7）采用现代物联网技术，建立全厂智能安防，实现安全监视、人员识别和消防等业务的专业化管理和一体化管控。

6.2.4 智能管理层

1）远程数据中心技术应用。推动电厂数据中心建设，在大数据平台上开展相关研究，形成互联网＋电力技术服务业务。实现对发电设备的生产过程监视、性能状况监测及分析、运行方式诊断、设备故障诊断及趋势预警、设备异常报警、主要辅助设备状态检修、远程检修指导等功能。通过应用软件分析诊断，结合专家会诊，定期为发电企业提供诊断及建议报告（包括设备异常诊断、机组性能诊断、机组运行方式诊断、主要辅助设备状态检修建议等）；服务包括：实时在线服务、定期服务、专题服务等。

2）开展控制系统远程服务，包括控制系统远程监测、测试、维护、优化，控制设备远程故障诊断，机组模型远程辨识等，如调节系统的控制品质监测和评价，调节系统的对象特性、调节性能等进行远程试验和调整，控制设备远程故障诊断等。

3）建立全局成本利润分析和决策中心，整合电厂经营、人力、财务信息，加强分析预判，实现经营指标的实时统计、预测，加强数据挖掘和预警，推动管理预控化。细化新的业务模式及其相应的岗位，明确职责、流程、制度、指标以及设备资产负责范围。

4）采用现代物联网技术，建立集团级的智能物流管控中心，重点建设燃料和备品的统一调度中心，综合考虑各电厂的需求、供应品种、供应价格、供应距离、运输工具、天气条件等因素，实时优化调度，既满足生产需要，又最大限度减少库存与积压，实现经济、高效的燃料和备品供应。

6.3 智能电厂建设的组织建议

智能电厂技术的发展要求电厂管理随之创新，使技术进步发挥更大的作用。智能管理层应从全局观点出发，顶层设计，做好规划，开展试点，积极稳步地推广。

1）智能电厂建设涉及发电企业的方方面面，是一项综合性、全局性、长期性的系统工程。必须切实加强领导和协调，调动各方面的积极性，形成强大的工作合力，才能不断增强智能电厂建设的实效性、高效性，提高智能电厂建设的水平。

2）切实加强组织领导，形成有效的智能电厂建设工作机制。保证必要的资金投入，加大对智能电厂建设的投入。深化智能电厂理论与技术研究，有效推进新技术、新理论在智能电厂建设中的实践与试点。积极开展电力行业智能电厂建设经验交流，开展智能电厂建设各专业技术培训，培养高素质的智能电厂建设和运营管理队伍。

3）新技术的突破应用，要求更新管理观念，要贯彻管控一体化、全生命周期管理与全局一盘棋的新理念。发电集团内部不同部门，要根据业务需要，贯通管理流程；发电集团内不同发电主体，要根据效益优先原则，优化配置资源，打通人、财、物之间的界限；发电企业管理目标要从局部最优，到追求全局最优；发电企业内常规、重复的工作，尽量由机械、计算机自动完成，人员主要负责综合判断、分析、决策和持续优化工作；管理过程要从注重结果管理，实现全过程管控；要把分散、离散的管理，过渡到集中、实时管理。

ICS 27. 100

P 61

T/CEC

中国电力企业联合会标准

T/CEC 164—2018

火力发电厂智能化技术导则

Technical guide for thermal power plant intellectualization

2018-01-24 发布 2018-04-01 实施

中国电力企业联合会 发 布

目　次

前　言

本标准按照GB/T 1.1—2009《标准化工作导则　第1部分：标准的结构和编写》给出的规则起草。

请注意本文件的某些内容可能涉及专利。本文件的发布机构不承担识别这些专利的责任。

本标准由电力行业热工自动化与标准信息化技术委员会提出并归口。

本标准起草单位：国网河南省电力公司电力科学研究院、国网浙江省电力公司电力科学研究院、广东电网有限责任公司电力科学研究院、浙江浙能技术研究院有限公司、国网湖南省电力公司电力科学研究院、中国电力企业联合会科技开发服务中心、上海明华电力技术工程有限公司、中国大唐集团有限公司、中国华电集团有限公司、国家电力投资集团有限公司、华能国际电力股份有限公司、神华国华电力研究中心、浙江省能源集团有限公司、华润电力控股有限公司、北京京能高安屯燃气热电有限责任公司、安徽安庆皖江发电有限责任公司。

本标准主要起草人：郭为民、尹峰、陈世和、胡伯勇、寻新、沈丛奇、尹松、孙宁、唐耀华、李辉、华志刚、戴成伟、严新荣、白利光、范海东、王剑平、张政委、陈大宇、张广涛、李炳楠、史先亚、孙长生。

本标准为首次发布。

本标准在执行过程中的意见或建议反馈至中国电力企业联合会标准化管理中心（北京市白广路二条一号，100761）。

火力发电厂智能化技术导则

1 范围

本标准规定了火力发电厂智能化的基本概念、体系结构、功能与性能、外部接口、工程实施等方面的技术要求。

本标准适用于火力发电厂智能化规划、设计、调试、验收、维护与评估。

2 规范性引用文件

下列文件对于本文件的应用是必不可少的。凡是注日期的引用文件，仅注日期的版本适用于本文件。凡是不注日期的引用文件，其最新版本（包括所有的修改单）适用于本文件。

GB/T 30976（所有部分）　工业控制系统信息安全

GB/T 32919　信息安全技术　工业控制系统安全控制应用指南

GB 50660—2011　大中型火力发电厂设计规范

DL/T 261—2012　火力发电厂热工自动化系统可靠性评估技术导则

DL/T 634.5104　远动设备及系统　第5-104部分：传输规约　采用标准传输协议集的 IEC 60870-5-101 网络访问

DL/T 655　火力发电厂锅炉炉膛安全监控系统验收测试规程

DL/T 656—2016　火力发电厂汽轮机控制及保护系统验收测试规程

DL/T 657—2015　火力发电厂模拟量控制系统验收测试规程

DL/T 658　火力发电厂开关量控制系统验收测试规程

DL/T 659　火力发电厂分散控制系统验收测试规程

DL/T 701　火力发电厂热工自动化术语

DL/T 748（所有部分）　火力发电厂锅炉机组检修导则

DL 755—2001　电力系统安全稳定导则

DL/T 774　火力发电厂热工自动化系统检修运行维护规程

DL/T 838　燃煤火力发电企业设备检修导则

DL/T 860（所有部分）　变电站通信网络和系统

DL/T 890（所有部分）　能量管理系统应用程序接口（EMS-API）

DL/T 924—2016　火力发电厂厂级监控信息系统技术条件

DL/T 1212　火力发电厂现场总线设备安装技术导则

DL/T 1492（所有部分）　火力发电厂优化控制系统技术导则

DL 5190（所有部分）　电力建设施工技术规范

DL 5277—2012　火电工程达标投产验收规程

DL/T 5295　火力发电建设工程机组调试质量验收及评价规程

DL/T 5437　火力发电建设工程启动试运及验收规程

3　术语和定义

DL/T 701、DL/T 774 界定的以及下列术语和定义适用于本文件。

3.1

火力发电厂智能化　thermal power plant intellectualization

火力发电厂在广泛采用现代数字信息处理和通信技术基础上，集成智能的传感与执行、控制和管理等技术，达到更安全、高效、环保运行，与智能电网及需求侧相互协调，与社会资源和环境相互融合的发展过程。

3.2

智能装置　intelligent device

由若干智能电子装置集合组成，承担宿主设备的测量、控制和监测等基本功能，可包括测量、控制、状态监测、保护等全部或部分功能的装置。其中，智能电子装置为带有处理器、具有一定智能特征并具有以下全部或部分功能的装置：采集或处理数据，接收或发送数据，接收或发送控制指令，执行控制指令。

3.3

智能设备　intelligent equipment

生产设备和智能组件的有机结合体，具有测量数字化、控制网络化、状态可视化、功能一体化和信息互动化特征的设备。

3.4

互操作性　interoperability

两个或者多个系统/元件交换信息和使用信息的能力，包括语法互操作性和语义互操作性。语法互操作性指两个或多个系统通过标准化的数据格式和规约实现信息交换的能力，是实现其他互操作的前提条件。语义互操作性指两个或多个系统自动解释、交换信息的能力。

3.5

可观测　observability

系统所有状态变量的任意形式的变化均可由输出完全反映。

3.6

可控制　controllability

系统所有状态变量的变化均可由输入来影响和控制，由任意的初态达到设定点。

3.7

功能性故障　functional fault

设备或系统的硬件未发生不可恢复性损坏，由内部和/或外部扰动等原因导致的部分或全部功能暂时性失去。

3.8

泛在感知　ubiquitous perception

基于物联网、传感测量及网络（包括无线网络）通信技术，实现对电厂生产和经营管理的全方位监测和感知。智能电厂利用各类感知设备和智能化系统,识别、立体感知环境、状态、位置等信息的变化,对感知数据进行融合、分析和处理,并能与业务流程深度集成,为智能控制和决策提供依据。

3.9

数据挖掘　data mining

通过统计、在线分析处理、情报检索、机器学习、专家系统和模式识别等诸多方法从大量数据中通过算法获取隐藏于其中的潜在有用信息的过程。

3.10

智能融合　intelligent fusion

基于全面感知、互联网、大数据、可视化等技术,深度融合多源数据,实现对海量数据的计算、分析和深度挖掘,提升电厂与发电集团的决策能力。

3.11

互动化　interaction

利用网络通信等技术,为电厂中设备与设备、人与设备、人与人、电厂与用户、电厂与环境之间的实时互动提供基础,增强智能电厂作为自适应系统信息获取、实时反馈和智能控制的能力。通过与智能电网、电力用户的信息交互与共享,实时分析和预测电力系统供需形势,合理规划生产运营过程,实现源网荷储良性互动和高效协调。

3.12

商务智能　business intelligence

通过对商业信息的收集、管理和分析,使企业的各级决策者获得知识或洞察力,促使其做出合理的决策,一般由数据仓库、联机分析处理、数据挖掘、数据备份和恢复等部分组成。

3.13

一体化平台　integrated platform

基于公共信息模型(common information model,CIM)、插件式应用组件等技术,由数据中心、基础服务、基础应用、智能化服务构成,支持智能设备互联互通、应用组件服务部署与发布,对外提供统一标准的访问接口,实现火力发电厂生产运行一体化管控的平台系统。

3.14

生产控制大区　production control zone

由控制区(安全区Ⅰ)和非控制区(安全区Ⅱ)组成。控制区指具有实时监控功能,纵向联结使用电力调度数据网的实时子网或专用通道的各业务系统所构成的安全区域;非控制区指在生产控制范围内由在线运行但不直接参与控制,纵向联结使用电力调度数据网的非实时子网的各业务系统所构成的安全区域。

3.15

管理信息大区　management information zone

生产控制大区以外的电力企业管理业务系统的集合。

3.16

远程技术　remote technology

包括远程实时信息传输技术和远程设备诊断技术，前者是将实时数据信息进行跨区域传送，将电厂实时运行数据流、优化数据流、管理数据流等通过不同媒介和通信方式进行采集、处理、发送，并由远程服务器接收、处理、存储管理，分发至需要的管辖用户使用的过程；后者是通过远程数据传输技术，将各电厂实时运行数据信息传送至上级数据监控中心，利用系统建模及数据挖掘等技术对运行设备进行早期故障预警与诊断的过程。

4 总则

4.1 电厂智能化综述

4.1.1 电厂智能化是数字化电厂的延伸与发展，其功能需求应包含建设（设计、安装、调试）、运行（过程检测、控制、操作）、维修（维护、检修）、生产和资产管理过程的智能化、信息化、可视化、高安全性等特点。

4.1.2 电厂智能化的系统结构，原则上包含由智能化设备层、智能化控制层和智能化管理层组成的管控体系，由本地技术支撑和远程技术支撑组成的技术支撑体系，以及电厂与外部的互动接口三部分。

4.1.3 在规划电厂智能化方案时，应包括设计、安装、测试和信息安全在内的工程实施与评估要求。

4.1.4 电厂智能化应实现全厂设备全生命周期（设计、制造、建设、运行、退役）数据的数字化，通过高度自动化、功能融合、信息共享的一体化平台管控，达到电厂安全、经济和环保指标综合最优目标。

4.2 主要特征

4.2.1 可观测

应通过传感测量、计算机和网络通信技术，实现对电厂生产全过程和经营管理各环节的监测与多种模式信息感知，实现电厂全寿命周期的信息采集与存储，从空间和时间两个维度，为电厂的生产控制与经营决策提供全面丰富的信息资源，这些信息应以数字化的方式存储和使用。

4.2.2 可控制

应配置充足的数字化控制设备，逐步实现对全部工艺过程的计算机控制。控制系统应满足计算能力要求，逐步实现智能化的控制策略，在"无人干预，少人值守"的条件下，保证发电机组在生产全过程的任何工况下都处于受控状态，满足安全生产和经济环保运行的要求。

4.2.3 自适应

采用先进控制和智能控制技术，根据环境条件、设备条件、燃料状况、市场条件等影响因素的变化，自动调整控制策略、方法、参数和管理方式，适应机组运行的各种工况，以及电厂生产运营的各种条件，使电厂生产过程长期处于安全、经济、环保运行状态。应实现以下要求：

　　a) 对功能性故障具有自愈能力；

　　b) 对设备故障具有自约束能力，降低故障危害；

　　c) 对运行环境具有自调整能力，提升运行性能。

4.2.4 自学习

基于生产控制系统和信息管理系统等提供的数据资源，利用模式识别、数据挖掘、人工智能等技术，通过对长期积累的运行维护数据和经营管理数据的分析与学习，识别电厂生产经营中关键指标的关联性和内在逻辑，获取运营火力发电厂的有效知识。

4.2.5 自寻优

基于泛在感知和智能融合所获取的数据资源和自学习所获得的知识，利用寻优算法，实现对机组运行效能、电厂经营管理、外部监管与市场等信息的自动分析处理，根据分析结果对机组运行方式、电力交易行为等持续自动优化，提高电厂安全、经济、环保运行水平，提升企业的运营竞争力。

4.2.6 分析与决策

在泛在感知获取的信息资源基础上，利用网络通信、信息融合、大数据等技术，通过对多源数据的自动检测、关联、相关、组合和估计等处理，实现对电厂生产过程和经营管理的全息观测与全局关联分析。基于电厂大量的结构化或非结构化数据，利用机器学习、数据挖掘、流程优化等技术，评估识别生产、检修、经营管理策略的有效性，为火力发电厂的运营提供科学的决策支撑。

4.2.7 人与设备互动

应具备高效的人机互动能力。应支持可视化、消息推送等丰富的信息展示与发布功能，使运行和管理人员能够准确、及时地获取与理解需关注的信息。火力发电厂的控制与管理系统应准确、及时地解析与执行运行和管理人员以多种方式发出的指令。

4.2.8 设备与设备互动

基于网络通信技术，通过标准化的通信协议，实现火力发电厂中设备与设备、设备与系统、系统与系统的交互，实现不同设备、系统间相互协同工作。通过与智能电网、电力市场、电力大客户等系统的信息交互和共享，分析和预测电能需求状况，合理规划生产和管理过程，促进安全、经济、环保的电能生产。

4.2.9 信息安全

将现代信息通信技术与火力发电厂运营紧密结合，构建实时智能、高速宽带的信息通信系统，在"安全分区、网络专用、横向隔离、纵向认证"指导下选用信息安全策略及措施，合理设计、建设、维护、管理网络通信系统，保证信息高效交互，实现具有在线监测与主动防御能力的信息通信系统。

4.3 基本要求

4.3.1 系统应符合电力监控系统安全防护要求，宜采用分层分区架构，实现安全分区、网络专用、横向隔离、纵向认证。

4.3.2 智能化火力发电厂横向应划分为生产控制大区（包括安全区Ⅰ、安全区Ⅱ）和管理信息大区。

4.3.3 时间同步系统应全厂统一，同步对时信号取自同一信号源；有时钟需求的装置应具备对时和异常时钟信息的识别防误功能，并具备守时功能。

4.3.4 锅炉、汽轮机、燃气轮机、发电机、变压器、辅机等设备宜配置相应的智能装置。

4.3.5 宜采用电子式互感器测量电压及电流，宜采用数字式传感器测量非电气量。

4.3.6 智能设备、智能电子装置及其数据采集、传输宜遵循公共信息模型。

4.3.7 生产控制大区和管理信息大区宜采用一体化平台，一体化平台应采用面向服务的软件架构（service oriented architecture，SOA），提供智能应用组件管理功能。

4.3.8 宜配置主设备状态检修决策支持、安全防护管理、经济运行等智能应用组件。

4.3.9 应建立通信总线，生产控制大区宜参考 DL/T 860，实现一体化平台与智能装置通信，管理信息大区宜采用 DL/T 890 的规定，实现一体化平台与外部系统通信。

4.3.10 智能化火力发电厂与电网调度控制系统的通信应符合 DL/T 634.5104 的要求。

4.3.11 信息通信、控制装置、保护装置等的冗余、容错能力应满足基本功能要求。

4.3.12 智能化火力发电厂各控制系统与管理信息系统的数据库应提供安全的外部访问接口。

5 系统结构

5.1 总体功能

5.1.1 管控体系为火力发电厂智能化的核心，主要包括三个层级：智能设备层、智能控制层和智能管理层。

5.1.2 技术支撑体系贯穿管控体系各个层级，为火力发电厂智能化提供技术支持，包括本地技术支撑和远程技术支撑两部分。

5.1.3 智能化火力发电厂通过外部接口实现与智能电网调度、集团（智能化）管理、监管与运营等相关方的高效互动。

5.2 管控体系

5.2.1 智能设备层

智能设备层主要包括智能化的检测仪表、检测设备、自动巡检、执行机构及现场总线设备等。该层构成了火力发电厂智能化管控体系的底层，实现对生产过程状态的测量、数据上传，以及从控制信号到控制操作的转换，并具备信息自举、状态自评估、故障诊断等功能。

5.2.2 智能控制层

智能控制层在智能设备层的基础上，对火力发电厂的生产及辅助装置实施控制、优化和诊断。该层实现对生产及辅助装置的数据集中处理、控制信号计算和产生、优化控制实施和控制装置的故障诊断功能。

5.2.3 智能管理层

智能管理层以全厂的生产过程与经营管理信息为基础，协调管控各生产与管理子系统，实现生产过程优化、经营决策支撑和安全防护管理。

5.3 技术支撑体系

5.3.1 本地技术支撑

本地技术支撑包括信息通信、状态监测、故障诊断、检修维护、性能试验、信息管理等。

5.3.2 远程技术支撑

远程技术支撑包括远程数据中心、远程故障诊断、远程维护和远程试验等。该部分基于大数据、云计算、移动互联网等网络与信息技术，充分利用外部资源拓展火力发电厂智能化技术支撑体系。

5.4 外部接口

5.4.1 智能化火力发电厂应具有与智能电网调度、集团（智能化）管理、政府监管、电力交易进行调度、管理与信息交互的接口。

5.4.2 智能化火力发电厂应留有连接远程诊断中心的接口。

6 管控体系智能化要求

6.1 设备层智能化要求

6.1.1 智能装置是智能设备层的基本元素，应满足以下功能性与技术性要求：

    a) 功能性要求：

        1) 应具有测量数字化、控制网络化和状态可视化功能；

        2) 在满足相关标准要求的前提下，智能组件应具有控制、连锁和保护等集成功能；

        3) 应具备就地综合评估、实时状态预报的功能；

        4) 应具有信息自举功能，支持智能装置接入系统后自主报送相关信息，实现即插即用；

        5) 宜支持对自身和/或宿主设备的状态评价、故障诊断和维护建议等功能；

        6) 可具备功能性故障自愈功能。

    b) 技术性要求：

        1) 应采用标准化的通信协议；

        2) 宜采用标准化的接口及结构，支持即插即用接入系统方式；

        3) 宜支持在线调试；

        4) 宜支持多维信息量测感知。

6.1.2 具有控制功能的智能设备，应满足下述控制要求：

    a) 具备对不同工况的自适应控制功能；

    b) 应支持网络化控制方式；

    c) 应支持紧急手动操作模式；

    d) 宜支持智能控制方法。

6.1.3 生产工艺设备（锅炉、汽轮机、燃气轮机、发电机、变压器及辅助设备）应满足下述智能化要求：

    a) 应满足可靠性和可控性要求；

    b) 应具备适应智能测控所需的量测接口功能；

    c) 应具备智能控制所需的控制接口功能；

    d) 功能配置应与机组建成后的主要运行工况相适应；

    e) 可具备温度场、应力场、流体场等可视化功能。

6.2 控制层智能化要求

6.2.1 智能化模拟量控制系统在具有 DL/T 656—2016、DL/T 657—2015 中所述模拟量控制功能，满足相应控制系统性能要求的基础上，还应满足下述要求：

    a) 功能性要求：

    1) 模拟量自动控制回路应具备在生产全过程各种工况下投入的能力；

    2) 应具有自动评估模拟量控制回路在生产全过程的稳态特性和动态特性的能力，并能够自动修正和优化模拟量控制回路的控制特性；

3）模拟量控制回路宜具备根据条件变化择机自动无扰投入/退出的功能。

b）技术性要求：

1）应提供完善的互操作接口，接收外部的控制指令和参数，发布过程特性，接口的对象可以是各层级的生产过程控制系统、生产管控系统、其他第三方的过程控制优化系统；

2）应支持计算机编程语言进行二次开发；

3）宜具有智能控制算法软件包；

4）应具有通信接口，通信接口应支持多种标准通信协议；

5）宜支持离线仿真、在线仿真、混合仿真技术；

6）宜根据被控对象的复杂程度与可控性选择智能控制算法；

7）采用智能控制算法的模拟量控制回路，当控制品质恶化或出现不稳定时能够确保系统安全；

8）单个通信网络域中的时标精度应满足过程控制性能要求。

6.2.2 智能化连锁保护系统在遵循 DL/T 261—2012 中连锁保护功能要求，满足相应系统性能要求的基础上，还应满足下述要求：

a）功能性要求：

1）应跟随热力设备启/停全程自动投入/退出运行；

2）宜在不同的工况和条件下，自适应选择动作逻辑及定值参数，且具有高度可靠性。

b）技术性要求：

1）应提供互操作接口，互操作接口参数应包括过程特性和控制特性参数，接口对象可以是各层级的生产过程控制系统、生产管控系统、其他第三方过程控制优化系统；

2）单个通信网络域中的时标精度应满足连锁保护要求；

3）应符合 6.2.1b）中 2）～5）的技术性要求。

6.2.3 智能化机组级控制应具有机组自动启动/停机控制功能（automatic unit start-up and shut-down system，AUS），并满足下述要求：

a）功能性要求：

1）AUS 宜根据机组的启停要求、设备健康状况、外界条件等，自动生成启停方案，自动在线调整启停策略；

2）应具有机组级全程自动控制和连锁控制功能；

3）在"无人干预，少人值守"情况下，机组应具备自动从全停至任意中间负载或满载的动态过程控制功能，在不同工况及负荷间自动切换功能，从任一工况安全、稳定地减负荷至停机备用，和/或直至机组全部设备停止状态的控制功能；

4）应遵循 DL 755—2001 中 2.4 对机网协调及厂网协调的要求，宜具备根据电网运行状况变化，自动修改机组控制参数或结构的功能，以适应网源协调运行要求；

5）应具备与上层智能管控、厂区内关联区域工艺过程控制系统、其他实时性能优化系统进行信息交互功能；

6）宜实现机组全局性经济与环保指标的闭环优化控制；

7）应具备故障评估功能；

8）应具备自动将机组控制到当前条件下所能达到的最佳运行状态的功能。

b）技术性要求：

1) 宜具备接入厂外远程监控、故障诊断、技术服务的功能；

2) 宜采用泛在感知与智能融合技术，全面监测评估机组运行状态；

3) 宜采用信息可视化技术向生产和管理人员呈现机组运行状态。

6.3 管理层智能化要求

6.3.1 生产过程优化在遵循 DL/T 1492 的基础上，应满足下述要求：

a）厂级负荷优化，应通过智能化生产管理系统综合全厂各机组及公用系统的生产过程信息、电网调度命令等条件，对各台机组自动进行负荷再分配。

b）在线优化，宜在满足安全防护要求的前提下，通过厂区内单个生产过程控制系统、信息系统提供的相关信息，对该过程进行状态及性能评估，对主要生产过程和关键辅助过程进行在线优化和/或指导。通过与智能控制层的互操作接口，使优化的运行方式、操作路径与参数取值及时作用于厂区内各生产过程。

c）全局优化分析，应通过本地的全局优化分析或远程的第三方优化分析系统，对生产过程数据和电网、环保等外部约束条件进行实时或非实时数据挖掘，综合平衡安全、经济、环保等目标，进行全局性的寻优计算，给出优化的生产过程运行方式、操作路径、参数取值。

d）网源协调互动，通过与智能电网的信息交互，自动优化调整运行方式及控制参数，实现网源协调互动运行。

6.3.2 经营决策应通过挖掘大量内、外部数据信息实现智能化经营决策，具体应满足下述要求：

a）功能性要求：

1) 应具有生产成本利润实时监控功能，实时监控供电煤耗、煤价、电价、环保达标率等关键成本相关指标的变化情况和变化趋势，实时给出生产盈利情况，定期生成生产盈利情况报告，并宜具有一定的盈利预测功能，为生产、检修决策提供依据。

2) 宜具有燃料智能管理功能，覆盖燃料调度、检验、储存、耗用等全过程。

3) 应智能融合电厂人力、财务、物资等系统信息，具有数据挖掘和分析功能，为经营决策提供支撑。

4) 宜实时监测以下经营指标：资产效率、获利能力、偿债能力、利税总额、全员劳动生产率、人事费用率、工资利润率、人均营业收入等。

b）技术性要求：

1) 宜采用泛在感知、云计算、大数据等技术，分析、挖掘和智能融合多源数据，实现商务智能，通过可视化技术呈现分析结果，增强火力发电厂的决策能力。

2) 宜建立全局成本利润分析和决策中心，整合厂内人力、财务、物资等系统信息，实时分析预判与统计预测，推动管理预控化。细化新的业务模式及相应的岗位，明确职责、流程、制度、指标以及设备资产负责范围。

3) 宜利用安全生产监控、智能燃料物流、备品备件虚拟联合仓储等系统，汇集全局生产过程与管理的信息与数据，实时监控生产全过程，实现智能决策，提高整体运营的经济性。

6.3.3 智能安全防护应包括生产控制大区与管理信息大区，并满足下述要求：

a）应具备多工艺系统和多安全防护系统的联动安全防护功能；

b）应具备安全条件遭到破坏时的报警功能，宜自动给出紧急处理建议和事故预案，以降低各项损失；

c）应具备网络入侵检测能力；

d）宜自动评估电子工作票的正确性；

e）宜具有电子围栏功能，结合定位技术对人员和设备进行智能化防护；

f）宜自动根据监控视频内容给出安防警告或建议；

g）宜具备安防事件分析总结功能，能够根据一段时间内本地或类似电厂发生的安防事件统计，分析得到安全事件多发环节或位置，生成安防报告，并给出安防建议；

h）宜具备生产安全集中监控指挥功能；

i）宜通过泛在感知与智能融合技术，在人员操作设备前自动检查安全条件，确保安全措施严格执行。

7 技术支撑体系智能化要求

7.1 信息通信

7.1.1 智能化火力发电厂信息通信系统应符合 GB/T 30976 和 GB/T 32919 的要求，采用标准的、开放的技术，具备可扩充性、灵活性和通用性，使系统适应技术发展与用户需求变化。

7.1.2 宜采用"客户机/服务器（C/S）"与"浏览器/服务器（B/S）"相结合的体系结构，既保证智能化火力发电厂内部的快速信息传递和处理，又保证对外信息能够方便快捷的与外部单位交换和传递。

7.1.3 全厂信息通信应实现信息共享、功能融合，以及数据平台一体化，并满足下述要求：

a）功能性要求：

1）应具备通信异常自愈功能，局部通信系统故障不应导致系统性故障或失效；

2）应具备对报文丢失及数据完整性的甄别功能；

3）宜具备报文解读过程中的防误判、防误动功能；

4）应具备丰富的对外接口，以满足智能化火力发电厂与上级单位、智能电网、设备厂商、客户互动的远景功能规划需要。

b）技术性要求：

1）应采用标准通信协议；

2）应对通信数据标记准确的时标；

3）应能够按照实时性要求控制流量，满足生产管理需要；

4）宜采用完全自描述的方法实现站内信息与模型的交换，宜参考 DL/T 860 实施。

c）安全防护要求：

1）应根据功能差异设置合理的网络区段；

2）应具有定期自动备份功能；

3）应定期测试信息安全防护系统；

4）宜采用智能信息安全防护设备或系统，实现主动防御功能。

7.2 状态监测与故障诊断

7.2.1 应实现对全厂必要信息的采集，信息的数量、质量应满足过程控制和生产管理的需求。

7.2.2 应具备对全部主设备、关键辅助设备、关键控制装置和设备的状态监测与故障诊断功能，并满足下述要求：

    a) 状态监测信息准确性要求：

    1) 应支持状态监测信息的自动校准、补偿、滤波等功能；

    2) 应支持状态监测信息的质量描述功能；

    3) 应支持状态监测信息的断点续传、远方召唤功能；

    4) 宜支持状态监测数据名称、量程、单位等描述信息的自举功能。

    b) 故障诊断与评估要求：

    1) 应具备故障诊断类型、设备范围扩展功能；

    2) 应能在故障发生后及时确定故障范围，评估故障影响与可恢复性；

    3) 应建立故障信息的逻辑和推理模型，实现对故障告警信息的分类和过滤；

    4) 宜实现对工艺过程的运行状态进行在线实时分析和推理，自动报告异常，并对出现的故障提出处理指导意见；

    5) 宜能够在状态监测信息不足或不精确的情况下对故障做出合理的诊断与评估。

    c) 故障信息存储要求：

    1) 应具备故障录波功能，自动存储故障前后的设备状态数据和控制装置动作情况，为故障原因分析提供依据；

    2) 应具备生产运行、状态监测、故障诊断等历史数据的存储功能。

    d) 与其他系统的信息互动要求：

    1) 宜具备从其他系统获取所需状态信息的能力；

    2) 宜具备响应其他系统对指定设备或装置状态分析请求的功能；

    3) 宜具备将设备的状态分析与诊断结果和相关系统进行信息交互的功能。

7.3 检修维护

7.3.1 应实现检修、维护全过程的资料信息化、格式统一化、记录规范化，应能够自动生成各类报表，并支持快速关联检索。

7.3.2 在遵循 DL/T 748、DL/T 774、DL/T 838 的基础上，智能化火力发电厂的检修维护应满足下述要求：

    a) 应支持状态检修方式；

    b) 应建立设备状态数据信息库，具备提供检修决策建议和检修指导的功能；

    c) 应支持远程维护；

    d) 宜实现利用语义信息识别、视频图像识别、空间定位与可视化、智能两票与文档管理、智能终端与机器人应用等技术，实现运维检修智能化；

    e) 宜具备在线仿真评价功能，通过建立精细化仿真模型，利用机组实际运行数据信息，实现机组设备运行在线安全监控、故障诊断及运行优化指导等功能。

7.4 信息管理系统

在遵循 GB 50660—2011 中第 14 章、DL/T 924—2016 中信息管理功能性要求的基础上，满足下述要求：

a）功能性要求：

1）应具备生产过程和经营管理信息的统计分析、数据挖掘功能；

2）应采用一体化信息管理平台，并具备客户定制及二次开发功能。

b）技术性要求：

1）应支持包括设计、建设、运行、维护、改造、退役等设备全寿命周期文档和资料的数字化保存、移交和使用；

2）应支持包括三维可视化等多种信息可视化技术的数据展示；

3）应支持大数据存储和处理；

4）宜采用私有云技术实现计算能力和存储能力的虚拟化，支持基础设施即服务（Infrastructure as a Service，IaaS）、平台即服务（Platform as a Service，PaaS）、软件即服务（Software as a Service，SaaS）等多种虚拟计算实现方式；

5）应充分利用可视化模型所特有的空间概念和多维实体造型，将实时生产运行数据与多维模型相关联，辅助电厂生产管理人员直观、便捷地进行设备管理、运行监控、检修模拟、辅助教学等。

7.5 远程技术支撑

7.5.1 智能化火力发电厂的远程技术支撑能力，应具备用户管理和权限控制功能，具备远程数据存储、远程运行维护、远程试验、远程故障诊断等能力。

7.5.2 远程技术支撑系统，应满足以下功能：

a）应具备远程访问、操作合法性检测功能；

b）应具备接收远程运营指导、远程维护、远程试验、远程故障诊断等信息的功能；

c）应支持通过界面交互、功能调用、数据传输等方式进行远程交互；

d）应支持通过查询访问、消息推送、数据广播等模式进行数据信息更新；

e）应支持多应用并发访问；

f）应支持远程维护和测试，在远程试验前具备系统状态自动评估功能；

g）应具备采用结构化或非结构化数据进行随机访问功能；

h）宜采用专用设备，通过统一的本地代理来执行远程服务；

i）应支持安全、高效的远程实时数据存取；

j）信息传输可采用有线或无线通信方式，应支持视频、音频、数据、资料的实时传输。

7.5.3 远程技术支撑系统采用的通信协议、数据格式和信息安全防护等，应符合 GB 50660—2011 中 14.1、GB/T 30976 和 GB/T 32919 的要求。

8 外部接口要求

8.1 支持集团（智能化）管理

8.1.1 与集团的信息通信应满足信息安防要求。

8.1.2 应为集团（智能化）管理运营提供数据信息，支持集团实现如下功能：

a）支持集团实现实时火力发电厂人力、财务、物资、燃料系统状态和变化的监测功能；

b）支持集团实现火力发电厂的供电煤耗、环保达标、涉网服务等运营指标的考核功能；

    c) 支持集团实现基于数据信息的集团生产调度与对标管理。

8.1.3 应连接集团远程数据中心等机构，支持集团在远程数据平台上开展专题研究与远程技术服务，实现对发电设备的生产过程监视、性能监测及分析、运行方式诊断、设备故障诊断及趋势预警、设备异常报警、远程检修指导等功能，形成互联网＋电力技术服务业务形态。

8.2 支持智能电网调度

8.2.1 定期向电网提供厂内设备的运行状态评估、性能评价、检修维护、改造计划等信息。

8.2.2 与智能电网连接，实现以下功能：

    a) 具有自动上报厂内主要设备异常或故障等信息的功能；

    b) 具有自动接收智能电网调度信息，自动调整生产运行的功能；

    c) 在电网异常时，能够自动调整运行方式。

8.2.3 应能够满足大用户直供、电力市场竞价运行、虚拟电厂等生产运营模式要求。

8.3 监管与运营

8.3.1 应支持政府监管，为政府监管预留接口，并具备本地分析、提前预警与调整提示功能。

8.3.2 应支持电力市场交易，具备电力交易智能辅助决策系统，确保电力交易信息交互安全。

8.3.3 宜具备涉及电力市场的现货、期货、金融衍生品等交易的分析和辅助决策功能。

9 工程实施

9.1 设计过程

9.1.1 采用数字化设计技术，实现模型数字化，并遵循以下设计原则：

    a) 整体考虑智能化火力发电厂与智能电网的协调运行；

    b) 综合考虑建造和运维的经济性和环境友好特性；

    c) 充分考虑对人身、设备的安全防护；

    d) 实现各层级功能自治、确保层间信息交互高效、可靠；

    e) 实现全厂设备的全寿命周期（设计、制造、建设、运行、检修维护、退役）智能管理；

    f) 实现全厂一体化设计，消除信息孤岛，并将信息交互、信息处理的需求纳入设计范围；

    g) 设计资料统一采用数字化移交。

9.1.2 网络架构应安全可靠，并满足以下要求：

    a) 应具有防止信息泄露和防范外部入侵、攻击等的措施；

    b) 应能够按照实时性要求控制流量，满足生产管理需要；

    c) 应采用标准化网络架构、通信协议。

9.1.3 设备选型优先采用智能设备，满足如下要求：

    a) 应优先选择具有状态自评估、故障自诊断、自愈性、自适应、信息可视化等功能的设备；

  b）应优先选择具备标准化接口，易于升级扩展的设备；

  c）应优先选用提供三维模型的设备。

9.2 安装与调试过程

9.2.1 在遵循 DL/T 261—2012 中 6.4 和 DL/T 1212、DL 5190 等规定的基础上，满足以下安装要求：

  a）设备与安装过程的图纸、说明书、文档、记录等资料，应采用数字化方式管理；

  b）宜利用智能化管理系统，实现各施工单位之间的统筹协调管理；

  c）宜基于（三维）可视化技术，实现土建工程和设备安装进度等的可视化；

  d）应实现数字化资料移交，移交的电子文档宜采用通用可编辑的格式。

9.2.2 在遵循 DL/T 5295、DL/T 5437 和 DL 5277—2012 中 4.6 等规定的基础上，满足以下调试要求：

  a）应实施智能设备的互操作特性测试；

  b）应实施智能设备的智能控制试验与特性测试；

  c）应实施网源协调特性评估；

  d）应实施不同系统间和不同工况下的协同特性测试；

  e）调试记录与报告应采用电子文档。

9.2.3 在遵循 DL/T 655、DL/T 656—2016、DL/T 657—2015、DL/T 658、DL/T 659、DL/T 5295、DL/T 5437 等规定的基础上，满足以下测试与验收要求：

  a）验收范围应包括网络系统、通信系统、智能设备、智能装置及一体化平台；

  b）智能设备及智能装置应具备互操作性和一致性测试报告；

  c）应检查设备配置和技术文件，确认设计、安装、操作、维护和试验文档的完整性；

  d）应详细记录验收过程中的缺陷和问题，满足问题处理和系统完善的要求；

  e）验收资料应完备、规范，并以数字化文档通过平台移交。

9.3 运行检验测试过程

在遵循 DL/T 655、DL/T 656—2016、DL/T 657—2015、DL/T 658、DL/T 659 的基础上，智能化火力发电厂运行检验测试应满足以下要求：

  a）应优先采用现场检验；

  b）对难以进行现场检验的设备或系统，可采用实验室检验；

  c）对无须进入现场的检验测试项目，可通过远程操作进行检验；

  d）应在新安装机组并网后 1 年以内，机组大修并网后 1 年以内，或连续运行 5 年后进行不少于一次的系统性检测评估；

  e）检验测试应涵盖全部主设备和部分关键辅助设备系统。

9.4 智能化程度评估

9.4.1 火力发电厂智能化程度应随着科学技术的发展以及企业和社会需求的变化逐步提升。智能化程度评估基本原则如下：

  a）可采用功能验证、性能测试、专家评审等多种方式；

  b）重点针对信息化、智能化相关技术在火力发电厂设备层、控制层、管理层的应用范围、应用深度，以及上述技术的应用对火力发电厂安全、经济、环保运营水平提升的成效进行评估；

　　c）依据评估结果可将火力发电厂智能化程度分为初级、中级、高级三个阶段。

9.4.2　智能化程度评估，原则上参照以下关键技术特征实施：

　　a）初级阶段，关键技术特征体现为自动化，利用计算机、通信、网络等技术，实现全厂信号的数字化采集、传输和存储，并在此基础上实现全厂范围内的生产过程自动化，同时实现生产数据与管理信息融合利用，并为管理决策提供支持。

　　b）中级阶段，关键技术特征体现为信息化，充分利用云计算、大数据、物联网、移动互联网等现代信息技术，在信息获取中实现泛在感知与智能融合，在信息使用中实现多系统间信息共享与互动、递进式可视化展示，在运营过程中实现可预测、可控制及全流程优化，实现智能化火力发电厂在"无人干预，少人值守"情况下的安全、经济、环保运营。

　　c）高级阶段，关键技术特征体现为自学习、自寻优、自适应，其表象为广泛应用智能化技术，在进行自我寻优与进化的基础上，能够自动根据火力发电厂内、外部环境，设备，燃料，市场等影响因素的变化，优化控制策略、方法、参数和管理模式，实现安全、经济、环保的最优化运营，以及发电企业经济效益与社会效益最大化。

参 考 文 献

[1] 杨新民，曾卫东，肖勇．火电站智能化现状及展望［J］．热力发电，2019, 48（09）：1-8. DOI：10. 19666/j. rlfd. 201905098.

[2] 郭为民，张广涛，李炳楠，等．火电厂智能化建设规划与技术路线［J］．中国电力，2018, 51（10）：17-25.

[3] 崔青汝，李庚达，牛玉广．电力企业智能发电技术规范体系架构［J］．中国电力，2018, 51（10）：32-36＋48.

[4] 张晋宾，周四维．智能电厂概念及体系架构模型研究［J］．中国电力，2018, 51（10）：2-7＋42.

[5] 华志刚，郭荣，崔希，等．火电智慧电厂技术路线探讨与研究［J］．热力发电，2019, 48（10）：8-14. DOI：10. 19666/j. rlfd. 201904076.

[6] 尹峰，陈波，丁宁，等．面向自治对象的 APS2. 0 系统结构与设计方法［J］．中国电力，2018, 51（10）：37-42.

[7] 陈世和．基于系统协同的火电机组集团级大数据分析与诊断技术［J］．自动化博览，2019（09）：48-55.

[8] 胡静，姚峻，艾春美，等．分布式冷热电三联供智能集控平台研究及应用［J］．中国电力，2019, 52（05）：42-47＋62.

[9] 朱晓星，寻新，陈厚涛，等．基于智能算法的火电机组启动优化控制技术［J］．中国电力，2018, 51（10）：43-48.